U0171572

作者简介

程代展 1970 年毕业于清华大学, 1981 年于中国科学院研究生院获硕士学位, 1985 年于美国华盛顿大学获博士学位. 从 1990 年起, 任中国科学院系统科学研究所研究员. 曾经担任过国际自动控制联合会 (International Federation of Automatic Control, IFAC) 理事 (Council Member), IEEE 控制系统协会 (Control Systems Society, CSS) 执委 (Member of Board of Governors), 中国自动化学会控制理论专业委员会主任, IEEE CSS 北京分会主席等, 国际期刊 *Int. J. Math Sys., Est. Contr.* (1991—1993)、*Automatica* (1998—2002)、*Asia J. Control.* (1999—2004) 的编委, *International Journal on Robust and Nonlinear Control* 的主题编委, 国内杂志 *J. Control Theory and Application* 的主编,《控制与决策》的副主编及多家学术刊物的编辑. 已经出版了 17 本论著, 发表了 300 多篇期刊论文和 170 多篇会议论文. 他的研究方向包括非线性控制系统、数值方法、复杂系统、布尔网络控制、基于博弈的控制等. 曾两次作为第一完成人获国家自然科学奖二等奖(2008, 2014), 中国科学院个人杰出科技成就奖(金质奖章, 2015), 其他省部级一等奖两次、二等奖四次、三等奖一次. 2011 年获国际自动控制联合会 *Automatica* (2008—2010)的最佳论文奖. 2006 年入选 IEEE Fellow, 2008 年入选 IFAC Fellow.

程代展是矩阵半张量积理论的首创人.

纪政平 2019 年毕业于山东大学, 获学士学位. 现为中国科学院数学与系统科学研究院硕博连读研究生. 主要研究方向为有限集上的动态系统、网络演化、博弈论等. 已发表国际期刊论文 5 篇, 会议论文 3 篇.

矩阵半张量积讲义

卷四: 有限与泛维动态系统

程代展　纪政平　著

科学出版社

北京

内 容 简 介

矩阵半张量积是近二十年发展起来的一种新的矩阵理论. 经典矩阵理论的最大弱点是其维数局限, 这极大限制了矩阵方法的应用. 矩阵半张量积是经典矩阵理论的发展, 它克服了经典矩阵理论对维数的限制, 因此, 被称为跨维数的矩阵理论. 《矩阵半张量积讲义》的目的是对矩阵半张量积理论与应用做一个基础而全面的介绍. 计划出版五卷. 卷一: 矩阵半张量的基本理论与算法; 卷二: 逻辑动态系统的分析与控制; 卷三: 有限博弈的矩阵半张量积方法; 卷四: 有限与泛维动态系统; 卷五: 工程及其他系统. 本书的目的是对这个快速发展的学科分支做一个阶段性的小结, 以期对其进一步发展及应用提供一个规范化的基础.

本书是《矩阵半张量积讲义》的第四卷. 内容包括两个部分: ① 一般有限集合上的动态系统的建模与控制, 主要介绍有限集(包括有限环与有限格)上的动态系统. ② 跨维数欧氏空间的拓扑结构、等价性与商空间、跨维数动态系统及跨维半群系统的建模与控制. 矩阵半张量积为这两类系统的研究提供了有效的工具. 本书所需要的预备知识仅为工科大学本科的数学知识, 包括线性代数、微积分、常微分方程、初等概率论. 相关的线性系统理论及点集拓扑、抽象代数、微分几何等的初步概念在卷一附录中已给出. 不感兴趣的读者亦可略过相关部分, 这些不会影响对本书基本内容的理解.

本书可供离散数学、自动控制、计算机、系统生物学、博弈论及相关专业的高年级本科生、研究生、青年教师及科研人员使用.

图书在版编目(CIP)数据

矩阵半张量积讲义. 卷四, 有限与泛维动态系统/程代展, 纪政平著.—北京: 科学出版社, 2023.3

ISBN 978-7-03-075002-0

Ⅰ.①矩… Ⅱ.①程… ②纪… Ⅲ.①矩阵-乘法 Ⅳ.① O151.21

中国国家版本馆 CIP 数据核字(2023)第 037060 号

责任编辑: 李 欣 李 萍/责任校对: 彭珍珍
责任印制: 吴兆东/封面设计: 无极书装

科 学 出 版 社 出版
北京东黄城根北街 16 号
邮政编码: 100717
http://www.sciencep.com

北京虎彩文化传播有限公司 印刷
科学出版社发行 各地新华书店经销

*

2023 年 3 月第 一 版 开本: 720 × 1000 1/16
2023 年 3 月第一次印刷 印张: 25 3/4
字数: 520 000

定价: 188.00 元
(如有印装质量问题, 我社负责调换)

前　言

矩阵理论是被公认起源于中国的一个数学分支. 美国哥伦比亚特区大学教授 Katz 在著名数学史著作[73] 中指出: "The idea of a matrix has a long history, dated at least from its use by Chinese scholars of the Han period for solving systems of linear equations." (矩阵的思想历史悠久, 它的使用至少可追溯到汉朝, 中国学者用它来解线性方程组.) 英国学者 Crilly 的书[48] 中也提到, 矩阵起源于 "公元前 200 年, 中国数学家使用了数字阵列". 矩阵理论是这两本书中唯一提到的始于中国的数学分支, 大概确实是仅见的.

从开始不甚清晰的思考到如今形成一个较完整的体系, 矩阵半张量积走过了大约二十个年头. 开始, 人们质疑它的合理性, 有人提到: "华罗庚先生说过, 将矩阵乘法推广到一般情形没有意义." 后来, 又有人质疑它的原创性, 说: "这么简单的东西怎么会没有前人提出或讨论过?" 到如今, 它已经被越来越多的国内外学者所肯定和采用.

回顾矩阵半张量积的历史, 催生它的有以下几个因素.

(1) 将矩阵乘法与数乘相比, 矩阵乘法的两个明显的弱点是: ① 维数限制, 只有当前因子的列数与后因子的行数相等时, 这两个矩阵才可相乘; ② 无交换性, 一般地说, 即使 AB 和 BA 都有定义, 但 $AB \neq BA$. 因此, 将普通矩阵乘法推广到任意两个矩阵, 并且让矩阵乘法具有某种程度的交换性, 将会大大扩大矩阵方法的应用.

(2) 将矩阵加法与数加相比, 虽然矩阵加法也可以交换, 但其时维数的限制更为苛刻. 即行、列两个自由度都必须相等. 有没有办法, 让不同维数的矩阵也能相加? 而这个加法, 必须有物理意义而且有用.

(3) 经典的矩阵理论其实只能处理线性函数 (线性方程) 或双线性函数 (二次型). 如果是三阶或更高阶的多线性函数, 譬如张量, 矩阵方法还能表示并计算它们吗? 当然, 如果矩阵方法能用于处理更一般的非线性函数, 那就更好了.

上述这些问题曾被许多人视为矩阵理论几乎无法逾越的障碍. 然而, 让人们吃惊的是, 矩阵半张量积几乎完美地解决了上述这些问题, 从而催生了一套新的矩阵理论, 被我们称为跨维数的矩阵理论.

目前, 它已经被应用于许多领域, 包括:

(1) 生物系统与生命科学. 这个方面目前的一些进展包括: 文献 [119] 研究了

T 细胞受体布尔控制网络模型, 给出了寻找它所有吸引子的有效算法; 关于大肠杆菌乳糖操纵子网络稳定与镇定控制的设计, 文献 [80,81] 分别给出了不同的设计方法, 证明了方法的有效性; 对黑色素瘤转移控制, 文献 [31] 给出了最优控制的设计与算法、基因各表现型之间的转移控制; 文献 [56,57] 给出了转移表现型的估计并精确地给出了最短控制序列; 等等.

将布尔网络控制理论用于生物系统是一个非常有希望的交叉方向. 进一步的研究需要跨学科的合作.

(2) 博弈论. 有限博弈本质上也是一个逻辑系统. 因此, 矩阵半张量积是研究有限博弈的一个有效工具. 目前, 矩阵半张量积在博弈论中的一些应用包括: 网络演化博弈的建模和分析[30,60], 最优策略与纳什均衡的探索[117], 有限势博弈的检验与势函数计算[29], 网络演化博弈的演化策略及其稳定性[28], 有限博弈的向量空间结构[32,63], 等等.

(3) 图论与队形控制. 这方面的代表性工作包括: 图形着色及其在多自主体控制中的应用[106], 队形控制的有限值逻辑动态系统表示[120], 对超图着色及其在存储问题中的应用[89], 图形着色的稳健性及其在时间排序中的应用[113], 等等.

(4) 线路设计与故障检测. 这一方面的一些现有研究工作包括: k 值逻辑函数的分解、隐函数存在定理[27], 故障检测的矩阵半张量积方法[11,79,85], 等等.

(5) 模糊控制. 在模糊控制方面的一些初步工作包括: 模糊关系方程的统一解法[26], 带有耦合输入和/或耦合输出的模糊系统控制[53], 对二型模糊关系方程的表述和求解[114], 空调系统的模糊控制器设计[109], 等等.

(6) 有限自动机与符号动力学. 这方面的部分工作包括: 有限自动机的代数状态空间表示与可达性[110], 并应用于语言识别[115]; 有限自动机的模型匹配[111]; 有限自动机的能观性与观测器设计[112]; 布尔网络的符号动力学方法[64]; 有限自动机的能控性和可镇定性[116]; 等等.

(7) 编码理论与算法实现. 这方面的一些研究包括: 对布尔函数微分计算的研究[118], 布尔函数的神经网络实现[117], 非线性编码[86,121,125,126], 等等.

(8) 工程应用. 代表性工作包括: 电力系统[10], 在并行混合电动汽车控制中的应用[5,108], 等等.

前面所列举的仅为矩阵半张量积理论及其应用研究中的极少一部分相关论文, 难免以偏概全. 在一群我国学者的主导和努力下, 矩阵半张量积正在发展成为一个极具生命力的新学科方向. 同时, 它也吸引了国际上许多学者的重视和加入. 目前, 用矩阵半张量积为主要工具的论文作者, 除中国外, 有意大利、以色列、美国、英国、日本、南非、瑞典、新加坡、德国、俄罗斯、澳大利亚、匈牙利、伊朗、沙特阿拉伯等. 矩阵半张量积可望成为当代中国学者对矩阵理论的一个重要贡献.

　　有关矩阵半张量积的书, 算起来也已经有好几本了. 这几本书各有特色. 例如: 文献 [1], 这本书写得比较早, 对矩阵半张量积的普及和推广起到了一定的作用, 但当时矩阵半张量积理论还很不成熟, 所以显得有些粗糙, 虽然后来出了第 2 版, 但仍然改进不大; 文献 [25], 它力图包括更多的应用, 对工程人员可能有较大帮助, 但是对矩阵理论本身缺乏系统疏理, 不便系统学习; 文献 [2], 它强调用半张量积方法统一处理逻辑系统、多值逻辑系统及有限博弈等, 对矩阵半张量积理论自身的讨论不多; 文献 [83], 该书是一本新书, 它对某些控制问题进行了较详尽的剖析, 这是它的贡献, 但它缺少对矩阵半张量积理论全局的把控; 文献 [3], 它是大学本科教材, 内容清晰易懂, 但作为科研参考书显然是不够的; 其他如文献 [24], 它专门讨论布尔网络的控制问题; 文献 [10], 它只关心电力系统的优化控制问题; 文献 [34], 它主要考虑泛维系统的建模与控制. 因此, 已有的关于矩阵半张量积的论著, 内容或已过时, 或过于偏重部分内容.

　　由于矩阵半张量积理论与方法发展过快, 许多理论结果、计算公式, 以及综合和归纳方法等被其后的新成果代替. 这给初学者和科研人员均带来了一定的不便. 本套丛书的目的, 是为矩阵半张量积理论提供一个至今尽可能完整和先进的理论框架, 让它体系完善、结构清晰、公式简洁. 同时, 对矩阵半张量积的主要应用进行详细分析, 使其原理准确易懂, 方法明确有效, 便于读者不走弯路, 迅速到达学科前沿. 内容尽可能增加启发性, 讲清来龙去脉, 给出详尽证明, 以便读者举一反三, 应用自如. 总之, 希望本套丛书为读者搭建一个工作平台, 提供一个基准、一块进一步学习、应用及发展矩阵半张量积的奠基石.

　　本书是第四卷, 全书共 16 章, 内容大致可以分为两个部分. 第 1 章至第 6 章讨论有限值动态系统. 与第二卷不同, 这一部分从更一般的视角讨论有限维网络的整体结构与整体性质, 而不讨论具体的网络的各种控制问题. 同时, 重点还在于对一些特殊有限集的探索, 如有限环、有限格, 以及有穷维线性空间, 如超复数等. 第 7 章到第 16 章讨论泛维数的动态系统. 其目的是将经典的微分方程或差分方程方法推广到维数变化的动态系统. 一套新的、跨维数的微分流形被构造出来, 以满足泛维数动态系统状态空间的要求. 各章的具体内容概述如下:

　　第 1 章从有限集合的映射出发, 讨论一般的混合有限值动态系统. 将布尔网络上得到的动态系统建模、拓扑性质、能控能观性、坐标变换, 以及概率布尔网络的结构与控制性质等, 系统整理并推广到一般有限值的情形.

　　第 2 章详细讨论状态空间及其对偶空间, 揭示对偶空间的真实结构. 讨论有限值动态系统的实现, 说明它实际上是对偶空间上的系统. 通过最小实现寻找解决大型网络计算复杂性的一条可行技术路线.

　　第 3 章提出对偶动态系统的概念, 详细研究它的拓扑结构及其他性质. 揭示对偶动态系统的动力学行为同样会决定复杂网络的性质, 因此称它为隐秩序. 进而探讨复杂网络的分布式实现.

　　Post 格是为研究多值逻辑网络而提出的一种格结构, 它对多值逻辑的作用类似于布尔格对二值逻辑网络的作用. 第 4 章深入分析 Post 格的性质和它与多值及混合值逻辑网络的关系. 给出用矩阵半张量积方法为格上的网络建模的方法. 最后探讨一般逻辑网络的有限格实现的可行性和相关算法.

　　有限域上的网络是一种有限网络建模和分析的有效方法, 但它有维数局限性. 第 5 章的目的是将有限域推广到有限环上, 从而摆脱维数约束. 通过构造乘积环和分析理想上的动态网络性质, 给出环上动态网络的分解性质. 最后探讨一般网络的有限环表示原理与算法.

　　第 6 章考虑可交换的超复数, 称完美超复数. 利用矩阵半张量积给出构造完美超复数的方法. 讨论完美超复数的可逆性及由完美超复数构成的矩阵的性质及其上的各种代数结构. 这些工作为完美超复数上的动力学系统研究提供了理论基础.

　　第 7 章讨论泛维数欧氏空间, 它是不同维数的欧氏空间的并. 这章的目的是在泛维数欧氏空间上建立不同维数向量 (即点) 之间的距离和投影关系, 使之成一距离空间. 还要建立加 (减) 及数乘运算, 使之成一向量空间. 再考虑其上的线性系统, 以及线性系统在不同维数空间的投影系统.

　　第 8 章讨论泛维欧氏空间在等价向量意义下的商空间, 因为商空间是一个严格意义下的向量空间, 它有特殊的重要性. 本章讨论商空间拓扑、商空间上的连续函数, 以及由泛维欧氏空间到商空间在自然投影下形成的纤维丛结构. 最后从商空间出发, 构造泛维商流形.

　　第 9 章建立泛维商空间上的微分流形结构. 包括以每一点上的离散丛结构作为它变维数的切空间, 依此建立整体变维数的切空间结构, 并在此基础上定义变维数的向量场、余向量场, 以及分布、余分布, 进而建立张量场. 最后, 利用变维数的张量场定义泛维黎曼几何与泛维辛几何.

　　第 10 章讨论泛维商空间上的控制系统. 首先通过不同维数欧氏空间之间的向量投影, 在不同维数空间建立相容的动态 (控制) 系统. 然后, 重点讨论线性向量场及其构成的泛维线性控制系统. 最后讨论这类系统的控制特性.

　　第 11 章讨论矩阵的等价性和等价性导致的等价类. 探讨等价类的格结构、半群结构, 以及向量空间结构. 进而研究等价意义下得到的矩阵商空间, 给出商空间的半群结构和向量空间结构.

　　第 12 章构造和分析泛维数矩阵集合的三种拓扑: 按维数离散的自然拓扑, 即每个维数的欧氏空间为一闭开集; 不同维数空间作为因子空间而得到的乘积拓扑; 基于距离的距离拓扑 (它等价于投影空间商拓扑). 同时探讨这三种拓扑的相互关系.

　　第 13 章首先定义泛维矩阵集合在不同的矩阵半张量积下对泛维向量空间的

作用. 于是得到在泛维矩阵形成的半群对泛维向量作用下形成的各种半群系统. 进而将这种作用推广到矩阵商空间对泛维向量商空间的作用, 形成商空间上的半群系统.

第 14 章讨论在第 13 章得到的半群系统的动力学性质. 通过定义矩阵算子模使半群系统变为动力学系统, 考虑这类系统的不变子空间, 引入维数有 (无) 界算子. 然后讨论泛维数线性系统的轨线. 最后讨论由矩阵形式多项式构成的泛线性系统.

第 15 章讨论泛维数线性控制系统, 包括离散时间系统与连续时间系统. 讨论它们的能控能观性. 然后从泛维数空间转移到商空间, 讨论商空间上的商控制系统. 对有界算子形成的系统给出轨线的结构与计算公式. 最后, 对无界算子给出近似的投影实现.

第 16 章讨论泛维数的伪李代数与伪李群结构. 主要研究一般线性代数的泛维数推广, 给出其重要的伪李子代数. 然后将它们推广到商空间, 形成相应的李代数与李子代数. 接着讨论泛维数的伪李群, 集中讨论一般线性伪李群及其子群. 同样将它们推广到商空间. 最后研究泛维的一般线性群与一般线性代数的关系.

这套丛书只要求读者具有工科大学本科生所需掌握的数学工具, 但部分内容涉及一些近代数学的初步知识. 为了使本套丛书具有良好的完备性, 以增加可读性, 卷一的书末添加了一个附录, 对一些用到的近代数学知识做了简要介绍. 如果仅为阅读套丛, 这些知识也就足够了.

本书的出版得到了中国科学院数学与系统科学研究院学术出版物资助计划和国家自然科学基金 (项目批准号: 62073315, 61733018) 的支持, 感谢科学出版社李欣编辑为本书的出版做的大量编辑和组织工作, 特在此致谢.

笔者才疏学浅, 疏漏错误难免, 敬请读者以及有关专家不吝赐教.

程代展　纪政平

于中国科学院数学与系统科学研究院

2022 年 6 月

目　　录

数 学 符 号

$\mathbb{C}$	复数集
$\mathbb{R}$	实数集
$\mathbb{Q}$	有理数集
$\mathbb{Z}_+$	正整数集
$\mathbb{Z}_n$	模 n 剩余类
$\mathbb{N}$	自然数集 (正整数集)
$:=$	定义为 $\cdots\cdots$
$\mathcal{M}_{m \times n}$	$m \times n$ 矩阵集合
$\mathcal{M}$	任意维数矩阵集合
$\otimes$	矩阵的 Kronecker 积 (张量积)
$\circ_H$	矩阵的 Hadamard 积
$*$	矩阵的 Khatri-Rao 积
$V_c(A)$	矩阵 A 的列堆式
$V_r(A)$	矩阵 A 的行堆式
$\mathrm{lcm}(a, b)\ (a \vee b)$	最小公倍数
$\gcd(a, b)\ (a \wedge b)$	最大公约数
$\ltimes$	一型矩阵-矩阵左半张量积
$\rtimes$	一型矩阵-矩阵右半张量积
$\circ_\ell\ (\circ)$	二型矩阵-矩阵左半张量积
$\circ_r$	二型矩阵-矩阵右半张量积
$\vec{\ltimes}$	一型矩阵-向量左半张量积
$\vec{\rtimes}$	一型矩阵-向量右半张量积
$\vec{\circ}_\ell$	二型矩阵-向量左半张量积
$\vec{\circ}_r$	二型矩阵-向量右半张量积
$\mathrm{Col}(A)$	矩阵 A 的列向量集合
$\mathrm{Col}_i(A)$	矩阵 A 的第 i 个列向量
$\mathrm{Row}(A)$	矩阵 A 的行向量集合

$\text{Row}_i(A)$	矩阵 A 的第 i 个行向量
$\text{tr}(A)$	矩阵 A 的迹
$\sigma(A)$	矩阵 A 的特征值集合
$\mathbf{S}_k$	k 阶对称群
$W_{[m,n]}$	(m,n) 阶换位矩阵
$W_{[n]}$	$W_{[n]} = W_{[n,n]}$
δ_n^k	单位矩阵 I_n 的第 k 列
$\mathbf{1}_k$	$[\underbrace{1,1,\cdots,1}_{k}]^{\text{T}}$
$m\|n$	m 为 n 的因子
$\mathcal{L}_{m\times n}$	$m\times n$ 维逻辑矩阵集合
Υ_n	n 维概率向量集合
$\Upsilon_{m\times n}$	$m\times n$ 维概率矩阵集合
$\delta_k[i_1,\cdots,i_s]$	一个逻辑矩阵, 其第 j 列为 $\delta_k^{i_j}$
$\delta_k\{i_1,\cdots,i_s\}$	$\{\delta_k^{i_1},\cdots,\delta_k^{i_s}\} \subset \Delta_k$
$\mathcal{B}_{m\times n}$	$m\times n$ 维布尔矩阵集合
$+_\mathcal{B}$	布尔加
$\sum_\mathcal{B}$	布尔连加
$\times_\mathcal{B}$	布尔积
$A^{(k)}$	A 的布尔幂
$\text{span}\,(\cdots)$	由 $(\cdots)$ 张成的向量空间
S_{-i}	i 以外的策略集乘积, 即 $S_{-i} = \prod_{j\neq i} S_j$
$A \sim B$	一型矩阵等价
$A \approx B$	二型矩阵等价
$\preceq$	子么半群
$\text{GL}(n,\mathbb{R})$	n 阶一般线性群
$\text{gl}(n,\mathbb{R})$	n 阶一般线性代数
$(R,\odot,\oplus)$	环
$\text{Supp}(f)$	函数的支集
$\mathcal{A}$	超复数代数
$\mathcal{A}^n$	n 维超复数向量集合
$\mathcal{A}_{m\times n}$	$m\times n$ 维超复数矩阵集合

$\approx$	格同态
$\cong$	格同构
$\mathcal{V}\left(\mathbb{R}^{\infty}\right)$	混合维数向量空间
$\langle\cdot,\cdot\rangle_{\mathcal{V}}$	混合维数向量空间上的内积
$\|\cdot\|_{\mathcal{V}}$	混合维数向量空间上的范数
$d_{\mathcal{V}}$	混合维数向量空间上的距离

第 1 章　有限集上的动态系统

有限集上的动态系统也称有限网络. 它最初来自 Kauffman 提出的布尔网络, 后来发展到 k 值、混合值, 以及随机值的逻辑网络和逻辑控制网络. 网络化的有限博弈的策略演化也可建模为以纯策略为变量的有限值或以混合策略为变量的随机值逻辑系统形式. 这些模型我们在第二卷和第三卷均已详细讨论过. 本章的目的, 是以矩阵半张量积为工具, 为这一类系统提供一个统一的框架. 并探讨一些一般性的结构特点. 文献 [2] 及 [83] 都试图从一般有限集角度探讨有限值上的动态系统. 本章从有限值动态系统出发, 将各类有限值动态系统看作统一的有限值动态系统不同的分解系统, 或曰不同的分量表达形式. 从而将对布尔网络等建立起来的分析与控制设计方法推广到一般有限值动态系统. 本章还介绍了用于检验控制网络能控性与能观测性的轨迹跟踪法.

1.1　有限集上的映射

设 $\mathcal{D}$ 是一个有限集合, 其元素个数为 $|\mathcal{D}| = \kappa$, 通常将其他记成 $\mathcal{D}_\kappa$. 将 $\mathcal{D}_\kappa$ 中的元素进行编号, 则有

$$\mathcal{D}_\kappa = \{0, 1, 2, \cdots, \kappa - 1\}. \tag{1.1.1}$$

一般地说, 具体数字表示某种状态, 它未必有数值上的意义. 因此, 为方便, $\mathcal{D}_\kappa$ 也常用其他 κ 个数表示, 例如

$$\mathcal{D}_\kappa = \{1, 2, \cdots, \kappa - 1, \kappa\}. \tag{1.1.2}$$

$i \in \mathcal{D}_\kappa$ 是否有数值上的意义, 应视具体问题而定.

情形 1: 它们没有数值上的意义.

例如, 在石头-剪刀-布游戏中, 玩家的策略集合可以用 $\mathcal{D}_3 = \{1, 2, 3\}$ 来表示. 这里, 1, 2, 3 可任意分别代表 "石头""剪刀""布" 中的一个. 只是一旦指定, 在讨论过程中是不能改变的.

情形 2: 它们有数量上的意义.

例如, 在二值逻辑中, 逻辑变量 X 有两种状态: 真 ($X = 1$), 假 ($X = 0$). 这时, 变量值有约定俗成的意义, 是不能随便互换的.

又如, 在 k 值逻辑中, 逻辑变量 X 有 k 种状态, 这时, 也可以直接将 $\mathcal{D}_k$ 表示成

$$\mathcal{D}_k = \left\{0, \frac{1}{k-1}, \cdots, \frac{k-2}{k-1}, 1\right\}. \tag{1.1.3}$$

此时, 状态的具体数值有明确的物理意义. 即使仍然使用 (1.1.1) 来代表这 k 种状态, 它们的具体数值仍然有大小上的意义.

假如 $\mathcal{D}_\kappa$ 中的元素具有大小上的意义, 会有附加的代数结构出现. 例如, 假定 $0 < 1 < \cdots < p-1$, 则 $\mathcal{D}_\kappa$ 将被视为格. 这种情形将在第 4 章中详细讨论. 又如, 有限伽罗瓦域可用 $\mathcal{D}_p = \{0, 1, 2, \cdots, p-1\}$ 表示其元素, 这里 p 是素数. 这时会有域结构, 或更一般地, 当 p 不是素数时, 会有环结构出现. 这种情形将在第 5 章中详细讨论.

现在假定 X 是一个变量, 它取值于 $\mathcal{D}_\kappa$. 我们就说, $X \in \mathcal{D}_\kappa$. 例如, 在二值逻辑中, 一个逻辑变量 $X \in \mathcal{D}_2 = \{1, 0\}$, 它表示逻辑变量 X 有两个可能取值. 又如, 在两玩家玩 "石头 (1)-剪刀 (2)-布 (3)" 游戏时, 设 X, Y 分别为两玩家的策略, 则 $X, Y \in \mathcal{D}_3$.

为了使用矩阵半张量积方法, 通常将 $\mathcal{D}_\kappa$ 中的元素用向量表示, 即用 $\delta_\kappa^i \in \Delta_\kappa$ 表示 $\mathcal{D}_\kappa$ 中的某个元素. 如果 $X \in \mathcal{D}_\kappa$, 则它的向量表示记为 $\vec{X} = x \in \Delta_\kappa$.

对应前面提到的两种情形:

(i) 情形 1: 这时 $\mathcal{D}_\kappa$ 常用 (1.1.2) 表示. 此时, 通常定义

$$x = \delta_\kappa^i, \quad X = i. \tag{1.1.4}$$

(ii) 情形 2: 这时 $\mathcal{D}_\kappa$ 常用 (1.1.1) (或 (1.1.3)) 表示, 此时, 通常定义

$$x = \begin{cases} \delta_\kappa^\kappa, & X = 0, \\ \delta_\kappa^{\kappa-i}, & X = i \ \left(\text{或 } X = \frac{i}{\kappa-1}\right), \ 1 \leqslant i \leqslant \kappa-1. \end{cases} \tag{1.1.5}$$

这样, 我们就有一个等价关系:

$$\mathcal{D}_\kappa \cong \Delta_\kappa = \{\delta_\kappa^1, \delta_\kappa^2, \cdots, \delta_\kappa^\kappa\}.$$

设 $X \in \mathcal{D}_p$, $Y \in \mathcal{D}_q$, $F: \mathcal{D}_p \to \mathcal{D}_q$ 为有限值上的映射, 记作 $Y = F(X)$. 记 $x = \vec{X}, y = \vec{Y}$ 分别为 X, Y 的向量表示. 那么, F 有如下的矩阵方程表示.

命题 1.1.1　设 $X \in \mathcal{D}_p$, $Y \in \mathcal{D}_q$, $F: \mathcal{D}_p \to \mathcal{D}_q$ 为有限值上的映射, 记为 $Y = F(X)$. 则存在唯一逻辑矩阵 $M_F \in \mathcal{L}_{q \times p}$, 使得在向量形式下有

$$y = M_F x. \tag{1.1.6}$$

(1.1.6) 称为 $Y = F(X)$ 的代数状态空间表示.

证明 由定义可知, (1.1.6) 成立, 当且仅当,

$$\text{Col}_i(M_F) = \vec{F}(X = i), \quad i \in [1, p]. \tag{1.1.7}$$

(1.1.7) 决定了唯一的结构矩阵. □

在以下讨论中, 我们最感兴趣的是有限值上的演化系统. 这时 $F : \mathcal{D}_\kappa \to \mathcal{D}_\kappa$.

考察 $F : \mathcal{D}_\kappa \to \mathcal{D}_\kappa$. 设 $\kappa = \prod_{i=1}^n k_i$ 为 κ 的一个因数分解. 构造两组分割数

$$\kappa_i := \begin{cases} 1, & i = 1, \\ \prod_{j=1}^{i-1} k_j, & 2 \leqslant i \leqslant n, \\ \kappa, & i = n+1; \end{cases} \tag{1.1.8}$$

$$\kappa^i := \begin{cases} \kappa, & i = 0, \\ \prod_{j=i+1}^s k_j, & 1 \leqslant i \leqslant n-1, \\ 1, & i = n. \end{cases} \tag{1.1.9}$$

注意, 这两组分割数是根据因子组来构造的. 如果 $\kappa = \prod_{i=1}^\ell s_i$ 为 κ 的另一组因子分解, 根据这组因子集合, 也可构造出相应的分割数.

利用由 (1.1.8) 及 (1.1.9) 给出的这两组分割数, 构造一组矩阵, 称为投影矩阵, 如下:

$$\Phi_i := \mathbf{1}_{\kappa_i}^{\mathrm{T}} \otimes I_{k_i} \otimes \mathbf{1}_{\kappa^i}^{\mathrm{T}}, \quad 1 \leqslant i \leqslant n. \tag{1.1.10}$$

定义 1.1.1 设 $y \in \Delta_\kappa$, 这里, $\kappa = \prod_{i=1}^n k_i$. 定义映射 $\phi_i : \Delta_\kappa \to \Delta_{k_i}$, $i \in [1, n]$, 如下:

$$y_i = \phi_i(y) := \Phi_i y. \tag{1.1.11}$$

y_i 称为 y 在 Δ_{k_i} 上的投影分量.

下面这个定理称为有限值向量的分解定理.

定理 1.1.1 设 $y \in \Delta_\kappa$. $\kappa = \prod_{i=1}^n k_i$ 为 κ 的一个给定因子分解. y 在 Δ_{k_i} 上的分量为 $y_i, i \in [1, n]$. 那么,

$$y = \ltimes_{i=1}^s y_i. \tag{1.1.12}$$

证明 设 $y_i = \delta_{k_i}^{r_i}$, $i \in [1, n]$. 构造

$$\tilde{y} := \ltimes_{i=1}^n y_i.$$

由矩阵半张量积定义可知

$$\tilde{y} := \otimes_{i=1}^n y_i.$$

于是, 由定义可知

$$\phi_i(\tilde{y}) = y_i, \quad i \in [1, n],$$

即

$$\phi_i(\tilde{y}) = \phi_i(y), \quad i \in [1, n].$$

直接计算可得

$$\tilde{y} = \delta_\kappa^r,$$

这里

$$r = (r_1 - 1)k_2 k_3 \cdots k_n + (r_2 - 1)k_3 \cdots k_n + \cdots + (r_{n-1} - 1)k_n + r_n. \quad (1.1.13)$$

注意到, 由 (1.1.13) 定义的映射 $r \to (r_1, r_2, \cdots, r_n)$ 是一对一的. 故 $\tilde{y} = y$. □

设 $Y = F(X)$ 为 $\mathcal{D}_\kappa \to \mathcal{D}_\kappa$ 的一个有限值 κ 上的映射. 将有限值向量的分解定理应用到有限值映射 F 上, 则可得 F 的分量表达式

$$y_i = M_F^i \ltimes_{j=1}^n x_j, \quad i \in [1, n], \quad (1.1.14)$$

这里,

$$M_F^i = \Phi_i M_F, \quad i \in [1, n]. \quad (1.1.15)$$

从 F 的所有分量表达式可反求出 F 的整体表达式, 不妨把它称为有限值向量的合成定理.

定理1.1.2 设 $F: \mathcal{D}_\kappa \to \mathcal{D}_\kappa$ 是由一组映射构成的. 即 $F = \{F_1, F_2, \cdots, F_n\}$, 其中 $F_i: \mathcal{D}_\kappa \to \mathcal{D}_{k_i}$ 的代数状态空间表达式为

$$y_i = M_F^i \ltimes_{j=1}^n x_j, \quad i \in [1, n]. \quad (1.1.16)$$

则

$$y = M_F \ltimes_{j=1}^n x_j, \quad (1.1.17)$$

这里,

$$M_F = M_F^1 * M_F^2 * \cdots * M_F^n.$$

上式中 $*$ 是矩阵的 Khatri-Rao 积.

证明 设 $x = \delta_\kappa^j$. 则

$$y_i = \mathrm{Col}_j(M_F^i), \quad i \in [1, n].$$

因此

$$y = \ltimes_{i=1}^n y_i = \ltimes_{i=1}^n \mathrm{Col}_j(M_F^i).$$

利用 (1.1.17) 可知

$$y = \mathrm{Col}_j(M_F).$$

于是可得

$$\mathrm{Col}_j(M_F) = \ltimes_{i=1}^n \mathrm{Col}_j(M_F^i), \quad j \in [1, \kappa],$$

即

$$M_F = M_F^1 * M_F^2 * \cdots * M_F^s. \qquad \square$$

下面给出一个简单的数值例子.

例 1.1.1 设 $\kappa = 30 = k_1 k_2 k_3$, 这里, $k_1 = 2$, $k_2 = 3$, $k_3 = 5$.

(i) 设 $x = \delta_{30}^{17} \in \Delta_{30}$. 利用 (1.1.10), 可构造投影矩阵如下.

$$\Phi_1 = I_2 \otimes \mathbf{1}_{15}^{\mathrm{T}},$$
$$\Phi_2 = \mathbf{1}_2^{\mathrm{T}} \otimes I_3 \otimes \mathbf{1}_5,$$
$$\Phi_3 = \mathbf{1}_6^{\mathrm{T}} \otimes I_5,$$

则

$$x_1 = \Phi_1 x = \delta_2^2,$$
$$x_2 = \Phi_2 x = \delta_3^1,$$
$$x_3 = \Phi_3 x = \delta_5^2.$$

(ii) 设 $F : \mathcal{D}_{30} \to \mathcal{D}_{30}$, 其结构矩阵为

$$M_F = \delta_{30}[20, 12, 14, 8, 1, 30, 22, 20, 14, 6, 25, 21, 30, 2, 7,$$
$$27, 29, 5, 14, 20, 2, 12, 27, 13, 6, 20, 21, 19, 25, 7]. \qquad (1.1.18)$$

它可被分解为

$$F_1 : \mathcal{D}_{30} \to \mathcal{D}_2,$$
$$F_2 : \mathcal{D}_{30} \to \mathcal{D}_3,$$
$$F_3 : \mathcal{D}_{30} \to \mathcal{D}_5.$$

记 F_i 的结构矩阵为 M_i, 则可得

$$M_1 = \Phi_1 M_F = \delta_2[2,1,1,1,1,2,2,2,1,1,2,2,2,1,1,$$
$$2,2,1,1,2,1,1,2,1,1,2,2,2,2,1],$$
$$M_2 = \Phi_2 M_F = \delta_3[1,3,3,2,1,3,2,1,3,2,2,2,3,1,2,$$
$$3,3,1,3,1,1,3,3,3,2,1,2,1,2,2],$$
$$M_3 = \Phi_3 M_F = \delta_5[5,2,4,3,1,5,2,5,4,1,5,1,5,2,2,$$
$$2,4,5,4,5,2,2,2,3,1,5,1,4,5,2].$$

1.2　有限值动态系统

定义 1.2.1　设 $X(t) \in \mathcal{D}_\kappa$ 为一个动态变量, 也称 $X(t)$ 为状态变量.
(i) 如果 $X(t)$ 的取值依赖于之前的状态, 即

$$X(t+1) = F(X(\tau)\,|\,\tau = t, t-1, \cdots, 1, 0), \qquad (1.2.1)$$

则称其为一个有限动态系统, (1.2.1) 称为动态演化方程.
(ii) 如果 $X(t)$ 的取值只依赖于上一时刻的状态, 即

$$X(t+1) = F(X(t)), \qquad (1.2.2)$$

则称其为一个马尔可夫型的有限动态系统. 它是我们研究的主要对象. 为方便计, 也将它简称为有限动态系统.
(iii) 如果 $X(t)$ 的取值只依赖于前 $\tau + 1$ 时刻的状态, 即

$$X(t+1) = F(X(t), X(t-1), \cdots, X(t-\tau)), \qquad (1.2.3)$$

则称其为一个带有时延 τ 的有限动态系统.
　　在以下的讨论中, 如果没有特别说明, 有限动态系统均指马尔可夫型的有限动态系统.
　　考察有限动态系统的动态方程 (1.2.2), 利用有限值向量的分解定理, 可以得到分量式动态方程.
　　命题 1.2.1　(i) 设有限动态系统 (1.2.2) 的向量表示形式为

$$x(t+1) = Mx(t), \quad x(t) \in \Delta_\kappa, \qquad (1.2.4)$$

这里, $M \in \mathcal{L}_{\kappa \times \kappa}$, $\kappa = \prod_{i=1}^n k_i$. (1.2.4) 称为系统 (1.2.2) 的代数状态空间表示 (algebraic state space representation).

(ii) 系统 (1.2.2) 的分量代数状态空间表示 (component-wise algebraic state space representation) 形式为

$$
\begin{aligned}
x_1(t+1) &= M_1 x(t), \\
x_2(t+1) &= M_2 x(t), \\
&\vdots \\
x_n(t+1) &= M_n x(t),
\end{aligned} \tag{1.2.5}
$$

这里 $x_i(t) \in \Delta_{k_i}$,

$$
M_i = \Phi_i M \in \mathcal{L}_{k_i \times \kappa}, \quad i \in [1, n]. \tag{1.2.6}
$$

注意, 在 (1.2.6) 中, Φ_i 是基于因子分解 $\kappa = \prod_{i=1}^n k_i$ 而由式 (1.1.6) 定义的.

给定一个 $\mathcal{D}_\kappa$ 上的动态系统, 如果 $\kappa = \prod_{i=1}^s p_i$, 这里, p_i, $i \in [1, s]$ 均为素数, 那么, 对应于素因子分解的分量代数状态空间表示式称为素分量代数状态空间表示 (prime component-wise algebraic state-space representation), 它是最细的分量表达形式.

有限值动态系统也常被称为网络演化系统 (networked evolutionary system), 或称有限网络. 它们其实是强调了事物的两个方面: 网络演化系统强调的是系统有多个结点, 结点间的互相作用形成网络. 而有限值动态系统指整个系统的状态演化, 它的状态是指所有结点状态的总和. 它们的关系或许可以理解为整体演化方程和分量演化方程的关系. 也就是有限值动态方程分解与合成的关系.

其实, 当一个有限值动态系统被称为网络演化系统时, 通常它有这样一个特点: 系统的结点多, 而每个结点更新它的逻辑值时只依赖于它少数几个邻域结点的当前值, 在这种情况下, 结点间的连接关系, 或曰网络结构, 就显得很重要了. 例如, Kauffman 在文献 [75] 中提到, 在一个基因调控网络中, 结点个数可能成千上万, 但每个结点的邻域一般不超过 5 个.

本节之前的讨论主要是从整体的角度看有限值演化系统. 下面从网络演化的角度来分析系统. 从各结点的情况看, 通常可将网络分为以下两大类型: 确定型与随机型. 先看确定型网络, 按结点取值情况, 可细分为以下几种.

- **布尔网络**

设 $\kappa = 2^n$, 那么, (1.2.4) 的分量代数状态空间表达式变为

$$
\begin{aligned}
x_1(t+1) &= M_1 x(t), \\
x_2(t+1) &= M_2 x(t), \\
&\vdots \\
x_n(t+1) &= M_n x(t),
\end{aligned} \tag{1.2.7}
$$

这里 $x_i(t) \in \Delta_2$, $M_i \in \mathcal{L}_{2 \times 2^n}$, $i \in [1, n]$.

- **k 值网络**

设 $\kappa = k^n$, $k \geqslant 3$, 那么, (1.2.4) 的分量代数状态空间表达式变为 k 值动态系统. 虽然它与 (1.2.7) 在形式上是一样的, 但其中 $x_i(t) \in \Delta_k$, $M_i \in \mathcal{L}_{k \times k^n}$, $i \in [1, n]$.

- **混合值网络**

设 $\kappa = \prod_{i=1}^{n} k_i$, 那么, (1.2.4) 的分量代数状态空间表达式称为混合值动态系统. 虽然它与 (1.2.7) 在形式上还是一样的, 但其中 $x_i(t) \in \Delta_{k_i}$, $M_i \in \mathcal{L}_{k_i \times \kappa}$, $i \in [1, n]$.

文献中常把 k 值与混合值网络统称为多值网络.

再看随机型网络, 常见的大致有两种.

- **概率网络**

这时, 通常有几个确定型网络演化模型, 记作 Σ_i, $i \in [1, s]$. 然后, 在每一时刻 t, 网络以固定概率 p_i 按 Σ_i 模式更新网络结点值, $i \in [1, s]$. 关于概率布尔网络的详细讨论可参见文献 [100].

- **混合值网络**

如果每个分量的取值为 $x_i \in \Upsilon_{k_i}$, $i \in [1, n]$, 即, $x_i = (p_1, p_2, \cdots, p_{k_i})$, 这里, $p_j \geqslant 0$, $j \in [1, k_i]$, 并且, $\sum_{j=1}^{k_i} p_j = 1$, 则 (1.2.2) 称为一个混合值网络.

在有限博弈中, 设 X_i 为玩家 i 的混合策略, 则策略演化方程变为混合值网络.

注 1.2.1 (i) 对于确定型网络, 无论是布尔网络、k 值网络还是混合值网络, 当它们表示成整体代数状态空间形式时, 并无区别. 因此, 对于一般形式的 (1.2.4) 系统得到的结论, 对每种特殊网络都是适用的.

(ii) 如前所述, 对于网络系统, 通常结点 (即分量) 个数很大, 而每个结点所依赖的其他结点 (称为它的邻居) 个数则甚小. 在这种情况下, 通常把网络方程表示为

$$x_i(t+1) = F_i(x_j(t) \,|\, j \in N_i), \quad i \in [1, n], \tag{1.2.8}$$

这里, N_i 代表结点 i 的邻居集合. 这时, 表示邻接关系的网络图可能起很大作用.

如果系统是用邻居形式 (1.2.8) 表示的, 它的代数状态空间表达式为

$$\begin{aligned}
x_1(t+1) &= L_1 \ltimes_{j \in N_1} x_j(t), \\
x_2(t+1) &= L_2 \ltimes_{j \in N_2} x_j(t), \\
&\vdots \\
x_n(t+1) &= L_n \ltimes_{j \in N_n} x_j(t).
\end{aligned} \tag{1.2.9}$$

要得到网络的状态空间表达式, 首先要将 (1.2.9) 转化为分量状态空间表达式. 为此目的, 定义算子

$$\Psi_i = \otimes_{j=1}^n T_j, \tag{1.2.10}$$

这里

$$T_j = \begin{cases} I_{k_j}, & j \in N_i, \\ \mathbf{1}_{k_j}^{\mathrm{T}}, & \text{其他}. \end{cases}$$

不难验证, (1.2.9) 可转化为 (1.2.7), 其中

$$M_i = L_i \Psi_i, \quad i \in [1, n]. \tag{1.2.11}$$

从分量代数状态空间表达式 (1.2.7) 容易得到 (整体) 代数状态空间表达式

$$x(t+1) = Mx(t), \tag{1.2.12}$$

这里 $x(t) = \ltimes_{i=1}^n x_i(t)$, 且

$$M = M_1 * M_2 * \cdots * M_n \in \mathcal{L}_{\kappa \times \kappa}.$$

1.3　有限值动态系统的拓扑结构

确定型有限值动态系统代数状态空间表达式具有一般性, 代数状态空间表达式下得出的结论对一般有限值动态系统均适用. 例如, 关于布尔网络的不动点与极限环的计算公式, 是将系统转化为代数状态空间表达式时得到的. 因此, 它对任何有限值动态系统均适用. 作为例子, 我们将其重新叙述如下.

命题 1.3.1　考察有限值动态系统 (1.2.12).

(i) 其不动点个数为

$$N_1 = \mathrm{tr}(M). \tag{1.3.1}$$

(ii)

$$N_s = \frac{\mathrm{tr}(M^{(s)}) - \sum\limits_{k \in \mathcal{P}(s)} k N_k}{s}, \quad 2 \leqslant s \leqslant \kappa, \tag{1.3.2}$$

这里, $M^{(s)}$ 是布尔运算下的乘方, $\mathcal{P}(s)$ 为 s 的真因子集. 例如: $\mathcal{P}(12) = \{1, 2, 3, 4, 6\}$.

这个计算公式及具体不动点、极限环以及它们的吸引域的计算, 在第二卷中有详细讨论, 它们对于一般的有限值动态系统均适用.

例 1.3.1　考察系统

$$x(t+1) = M_F x(t), \tag{1.3.3}$$

这里, M_F 如 (1.1.18) 所示. 利用公式 (1.3.1) 及 (1.3.2) 可得: $N_1 = 1$ 及 $N_3 = 1$. 从相应的 $M^{(s)}$ 可以知道:

(i) 系统 (1.3.3) 有一个不动点 δ_{30}^{20};

(ii) 系统 (1.3.3) 有一个极限环, 为

$$\delta_{30}^2 \to \delta_{30}^{12} \to \delta_{30}^{21} \to \delta_{30}^2.$$

　　直接用公式 (1.3.1) 和 (1.3.2) 可以计算出网络不动点与极限环的个数, 也可以具体找出不动点与极限环. 但要找出这些吸引子的吸引域, 需要进一步的算法 (参见第二卷). 况且, 计算 $\kappa \times \kappa$ 矩阵的布尔乘方 $M^{(s)}$ 有较高的计算复杂性.

　　寻找一个确定性网络 (不含混合网络) 不动点与极限环的直接方法称为轨迹跟踪法. 设一个给定网络 (1.2.2) 的代数状态空间表示为 (1.2.4), 其中,

$$M = \delta_\kappa[i_1, i_2, \cdots, i_\kappa] \in \mathcal{L}_{\kappa \times \kappa}.$$

我们定义

$$V_M = [i_1, i_2, \cdots, i_\kappa] \in \mathbb{R}^\kappa, \tag{1.3.4}$$

称为 (1.2.2) 的结构向量. 它唯一地确定了由 M 所定义的映射 $\psi : \mathcal{D}_\kappa \to \mathcal{D}_\kappa$, 即

$$\psi : \delta_\kappa^j \mapsto \delta_\kappa^{i_j}, \quad j \in [1, \kappa]. \tag{1.3.5}$$

利用这个映射, 可以直接给出每一条轨线. 我们将这种方法称为轨迹跟踪法.

　　下面用一个例子说明这种算法.

　　例 1.3.2　设 $X = \{X_1, X_2, X_3\}$, 其中, $X_1(t)$, $X_3(t) \in \mathcal{D}_2$, $X_2(t) \in \mathcal{D}_3$, X 的动态演化方程如下:

$$\begin{cases} X_1(t+1) = X_1(t) \vee X_3(t), \\ X_2(t+1) = X_2(t) \nabla X_3(t), \\ X_3(t+1) = \neg X_1(t), \end{cases} \tag{1.3.6}$$

这里, 算子 $\nabla : \mathcal{D}_3 \times \mathcal{D}_2 \to \mathcal{D}_3$, 其结构矩阵为

$$M_\nabla = \delta_3[1, 3, 2, 2, 3, 1].$$

于是, (1.3.6) 的分量代数状态空间表示为

$$\begin{cases} x_1(t+1) = M_1 x(t), \\ x_2(t+1) = M_2 x(t), \\ x_3(t+1) = M_3 x(t), \end{cases} \tag{1.3.7}$$

其中,

$$\begin{aligned} M_1 &= M_\vee[I_2 \otimes \mathbf{1}_3^{\mathrm{T}} \otimes I_2] = \delta_2[1,1,1,1,1,1,1,2,1,2,1,2], \\ M_2 &= M_\nabla[\mathbf{1}_2^{\mathrm{T}} \otimes I_6] = \delta_3[1,3,2,2,3,1,1,3,2,2,3,1], \\ M_3 &= M_\neg[I_2 \otimes \mathbf{1}_6^{\mathrm{T}}] = \delta_2[2,2,2,2,2,2,1,1,1,1,1,1]. \end{aligned}$$

于是, (1.3.6) 的代数状态空间表示为

$$x(t+1) = Mx(t), \tag{1.3.8}$$

其中,

$$M = M_1 * M_2 * M_3 = \delta_{12}[2,6,4,4,6,2,1,11,3,9,5,7].$$

于是, M 的结构向量为

$$V_M = [2,6,4,4,6,2,1,11,3,9,5,7],$$

它定义了一个映射 $\psi : \varDelta_{12} \to \varDelta_{12}$. 利用 ψ, 我们可将每一点的轨线写出 (见表 1.3.1). 这里, δ_{12}^i 用 i 代表.

表 1.3.1 系统 (1.3.6) 的轨线

x	1	2	3	4	5	6	7	8	9	10	11	12
$\psi(x)$	2	6	4	4	6	2	1	11	3	9	5	7
$\psi^2(x)$	6	2	4	*	2	6	2	5	4	3	6	2
$\psi^3(x)$	2	*	*		6	*	6	6	4	4	2	6
$\psi^4(x)$	*				*		2	2	*	4	6	2
$\psi^5(x)$							*	6		*	*	*
$\psi^6(x)$								*				

在表里, 每一列表示从一个初值出发的轨线. 如果在某一步, 轨线回到该列已出现过的点, 则在下一步用 $*$ 表示该列的终结. 这个表清楚表示了网络 (1.3.6) 的所有轨线. 从表中不难发现: 网络 (1.3.6) 具有

(i) 一个不动点:

$$P = \delta_{12}^4 \sim (1,2,2);$$

(ii) 一个长度为 2 的极限环:

$$C : \delta_{12}^2 \leftrightarrow \delta_{12}^6,$$

即

$$C : (1,1,2) \leftrightarrow (1,3,2).$$

同时, 各吸引子的吸引域也是显见的, 即

$$B_P = \left\{ \delta_{12}^3 \sim (1,2,1), \delta_{12}^9 \sim (2,2,1), \delta_{12}^{10} \sim (2,2,2) \right\},$$
$$B_C = \left\{ \delta_{12}^1 \sim (1,1,1), \delta_{12}^5 \sim (1,3,1), \delta_{12}^7 \sim (2,1,1), \right.$$
$$\left. \delta_{12}^8 \sim (2,1,2), \delta_{12}^{11} \sim (2,3,1), \delta_{12}^{12} \sim (2,3,2) \right\}.$$

1.4　有限值控制系统

定义 1.4.1　一个有限值控制系统的动态方程可描述如下:

$$\begin{cases} X(t+1) = F(U(t), X(t)), \\ Y(t) = E(X(t)), \end{cases} \tag{1.4.1}$$

这里, $X(t) \in \mathcal{D}_\kappa$ 为状态变量, $U(t) \in \mathcal{D}_r$ 为输入变量或控制变量, $Y(t) \in \mathcal{D}_s$, 称为输出变量或观测变量. $\mathcal{D}_\kappa$, $\mathcal{D}_r$ 及 $\mathcal{D}_s$ 分别称为状态空间、输入空间及输出空间, $F : \mathcal{D}_{r\kappa} \to \mathcal{D}_\kappa$, $E : \mathcal{D}_\kappa \to \mathcal{D}_s$ 为有限值映射.

设 F 的结构矩阵为 $L \in \mathcal{L}_{\kappa \times r\kappa}$, E 的结构矩阵为 $G \in \mathcal{L}_{s \times \kappa}$, 则可得 (1.4.1) 的代数状态空间表达式

$$\begin{cases} x(t+1) = Lu(t)x(t), \\ y(t) = Gx(t), \end{cases} \tag{1.4.2}$$

这里, $x(t) = \vec{X}(t)$, $u(t) = \vec{U}(t)$, $y(t) = \vec{Y}(t)$, 分别为状态、控制与输出的向量表示.

设 $\kappa = \prod_{i=1}^n k_i$, $r = \prod_{j=1}^m r_j$, $s = \prod_{\ell=1}^p s_\ell$. 利用公式 (1.1.6), 可以分别构造关于 κ, r, 以及 s 对于上述相应因子分解的投影矩阵, 分别记为 Φ_i^κ, $i \in [1,n]$, Φ_j^r, $j \in [1,m]$, 以及 Φ_ℓ^s, $\ell \in [1,p]$. 则可得

$$x_i(t) = \Phi_i^\kappa x(t), \quad i \in [1,n],$$
$$u_j(t) = \Phi_j^r u(t), \quad j \in [1,m],$$
$$y_\ell(t) = \Phi_\ell^s y(t), \quad \ell \in [1,p].$$

于是, 在分量形式下, 控制系统 (1.4.2) 可表示为

$$\begin{cases} x_1(t+1) = L_1 u(t)x(t), \\ x_2(t+2) = L_2 u(t)x(t), \\ \vdots \\ x_n(t+1) = L_n u(t)x(t), \\ y_\ell(t) = G_\ell x(t), \quad \ell \in [1,p], \end{cases} \tag{1.4.3}$$

这里

$$L_i = \Phi_i^\kappa L, \quad i \in [1,n],$$
$$G_\ell = \Phi_\ell^s G, \quad \ell \in [1,p].$$

1.5 有限值网络的能控性与能观性

第二卷中所有关于逻辑网络的控制方法均可用于一般有限值控制系统 (1.4.2) (或其分量形式 (1.4.3)). 本节仅讨论能控性与能观性, 介绍如何用轨迹跟踪法检验经典能控性与能观性的结论.

1.5.1 能控性

为描述控制网络的状态转移映射, 我们定义一个集合值转移矩阵 (set entry transition matrix).

定义 1.5.1 设 $N = \{1, 2, \cdots, \kappa\}$ 为一个有限集. 它可视为一个有限值动态系统的状态集. 一个集合值转移矩阵是指一个 $\kappa \times \kappa$ 的矩阵 $M = [M_{i,j}]$, 这里, $M_{i,j} \in 2^N$ (即 $M_{i,j} \subset N$).

在博弈论中常用的支付双矩阵可视为集合值矩阵的一种特殊情形[58].

下面考虑一个例子.

例 1.5.1 考察一个多值控制网络

$$\begin{cases} X_1(t+1) = X_2(t)\nabla U(t), \\ X_2(t+1) = X_1(t)\square X_2(t), \end{cases} \tag{1.5.1}$$

这里, $X_1(t), U(t) \in \mathcal{D}_2, X_2(t) \in \mathcal{D}_3, \nabla: \mathcal{D}_3 \times \mathcal{D}_2 \to \mathcal{D}_2$ 为一个二元算子, 其结构矩阵为

$$M_\nabla = \delta_2[2, 1, 1, 1, 2, 1].$$

$\square: \mathcal{D}_2 \times \mathcal{D}_3 \to \mathcal{D}_3$ 也是一个二元算子, 其结构矩阵为

$$M_\square = \delta_3[3, 1, 1, 2, 2, 2].$$

不难计算, 式 (1.5.1) 的分量代数状态空间表达式为

$$
\begin{aligned}
x_1(t+1) &= M_\nabla x_2(t)u(t)\\
&= M_\nabla W_{[2,3]}u(t)x_2(t)\\
&= M_\nabla W_{[2,3]}(I_2 \otimes \mathbf{1}_2^{\mathrm{T}} \otimes I_3)u(t)x(t)\\
&:= L_1 u(t)x(t).
\end{aligned}
$$

故

$$
L_1 = M_\nabla W_{[2,3]}(I_2 \otimes \mathbf{1}_2^{\mathrm{T}} \otimes I_3) = \delta_2[2,1,2,2,1,2,1,1,1,1,1,1].
$$

$$
\begin{aligned}
x_2(t+1) &= M_\square x_1(t)x_2(t)\\
&= M_\square(\mathbf{1}_2^{\mathrm{T}} \otimes I_6)u(t)x(t)\\
&:= L_2 u(t)x(t).
\end{aligned}
$$

故

$$
L_2 = M_\square(\mathbf{1}_2^{\mathrm{T}} \otimes I_6) = \delta_3[3,1,1,2,2,2,3,1,1,2,2,2].
$$

最后可得, (1.5.1) 的代数状态空间表达式为

$$
x(t+1) = Lu(t)x(t), \tag{1.5.2}
$$

这里,

$$
L = L_1 * L_2 = \delta_6[6,1,4,5,2,5,3,1,1,2,2,2].
$$

因为 $u \in \Delta_2$, 当 $x(0) = \delta_6^1$ 时, (1.5.2) 的一步转移映射, 记作 ψ_L, 将 δ_6^1 映入两个可能值 δ_6^6 和 δ_6^3. 将此简记为 $\psi_L(1) = \{6,3\}$. 类似地, 其他状态的一步转移也是多值的. 这种多值映射用表 1.5.1 表示.

表 1.5.1   网络 (1.5.1) 的 ψ_L

x	1	2	3	4	5	6
$\psi_L(x)$	6, 3	1	4, 1	5, 2	2	5, 2

利用这个映射, 网络 (1.5.1) 的能控性可以简单计算出来. 构造一个集合值转移矩阵, 构造过程与表 1.3.1 类似. 唯一的不同是, 在每一步映射 ψ_L 中, 象集是一个集合. 并且, 在每一列的象集中, 只选择本列中的新元素留下. 当本列不再出现新元素时, 我们用空集 $\varnothing$ 来终结本列. 于是, 我们有如下的表 1.5.2.

表 1.5.2　网络 (1.5.1) 的轨迹

x	1	2	3	4	5	6
$\psi_L(x)$	6, 3	1	4, 1	5, 2	2	5, 2
$\psi_L^2(x)$	5, 2, 4, 1	6, 3	5, 2, 6, 3	1	1	1
$\psi_L^3(x)$	$\varnothing$	5, 2, 4	$\varnothing$	6, 3	6, 3	6, 3
$\psi_L^4(x)$		$\varnothing$		4	5, 4	4
$\psi_L^5(x)$				$\varnothing$	$\varnothing$	$\varnothing$

根据集合值状态转移矩阵的构造, 下述结论是显见的.

命题 1.5.1　考察控制网络 (1.5.1), 构造其集合值状态转移矩阵 M. 记 M 的第 i 列的元素集合为

$$R(i) = \{x_i\} \cup \psi_L(x_i) \cup \psi_L^2(x_i) \cup \cdots, \quad i \in [1, \kappa]. \tag{1.5.3}$$

则 $R(i)$ 为 x_i 的可达集.

(i) 控制网络 (1.5.1) 是从 x_i 出发完全可达的, 当且仅当, $R(i) = N$;

(ii) 控制网络 (1.5.1) 是完全能控的, 当且仅当, 从每一点 $x_i \in N$ 出发都是完全可达的.

例 1.5.2　考察网络 (1.5.1). 观察它的集合值轨迹矩阵, 见表 1.5.2. 根据命题 1.5.1, 网络 (1.5.1) 是完全能控的.

1.5.2　能观性

布尔控制网络的能观性 (observability) 是一个长期以来被广泛讨论的问题[22,78,122,123]. 2018 年, 文献 [33] 提出通过考察辅助系统的集合能控性检验原系统能观性的方法, 这个方法给出了检验能观性的充要条件, 并且算法简洁. 下面结合该方法与轨迹跟踪法, 解决多值网络的能观性问题. 我们通过一个例子来详加说明.

例 1.5.3　考察网络 (1.5.1). 设其输出为

$$Y(t) = X_1(t)\nabla X_2(t) \in \mathcal{D}_2. \tag{1.5.4}$$

依据文献 [33] 提出的方法, 构造辅助系统如下:

$$\begin{cases} X_1(t+1) = X_2(t)\nabla U(t), \\ X_2(t+1) = X_1(t)\square X_2(t), \\ Z_1(t+1) = Z_2(t)\nabla U(t), \\ Z_2(t+1) = Z_1(t)\square Z_2(t). \end{cases} \tag{1.5.5}$$

设 $\Xi(t) = [X_1(t), X_2(t), Z_1(t), Z_2(t)]$. 则 (1.5.5) 以 Ξ 为变量, 其代数状态空间表达式为

$$
\begin{aligned}
\xi(t+1) &= x(t+1)z(t+1) \\
&= Lu(t)x(t)Lu(t)z(t) \\
&= L(I_{12} \otimes L)u(t)x(t)u(t)z(t) \\
&= L(I_{12} \otimes L)u(t)W_{[2,6]}u(t)x(t)z(t) \\
&= L(I_{12} \otimes L)(I_2 \otimes W_{[2,6]})u^2(t)\xi(t) \\
&= L(I_{12} \otimes L)(I_2 \otimes W_{[2,6]})\mathrm{PR}_2 u(t)\xi(t) \\
&:= \Psi u(t)\xi(t),
\end{aligned}
\tag{1.5.6}
$$

这里,

$$
\begin{aligned}
\Psi &= L(I_{12} \otimes L)(I_2 \otimes W_{[2,6]})\mathrm{PR}_2 \\
&= \delta_{36}[36, 31, 34, 35, 32, 35, 6, 1, 4, 5, 2, 5, 24, 19, 22, 23, 20, 23, \\
&\qquad 30, 25, 28, 29, 26, 29, 12, 7, 10, 11, 8, 11, 30, 25, 28, 29, 26, 29, \\
&\qquad 15, 13, 13, 14, 14, 14, 3, 1, 1, 2, 2, 2, 3, 1, 1, 2, 2, 2, \\
&\qquad 9, 7, 7, 8, 8, 8, 9, 7, 7, 8, 8, 8, 9, 7, 7, 8, 8, 8].
\end{aligned}
$$

那么, 由 Ψ 确定的一步可达映射 $\psi : N \to 2^N$ 为

$$
\begin{aligned}
\psi(1) &= \{36, 15\}, \quad \psi(2) = \{31, 13\}, \\
\psi(3) &= \{34, 13\}, \quad \psi(4) = \{35, 14\}, \\
&\vdots \qquad\qquad\qquad \vdots \\
\psi(35) &= \{26, 8\}, \quad \psi(36) = \{29, 8\}.
\end{aligned}
$$

状态 $\xi(t) = x(t)z(t)$ 称为一步不可区分状态, 如果 $x(t) \neq z(t)$ 并且 $y(x(t)) = y(z(t))$. 一步不可区分状态集合记为 $\mathcal{I}$. 如果 $x(t) \neq z(t)$ 并且 $y(x(t)) \neq y(z(t))$, $\xi(t)$ 称为一步可区分状态, 一步可区分状态集合记为 $\mathcal{J}$. 那么不难理解, 一个控制网络能观, 当且仅当, 它的辅助系统满足: 每一状态 $\xi \in \mathcal{I}$ 都可被适当控制导入 $\mathcal{J}$.

利用 Ψ, 不难得到, 对于辅助系统 (1.5.6) 有

$$
\mathcal{I} = \delta_{36}\{5, 9, 10, 12, 16, 18, 18, 24\},
$$
$$
\mathcal{J} = \delta_{36}\{2, 3, 4, 6, 11, 17, 23, 30\}.
$$

根据轨道跟踪法, 我们可利用映射 ψ 构造从 $\mathcal{I}$ 的每一点出发的集合值轨道矩阵. 见表 1.5.3. 在表 1.5.3 中, 如果某列达到 $\mathcal{J}$, 则用 $\mathcal{J}$ 结束该列. 这表明该列

对应的 $\xi \sim (x,z)$ 可区分. 如果某列已经没有新状态出现, 而又未达到 $\mathcal{J}$, 则用 $\varnothing$ 结束该列. 这表明该列对应的 $\xi \sim (x,z)$ 不可区分. 于是, 原控制网络可区分, 当且仅当, 辅助系统的轨道矩阵所有列均以 $\mathcal{J}$ 结束.

表 1.5.3   辅助系统 (1.5.5) 的轨道矩阵

ξ	5	9	10	12	16	18	24
R_1	32, 14	4, 1	5, 2	5, 2	23, 2	23, 2	29, 8
R_2	25, 7, 19, 1	$\mathcal{J}$	$\mathcal{J}$	$\mathcal{J}$	$\mathcal{J}$	$\mathcal{J}$	1
R_3	12, 9, 6, 3, 30, 15, 36						36, 15
R_4	$\mathcal{J}$						22
R_5							$\varnothing$

从表 1.5.3 可知, 控制网络 (1.5.1)—(1.5.4) 不是完全能观的. 它有一个初值点对不可区分, 为

$$\delta_{36}^{24} = \delta_6^4 \delta_6^6 \sim \{(2,1),(2,3)\}.$$

1.6 坐标变换与标准型

设一个动态系统是由 n 个结点组成的, 第 i 个结点的取值为 $X_i \in \mathcal{D}_{k_i}$ (等价地, $x_i \in \Delta_{k_i}$), $i \in [1,n]$. 那么, $X = (X_1, X_2, \cdots, X_n) \in \mathcal{D}_\kappa$ 称为一个坐标系, 这里, $\kappa = \prod_{i=1}^n k_i$. 用向量表示则有 $x = (x_1, x_2, \cdots, x_n) \in \Delta_\kappa$. 因为

$$(x_1, x_2, \cdots, x_n) \mapsto \ltimes_{i=1}^n x_i \in \Delta_\kappa$$

是一一映上的, 于是, 可以将 $x := \ltimes_{i=1}^n x_i$ 作为其坐标.

定义 1.6.1   考察 $X \in \mathcal{D}_\kappa$. 其向量形式为 $x = \vec{X} \in \Delta_\kappa$. 设 $Z : \mathcal{D}_\kappa \to \mathcal{D}_\kappa$. 其向量形式为

$$z = Tx, \qquad (1.6.1)$$

这里, $T \in \mathcal{L}_{\kappa \times \kappa}$. 如果 T 是非奇异的, 则称 T 为坐标变换, z (或 Z) 为一个新坐标.

现在, 如果 z 是个新坐标, 即存在非奇异逻辑矩阵 T, 使 (1.6.1) 成立. 同样, $z = (z_1, z_2, \cdots, z_n)$ 亦可表示为 $z = \ltimes_{i=1}^n z_i$. 利用公式 (1.1.11) 可得坐标变换的分量表达式

$$z_i = \Phi_i Tx, \quad i \in [1,n]. \qquad (1.6.2)$$

　　反之, 给定有一个 n 结点的有限值系统 $X \in \mathcal{D}_\kappa$, 这里, $\kappa = \prod_{i=1}^n k_i$. 如果有 n 个映射 $Z_i : \mathcal{D}_\kappa \to \mathcal{D}_{k_i}$, $i \in [1,n]$, 那么, $Z = (Z_1, Z_2, \cdots, Z_n)$ 是否为一个新坐标呢? 下面的命题是显然的.

　　命题 1.6.1　设 $X \in \mathcal{D}_\kappa$, 这里, $\kappa = \prod_{i=1}^n k_i$. 如果有 n 个映射 $Z_i : \mathcal{D}_\kappa \to \mathcal{D}_{k_i}$, $i \in [1,n]$,

$$z_i = M_i x, \quad i \in [1,n], \tag{1.6.3}$$

那么, $Z = (Z_1, Z_2, \cdots, Z_n)$ 为一个新坐标, 当且仅当,

$$M = M_1 * M_2 * \cdots * M_n$$

非奇异. 此时 $z = Mx$, 这里, $z = \ltimes_{i=1}^n z_i$, $x = \ltimes_{i=1}^n x_i$.

　　如果 $\kappa = 2^n$, 上述坐标变换即为布尔网络上的坐标变换. 定义 1.6.1 给出的坐标变换可看作布尔网络上的坐标变换的推广.

　　例 1.6.1　考察 $X \in \mathcal{D}_{30}$, 这里 $X = (X_1, X_2, X_3)$, $X_1 \in \mathcal{D}_2$, $X_2 \in \mathcal{D}_3$, $X_3 \in \mathcal{D}_5$.

　　(i) 设 $Z : \mathcal{D}_{30} \to \mathcal{D}_{30}$, 定义为

$$z = Tx, \tag{1.6.4}$$

这里,

$$T = \delta_{30}[20, 12, 14, 8, 1, 30, 22, 3, 29, 6, 25, 21, 27, 2, 7,$$
$$17, 28, 5, 15, 19, 4, 11, 26, 13, 9, 23, 10, 24, 18, 16].$$

不难验证, $\mathrm{rank}(T) = 30$, 因此, T 是一个坐标变换, Z 为一新坐标.

　　(ii) 令 $Z = (Z_1, Z_2, Z_3)$, 这里, $Z_1 \in \mathcal{D}_2$, $Z_2 \in \mathcal{D}_3$, $Z_3 \in \mathcal{D}_5$. 那么, 分量形式下的坐标变换为

$$\begin{aligned} Z_1 &= T_1 \ltimes_{i=1}^3 x_i, \\ Z_2 &= T_2 \ltimes_{i=1}^3 x_i, \\ Z_3 &= T_3 \ltimes_{i=1}^3 x_i, \end{aligned} \tag{1.6.5}$$

这里,

$$T_1 = \Phi_1 T = \delta_2[2, 1, 1, 1, 1, 2, 2, 1, 2, 1, 2, 2, 2, 1, 1,$$
$$2, 2, 1, 1, 2, 1, 1, 2, 1, 1, 2, 1, 2, 2, 2],$$

$$T_2 = \Phi_2 T = \delta_3[1, 3, 3, 2, 1, 3, 2, 1, 3, 2, 2, 2, 3, 1, 2,$$
$$1, 3, 1, 3, 1, 1, 3, 3, 3, 2, 2, 2, 2, 1, 1],$$

$$T_2 = \Phi_3 T = \delta_5[5, 2, 4, 3, 1, 5, 2, 3, 4, 1, 5, 1, 2, 2, 2,$$
$$2, 3, 5, 5, 4, 4, 1, 1, 3, 4, 3, 5, 4, 3, 1].$$

下面考虑有限值动态 (控制) 系统在坐标变换下的表达形式. 下面这个结论与布尔 (控制) 网络的情形一样, 证明也相同, 此处略去.

命题 1.6.2 设 $X(t) \in \mathcal{D}_\kappa$, Z 为由 (1.6.4) 定义的新坐标.

(i) 考察一个 $\mathcal{D}_\kappa$ 上的有限值动态系统, 设其代数状态空间表达式为 (1.2.4). 那么, 在 Z 坐标下它的动态方程变为

$$z(t+1) = \tilde{M} z(t), \qquad (1.6.6)$$

这里,

$$\tilde{M} = TMT^{\mathrm{T}}.$$

(ii) 考察一个 $\mathcal{D}_\kappa$ 上的有限值控制系统, 设其代数状态空间表达式为 (1.4.2). 那么, 在 Z 坐标下它的动态方程变为

$$\begin{cases} z(t+1) = \tilde{L} u(t) z(t), \\ y(t) = \tilde{G} z(t), \end{cases} \qquad (1.6.7)$$

这里,

$$\tilde{L} = TL\left(I_r \otimes T^{\mathrm{T}}\right),$$
$$\tilde{G} = GT^{\mathrm{T}}.$$

接下来考虑有限值动态系统的标准型. 下面这个结论是布尔网络的标准型[54,87], 它可平行推广到一般有限值动态系统.

先给出两个相关的概念.

定义 1.6.2 (i) 一个矩阵 A 称为循环矩阵 (cyclic matrix), 如果它可表示为

$$A = \delta_k[2, 3, \cdots, k, 1].$$

(ii) 一个矩阵 B 称为幂零矩阵 (nilpotent matrix), 如果存在一个正整数 $s > 0$ 使得 $B^s = 0$[66].

定理 1.6.1 考察一个 $\mathcal{D}_\kappa$ 上的有限值动态系统, 设其代数状态空间表达式为 (1.2.4). 则存在坐标变换 $z = Tx$, 使在 z 坐标下它的动态方程变为

$$z(t+1) = \begin{bmatrix} C_1 & 0 & \cdots & 0 \\ 0 & C_2 & \cdots & 0 \\ \vdots & \vdots & \ddots & \vdots \\ 0 & 0 & \cdots & C_s \end{bmatrix} z(t), \qquad (1.6.8)$$

这里,

$$C_i = \begin{bmatrix} A_i & E_i \\ 0 & B_i \end{bmatrix}, \quad i = 1, 2, \cdots, s,$$

并且, A_i 为循环矩阵, B_i 为幂零矩阵.

注 1.6.1 实际上, 标准型 (1.6.8) 中每一个 C_i 对应系统 (1.2.4) 的一个独立的 (即不受本子空间以外的状态影响的) 不变子空间, 其中 A_i 代表 (1.2.4) 的一个吸引子, B_i 代表这个吸引子的吸引域.

1.7 随机型有限值系统

定义 1.7.1 设 $X(t) \in \mathcal{D}_\kappa$ 为一个动态变量, 它以概率 p_i 取 $i \in \mathcal{D}_\kappa$. 则 $X(t)$ 称为随机有限值动态变量. $X(t)$ 的向量形式表示变为

$$x(t) = \begin{bmatrix} p_1 \\ p_2 \\ \vdots \\ p_\kappa \end{bmatrix} \in \Upsilon_\kappa. \tag{1.7.1}$$

回忆第三卷, 显然, 随机有限值动态变量这个概念可以由有限博弈的混合策略引出. 其实, 从概率布尔网络得到的状态演化属于这个类型. 更一般地说, 任何马尔可夫链得到的都是这种混合有限动态变量[18].

不难看出, 确定型有限动态变量可看作随机有限值动态变量的特殊情形, 即

$$\Delta_\kappa \subset \Upsilon_\kappa.$$

但前几节得到的关于确定型有限动态变量及其动态方程的许多性质, 并不能平行推广到随机值的情形.

随机值有限动态系统可表示为

$$x(t+1) = Mx(t), \tag{1.7.2}$$

这里 $M \in \Upsilon_{\kappa \times \kappa}$,

$$m_{ij} = \mathbb{P}\left(x(t+1) = i \,|\, x(t) = j\right), \quad i, j \in [1, \kappa].$$

因此, (1.7.2) 是一个典型的概率转移系统, M 是概率转移矩阵.

随机值有限控制系统可表示为

$$\begin{aligned} x(t+1) &= Lu(t)x(t), \\ y(t) &= Gx(t), \end{aligned} \tag{1.7.3}$$

这里 $L \in \Upsilon_{\kappa \times r\kappa}$, $G \in \mathcal{L}_{s \times \kappa}$. 令 $M_j = L\delta_r^j$, $j \in [1, r]$, 则 M_j 为概率转移矩阵.

定义 1.7.2 考察随机有限值动态系统 (1.7.2). 设 $\kappa = \prod_{i=1}^{n} k_i$. $x_i(t) \in \mathcal{D}_{k_i}$ 称为 $x(t)$ 的第 i 个分量, $i \in [1, n]$, 如果

$$x_i(t) = \Phi_i x(t), \quad i \in [1, n]. \tag{1.7.4}$$

注 1.7.1 在确定值的情形下, 如果 $x(t) \in \Delta_\kappa$, 则由 (1.7.4) 得到的 $x_i(t) \in \Delta_{k_i}$, $i \in [1,n]$. 并且

$$x(t) = \ltimes_{i=1}^{n} x_i(t). \tag{1.7.5}$$

在随机值的情形下, $x(t) \in \Upsilon_\kappa$. 由 (1.7.4) 得到的 $x_i(t) \in \Upsilon_{k_i}$, $i \in [1,n]$. 但是 (1.7.5) 不成立. 这是因为

$$\Delta_\kappa = \prod_{i=1}^{n} \Delta_{k_i},$$

记 $\Phi := (\Phi_1, \Phi_2, \cdots, \Phi_n)$, 则 $\Phi : \Delta_\kappa \to \prod_{i=1}^{n} \Delta_{k_i}$ 是一一映上的, 而 $\ltimes_{i=1}^{n}$ 是它的逆映射. 但是

$$\prod_{i=1}^{n} \Upsilon_{k_i} \subsetneq \Upsilon.$$

于是 $\Phi : \Upsilon_\kappa \to \prod_{i=1}^{n} \Upsilon_{k_i}$ 是多对一且映上的, 它不可逆.

如果我们仿照有限博弈, 将随机值变量 $x(t)$ 称为局势 (profile), 将其分量 $x_i(t)$ 称为策略 (strategy), 那么, 在分量形式下的局势演化方程为

$$\begin{cases} x_1(t+1) = M_1 x(t), \\ x_2(t+1) = M_2 x(t), \\ \vdots \\ x_n(t+1) = M_n x(t), \end{cases} \tag{1.7.6}$$

这里,

$$M_i = [M_i^1, M_i^2, \cdots, M_i^\kappa], \quad i \in [1,n].$$

M_i^s 表示当 t 时刻的局势 $x(t) = s$ 时第 i 个分量 (玩家) 在 $t+1$ 时刻的混合策略. 于是 M_i^s 可进一步表示成

$$M_i^s = \begin{bmatrix} p_{i,1}^s \\ p_{i,2}^s \\ \vdots \\ p_{i,k_i}^s \end{bmatrix} \in \Upsilon^{k_i},$$

这里, $p_{i,j}^s$ 表示当 t 时刻的局势 $x(t) = s$ 时第 i 个分量 (玩家) 在 $t+1$ 时刻采用第 j 个策略的概率.

如果我们定义

$$M = M_1 * M_2 * \cdots * M_n, \tag{1.7.7}$$

记 $\delta_\kappa^i = \delta_{k_1}^{i_1}\delta_{k_2}^{i_2}\cdots\delta_{k_n}^{i_n}$, 那么,

$$M_{i,j} = p_{1,i_1}^j p_{2,i_2}^j \cdots p_{n,i_n}^j.$$

设各玩家策略是独立的, 则

$$M_{i,j} = \mathbb{P}\left(x(t+1) = i \,|\, x(t) = j\right), \quad i,j \in [1,\kappa].$$

于是, M 是局势的概率转移矩阵, 即

$$x(t+1) = Mx(t). \tag{1.7.8}$$

注意, 与确定值的情形不同, (1.7.8) 不能由 (1.7.6) 各式两边相乘 (指取矩阵半张量积) 得到. 因此, 在随机值动态系统中, 局势

$$x(t) \neq \ltimes_{i=1}^n x_i(t).$$

但由 (1.7.7) 可推出

$$x_i(t+1) = \Phi_i Mx(t), \quad i \in [1,n]. \tag{1.7.9}$$

在考虑随机有限值动态系统时, 稳态分布起着关键性的作用.

定义 1.7.3　考察随机有限值动态系统 (1.7.2). 如果对任何 $x(0) = x_0 \in \Upsilon^\kappa$ 都存在 $x^* \in \Upsilon^\kappa$, 使得

$$\lim_{t\to\infty} x(t) = x^*, \tag{1.7.10}$$

则 x^* 称为随机有限值动态系统 (1.7.2) 的稳态分布.

那么, 什么时候随机有限值动态系统具有稳态分布呢? 下面给出一个十分有用的充分条件.

定义 1.7.4　概率转移矩阵 $M \in \Upsilon_{\kappa\times\kappa}$ 称为一个本原矩阵 (primitive matrix), 如果存在 $k > 0$, 使得 $M^k > 0$ (即 M^k 所有元素均为正数).

命题 1.7.1[66]　设 $M \in \Upsilon_{\kappa\times\kappa}$ 为一个本原矩阵. 那么,

(i) $\rho(M) = 1$, 并且, 有且仅有一个 $\lambda \in \sigma(M)$, 满足 $|\lambda| = 1$.

(ii)

$$\lim_{t\to\infty} M^t = M^* > 0. \tag{1.7.11}$$

并且, $M^* = uv^{\mathrm{T}}$, 这里 $Mu = u$, $u > 0$, $M^{\mathrm{T}}v = v$, $v > 0$.

注 1.7.2　由 (1.7.11) 可知

$$M^*u = u.$$

取 $x^* = u/\|u\|$, 则
$$M^*x^* = x^*.$$

于是对任意 $x_0 \in \Upsilon$,
$$M^*x_0 = x^*.$$

下面给出一个数值例子.

例 1.7.1 考察 $\mathcal{D}_6$ 上的一个随机有限值动态系统 Σ.

(i) 设分量 $X_1 \in \mathcal{D}_2$ 在局势 $X(t)$ 下取不同值的概率

$$p_{1,1} = [p_{1,1}^1, p_{1,1}^2, \cdots, p_{1,1}^6] = [0.2, 0.4, 0.9, 0.6, 0.5, 0.1],$$

$$p_{1,2} = [p_{1,2}^1, p_{1,2}^2, \cdots, p_{1,2}^6] = [0.8, 0.6, 0.1, 0.4, 0.5, 0.9].$$

分量 $X_2 \in \mathcal{D}_3$ 在局势 $X(t)$ 下取不同值的概率

$$p_{2,1} = [p_{2,1}^1, p_{2,1}^2, \cdots, p_{2,1}^6] = [0.3, 0.2, 0.6, 0.4, 0.3, 0.7],$$

$$p_{2,2} = [p_{2,2}^1, p_{2,2}^2, \cdots, p_{2,2}^6] = [0.4, 0.5, 0.3, 0.1, 0.5, 0.1],$$

$$p_{2,3} = [p_{2,3}^1, p_{2,3}^2, \cdots, p_{2,3}^6] = [0.3, 0.3, 0.1, 0.5, 0.2, 0.2].$$

于是有
$$x_1(t+1) = M_1 x(t),$$
$$x_2(t+1) = M_2 x_(t).$$

这里,
$$M_1 = \begin{bmatrix} 0.2 & 0.4 & 0.9 & 0.6 & 0.5 & 0.1 \\ 0.8 & 0.6 & 0.1 & 0.4 & 0.5 & 0.9 \end{bmatrix},$$

$$M_2 = \begin{bmatrix} 0.3 & 0.2 & 0.6 & 0.4 & 0.3 & 0.7 \\ 0.4 & 0.5 & 0.3 & 0.1 & 0.5 & 0.1 \\ 0.3 & 0.3 & 0.1 & 0.5 & 0.2 & 0.2 \end{bmatrix}.$$

(ii) 局势演化方程

$$x(t+1) = Mx(t), \tag{1.7.12}$$

这里,

$$M = M_1 * M_2$$

$$= \begin{bmatrix} 0.06 & 0.08 & 0.54 & 0.24 & 0.15 & 0.07 \\ 0.08 & 0.2 & 0.27 & 0.06 & 0.25 & 0.01 \\ 0.06 & 0.12 & 0.09 & 0.3 & 0.1 & 0.02 \\ 0.24 & 0.12 & 0.06 & 0.16 & 0.15 & 0.63 \\ 0.32 & 0.3 & 0.03 & 0.04 & 0.25 & 0.09 \\ 0.24 & 0.18 & 0.01 & 0.2 & 0.1 & 0.18 \end{bmatrix},$$

显然, M 是一个本原矩阵.

(iii) 设初始局势为 $x(0) = x_0 = \delta_6^2$. 那么, 由局势演化方程可知, 两步后

$$x(2) = M^2 x_0 = [0.1720, 0.1628, 0.1092, 0.2280, 0.1852, 0.1428]^{\mathrm{T}}.$$

如果我们计算策略 (即分量值), 可得

$$\begin{aligned}
x_1(2) &= \Phi_1 x(2) = \left(I_2 \times \mathbf{1}_3^{\mathrm{T}}\right) x(2) \\
&= [0.444, 0.556]^{\mathrm{T}}, \\
x_2(2) &= \Phi_2 x(2) = \left(\mathbf{1}_2^{\mathrm{T}} \times I_3\right) x(2) \\
&= [0.400, 0.348, 0.252]^{\mathrm{T}}.
\end{aligned}$$

下面检验一下, 看分量积是否等于局势. 易知

$$x_1(2)x_2(2) = [0.1776, 0.1545, 0.1119, 0.2224, 0.1935, 0.1401]^{\mathrm{T}}.$$

显然,

$$x(2) \neq x_1(2)x_2(2).$$

由此可知, 一般情形下

$$x(t) \neq x_1(t)x_2(t), \quad t \geqslant 2.$$

(iv) 考虑稳态分布, 不难算得

$$\begin{aligned}
M^* &= \lim_{t\to\infty} M^t \\
&= \begin{bmatrix}
0.1819 & 0.1819 & 0.1819 & 0.1819 & 0.1819 & 0.1819 \\
0.1327 & 0.1327 & 0.1327 & 0.1327 & 0.1327 & 0.1327 \\
0.1273 & 0.1273 & 0.1273 & 0.1273 & 0.1273 & 0.1273 \\
0.2303 & 0.2303 & 0.2303 & 0.2303 & 0.2303 & 0.2303 \\
0.1673 & 0.1673 & 0.1673 & 0.1673 & 0.1673 & 0.1673 \\
0.1605 & 0.1605 & 0.1605 & 0.1605 & 0.1605 & 0.1605
\end{bmatrix}.
\end{aligned}$$

因此, 局势的稳态分布为

$$x^* = [0.1819, 0.1327, 0.1273, 0.2303, 0.1673, 0.1605]^{\mathrm{T}}.$$

第 2 章 状态空间及其对偶空间

在对布尔网络的研究过程中, 对其状态空间的刻画一直欠清晰. 本章讨论的问题包括: ① k 值动态 (控制) 系统的状态空间; ② k 值动态 (控制) 系统的不变子空间; ③ k 值控制系统的实现; 等等. 布尔 (控制) 网络可视作二值动态 (控制) 系统, 故上述结果可直接应用于布尔 (控制) 网络. 特殊地, 对于布尔网络, 上述问题曾在文献 [45] 中讨论过. 本章内容可视为文献 [45] 结论的推广. 只要仔细考虑变量维数, 本章内容原则上也可以推广到混合值逻辑网络的情形.

2.1 状态空间及其子空间

考察一个 k 值逻辑网络

$$\begin{cases} X_1(t+1) = F_1(X_1(t), \cdots, X_n(t)), \\ X_2(t+1) = F_2(X_1(t), \cdots, X_n(t)), \\ \vdots \\ X_n(t+1) = F_n(X_1(t), \cdots, X_n(t)), \end{cases} \tag{2.1.1}$$

这里, $X_i(t) \in \mathcal{D}_k$, $F_i : \mathcal{D}_k^n \to \mathcal{D}_k$ 为 k 值逻辑函数, $i \in [1, n]$.

网络 (2.1.1) 的分量代数状态空间表示为

$$\begin{cases} x_1(t+1) = M_1 x(t), \\ x_2(t+1) = M_2 x(t), \\ \vdots \\ x_n(t+1) = M_n x(t), \end{cases} \tag{2.1.2}$$

这里, $x_i(t) = \vec{X}_i(t)$ 为 $X_i(t)$ 的向量表示式, $x(t) = \ltimes_{i=1}^n x_i(t)$, M_i 为 F_i 的结构矩阵, $i \in [1, n]$.

网络 (2.1.1) 的 (整体) 代数状态空间表示为

$$x(t+1) = M x(t), \tag{2.1.3}$$

这里, $M = M_1 * M_2 * \cdots * M_n$.

相应地, 一个 k 值逻辑控制网络可表示为

$$
\begin{cases}
X_1(t+1) = F_1(X_1(t), \cdots, X_n(t); U_1(t), \cdots, U_m(t)), \\
X_2(t+1) = F_2(X_1(t), \cdots, X_n(t); U_1(t), \cdots, U_m(t)), \\
\vdots \\
X_n(t+1) = F_n(X_1(t), \cdots, X_n(t); U_1(t), \cdots, U_m(t)), \\
Y_\ell(t) = G_\ell(X_1(t), \cdots, X_n(t)), \quad \ell \in [1, p],
\end{cases}
\tag{2.1.4}
$$

这里, $X_i(t)$, $U_j(t)$, $Y_\ell(t) \in \mathcal{D}_k$, $F_i : \mathcal{D}_k^{n+m} \to \mathcal{D}_k$, $G_\ell : \mathcal{D}_k^n \to \mathcal{D}_k$ 为 k 值逻辑函数, $i \in [1, n]$, $j \in [1, m]$, $\ell \in [1, p]$.

控制网络 (2.1.4) 的分量代数状态空间表示为

$$
\begin{cases}
x_1(t+1) = L_1 u(t) x(t), \\
x_2(t+1) = L_2 u(t) x(t), \\
\vdots \\
x_n(t+1) = L_n u(t) x(t), \\
y_\ell = H_\ell x(t), \quad \ell \in [1, p],
\end{cases}
\tag{2.1.5}
$$

这里, $x_i(t) = \vec{X}_i(t)$ 为 $X_i(t)$ 的向量表示式, $x(t) = \ltimes_{i=1}^n x_i(t)$, $u_j(t) = \vec{U}_j(t)$ 为 $U_j(t)$ 的向量表示式, $u(t) = \ltimes_{j=1}^m u_j(t)$, $y_\ell(t) = \vec{Y}_\ell(t)$ 为 $Y_\ell(t)$ 的向量表示式, M_i 为 F_i 的结构矩阵, H_ℓ 为 G_ℓ 的结构矩阵.

控制网络 (2.1.4) 的 (整体) 代数状态空间表示为

$$
\begin{aligned}
x(t+1) &= L u(t) x(t), \\
y(t) &= H x(t),
\end{aligned}
\tag{2.1.6}
$$

这里, $y(t) = \ltimes_{\ell=1}^p y_\ell(t)$, $L = M_1 * M_2 * \cdots * M_n$, $H = H_1 * H_2 * \cdots * H_p$.

定义 2.1.1   考察逻辑网络 (2.1.1) 或逻辑控制网络 (2.1.4).

(i) $\mathcal{X} = \{X_1, X_2, \cdots, X_n\}$ 称为网络 (2.1.1) (或控制网络 (2.1.4)) 的状态空间, 其中, $X_i \in \mathcal{D}_k$, $i \in [1, n]$ 称为状态变量. 因此, $\mathcal{X} = \mathcal{D}_k^n$. $X \in \mathcal{X}$ 称为状态.

(ii) 状态空间的向量表示形式为 $\mathcal{X} = \{x_1, x_2, \cdots, x_n\}$. 因此, 在向量表示下 $\mathcal{X} = \Delta_k^n$.

因为网络的状态空间与网络是否有控制无关, 以下暂时不提控制网络. 状态空间的 r 元子空间是指状态变量的 r 元子集. 这里, 状态变量可以在任意坐标下取. 严格定义如下.

定义 2.1.2 设 $\mathcal{X} = \{X_1, X_2, \cdots, X_n\}$ 为网络 (2.1.1) 的状态空间, $\mathcal{H}$ 称为 $\mathcal{X}$ 的一个 r 元子空间, 如果以下几个条件之一满足:

(i) 存在坐标 $Z = \{Z_1, Z_2, \cdots, Z_n\}$ 使得

$$\mathcal{H} = \{Z_{i_1}, Z_{i_2}, \cdots, Z_{i_r}\}. \tag{2.1.7}$$

(ii) 存在 $T \in \mathcal{L}_{k^n \times k^n}$ 非奇异, 使得 $\mathcal{H}$ 的结构矩阵为

$$G_{\mathcal{H}} = \left(I_{k^r} \otimes \mathbf{1}_{k^{n-r}}^{\mathrm{T}}\right) T. \tag{2.1.8}$$

(iii) $\mathcal{H} = \{H_1, \cdots, H_r\}$, 其中 H_i 的结构矩阵为 $G_i \in \mathcal{L}_{k \times k^n}, i \in [1, r]$. 令

$$G = G_1 * G_2 * \cdots * G_r,$$

则

$$\left|\{i \mid \mathrm{Col}_i(G) = \delta_{k^r}^j\}\right| = k^{n-r}, \quad j \in [1, k^r]. \tag{2.1.9}$$

注 2.1.1 (i) $\mathcal{X}$ 的 r 元子空间实际上就是第二卷中定义的正规子空间. 只是现在将其推广到 k 值逻辑的情形. 但它本质上与布尔网络的情形是一样的. 因此, 状态空间的子空间也就是网络 (2.1.1) 的正规子空间.

(ii) 类似于布尔网络的情形, 不难证明定义 2.1.2 中的三个条件: (2.1.7), (2.1.8), 以及 (2.1.9), 都是等价的.

定义 2.1.3 (i) 设 $F: \mathcal{X} \to \mathcal{D}_k$ 为一 k 值逻辑函数, X_i 为一逻辑变量. X_i 称为一个有效变量, 如果存在一组 $X_j = \xi_j, j \neq i$ 和两个 X_i 的不同值 $\xi_i^1 \neq \xi_i^2$, 使得

$$F(\xi_1, \cdots, \xi_i^1, \cdots, \xi_n) \neq F(\xi_1, \cdots, \xi_i^2, \cdots, \xi_n).$$

否则 X_i 称为 F 的哑变量.

(ii) F 的所有有效变量称为 F 的支集, 记作 $\mathrm{Supp}(F)$.

注意, 有效变量、哑变量以及支集的概念均与坐标有关, 因此, 只有在给定坐标下它们才有意义.

定义 2.1.4 (i) 考察 k 值网络 (2.1.1), 设 $\mathcal{Z}^1 = \{Z_{i_1}, \cdots, Z_{i_r}\} \subset \{Z_1, \cdots, Z_n\}$ 为一 r 元正规子空间, 且在 Z 坐标下 (2.1.1) 表示成

$$\begin{cases} Z_1(t+1) = F_1(Z_1(t), \cdots, Z_n(t)), \\ Z_2(t+1) = F_2(Z_1(t), \cdots, Z_n(t)), \\ \quad \vdots \\ Z_n(t+1) = F_n(Z_1(t), \cdots, Z_n(t)). \end{cases} \tag{2.1.10}$$

(这里的 F_i 应与 (2.1.1) 中的 F_i 不同, 但为记号简单, 仍记为 F_i.)

$\mathcal{Z}^1$ 称为 (2.1.1) 的不变子空间, 如果

$$\mathrm{Supp}(F_{i_s}) \subset \mathcal{Z}^1, \quad s \in [1,r]. \tag{2.1.11}$$

(ii) 考察 k 值控制网络 (2.1.4), 设 $\mathcal{Z}^1 = \{Z_{i_1}, \cdots, Z_{i_r}\} \subset \{Z_1, \cdots, Z_n\}$ 为一 r 元正规子空间, 且存在状态反馈控制 $U_i(Z)$, 在 Z 坐标下闭环系统 (的状态方程) 表示成

$$\begin{cases} Z_1(t+1) = F_1(Z_1(t), \cdots, Z_n(t); U_1(Z), \cdots, U_m(Z)), \\ Z_2(t+1) = F_2(Z_1(t), \cdots, Z_n(t); U_1(Z), \cdots, U_m(Z)), \\ \quad \vdots \\ Z_n(t+1) = F_n(Z_1(t), \cdots, Z_n(t)); U_1(Z), \cdots, U_m(Z). \end{cases} \tag{2.1.12}$$

$\mathcal{Z}^1$ 称为 (2.1.4) 的控制不变子空间, 如果

$$\mathrm{Supp}(F_{i_s}) \subset \mathcal{Z}^1, \quad s \in [1,r]. \tag{2.1.13}$$

由定义直接可导出以下结论.

命题 2.1.1 (i) 设 $\mathcal{Z} = \{Z_{i_1}, \cdots, Z_{i_r}\} \subset \{Z_1, \cdots, Z_n\}$ 为 (2.1.1) 的一个正规不变子空间. 那么, 在 Z 坐标下 (2.1.1) 可表示成

$$\begin{aligned} Z^1(t+1) &= F^1(Z^1(t)), \\ Z^2(t+1) &= F^2(Z(t)), \end{aligned} \tag{2.1.14}$$

这里, $Z^1 = \mathcal{Z}$.

(ii) 设 $\mathcal{Z} = \{Z_{i_1}, \cdots, Z_{i_r}\} \subset \{Z_1, \cdots, Z_n\}$ 为 (2.1.4) 的一个控制不变子空间. 那么, 在 Z 坐标和相应控制下, (2.1.4) 的反馈闭环形式可表示成 (2.1.14) 的形式.

2.2　对偶空间

定义 2.2.1 考察 k 值逻辑网络 (2.1.1) 或 k 值逻辑控制网络 (2.1.4).

$$\mathcal{X}^* := \{F : \mathcal{D}_k^n \to \mathcal{D}_k\}. \tag{2.2.1}$$

$\mathcal{X}^*$ 称为状态空间的对偶空间.

注 2.2.1 (i) 由定义可知, 在布尔网络的情形下

$$\mathcal{X}^* := \mathcal{F}_\ell\{X_1, X_2, \cdots, X_n\}. \tag{2.2.2}$$

如果在 k 值网络的情形下, 用 $\mathcal{F}_\ell^k\{*\}$ 表示 $\{*\}$ 上的 k 值函数集合, 那么,

$$\mathcal{X}^* := \mathcal{F}_\ell^k\{X_1, X_2, \cdots, X_n\}. \tag{2.2.3}$$

为方便, 不妨将 (2.2.2) 和 (2.2.3) 统一写成

$$\mathcal{X}^* := \mathcal{F}_\ell\{\mathcal{X}\}. \tag{2.2.4}$$

此前的许多文献中 (如第二卷中) 将 $\mathcal{F}_\ell\{X_1, X_2, \cdots, X_n\}$ 称为状态空间. 即不区分网络的状态空间与其对偶空间. 这种说法不够准确.

(ii) 显然, 网络 (2.1.1) 的状态空间的势 (状态个数) 为

$$|\mathcal{X}| = k^n.$$

(iii) k 值逻辑函数可视为 $F : \mathcal{X} \to \mathcal{D}_k$. 因此,

$$|\mathcal{X}^*| = k^{k^n}.$$

(iv) 如果 $\{Z\} = \{Z_1, Z_2, \cdots, Z_n\}$ 为 $\mathcal{X}$ 的一组基, 则 $\mathcal{Z} \subset \mathcal{X}^*$. 因此,

$$\mathcal{X} \subset \mathcal{X}^*.$$

定义 2.2.2 令 $\mathcal{Z}^* = \mathcal{F}_\ell\{Z_1, Z_2, \cdots, Z_r\} \subset \mathcal{X}^*$, 则 $\mathcal{Z}^*$ 为 $\mathcal{X}^*$ 的一个子空间. 它也称为 $\mathcal{X}$ 的一个泛子空间.

注 2.2.2 在此前的文献中, 没有对偶空间的概念, 故将 $\mathcal{X}$ 的子空间称为 "正规子空间", $\mathcal{X}^*$ 的子空间称为 $\mathcal{X}$ 的 "子空间". 因此, 新名称并未带来新概念, 只是对内涵作了更明确的界定. 它强调, 在一般情况下 $\mathcal{Z}^*$ 并非状态空间 $\mathcal{X}$ 的子集. 它只是 $\mathcal{X}$ 的泛子空间. 但为方便计, 我们仍简称其为子空间. 因此, 状态空间的子空间称为网络的正规子空间, 对偶空间的子空间称为网络的 (泛) 子空间.

设 $\mathcal{Z}^* = \mathcal{F}_\ell\{Z_1, Z_2, \cdots, Z_r\}$ 为一泛子空间, 则 $Z_i : \mathcal{D}_k^n \to \mathcal{D}_k$ 为一 k 值函数, 设其结构矩阵为 G_i, 则知

$$z_i = G_i x, \quad i \in [1, r]. \tag{2.2.5}$$

记 $z = \ltimes_{i=1}^r z_i$, 则得

$$z = Gx, \tag{2.2.6}$$

这里, $G = G_1 * G_2 * \cdots * G_r \in \mathcal{L}_{k^r \times k^n}$ 称为 $\mathcal{Z}^*$ 的结构矩阵. 下面这个结论是显见的, 它可看作布尔网络相应结果的一个平行推论.

命题 2.2.1 考察 k 值逻辑网络 (2.1.1) 或 k 值逻辑控制网络 (2.1.4).

(i) 每一个泛子空间 $\mathcal{Z}^* = \mathcal{F}_\ell\{Z_1, Z_2, \cdots, Z_r\}$ 由其结构矩阵 $M \in \mathcal{L}_{k^r \times k^n}$ 唯一决定;

(ii) 一个 r 元泛子空间 $\mathcal{Z}^*$ 是一个子空间 (即, 正规子空间), 当且仅当, 其结构矩阵 G 满足

$$\left|\{j \mid \mathrm{Col}_j\, G = \delta_{k^r}^i\}\right| = k^{n-r}, \quad i \in [1, k^r]. \tag{2.2.7}$$

需要指出的是, 泛子空间与其结构矩阵没有一一对应关系. 一个泛子空间可以由它的结构矩阵唯一确定, 但是一个泛子空间却可以有许多结构矩阵, 这些结构矩阵甚至可以具有不同的维数. 设 $\mathcal{Z}^*$ 的结构矩阵为 $G \in \mathcal{L}_{k^r \times k^n}$. 那么, 从 G 可唯一确定 r 个 k 值逻辑函数 $\{Z_1, \cdots, Z_r\}$, 于是有

$$\mathcal{Z}^* = \mathcal{F}_\ell^k\{Z_1, \cdots, Z_r\}. \tag{2.2.8}$$

换言之, 结构矩阵只是提供泛子空间的一组生成函数, 所以它不可能唯一. 另一方面, 在运算的过程中, 我们可以将生成函数中重复的函数剔除以减小生成函数的数目, 但这不能保证无重复的生成函数集合就是最小势数的集合. 例如,

$$\mathcal{Z}^* = \mathcal{F}_\ell^k\{Z_1, Z_2, Z_1 \wedge Z_2\}.$$

这里, 生成函数集合中没有重复函数, 但显然不是最小的, 因为

$$\mathcal{Z}^* = \mathcal{F}_\ell^k\{Z_1, Z_2\}.$$

一般地说, 寻找一个给定泛子空间的最小维数的结构矩阵既困难也没有必要. 在后面的讨论中, 一个给定泛子空间的结构矩阵均指其中的某一个.

设 $Y \in \mathcal{X}^*$. 则 $Y(X)$ 为 X 的一个函数, 记其结构矩阵为 G_y. 当 $X(t)$ 为逻辑网络 (2.1.1) (或逻辑控制网络 (2.1.4)) 的一条轨线时, $Y(t)$ 变为 $\mathcal{D}_k$ 上的一条轨线, 它的代数状态空间表示为

$$y(t+1) = G_y x(t+1) = G_y M x(t). \tag{2.2.9}$$

设 $Z = \{Z_1, Z_2, \cdots, Z_r\} \subset \mathcal{X}^*$, Z_i 的结构矩阵为 G_i. 记 $z(t) = \ltimes_{i=1}^r z_i(t)$, 则得

$$z(t+1) = G x(t+1) = G M x(t), \tag{2.2.10}$$

这里, $G = G_1 * G_2 * \cdots * G_r$.

定义 2.2.3 设 $\mathcal{Z} = \mathcal{F}_\ell\{Z_1, Z_2, \cdots, Z_r\} \subset \mathcal{X}^*$, 则 (2.2.5) 称为网络 (2.1.1) (或逻辑控制网络 (2.1.4)) 的 r 元对偶系统.

当 $\mathcal{Z} \subset \mathcal{X}$ 为子空间 (即正规子空间) 时, r 元对偶系统变为原系统的 r 元子系统.

例 2.2.1 考察一个 3 值网络

$$\begin{cases} X_1(t+1) = X_2(t) \vee X_3(t), \\ X_2(t+1) = X_2(t) \wedge X_3(t), \\ X_3(t+1) = \neg X_1(t), \end{cases} \tag{2.2.11}$$

这里, $X_i \in \{0, 1, 2\} \sim \{\delta_3^3, \delta_3^2, \delta_3^1\}$, $i = 1, 2, 3$.

$$\mathcal{Z} = \{Z_1, Z_2\} \subset \mathcal{X}^*,$$

这里

$$Z_1 = X_1 \leftrightarrow X_2, \quad Z_2 = \neg X_3.$$

算子的意义定义如下:

$$A \vee B = \max\{A, B\},$$
$$A \wedge B = \min\{A, B\},$$
$$\neg A = \begin{cases} 2, & A = 0, \\ 1, & A = 1, \\ 0, & A = 2, \end{cases}$$
$$A \leftrightarrow B = \begin{cases} 2, & A = B, \\ 1, & |A - B| = 1, \\ 0, & |A - B| = 2. \end{cases}$$

则其相应的结构矩阵为

$$M_\vee = \delta_3[1, 1, 1, 1, 2, 2, 1, 2, 3],$$
$$M_\wedge = \delta_3[1, 2, 3, 2, 2, 3, 3, 3, 3],$$
$$M_\neg = \delta_3[3, 2, 1],$$
$$M_\leftrightarrow = \delta_3[1, 2, 3, 2, 1, 3, 3, 2, 1].$$

不难得到 (2.2.11) 的分量代数状态空间表达式

$$\begin{cases} x_1(t+1) = M_1 x(t), \\ x_2(t+1) = M_2 x(t), \\ x_3(t+1) = M_3 x(t), \end{cases}$$

这里,

$$M_1 = M_\vee \left(\mathbf{1}_3^{\mathrm{T}} \otimes I_9\right)$$
$$= \delta_3[1,1,1,1,2,2,1,2,3,1,1,1,1,2,2,1,2,3,1,1,1,1,2,2,1,2,3],$$
$$M_2 = M_\wedge \left(\mathbf{1}_3^{\mathrm{T}} \otimes I_9\right)$$
$$= \delta_3[1,2,3,2,2,3,3,3,3,1,2,3,2,2,3,3,3,3,1,2,3,2,2,3,3,3,3],$$
$$M_3 = M_\neg \left(I_3 \otimes \mathbf{1}_9^{\mathrm{T}}\right)$$
$$= \delta_3[3,3,3,3,3,3,3,3,3,2,2,2,2,2,2,2,2,2,1,1,1,1,1,1,1,1,1].$$

于是可得 (2.2.6) 的代数状态空间表达式

$$x(t+1) = M x(t), \tag{2.2.12}$$

这里,

$$M = M_1 * M_2 * M_3$$
$$= \delta_{27}[3,6,9,6,15,18,9,18,27,2,5,8,5,14,17,8,17,26,1,4,7,4,13,16,7,16,25].$$

下面考虑子空间 $\mathcal{Z}^* = \mathcal{F}_\ell\{Z_1, Z_2\} \subset \mathcal{X}^*$, 这里,

$$Z_1 = X_1 \leftrightarrow X_2,$$
$$Z_2 = \neg X_3.$$

于是可得它们的结构矩阵如下:

$$z_1(t) = G_1 x(t),$$
$$z_2(t) = G_2 x(t),$$

其中

$$G_1 = M_\leftrightarrow \left(I_9 \otimes \mathbf{1}_3^{\mathrm{T}}\right)$$
$$= \delta_3[1,1,1,2,2,2,3,3,3,2,2,2,1,1,1,3,3,3,3,3,3,2,2,2,1,1,1],$$
$$G_2 = M_\neg \left(\mathbf{1}_9^{\mathrm{T}} \otimes I_3\right)$$
$$= \delta_3[3,2,1,3,2,1,3,2,1,3,2,1,3,2,1,3,2,1,3,2,1,3,2,1,3,2,1].$$

于是有

$$G = G_1 * G_2$$
$$= \delta_9[3,2,1,6,5,4,9,8,7,6,5,4,3,2,1,9,8,7,9,8,7,6,5,4,3,2,1].$$

最后, 我们可以得到 Z 的演化方程

$$z(t+1) = Wx(t), \tag{2.2.13}$$

这里,

$$W = GM = \delta_9[1,4,7,4,1,7,7,7,1,2,5,8,5,2,8,8,8,2,3,6,9,6,3,9,9,9,3].$$

2.3 布尔网络的分割子空间

从本节开始, 本章余下的几节主要讨论布尔网络. 将它们推广到 k 值网络并没有本质的困难, 但布尔网络具有更清晰的物理意义.

2.3.1 分割函数与不变子空间

考察一个布尔网络, 设其结点为 $N := \{X_1, X_2, \cdots, X_n\}$. 给定一个子集 $S \subset N$, 则其示性函数记作 f_S, 定义如下:

$$f_S(x) := \begin{cases} 1, & x \in S, \\ 0, & x \notin S. \end{cases} \tag{2.3.1}$$

显然一个集合的示性函数就是一个布尔函数, 即 $f_S \in \mathcal{X}^*$. 反之, 任何一个布尔函数也可以看作某个子集 $S \subset N$ 的示性函数. 从这个观点出发不难看出, 一个布尔函数可以看作一个分割函数, 它将结点分割成两个部分.

对于一个大型布尔网络, 如基因调控网络, 如果它有 n 个结点, 则其状态个数为 2^n. 譬如, $n = 32$, 则状态个数为 4.295×10^9. 因此, 在其代数状态空间表达式中, 其状态转移矩阵维数为 $2^n \times 2^n$, 这在实际应用时是难以计算的. 实际上, 我们可能只关心网络的某个性质 p, 那么, 可以依 (2.3.1) 定义一个描述这种性质的逻辑函数, $z_p \in \mathcal{X}$. 这个 z_p 就是一个分割函数, 它将结点分成具有这种性质和不具有这种性质的两部分.

一般地说, 如果我们对 r 个性质有兴趣, 则可构造 r 个分割函数, 记作 $z_i(x)$, $i = 1, 2, \cdots, r$, 这里 $r \ll n$. 那么, 我们就可以将状态 $\mathcal{X}$ 分成 2^r 个子集

$$x^k := \left\{ x \,|\, z(x) = \delta_{2^r}^k \right\}, \quad k = 1, \cdots, 2^r, \tag{2.3.2}$$

这里, $z = \ltimes_{i=1}^r z_i$.

定义 2.3.1 设 z_i, $i = 1, \cdots, r$ 为一组分割函数集合. 则 $\{z_i \,|\, i = 1, 2, \cdots, r\}$ 称为对偶变量, 并且

$$\mathcal{Z} := \mathcal{F}_\ell \{z_1, z_2, \cdots, z_r\}$$

称为由对偶变量 $\{z_i \,|\, i = 1, 2, \cdots, r\}$ 生成的泛子空间.

如果只对对偶变量 (或者说, 对其生成的泛子空间 $\mathcal{Z}$) 的动态演化感兴趣, 我们将 $\mathcal{Z}$ 的动态演化称为对偶动态演化方程. 对于大型网络, 我们自然希望这组动态演化方程能尽可能小于原来的布尔网络.

为寻找 $\mathcal{Z}$ 的对偶动态系统, 需要一些新概念.

定义 2.3.2 考察布尔网络 (2.1.1), 其代数状态空间表达式为 (2.1.3). 设泛子空间 $\mathcal{Z}$ 定义如下:

$$\mathcal{Z} := \mathcal{F}_\ell\{z_1, z_2, \cdots, z_r\},$$

其结构矩阵为 G, 即

$$z = Gx,$$

这里, $z = \ltimes_{i=1}^r z_i$, $x = \ltimes_{i=1}^n x_i$, $G \in \mathcal{L}_{2^r \times 2^n}$.

$\mathcal{Z}$ 称为 M 不变子空间, 如果存在逻辑矩阵 $H \in \mathcal{L}_{2^r \times 2^r}$ 使得

$$GM = HG. \tag{2.3.3}$$

定理 2.3.1 $\mathcal{Z}$ 是 M 不变子空间, 当且仅当, 其对偶动态系统可表示成

$$z(t+1) = \Psi z(t), \tag{2.3.4}$$

这里, $\Psi \in \mathcal{L}_{2^r \times 2^r}$.

证明 (必要性) 设 $\mathcal{Z}$ 是 M 不变子空间. 由定义知, 存在 H 使得 (2.3.3) 成立. 于是

$$z(t+1) = Gx(t+1) = GMx(t) = HGx(t) = Hz(t),$$

即 $\Phi = H$.

(充分性) 设 $z(t+1) = \Psi z(t)$. 那么,

$$z(t+1) = \Psi Gx(t).$$

同时, 有

$$z(t+1) = Gx(t+1) = GMx(t).$$

因此,

$$\Psi Gx(t) = GMx(t).$$

由于 $x(t) \in \Delta_{2^n}$ 是任意的, 则得

$$GM = \Psi G.$$

这表明, G 是 M 不变的.   □

利用定理 2.3.1 不难推出以下结论.

推论 2.3.1 *考察布尔网络* (2.1.1) *(设* $k = 2$*).* $\mathcal{Z}^1 = \mathcal{F}_\ell\{z^1\}$ *是一个正规* M *不变子空间, 当且仅当, 存在一个新的坐标系* $Z = (Z^1, Z^2)$*, 使得在* Z *坐标下* (2.1.1) *可表示为*

$$\begin{cases} Z^1(t+1) = \tilde{F}^1(Z^1(t)), & Z^1(t) \in \mathcal{Z}^1, \\ Z^2(t+1) = \tilde{F}^2(Z(t)), & Z^2(t) \in \mathcal{Z}^2, Z(t) \in \mathcal{Z}. \end{cases} \tag{2.3.5}$$

注 2.3.1 *如果* $\mathcal{Z} = \mathcal{F}_\ell\{Z_1, Z_2, \cdots, Z_r\}$ *的结构矩阵* G *行满秩, 而* $\mathcal{Z}$ *是* M *不变子空间, 那么,* H *可由式* (2.3.3) *解出为*

$$H = GMG^{\mathrm{T}}(GG^{\mathrm{T}})^{-1}. \tag{2.3.6}$$

下面给出一个布尔网络不变子空间的例子.

例 2.3.1 考察如下的布尔网络:

$$\begin{cases} X_1(t+1) = (X_1(t) \wedge X_2(t) \wedge \neg X_4(t)) \vee (\neg X_1(t) \wedge X_2(t)), \\ X_2(t+1) = X_2(t) \vee (X_3(t) \leftrightarrow X_4(t)), \\ X_3(t+1) = (X_1(t) \wedge \neg X_4(t)) \vee (\neg X_1(t) \wedge X_2(t)) \\ \qquad\qquad \vee (\neg X_1(t) \wedge \neg X_2(t) \wedge X_4(t)), \\ X_4(t+1) = X_1(t) \wedge \neg X_2(t) \wedge X_4(t). \end{cases} \tag{2.3.7}$$

其代数状态空间表达式为

$$x(t+1) = Mx(t), \tag{2.3.8}$$

这里,

$$M = \delta_{16}[11, 1, 11, 1, 11, 13, 15, 9, 1, 2, 1, 2, 9, 15, 13, 11].$$

设 $\mathcal{Z} = \mathcal{F}_\ell\{z_1, z_2, z_3\}$, 这里,

$$\begin{cases} z_1 = x_1 \bar{\vee} x_4, \\ z_2 = \neg x_2, \\ z_3 = x_3 \leftrightarrow \neg x_4. \end{cases} \tag{2.3.9}$$

记 $x = \ltimes_{i=1}^4 x_i$, $z = \ltimes_{i=1}^3 z_i$, 则

$$z = Qx,$$

这里, 不难算出 Q 为

$$Q = \delta_8[8,3,7,4,6,1,5,2,4,7,3,8,2,5,1,6].$$

显见, (2.2.7) 成立, 即 $\mathcal{Z}$ 为正规子空间.

利用 (2.3.6) 可得

$$H^* = \delta_8[2,4,8,8,1,3,3,3].$$

直接验证可知 (2.3.3) 成立. 因此, $\mathcal{Z} = \mathcal{F}_\ell\{z_1, z_2, z_3\}$ 是 (2.3.7) 的正规 M 不变子空间.

不难进一步验证, 它是布尔网络 (2.3.7) 的唯一的非平凡正规 M 不变子空间.

2.3.2　不变子空间的并

设 $\mathcal{V}_i, i = 1,2$ 为两个 M 不变子空间, 这里

$$\begin{aligned}
\mathcal{V}_1 &= \mathcal{F}_\ell\{Z_1^1, \cdots, Z_p^1\}, \\
\mathcal{V}_2 &= \mathcal{F}_\ell\{Z_1^2, \cdots, Z_q^2\}.
\end{aligned} \tag{2.3.10}$$

那么, 我们有

$$\mathcal{V}_i = G_i x, \quad i = 1,2, \tag{2.3.11}$$

这里 $z^1 = \ltimes_{i=1}^p z_i^1$, $z^2 = \ltimes_{i=1}^q z_i^2$, $x = \ltimes_{i=1}^n x_i$, $G_1 \in \mathcal{L}_{2^p \times 2^n}$, $G_2 \in \mathcal{L}_{2^q \times 2^n}$.

定理 2.3.2　设 $\mathcal{V}_i, i = 1,2$ 为 M 不变子空间. 即存在 $H_1 \in \mathcal{L}_{2^p \times 2^p}$ 及 $H_2 \in \mathcal{L}_{2^q \times 2^q}$, 使得

$$G_1 M = H_1 G_1, \quad G_2 M = H_2 G_2. \tag{2.3.12}$$

那么,

$$\mathcal{V} = \mathcal{V}_1 \cup \mathcal{V}_2 = \mathcal{F}_\ell\{z_1^1, \cdots, z_p^1; z_1^2, \cdots, z_q^2\}$$

也是 M 不变子空间. 并且, $\mathcal{V}$ 的结构矩阵, 记作

$$G = G_1 * G_2, \tag{2.3.13}$$

满足

$$GM = HG, \tag{2.3.14}$$

这里,

$$H = H_1 \otimes H_2. \tag{2.3.15}$$

要证明这个定理, 我们需要下列引理, 这个引理本身也是有用的.

引理 2.3.1 设 $A \in \mathcal{M}_{p \times \ell}$, $B \in \mathcal{M}_{q \times \ell}$, 以及 $T \in \mathcal{L}_{\ell \times m}$. 那么,

$$(A * B)T = (AT) * (BT). \tag{2.3.16}$$

证明 记

$$A = [A^1, A^2, \cdots, A^\ell], \quad B = [B^1, B^2, \cdots, B^\ell],$$

这里, $A^i = \mathrm{Col}_i(A)$ ($B^i = \mathrm{Col}_i(B)$) 为 A (B) 的第 i 列. 记

$$T = \delta_\ell [i_1, i_2, \cdots, i_m].$$

那么,

$$\begin{aligned}
(A * B)T &= ([A^1, A^2, \cdots, A^\ell] * [B^1, B^2, \cdots, B^\ell]) \, T \\
&= [A^1 \otimes B^1, A^2 \otimes B^2, \cdots, A^\ell \otimes B^\ell] \, T \\
&= [A^{i_1} \otimes B^{i_1}, A^{i_2} \otimes B^{i_2}, \cdots, A^{i_m} \otimes B^{i_m}], \\
(AT) * (BT) &= [A^{i_1}, A^{i_2}, \cdots, A^{i_m}] * [B^{i_1}, B^{i_2}, \cdots, B^{i_m}] \\
&= [A^{i_1} \otimes B^{i_1}, A^{i_2} \otimes B^{i_2}, \cdots, A^{i_m} \otimes B^{i_m}].
\end{aligned}$$

于是可得等式 (2.3.16). $\square$

定理 2.3.2 的证明 只要证明等式 (2.3.14) 及 (2.3.15) 就行了. 记 $G_1 = (G_1^1, \cdots, G_1^{2^n})$, $G_2 = (G_2^1, \cdots, G_2^{2^n})$, 这里, $G_1^i = \mathrm{Col}_i(G_1)$, $G_2^i = \mathrm{Col}_i(G_2)$, $i = 1, 2, \cdots, 2^n$. 根据引理 2.3.1 可得

$$\begin{aligned}
GT &= (G_1 * G_2)T = (G_1 T) * (G_2 T) = (H_1 G_1) * (H_2 G_2) \\
&= [(H_1 G_1^1) * (H_2 G_2^1), (H_1 G_1^2) * (H_2 G_2^2), \cdots, (H_1 G_1^{2^n}) * (H_2 G_2^{2^n})] \\
&= [(H_1 G_1^1) \otimes (H_2 G_2^1), (H_1 G_1^2) \otimes (H_2 G_2^2), \cdots, (H_1 G_1^{2^n}) \otimes (H_2 G_2^{2^n})] \\
&= [(H_1 \otimes H_2)(G_1^1 \otimes G_2^1), (H_1 \otimes H_2)(G_1^2 \otimes G_2^2), \cdots, (H_1 \otimes H_2)(G_1^{2^n} \otimes G_2^{2^n})] \\
&= (H_1 \otimes H_2)(G_1 * G_2) = (H_1 \otimes H_2)G. \qquad \square
\end{aligned}$$

注 2.3.2 设 $G \in \mathcal{L}_{k^r \times k^n}$, 则 G 可唯一确定 r 个 k 值逻辑函数 $\{Z_i \,|\, i \in [1, r]\}$. 如果 G 为

$$\mathcal{Z} = \mathcal{F}_\ell^k \{Z_1, Z_2, \cdots, Z_r\}$$

的结构矩阵, 则 G 可以唯一确定一个泛子空间 $\mathcal{Z}$. 反之, 对于一个泛子空间 $\mathcal{Z}$, 则它的结构矩阵不唯一, 甚至结构矩阵的维数也不唯一. 当然, 每一个泛子空间都会有最小维数的结构矩阵, 但它也不唯一. 更重要的是, 判定和寻找一个泛子空间的最小维数的结构矩阵都是极为困难而不必要的. 因此, 在定理 2.3.2 中以及在此后的讨论中, 一个泛子空间的结构矩阵均应指其中的任意一个结构矩阵.

下面这个推论在逻辑控制网络的分析与控制设计中起重要作用.

推论 2.3.2 考察 k 值逻辑网络 (2.1.1). 设 $\mathcal{Z} \subset \mathcal{X}^*$ 为一泛子空间. 则存在唯一的最大 M 不变子空间 $\mathcal{S} \subset \mathcal{Z}$. (这个最大 M 不变子空间可能是空集, 即 $\mathcal{S} = \varnothing$.)

关于泛子空间结构矩阵行秩有如下结论.

命题 2.3.1 设 $\mathcal{Z} = \mathcal{F}_\ell^k\{Z_1, Z_2, \cdots, Z_r\}$ 为网络 (2.1.1) 的一个泛子空间, 其结构矩阵为 $G_{\mathcal{Z}}$. 如果 $\mathcal{Z}$ 是一个正规子空间, 则 $G_{\mathcal{Z}}$ 行满秩. 反之不成立.

证明 根据公式 (2.2.7) 易知, 正规子空间的结构矩阵行满秩. 反之不成立, 考虑下例: 设 $G_Z = \delta_4[1, 2, 3, 4, 2, 2, 3, 4]$, 则 G_Z 行满秩. 但它显然不满足 (2.2.7).

$\square$

下面对泛子空间并的结构矩阵的行秩做一点讨论. 先给出一个关于 Khatri-Rao 积的秩的一个结论.

命题 2.3.2 设 $A \in \mathcal{M}_{p \times n}, B \in \mathcal{M}_{q \times n}$, 则

$$\operatorname{rank}(A * B) \leqslant \operatorname{rank}(A)\operatorname{rank}(B). \tag{2.3.17}$$

证明 由定义不难知道

$$A * B = \begin{bmatrix} \operatorname{Row}_1(A) * B \\ \operatorname{Row}_2(A) * B \\ \vdots \\ \operatorname{Row}_p(A) * B \end{bmatrix}. \tag{2.3.18}$$

设

$$\operatorname{Row}_i(A) = \sum_{j \neq i}^{p} \lambda_j \operatorname{Row}_j(A), \tag{2.3.19}$$

则有

$$\operatorname{Row}_i(A) * B = \sum_{j \neq i}^{p} \lambda_j [\operatorname{Row}_j(A) * B]. \tag{2.3.20}$$

设 $\{\operatorname{Row}_{i_j}(A) \,|\, j \in [1, s]\}$ 为 A 的一组线性无关行, 这里 $s = \operatorname{rank}(A) \leqslant p$. 利用关系 (2.3.19) 及 (2.3.20) 可知

$$\operatorname{rank}(A * B) \leqslant \operatorname{rank}\left(\begin{bmatrix} \operatorname{Row}_{i_1}(A) * B \\ \operatorname{Row}_{i_2}(A) * B \\ \vdots \\ \operatorname{Row}_{i_s}(A) * B \end{bmatrix}\right). \tag{2.3.21}$$

利用关系式

$$W_{[p,q]}A * B = B * A$$

可知, 上述关于 A 的讨论亦可用于 B. 于是, 结论显见. □

下面给出关于泛子空间并的结构矩阵行秩的一个结论.

命题 2.3.3 设 $\mathcal{Z}^i = \mathcal{F}_\ell^k\{Z_1^i, Z_2^i, \cdots, Z_{r_i}^i\}$, $i = 1, 2$ 为网络 (2.1.1) 的两个泛子空间, 其结构矩阵为 G_Z^i, $i = 1, 2$. 如果 G_Z^1 或 G_Z^2 行相关, 则其并的结构矩阵 $G_Z = G_Z^1 * G_Z^2$ 也行相关. 反之不成立.

证明 利用命题 2.3.2 可知, 如果 G_Z^1 或 G_Z^2 行相关, 则其并的结构矩阵 $G_Z = G_Z^1 * G_Z^2$ 也行相关.

反之不成立, 见下例: 设 $\mathcal{Z}_i = \mathcal{F}_\ell\{Z_i\}$, $i = 1, 2$, 其中 $z_1 = \delta_2[1, 1, 2, 2]$, $z_2 = \delta_2[2, 1, 2, 2]$, 则 $\mathcal{Z}_i$, $i = 1, 2$ 基底线性无关. 考察 $\mathcal{Z} = \mathcal{Z}_1 \cup \mathcal{Z}_2$. 其结构矩阵 $G_Z G_Z^1 * G_Z^2 = \delta_4[2, 1, 4, 4]$ 不是行满秩的. □

2.3.3 布尔网络的聚类动态系统

设 (2.1.1) 为一大型布尔网络, Z_i, $i = 1, \cdots, r$, $r \ll n$ 为分割函数, 它们分别表示我们感兴趣的 r 个性质. 令

$$\mathcal{Z} = \mathcal{F}_\ell\{Z_i \mid i = 1, \cdots, r\}.$$

我们首先寻找包含 $\mathcal{Z}$ 且 M 不变的最小泛子空间, 记其为 $\overline{\mathcal{Z}}$.

算法 2.3.1 第一步: 设 $z^0 = \ltimes_{i=1}^r z_i$, 并令

$$z^0 = z(0) = G_0 x.$$

计算

$$z(1) = G_0 M x := G_1 x,$$

$$z^1 = z^0 \ltimes z(1) := G^1 x.$$

第 k 步: 设 $z(k-1) = G_{k-1} x$ 且 $z^{k-1} = G^{k-1} x$ 已知. 构造

$$z(k) = G_{k-1} M x := G_k x,$$

$$z^k = z^{k-1} \ltimes z(k) := G^k x.$$

最后一步: 设

$$\mathcal{F}_\ell\{z^{k^*+1}\} = \mathcal{F}_\ell\{z^{k^*}\}, \tag{2.3.22}$$

停止.

命题 2.3.4   算法 2.3.1 必定停止于某个 $k^* + 1$. 令

$$\overline{\mathcal{Z}} := \mathcal{F}_\ell\{z^{k^*}\}, \tag{2.3.23}$$

则 $\overline{\mathcal{Z}}$ 是最小的包含 z^0 且 M 不变的子空间.

证明   因为 z^k, $k = 0, 1, 2, \cdots$ 为一个在有限集 $\mathcal{F}_\ell\{\mathcal{X}\}$ 上的单调增系列, 则必存在 k^* 使 (2.3.22) 成立.

显然, z^k, $k = 1, 2, \cdots, k^*$ 均包含于含 z^0 且 M 不变的子空间内. 最后, (2.3.22) 表明 $\mathcal{F}_\ell\{z^{k^*}\}$ 是 M 不变的. 因此, 它是含 z^0 的最小 M 不变的子空间.
□

定义 2.3.3   关于 $\overline{\mathcal{Z}}$ 的动态系统称为由 $\{Z_i \,|\, i = 1, \cdots, r\}$ 聚类的对偶动态系统.

下面考虑对偶动态系统的动力学方程.

设 $\overline{\mathcal{Z}} = \mathcal{F}_\ell\{\bar{z}\}$ 为一个 M 不变子空间, 那么

$$\bar{z} = \bar{G}x.$$

利用定理 2.3.1 可得

$$\bar{z}(t+1) = \bar{G}x(t+1) = \bar{G}Mx(t) = H\bar{G}x(t) = H\bar{z}(t). \tag{2.3.24}$$

综上可得如下结果.

定理 2.3.3   系统 (2.3.24) 是相应聚类的对偶动态系统的动态方程.

注 2.3.3   (i) 显然, 在定理 2.3.3 中并不要求 $\overline{\mathcal{Z}}$ 为正规子空间. 根据算法 2.3.1 可知, 由 (2.3.3) 即可得 (2.3.24). 只是在正规的情形下, 我们才能得到完整的网络动态方程 (2.3.5).

(ii) 一般地说, (2.3.24) 不能被认为是 (2.3.5) 的第一部分.

考察布尔网络 (2.1.1), 它有 n 个结点. 因此, 系统有 2^n 个状态. 但它的逻辑函数个数为 2^{2^n}. 因此, 如果 $\overline{\mathcal{Z}}$ 不是正规子空间, 则在 (2.3.24) 中的变量 $z_i(t)$ 不能表示为状态变量的形式, 即, $z_i(t) \notin \Delta_{2^n}$. 故 (2.3.24) 被称为 "对偶动态系统", 因为该系统的状态变量是逻辑函数.

下面这个简单例子说明 "对偶" 的含义.

例 2.3.2   考察如下的布尔网络:

$$\begin{cases} X_1(t+1) = X_1(t) \vee X_2(t), \\ X_2(t+1) = X_1(t) \wedge X_2(t). \end{cases} \tag{2.3.25}$$

易知其代数状态空间表达式为

$$x(t+1) = \delta_4[1, 2, 2, 4]x(t), \tag{2.3.26}$$

这里 $x(t) = x_1(t)x_2(t)$.

下面考虑

$$Z_1 = (\neg X_1) \wedge X_2.$$

则

$$z_1 = Gx = \delta_2[2,2,1,2]x_1x_2.$$

不难检验

$$\begin{aligned}
z_1 M &= \delta_2[2,2,2,2]x_1x_2 := z_2, \\
z_2 M &= z_2.
\end{aligned} \tag{2.3.27}$$

能否将 (2.3.27) 表达成一个完整的布尔网络的形式?

注意到

$$z_1 z_2 = Tx_1x_2,$$

这里

$$T = \delta_4[4,4,2,4],$$

显见 $\{z_1, z_2\}$ 不是坐标系. 因此, 对偶系统 (2.3.27) 不是一个布尔网络.

由例 2.3.2 看出, 我们需要一种新的框架来刻画对偶系统 (2.3.24).

定义 2.3.4 考察对偶系统 (2.3.24), 它定义在一个 M 不变泛子空间 $\mathcal{Z}$ 上. 设

$$\mathcal{Z} = \mathcal{F}_\ell\{z_1, z_2, \cdots, z_r\}.$$

利用 (2.3.24) 不难得到

$$z(t+1) = f(z(t)). \tag{2.3.28}$$

于是可得

$$z(t+1) = M_z z(t), \quad z(t) \in \Delta_{2^r}, \tag{2.3.29}$$

这里, M_z 是 f 的结构矩阵, 即

$$\text{Col}_j(M_z) = f(z = \delta_{2^r}^j), \quad j \in [1, 2^r].$$

式 (2.3.29) 称为对偶系统 (2.3.24) 的代数状态空间表示.

下面这个例子系统说明如何得到对偶系统的代数状态空间表示.

例 2.3.3   回忆例 2.3.1. 布尔网络 (2.3.7) 有许多 M 不变泛子空间. 我们考虑几个特例:

(i) 设

$$z_0 = \delta_2[2,2,2,2,2,2,2,2,2,2,2,2,2,2,2,1]x_1x_2x_3x_4.$$

利用算法 2.3.1, 可算得包含 z_0 的最小 M 不变子空间为

$$\mathcal{Z} = \mathcal{F}_\ell\{z_0, z_1\},$$

这里,

$$z_1 = \delta_2[2,2,2,2,2,2,2,2,2,2,2,2,2,2,2,2]x_1x_2x_3x_4.$$

于是, $\mathcal{Z}$ 上的对偶动态系统为

$$\begin{cases} z_0(t+1) = z_1(t), \\ z_1(t+1) = z_1(t). \end{cases} \tag{2.3.30}$$

(2.3.30) 可通过它的代数状态空间表达式表示为

$$z(t+1) = \delta_4[1,4,1,4]z(t), \tag{2.3.31}$$

这里, $z(t) \in \mathcal{D}_4$.

(ii) 设

$$z_0 = \delta_2[1,2,2,2,2,2,2,2,2,2,1,2,2,2,2,2]x_1x_2x_3x_4.$$

则包含 z_0 的最小 M 不变子空间为

$$\mathcal{Z} = \mathcal{F}_\ell\{z_0, z_1, z_2, z_3, z_4\},$$

这里,

$$z_1 = \delta_2[1,1,1,1,1,2,2,2,1,2,1,2,2,2,2,1]x_1x_2x_3x_4;$$
$$z_2 = \delta_2[1,1,1,1,1,2,2,1,1,1,1,1,1,2,2,1]x_1x_2x_3x_4;$$
$$z_3 = \delta_2[1,1,1,1,1,1,2,1,1,1,1,1,1,2,1,1]x_1x_2x_3x_4;$$
$$z_4 = \delta_2[1,1,1,1,1,1,1,1,1,1,1,1,1,1,1,1]x_1x_2x_3x_4.$$

则对偶系统的代数状态空间表达式为

$$z(t+1) = \delta_{2^5}[1,4,5,8,10,12,13,16,17,20,21,24,25,28,29,32,$$
$$1,4,5,8,10,12,13,16,17,20,21,24,25,28,29,32]z(t), \tag{2.3.32}$$

这里, $z(t) \in \mathcal{D}_{2^5}$.

2.4 布尔控制网络的不变子空间

考察布尔控制网络 (2.1.4), 其代数状态空间表达式为 (2.1.6) (令 $k = 2$). 将 L 等分为 2^m 块如下:

$$L = [M_1, M_2, \cdots, M_{2^m}], \tag{2.4.1}$$

这里,

$$M_r = L\delta_{2^m}^r \in \mathcal{L}_{2^n \times 2^n}, \quad r = 1, 2, \cdots, 2^m.$$

定义 2.4.1 (i) $\mathcal{Z}$ 称为控制不变子空间, 如果 $\mathcal{Z}$ 是 M_i 不变子空间, $i = 1, 2, \cdots, 2^m$;

(ii) $\mathcal{Z}$ 称为关于控制子集 $U \subset \Delta_{2^m} := \delta_{2^m}\{1, 2, \cdots, 2^m\}$ 的部分控制不变子空间, 如果对 $U \subset [1, 2^m]$, $\mathcal{Z}$ 是 M_i 不变子空间, $i \in U$.

定义 2.4.2 (i) $\mathcal{V}$ 称为包含 $\mathcal{Z} \subset \mathcal{X}^*$ 的控制不变子空间, 如果它包含 $\mathcal{Z}$ 且对任意 M_i, $i \in [1, 2^m]$ 都不变;

(ii) 所有包含 $\mathcal{Z} \subset \mathcal{X}^*$ 的控制不变子空间的交, 称为最小包含 $\mathcal{Z}$ 的控制不变子空间, 记作 $\overline{\mathcal{Z}}$;

(iii) $\mathcal{V}$ 称为包含 $\mathcal{Z} \subset \mathcal{X}^*$ 的关于 $U \subset [1, 2^m]$ 的部分控制不变子空间, 如果它包含 $\mathcal{Z}$, 并且是 M_i 不变子空间, $i \in U$;

(iv) 所有包含 $\mathcal{Z} \subset \mathcal{X}^*$ 的关于 $U \subset [1, 2^m]$ 的部分控制不变子空间的交称为最小包含 $\mathcal{Z}$ 的关于 $U \subset [1, 2^m]$ 的部分控制不变子空间, 记作 $\overline{\mathcal{Z}}^U$.

设 $\mathcal{Z} = \mathcal{F}_\ell\{z_1, z_2, \cdots, z_r\}$ 且 $\overline{\mathcal{Z}} = \mathcal{F}_\ell\{z_1, \cdots, z_r, z_{r+1}, \cdots, z_s\}$. 记 $z = \ltimes_{i=1}^s z_i$, 则存在 $G \in \mathcal{L}_{2^s \times 2^n}$, 使得

$$z = G \ltimes_{i=1}^n x_i := Gx.$$

因为 $\overline{\mathcal{Z}}$ 是对所有 $u = \delta_{2^m}^i$, $i \in [1, 2^m]$ 控制不变的, 则存在 H_i, 使得

$$GM_i = H_i G, \quad i = 1, 2, \cdots, 2^m. \tag{2.4.2}$$

于是有

$$\begin{aligned} z(t+1) &= Gx(t+1) = GLu(t)x(t) \\ &= [H_1, H_2, \cdots, H_{2^m}]u(t)Gx(t) \\ &= [H_1, H_2, \cdots, H_{2^m}]u(t)z(t). \end{aligned}$$

记 $H := [H_1, H_2, \cdots, H_{2^m}]$, 则有对偶系统

$$z(t+1) = Hu(t)z(t). \tag{2.4.3}$$

下面考虑控制受限的情形, 即 $u(t) = \delta_{2^m}^i, i \in U \subset [1, 2^m]$. 设 U 依赖于状态, 即存在 $\Xi \subset \Delta_{2^m}$, 使得对每个 $u \in \Xi$, 存在一个相应的状态集合的子集 $X_u \subset \mathcal{X}$ 和一个子集 $\Xi_u \subset \Xi$, 满足

$$U = \left\{ u(t) \notin \Xi_{u(t)},\ \text{如果}\ x(t) \in X_{u(t)} \right\}.$$

我们引入下面的记号: $A \in \mathcal{M}_{p \times q}$ 称为含零逻辑矩阵, 如果

$$\mathrm{Col}(A) \subset \Delta_p \cup \mathbf{0}_p,$$

即 A 可能含某些零列.

下面考虑包含 $\mathcal{Z}$ 的部分控制不变子空间. 如果 $z = \delta_{2^s}^k$ 时, $u = \delta_{2^m}^\alpha$ 是不被容许的控制, 那么, 在 (2.4.3) 中, 令

$$\mathrm{Col}_k(H_\alpha) = \mathbf{0}_{2^s}.$$

这样, 我们就可以构造改造过的 H, 记作 H^U, 则由部分控制不变子空间上的对偶控制系统的动态方程可记为

$$z(t+1) = H^U u(t) z(t). \tag{2.4.4}$$

2.5　布尔控制网络的最小实现

定义 2.5.1　考察布尔控制网络 (2.1.4) $(k = 2)$, 其代数状态空间表达式为 (2.1.6). 如果存在一个子空间 $\mathcal{Z} = \mathcal{F}_\ell\{Z_1^1, Z_2^1, \cdots, Z_r^1\}$ 使得

$$\begin{cases} Z^1(t+1) = F^1(Z^1(t), u(t)), & Z^1(t) \in \mathcal{Z}, \\ Y(t) = \xi(Z^1(t)), \end{cases} \tag{2.5.1}$$

那么, (2.5.1) 称为布尔控制网络 (2.1.4) 的一个实现.

注 2.5.1　(i) 由定义 2.5.1 可知, $\mathcal{Z}$ 是包含 $\mathcal{Y}$ 的一个控制不变子空间;

(ii) 定义 2.5.1 不要求 $\mathcal{Z}$ 为一正规子空间. 实际上, (2.5.1) 只是一个对偶系统;

(iii) 显然, 系统 (2.5.1) 与系统 (2.1.4) 具有相同的输入—输出关系.

如果控制不变子空间 $\mathcal{Z}$ 为正规子空间, 则存在 Z^2 使得 $Z = \{Z^1, Z^2\}$ 成为一个新坐标系. 在坐标系 Z 下, 系统 (2.1.4) 可表示为

$$\begin{cases} Z^1(t+1) = F^1(Z^1(t), u(t)), & Z^1(t) \in \mathcal{Z}, \\ Z^2(t+1) = F^2(Z(t), u(t)), \\ Y(t) = \xi(Z^1(t)). \end{cases} \tag{2.5.2}$$

定义 2.5.2 考察布尔控制网络 (2.1.4), 如果 $\mathcal{Z}^1 = \mathcal{F}_\ell\{Z_1^1, Z_2^1, \cdots, Z_r^1\}$ 是包含 $\mathcal{Y}$ 的最小 M 不变子空间, 则其对应的对偶系统 (2.5.1) 称为布尔控制网络 (2.1.4) 的最小实现.

注 2.5.2 (i) 将定义 2.5.2 中的最小实现与经典定义 (例如, 见文献 [23]) 比较可知, 经典定义是基于 (2.5.4) 的, 其中 $\mathcal{Z}^1 = \mathcal{F}_\ell\{z^1\}$ 是正规子空间. 而定义 2.5.2 不要求子空间是正规的. 从前面的讨论可知, 正规性是一个很强的要求.

(ii) 根据定义 2.5.2, 最小实现其实是一个对偶系统, 其状态变量是逻辑函数. 因此, 一般最小实现不能表示成 (2.5.4) 的形式.

类似于布尔网络的不变子空间, 布尔控制网络的控制不变子空间有如下性质.

命题 2.5.1 考察布尔控制网络 (2.1.4). 设 $\mathcal{Z}^1 = \mathcal{F}_\ell\{Z_1^1, Z_2^1, \cdots, Z_r^1\}$ 为包含 $\mathcal{Y}$ 的最小控制不变子空间, 并且 $z = Gx$, 那么,

(i) 存在一组逻辑矩阵 $H_i \in \mathcal{L}_{2^r \times 2^r}$, $i \in [1, 2^m]$, 使得

$$GM_i = H_iG, \quad i \in [1, 2^m]; \tag{2.5.3}$$

(ii) 控制网络 (2.1.4) 的最小实现为

$$\begin{cases} z^1(t+1) = Hu(t)z^1(t), \\ y(t) = \Xi z^1(t), \end{cases} \tag{2.5.4}$$

这里, Ξ 为 (2.5.1) 中的 ξ 的结构矩阵, 并且,

$$H = [H_1, H_2, \cdots, H_{2^m}].$$

下面的算法给出构造一个给定布尔控制网络的最小实现的方法.

算法 2.5.1 第一步: 设

$$\mathcal{O}_0 = \{y_1, y_2, \cdots, y_p\}.$$

计算

$$\mathcal{O}_1 = \{yM_1, yM_2, \cdots, yM_{2^m} \mid y \in \mathcal{O}_0\} \backslash \{\mathcal{O}_0\}.$$

第 s 步: $(s > 0)$ 计算

$$\mathcal{O}_s = \{yM_1, yM_2, \cdots, yM_{2^m} \mid y \in \mathcal{O}_s\} \backslash \{\mathcal{O}_r \mid r = 0, 1, \cdots, s-1\}.$$

最后一步: 如果

$$\mathcal{O}_{s^*+1} = \varnothing, \tag{2.5.5}$$

则令

$$\mathcal{Z}^* := \bigcup_{i=1}^{s^*} \mathcal{O}_i. \tag{2.5.6}$$

停止.

由算法不难验证以下结论.

命题 2.5.2　(i) 算法 2.5.1 必定会到达 s^* 使 (2.5.5) 成立, 并且 (2.5.6) 中的 $\mathcal{Z}^*$ 是包含 $\mathcal{Y}$ 的最小控制不变子空间;

(ii) 设 $\mathcal{Z}^* = \mathcal{F}_\ell\{Z_1, Z_2, \cdots, Z_r\}$, 令 $z = \ltimes_{i=1}^r z_i$, 那么,

$$\begin{cases} z(t+1) = [H_1, H_2, \cdots, H_{2^m}]\, u(t)z(t), \\ y(t) = \Xi z(t) \end{cases} \tag{2.5.7}$$

为布尔控制网络 (2.1.4) 的最小实现.

下面我们用一个例子来描述如何计算一个布尔控制网络的最小实现.

例 2.5.1　考察一个布尔控制网络, 其代数状态空间表达式为

$$\begin{cases} x(t+1) = Lu(t)x(t), \quad x(t) \in \Delta_{2^n}, \quad u(t) \in \Delta_4, \\ y(t) = \Xi x(t), \quad y(t) \in \Delta_2, \end{cases} \tag{2.5.8}$$

这里 $x(t) = \ltimes_{i=1}^n x_i(t)$, $u(t) = u_1(t)u_2(t)$, 且

$$L = [M_1, M_2, M_3, M_4],$$

其中

$$M_1 = \begin{bmatrix} \begin{bmatrix} 0 & 0 & 1 \\ 1 & 0 & 0 \\ 0 & 1 & 0 \end{bmatrix} & \mathbf{0} \\ \mathbf{0} & \mathbf{X} \end{bmatrix}, \quad M_2 = \begin{bmatrix} \begin{bmatrix} 0 & 1 & 0 \\ 1 & 0 & 0 \\ 0 & 0 & 1 \end{bmatrix} & \mathbf{0} \\ \mathbf{0} & \mathbf{X} \end{bmatrix},$$

$$M_3 = \begin{bmatrix} \begin{bmatrix} 1 & 0 & 0 \\ 0 & 1 & 0 \\ 0 & 0 & 1 \end{bmatrix} & \mathbf{0} \\ \mathbf{0} & \mathbf{X} \end{bmatrix}, \quad M_4 = \begin{bmatrix} \begin{bmatrix} 0 & 0 & 1 \\ 0 & 1 & 0 \\ 1 & 0 & 0 \end{bmatrix} & \mathbf{0} \\ \mathbf{0} & \mathbf{X} \end{bmatrix},$$

这里, $\mathbf{X} \in \mathcal{L}_{(2^n-3)\times(2^n-3)}$ 为未知矩阵.

$$\Xi = \delta_2[1, 2, 1, \underbrace{2, 2, \cdots, 2}_{2^n-3}].$$

记 $y_1 = y$, 不难算出

$$y_1 M_1 = \delta_2[2, 1, 1, 2, \cdots, 2]x := y_2,$$
$$y_1 M_2 = y_2,$$
$$y_1 M_3 = y_1,$$
$$y_1 M_4 = y_1,$$
$$y_2 M_1 = \delta_2[1, 1, 2, 2, \cdots, 2]x := y_3,$$
$$y_2 M_2 = y_1,$$
$$y_2 M_3 = y_2,$$
$$y_2 M_4 = y_3,$$
$$y_3 M_1 = y_1,$$
$$y_3 M_2 = y_3,$$
$$y_3 M_3 = y_3,$$
$$y_3 M_4 = y_2.$$

记

$$y_i = (y_i^1, y_i^2, y_i^3, \cdots, y_i^k), \quad i = 1, 2, 3.$$

显然, 只有 y_i 的前三个分量影响对偶动态系统. 因此可设

$$z_1 = (y_1^1, y_1^2, y_1^3),$$
$$z_2 = (y_2^1, y_2^2, y_2^3),$$
$$z_3 = (y_3^1, y_3^2, y_3^3).$$

于是有

$$z_1(t+1) = [Z_2, Z_2, Z_1, Z_1]u(t)z(t),$$
$$z_2(t+1) = [Z_3, Z_1, Z_2, Z_3]u(t)z(t),$$
$$z_3(t+1) = [Z_1, Z_3, Z_3, Z_2]u(t)z(t),$$

这里, $u(t) = u_1(t)u_2(t)$, $z(t) = z_1(t)z_2(t)z_3(t)$, 并且

$$Z_1 = I_2 \otimes \mathbf{1}_4^{\mathrm{T}} = \delta_2[1, 1, 1, 1, 2, 2, 2, 2],$$
$$Z_2 = \mathbf{1}_2 \otimes I_2 \otimes \mathbf{1}_2 = \delta_2[1, 1, 2, 2, 1, 1, 2, 2],$$
$$Z_3 = \mathbf{1}_4 \otimes I_2 = \delta_2[1, 2, 1, 2, 1, 2, 1, 2].$$

最后可得 (2.5.8) 的最小实现为

$$\begin{cases} z(t+1) = L^* u(t)z(t), \\ y(t) = Z_1 z(t), \end{cases} \tag{2.5.9}$$

这里

$$L^* = \delta_8[1, 3, 5, 7, 2, 4, 6, 8, 1, 2, 5, 6, 3, 4, 7, 8, 1, 2, 3, 4, 5, 6, 7, 8, 1, 3, 2, 4, 5, 7, 6, 8].$$

最小实现 (2.5.9) 的状态转移图见图 2.5.1.

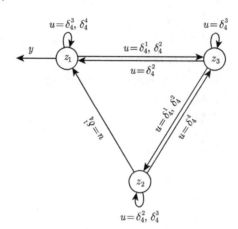

图 2.5.1   最小实现 (2.5.9) 的状态转移图

受例 2.5.1 的启发, 不难验证以下结论.

命题 2.5.3   考察布尔控制网络 (2.1.4). 如果存在一个坐标变换

$$z = Tx,$$

使得

$$TM_iT^{\mathrm{T}} = \begin{bmatrix} J_1^i & 0 & \cdots & 0 \\ 0 & J_2^i & \cdots & 0 \\ & & \ddots & 0 \\ 0 & 0 & \cdots & J_s^i \end{bmatrix}, \quad i = 1, 2, \cdots, 2^m,$$

这里, $Z = (Z^1, Z^2, \cdots, Z^s)$, 每个 Z^k 对应于 J_k^i. 并且, 如果 $Y \in \mathcal{F}_\ell\{Z^k\}$, 那么, 存在一个实现

$$\begin{cases} z(t+1) = \left[J_k^1, J_k^2, \cdots, J_k^{2^m} \right] u(t)z(t), \\ y(t) = \Xi_k z(t). \end{cases} \quad (2.5.10)$$

如果 J_k^i, $i = 1, 2, \cdots, 2^m$, 不能进一步对每个 $1 \leqslant k \leqslant s$ 同时做块对角分解, 那么, (2.5.10) 就是一个最小实现.

注 2.5.3   (i) 一般地说, 最小实现是布尔控制网络基于输出的一个对偶系统. 其代数状态空间表达式可以进一步简化 (见第 3 章).

(ii) 最小实现可以看作是一种聚类的产物. 分割函数将状态分为相关状态与无关状态. 最小实现实际上是在相关状态上建模.

(iii) 对于一个大型布尔网络, 我们可以在不同的结点注入控制, 再在不同的结点进行观测. 那么, 一对输入 (控制)—输出 (观测) 可能只与网络的一小部分结点有关,

寻找相关的实现, 研究其性质, 可能揭示整个网络的某种性质. 不同的输入—输出对就可能揭示整个网络的各种不同性质. 如果每个实现所涉及的结点个数比整个网络的结点总数小许多, 则最小实现可望成为研究大型网络的一个有效手段.

处理大型布尔网络的另一种方法是观察某些感兴趣的状态. 那么, 作为观测器的一组逻辑函数可以被看作示性函数 (或曰分割函数), 于是产生带观测的布尔网络. 严格定义如下.

定义 2.5.3 一个带有某些输出的布尔网络称为基于观测的布尔网络. 利用观测函数构造的最小实现称为基于观测的布尔网络的最小实现.

实际上, 通过观测数据, 我们可以直接构造基于观测的布尔网络的最小实现. 通过不同输出的观测数据, 我们或可重构整个布尔网络.

2.6 社会观点网络的最小实现

作为一个应用的例, 考虑一个社会网络的观点动力学 (opinion dynamics). 通常观点动力学考虑的是一个大型社会网络. 研究这种网络上的观点动力学是一个富有挑战性的问题. 但是如果我们只关心某些特殊性质, 它们可以用一些逻辑函数来表征, 那么, 聚类的方法可望用来降低计算复杂性.

下面这个例子详细描述利用聚类函数构造最小实现的方法.

例 2.6.1 一个社会观点演化网络的结构见图 2.6.1, 其中 x_i, $i = 1, 2, \cdots, 9$ 为我们关心的群体内玩家. 每个玩家可选观点 1 (用白圈表示), 即 "同意"; 或 0 (用黑圈表示), 即 "反对". 假定边界邻域的玩家观点不变. 其中, 玩家 A, B, C, D, E, F 持观点 1, 而玩家 U, V, W, X, Y, Z 持观点 0.

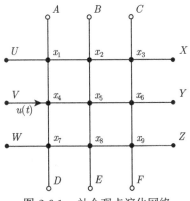

图 2.6.1 社会观点演化网络

每个玩家根据邻居观点, 都按 "随大流" 的策略更新自己的观点. 算上自己, 每个玩家有 5 个邻居, 因此, 他每次观点更新都是唯一的.

不难算出, 观点演化方程的代数状态空间表达式为

$$x(t+1) = Mx(t), \tag{2.6.1}$$

这里, $x = \ltimes_{i=1}^{9} x_i$, $M \in \mathcal{M}_{512 \times 512}$ 为

$M = \delta_{512}[1, 1, 1, 2, 1, 1, 5, 8, 1, 10, 2, 10, 1, 10, 6, 16, 1, 9, 1, 12, 33, 43, 39,$
$\qquad 48, 9, 10, 26, 28, 41, 44, 64, 64, 1, 1, 5, 6, 37, 37, 37, 40, 1, 10, 22,$
$\qquad 30, 37, 46, 54, 64, 33, 41, 53, 64, 37, 47, 55, 64, 57, 58, 62, 64, 61,$
$\qquad 64, 64, 64, 1, 9, 1, 10, 1, 9, 5, 16, 73, 74, 74, 74, 73, 74, 78, 80, 9, 9,$
$\qquad 9, 12, 41, 43, 47, 48, 73, 74, 90, 92, 105, 108, 128, 128, 1, 9, 5, 14,$
$\qquad 37, 45, 37, 48, 73, 74, 94, 94, 109, 110, 126, 128, 41, 41, 61, 64, 45,$
$\qquad 47, 63, 64, 121, 122, 126, 128, 125, 128, 128, 128, 1, 1, 1, 2, 1, 1, 5,$
$\qquad 8, 65, 74, 82, 90, 65, 74, 86, 96, 1, 9, 17, 28, 33, 43, 55, 64, 89, 90,$
$\qquad 90, 92, 121, 124, 128, 128, 257, 257, 277, 278, 293, 293, 309, 312,$
$\qquad 337, 346, 342, 350, 373, 382, 374, 384, 305, 313, 309, 320, 309,$
$\qquad 319, 311, 320, 377, 378, 382, 384, 381, 384, 384, 384, 65, 73, 65,$
$\qquad 74, 65, 73, 69, 80, 73, 74, 90, 90, 73, 74, 94, 96, 201, 201, 217, 220,$
$\qquad 233, 235, 255, 256, 217, 218, 218, 220, 249, 252, 256, 256, 321,$
$\qquad 329, 341, 350, 357, 365, 373, 384, 345, 346, 350, 350, 381, 382,$
$\qquad 382, 384, 505, 505, 509, 512, 509, 511, 511, 512, 505, 506, 510,$
$\qquad 512, 509, 512, 512, 512, 1, 1, 1, 2, 33, 33, 37, 40, 1, 10, 2, 10, 33,$
$\qquad 42, 38, 48, 33, 41, 33, 44, 33, 43, 39, 48, 41, 42, 58, 60, 41, 44, 64,$
$\qquad 64, 289, 289, 293, 294, 293, 293, 293, 296, 289, 298, 310, 318, 293,$
$\qquad 302, 310, 320, 289, 297, 309, 320, 293, 303, 311, 320, 313, 314,$
$\qquad 318, 320, 317, 320, 320, 320, 1, 9, 1, 10, 33, 41, 37, 48, 73, 74, 74,$
$\qquad 74, 105, 106, 110, 112, 169, 169, 169, 172, 169, 171, 175, 176, 233,$
$\qquad 234, 250, 252, 233, 236, 256, 256, 289, 297, 293, 302, 293, 301, 293,$
$\qquad 304, 361, 362, 382, 382, 365, 366, 382, 384, 425, 425, 445, 448, 429,$
$\qquad 431, 447, 448, 505, 506, 510, 512, 509, 512, 512, 512, 257, 257, 257,$
$\qquad 258, 289, 289, 293, 296, 321, 330, 338, 346, 353, 362, 374, 384, 417,$
$\qquad 425, 433, 444, 417, 427, 439, 448, 505, 506, 506, 508, 505, 508, 512,$

$$512, 289, 289, 309, 310, 293, 293, 309, 312, 369, 378, 374, 382, 373,$$
$$382, 374, 384, 433, 441, 437, 448, 437, 447, 439, 448, 505, 506, 510,$$
$$512, 509, 512, 512, 512, 449, 457, 449, 458, 481, 489, 485, 496, 457,$$
$$458, 474, 474, 489, 490, 510, 512, 489, 489, 505, 508, 489, 491, 511,$$
$$512, 505, 506, 506, 508, 505, 508, 512, 512, 481, 489, 501, 510, 485,$$
$$493, 501, 512, 505, 506, 510, 510, 509, 510, 510, 512, 505, 505, 509,$$
$$512, 509, 511, 511, 512, 505, 506, 510, 512, 509, 512, 512, 512].$$

假定当前的状态是

$$x_0 = \{x_1(0), x_2(0), \cdots, x_9(0)\}$$
$$= \delta_2\{2, 1, 1, 2, 1, 2, 2, 2, 1\}$$
$$= \delta_{512}^{303}.$$

设 $S := \{x_0\}$, 那么 S 的示性函数为

$$f_S(x) = \begin{cases} 1, & x = x_0, \\ 0, & \text{其他}. \end{cases}$$

设 $z(x) = f_S(x)$, 则

$$z(x) = G_1 x,$$

这里

$$\text{Col}_i(G_1) = \begin{cases} \delta_2^1, & i = 303, \\ \delta_2^2, & \text{其他}. \end{cases}$$

则由 $G_2 := G_1 M$ 可算得

$$\text{Col}_i(G_2) = \begin{cases} \delta_2^1, & i = 310, \\ \delta_2^2, & \text{其他}. \end{cases}$$

进而, 不难算得

$$G_2 M = G_1.$$

命 $z = z_1 z_2$, 这里

$$z_1 = G_1 x, \quad z_2 = G_2 x,$$

且 $x = \ltimes_{i=1}^9 x_i$. 于是可得

$$z_1(t+1) = G_1 x(t+1)$$
$$= G_1 M x(t) = G_2 x(t)$$
$$= z_2(t),$$
$$z_2(t+1) = G_2 x(t+1)$$
$$= G_2 M x(t) = G_1 x(t)$$
$$= z_1(t).$$

因此, 包含 Z_1 的最小 M 不变子空间为

$$G = \mathcal{F}_\ell\{Z_1, Z_2\}.$$

记对偶系统的代数状态空间表达式为

$$z(t+1) = \delta_4[1,3,2,4]z(t). \tag{2.6.2}$$

对偶系统 (2.6.2) 比原系统 (2.3.24) 小得多, 但它足以描述我们关心的状态 $z^* = G_1 x$ 的演化行为.

注 2.6.1　从例 2.3.3 可以看出, 当一个吸引子很小, 而分割函数与之相关时, 相应的对偶系统就可能比原系统小得多. 但是, 如果分割函数相关的吸引子很大, 则相应的对偶系统就可能也很大, 因此, 通过聚类方法得到小尺度实现就不可行了. 幸运的是, 对于像基因调控等这样的实际系统, Kauffman 曾指出[75]: 网络的大秩序 (vast order) 是由小吸引子 (tiny attractors) 决定的. 这个事实说明聚类方法在很多场合下是有效的.

下面考虑带控制的网络观点动力系统. 继续讨论前面的例子.

例 2.6.2　回忆例 2.3.3. 现在假定边界点 V 被控制 $u(t)$ 替换 (见图 2.6.1). 那么, 不难得到这个布尔控制网络的代数状态空间表达式如下:

$$x(t+1) = [N, M]u(t)x(t), \tag{2.6.3}$$

这里 M 与例 2.3.3 中的 M 一样, N 可算得如下:

$$N = \delta_{512}[1,1,1,2,1,1,5,8,1,10,2,10,1,10,6,16,1,9,1,12,1,11,7,16,$$
$$9,10,26,28,9,12,32,32,1,1,5,6,5,5,5,8,1,10,22,30,5,14,$$
$$22,32,1,9,21,32,37,47,55,64,25,26,30,32,61,64,64,64,1,$$
$$9,1,10,1,9,5,16,73,74,74,74,73,74,78,80,9,9,9,12,9,11,$$
$$15,16,73,74,90,92,73,76,96,96,1,9,5,14,5,13,5,16,73,74,$$

94, 94, 77, 78, 94, 96, 9, 9, 29, 32, 45, 47, 63, 64, 89, 90, 94, 96,

125, 128, 128, 128, 1, 1, 1, 2, 1, 1, 5, 8, 65, 74, 82, 90, 65, 74, 86,

96, 1, 9, 17, 28, 1, 11, 23, 32, 89, 90, 90, 92, 89, 92, 96, 96, 257, 257,

277, 278, 261, 261, 277, 280, 337, 346, 342, 350, 341, 350, 342, 352,

273, 281, 277, 288, 309, 319, 311, 320, 345, 346, 350, 352, 381, 384,

384, 384, 65, 73, 65, 74, 65, 73, 69, 80, 73, 74, 90, 90, 73, 74, 94, 96,

201, 201, 217, 220, 201, 203, 223, 224, 217, 218, 218, 220, 217, 220,

224, 224, 321, 329, 341, 350, 325, 333, 341, 352, 345, 346, 350, 350,

349, 350, 350, 352, 473, 473, 477, 480, 509, 511, 511, 512, 473, 474,

478, 480, 509, 512, 512, 512, 1, 1, 1, 2, 1, 1, 5, 8, 1, 10, 2, 10, 1, 10,

6, 16, 1, 9, 1, 12, 33, 43, 39, 48, 9, 10, 26, 28, 41, 44, 64, 64, 257,

257, 261, 262, 293, 293, 293, 296, 257, 266, 278, 286, 293, 302, 310,

320, 289, 297, 309, 320, 293, 303, 311, 1, 9, 1, 10, 1, 9, 5, 16, 73, 74,

74, 74, 73, 74, 78, 80, 137, 137, 137, 140, 169, 171, 175, 176, 201,

202, 218, 220, 233, 23, 256, 256, 257, 265, 261, 270, 293, 301, 293,

304, 329, 330, 350, 350, 365, 366, 382, 384, 425, 425, 445, 448, 429,

431, 447, 448, 505, 506, 510, 512, 509, 512, 512, 512, 257, 257, 257,

258, 257, 257, 261, 264, 321, 330, 338, 346, 321, 330, 342, 352, 385,

393, 401, 412, 417, 427, 439, 448, 473, 474, 474, 476, 505, 508, 512,

512, 257, 257, 277, 278, 293, 293, 309, 312, 337, 346, 342, 350, 373,

382, 374, 384, 433, 441, 437, 448, 437, 447, 439, 448, 505, 506, 510,

512, 509, 512, 512, 512, 449, 457, 449, 458, 449, 457, 453, 464, 457,

458, 474, 474, 457, 458, 478, 480, 457, 457, 473, 476, 489, 491, 511,

512, 473, 474, 474, 476, 505, 508, 512, 512, 449, 457, 469, 478, 485,

493, 501, 512, 473, 474, 478, 478, 509, 510, 510, 512, 505, 505, 509,

512, 509, 511, 511, 512, 505, 506, 510, 512, 509, 512, 512, 512].

设与例 2.3.3 一样, 我们只对同一个 S 感兴趣. 即 $S := \{X_0\}$, 这里, $x_0 = \delta_{512}^{303}$. 并且

$$z_0 = G_0 x,$$

这里,

$$\mathrm{Col}_i(G_0) = \begin{cases} \delta_2^1, & x = \delta_{512}^{303}, \\ \delta_2^2, & \text{其他}. \end{cases}$$

于是, 不难计算

$$\mathcal{O}_0 = \mathcal{F}_\ell\{Z_0\}, \quad \mathcal{O}_1 = \mathcal{F}_\ell\{Z_1\}, \quad \mathcal{O}_2 = \mathcal{F}_\ell\{Z_2\}, \quad \mathcal{O}_3 = \varnothing,$$

这里, $z_i = G_i x$, 并且,

$$\mathrm{Col}_i(G_1) = \begin{cases} \delta_2^1, & x = \delta_{512}^{310}, \\ \delta_2^2, & \text{其他}, \end{cases}$$

$$\mathrm{Col}_i(G_2) = \begin{cases} \delta_2^1, & x \in \{\delta_{512}^{299}, \delta_{512}^{303}, \delta_{512}^{422}\}, \\ \delta_2^2, & \text{其他}. \end{cases}$$

于是, 包含 Z_0 的最小 M 不变子空间为

$$\mathcal{Z}^* = \{Z_0, Z_1, Z_2\},$$

这个对偶系统的代数状态空间表达式为

$$z(t+1) = Hu(t)z(t), \tag{2.6.4}$$

这里 $z(t) \in \Delta_8$, 并且

$$H = \delta_8[1,1,6,6,3,3,8,8,1,3,6,8,1,3,6,8] \in \mathcal{L}_{8\times 16}.$$

这个对偶控制系统 (2.6.4) 的状态转移图见图 2.6.2.

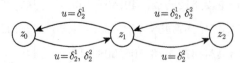

图 2.6.2   对偶控制系统 (2.6.4) 的状态转移图

第 3 章 对偶网络与隐秩序

本章讨论多值逻辑网络的全局对偶系统的结构、性质以及由对偶系统导致的稳秩序. 通常认为布尔网络的整体性质是由其吸引子决定的[75]. 本章揭示的是, 由对偶系统导致的稳秩序同样可能决定网络的整体性质.

本章内容可视为文献 [124] 在多值逻辑情形下的推广.

3.1 有限值网络的状态空间与对偶空间

考察一个有限值逻辑系统

$$
\begin{cases}
X_1(t+1) = f_1(X_1(t), \cdots, X_n(t)), \\
X_2(t+1) = f_2(X_1(t), \cdots, X_n(t)), \\
\vdots \\
X_n(t+1) = f_n(X_1(t), \cdots, X_n(t)),
\end{cases}
\tag{3.1.1}
$$

这里, $X_i \in \mathcal{D}_{k_i}$, $f_i : \mathcal{D}_\kappa \to \mathcal{D}_{k_i}$, $i \in [1, n]$, $\kappa = \prod_{i=1}^n k_i$. 当 $k_i = k$, $i \in [1, n]$ 时, (3.1.1) 称为一个 k 值逻辑网络; 当 $k_i = 2$, $i \in [1, n]$ 时, (3.1.1) 称为一个布尔网络; 其他的有限值网络则称为混合值网络.

记 $x_i = \vec{X}_i$, $i \in [1, n]$, 则可得 (3.1.1) 的代数状态空间表达式为

$$
x(t+1) = M x(t),
\tag{3.1.2}
$$

其中 $x(t) = \ltimes_{i=1}^n x_i(t)$.

定义 3.1.1 有限值逻辑系统 (3.1.1) 的状态空间, 记为 $\mathcal{X}$, 定义为

$$
\mathcal{X} = \mathcal{D}_\kappa \sim \Delta_\kappa.
$$

记 $\varnothing \neq S \subset [1, n]$, 则每个 $X \in \mathcal{X}$ 均有分量

$$
X_S \in \mathcal{D}_{\kappa_S},
\tag{3.1.3}
$$

这里,

$$
\kappa_S = \prod_{i \in S} k_i.
$$

(3.1.3) 的代数表达形式为

$$x_S = \vec{X}_S \in \Delta_{\kappa_S}. \tag{3.1.4}$$

记 S 的示性矩阵为 $\bigtriangledown_S = \otimes_{i=1}^{n} D_i^S$, 这里,

$$D_i^S = \begin{cases} I_{k_i}, & i \in S, \\ \mathbf{1}_{k_i}^{\mathrm{T}}, & i \notin S, \end{cases}$$

则

$$x_S = \bigtriangledown_S x. \tag{3.1.5}$$

考察一个有限值逻辑控制系统

$$\begin{cases} X_1(t+1) = f_1(X_1(t), \cdots, X_n(t); U_1(t), \cdots, U_m(t)), \\ X_2(t+1) = f_2(X_1(t), \cdots, X_n(t); U_1(t), \cdots, U_m(t)), \\ \vdots \\ X_n(t+1) = f_n(X_1(t), \cdots, X_n(t); U_1(t), \cdots, U_m(t)), \\ Y_\ell = g_\ell(X_1(t), \cdots, X_n(t)), \quad \ell \in [1, p], \end{cases} \tag{3.1.6}$$

这里, $X_i \in \mathcal{D}_{k_i}$, $i \in [1, n]$, $U_j \in \mathcal{D}_{r_j}$, $j \in [1, m]$, $Y_\ell \in \mathcal{D}_{s_\ell}$, $\ell \in [1, p]$, $f_i : \mathcal{D}_{\kappa r} \to \mathcal{D}_{k_i}$, $i \in [1, n]$, $g_\ell : \mathcal{D}_\kappa \to \mathcal{D}_{s_\ell}$, $\ell \in [1, p]$.

$$r = \prod_{j=1}^{m} r_j, \quad s = \prod_{\ell=1}^{p} s_\ell.$$

作为约定, 设

$$s_\ell \in \{k_i \,|\, i \in [1, n]\}, \quad \ell \in [1, p]. \tag{3.1.7}$$

系统 (3.1.6) 的代数状态空间表达式为

$$\begin{aligned} x(t+1) &= Lu(t)x(t), \\ y(t) &= Hx(t), \end{aligned} \tag{3.1.8}$$

这里, $L \in \mathcal{L}_{\kappa \times \kappa r}$, $H \in \mathcal{L}_{s \times \kappa}$.

有限值逻辑控制系统 (3.1.6) 的状态空间 $\mathcal{X}$ 的定义与有限值逻辑系统 (3.1.1) 一致.

定义 3.1.2 有限值逻辑系统 (3.1.1)(或有限值逻辑控制系统 (3.1.6)) 的对偶空间定义为

$$\mathcal{X}^* := \bigcup_{i=1}^{n} \mathcal{X}_i^*, \tag{3.1.9}$$

这里,

$$\mathcal{X}_i^* = \{f : \mathcal{D}_\kappa \to \mathcal{D}_{k_i}\}, \quad i \in [1, n]. \tag{3.1.10}$$

如果将 $\{k_i \,|\, i \in [1, n]\}$ 中重复的元素删去, 将剩余元素集合记作 S_0, 则 $S_0 \subset [1, n]$ 且

$$\mathcal{X}^* := \bigcup_{i \in S_0} \mathcal{X}_i^*. \tag{3.1.11}$$

于是有

$$|\mathcal{X}^*| = \prod_{i \in S_0} k_i^\kappa. \tag{3.1.12}$$

注 3.1.1 (i) 定义 3.1.1 和定义 3.1.2 均可直接应用到 k 值逻辑系统与布尔网络上去. 不难验证, 在这些特殊情形下, 它与第 2 章中的定义是一样的.

(ii) 由 (3.1.12) 可知, 对偶空间的大小与 $\{k_i \,|\, i \in [1, n]\}$ 中重复的元素的多少直接相关. 如果所有 k_i 均不相等, 则 $|\mathcal{X}^*| = \kappa^\kappa$. 如果 $k_i = k, i \in [1, n]$, 则在 k 值逻辑的情形下, $|\mathcal{X}^*| = k^{k^n}$. 特别是在布尔网络的情形下, $|\mathcal{X}^*| = 2^{2^n}$.

(iii) 约定 (3.1.7) 的物理意义是: 输出函数属于对偶空间.

下面考察一个混合值网络的例子.

例 3.1.1 考察一个混合值动态系统

$$\begin{cases} X_1(t+1) = X_2(t) \triangledown X_3(t), \\ X_2(t+1) = \neg X_1(t) \vee X_2(t), \\ X_3(t+1) = X_1(t) \square X_3(t), \end{cases} \tag{3.1.13}$$

这里, $X_1(t), X_2(t) \in \mathcal{D}_2, X_3(t) \in \mathcal{D}_3$,

$\triangledown : \mathcal{D}_2 \times \mathcal{D}_3 \to \mathcal{D}_2$, 其结构矩阵为

$$M_\triangledown = \delta_2[1, 2, 1, 1, 2, 2];$$

$\square : \mathcal{D}_2 \times \mathcal{D}_3 \to \mathcal{D}_3$, 其结构矩阵为

$$M_\square = \delta_3[2, 1, 3, 3, 2, 1].$$

于是可得 (3.1.13) 的分量代数状态空间表达式

$$\begin{cases} x_1(t+1) = M_1 x(t), \\ x_2(t+1) = M_2 x(t), \\ x_3(t+1) = M_3 x(t), \end{cases} \tag{3.1.14}$$

这里,

$$M_1 = M_\triangledown(\mathbf{1}_2^{\mathrm{T}} \otimes I_6) = \delta_2[1,2,1,1,2,2,1,2,1,1,2,2],$$
$$M_2 = M_d M_n(I_4 \otimes \mathbf{1}_3^{\mathrm{T}}) = \delta_2[1,1,1,2,2,2,1,1,1,1,1,1],$$
$$M_3 = M_\square(I_2 \otimes \mathbf{1}_2^{\mathrm{T}} \otimes I_3) = \delta_3[2,1,3,2,1,3,3,2,1,3,2,1].$$

最后可得 (3.1.13) 的代数状态空间表达式

$$x(t+1) = Mx(t), \tag{3.1.15}$$

这里,

$$M = M_1 * M_2 * M_3 = \delta_{12}[2,7,3,5,10,12,3,8,1,3,8,7].$$

下面考察一个混合值控制网络的例子.

例 3.1.2　考察一个混合值控制系统

$$\begin{cases} X_1(t+1) = u(t) \wedge (X_2(t)\triangledown X_3(t)), \\ X_2(t+1) = \neg X_1(t) \vee X_2(t), \\ X_3(t+1) = u(t)\square(X_1(t)\square X_3(t)), \\ Y(t) = (X_1(t) \leftrightarrow X_2(t))\triangledown X_3(t), \end{cases} \tag{3.1.16}$$

这里, $u(t), X_1(t), X_2(t), y(t) \in \mathcal{D}_2$, $X_3(t) \in \mathcal{D}_3$, $\triangledown$ 及 $\square$ 的定义见例 3.1.1.

(3.1.16) 的分量代数状态空间表达式为

$$\begin{cases} x_1(t+1) = L_1 u(t)x(t), \\ x_2(t+1) = L_2 u(t)x(t), \\ x_3(t+1) = L_3 u(t)x(t), \\ y(t) = Hx(t). \end{cases}$$

利用例 3.1.1, 可得

$$L_1 = M_c(I_2 \otimes M_1)$$
$$= \delta_2[1,2,1,1,2,2,1,2,1,1,2,2,2,2,2,2,2,2,2,2,2,2,2,2],$$

$$L_2 = M_2(\mathbf{1}_2^{\mathrm{T}} \otimes I_{12})$$
$$= \delta_2[1, 1, 1, 2, 2, 2, 1, 1, 1, 1, 1, 1, 1, 1, 1, 2, 2, 2, 1, 1, 1, 1, 1, 1],$$
$$L_3 = M_\square(I_2 \otimes M_3)$$
$$= \delta_3[1, 2, 3, 1, 2, 3, 3, 1, 2, 3, 1, 2, 2, 3, 1, 2, 3, 1, 1, 2, 3, 1, 2, 3].$$

最后可得 (3.1.16) 的代数状态空间表达式为

$$x(t+1) = Lu(t)x(t),$$
$$y(t) = Hx(t), \tag{3.1.17}$$

这里,

$$L = L_1 * L_2 * L_3$$
$$= \delta_{12}[1, 8, 3, 4, 11, 12, 3, 7, 2, 3, 7, 8, 8, 9, 7, 11, 12, 10, 7, 8, 9, 7, 8, 9],$$
$$H = M_\triangledown M_e = \delta_2[1, 2, 1, 1, 2, 2, 1, 2, 2, 1, 2, 1].$$

3.2 对 偶 网 络

第 2 章曾经讨论过布尔网络或 k 值网络的对偶系统, 它们是定义在原网络的某一个 M 不变的泛子空间上. 描述的是泛子空间上的逻辑函数的动态演化过程. 对于布尔控制网络或 k 值控制网络, 对偶控制系统是定义在原网络的某一个控制不变的泛子空间上. 描述的是泛子空间上的逻辑函数在控制作用下的动态演化过程. 直观地说, 对偶网络是指整个对偶空间上的动态系统. 此外, 我们还要将其推广到一般有限值动态系统.

考察有限值逻辑网络 (3.1.1), 其代数状态空间表达式为 (3.1.2), 其对偶空间如 (3.1.11) 所示. 那么, 显然每一个 $\mathcal{X}_i^*$, $i \in S_0$ 都是一个 M 不变子空间. 记 Σ_i^* 为 $\mathcal{X}_i^*$ 上的对偶系统, 则有如下对偶网络.

定义 3.2.1 (i) 考察有限值逻辑网络 (3.1.1), 对偶空间如 (3.1.11). 设 Σ_i^* 为 $\mathcal{X}_i^*$ 上的对偶系统, 则其对偶网络为

$$\Sigma^* = \bigcup_{i \in S_0} \Sigma_i^*. \tag{3.2.1}$$

(ii) 考察有限值逻辑控制网络 (3.1.6), 对偶空间如 (3.1.11). 设 $\Sigma(u)_i^*$ 为 $\mathcal{X}_i^*$ 上的对偶控制系统, 则其对偶控制网络为

$$\Sigma(u)^* = \bigcup_{i \in S_0} \Sigma(u)_i^*. \tag{3.2.2}$$

定义 3.2.2 设 $Z : \mathcal{D}_p \to \mathcal{D}_q$, 记为 $Z = f(X)$, 则其代数状态空间表达式为

$$z = M_Z x,$$

这里, $x \in \Delta_p$, $z \in \Delta_q$, $Z = f(X)$ 的结构矩阵为

$$M_Z = \delta_q[i_1, i_2, \cdots, i_p] \in \mathcal{L}_{q \times p}.$$

则称 $V_Z := [i_1, i_2, \cdots, i_p]$ 为 Z 的结构向量.

我们通过下面的例子介绍对偶网络的构造.

例 3.2.1 回忆例 3.1.1. 根据定义可知网络 (3.1.13) 的对偶网络的状态空间为

$$\mathcal{X}^* = \mathcal{X}_2^* \cup \mathcal{X}_3^*.$$

先考虑 $\mathcal{X}_2^*$: 设 $Z \in \mathcal{X}_2^*$, $Z : \mathcal{D}_{12} \to \mathcal{D}_2$. 记 $V_Z = [i_1, i_2, \cdots, i_{12}]$. 则可根据 V_Z 的字典序对 Z 排序. 即令

$$Z_1 : V_{Z_1} = [1,1,1,1,1,1,1,1,1,1,1,1],$$
$$Z_2 : V_{Z_2} = [1,1,1,1,1,1,1,1,1,1,1,2],$$
$$\vdots$$
$$Z_{2^{12}} : V_{Z_{2^{12}}} = [2,2,2,2,2,2,2,2,2,2,2,2].$$

则

$$
\begin{aligned}
z_1(t+1) &= M_{Z_1} x(t+1) \\
&= M_{Z_1} M x(t) \\
&= [1,1,1,1,1,1,1,1,1,1,1,1] x(t) \\
&= z_1(t).
\end{aligned}
$$

类似地可计算出全部 $Z_i \in \mathcal{X}_2^*$, $i \in [1, 4096]$ 的演化方程. 最后可得 $\mathcal{X}_2^*$ 上的对偶网络

$$
\begin{cases}
z_1^2(t+1) = z_1^2(t), \\
z_2^2(t+1) = z_{65}^2(t), \\
z_3^2(t+1) = z_1^2(t), \\
\vdots \\
z_{4096}^2(t+1) = z_{4096}^2(t).
\end{cases}
\tag{3.2.3}
$$

再考虑 $\mathcal{X}_3^*$ 上的对偶网络. 类似的计算可得 $\mathcal{X}_3^*$ 上的对偶网络

$$\begin{cases} z_1^3(t+1) = z_1^3(t), \\ z_2^3(t+1) = z_{730}^3(t), \\ z_3^3(t+1) = z_{1459}^3(t), \\ \quad\vdots \\ z_{531441}^3(t+1) = z_{531441}^3(t). \end{cases} \tag{3.2.4}$$

我们通过下面的例子介绍对偶控制网络的构造.

例 3.2.2 回忆例 3.1.2, 控制网络 (3.1.16) 的对偶控制网络的状态空间为

$$\mathcal{X}^* = \mathcal{X}_2^* \cup \mathcal{X}_3^*.$$

分别对 $u(t) = \delta_2^1$ 及 $u(t) = \delta_2^2$ 考察演化方程, 固定控制时演化方程等同于无控制时的对偶网络. 基于这个思考, 很容易计算出对偶控制网络的演化方程.

先考虑 $\mathcal{X}_2^*$ 上的对偶控制网络, 不难算得

$$\begin{cases} z_1^2(t+1) = [z_1^2(t), z_1^2(t)]u(t), \\ z_2^2(t+1) = [z_{65}^2(t), z_{129}^2(t)]u(t), \\ z_3^2(t+1) = [z_{129}^2(t), z_{257}^2]u(t), \\ \quad\vdots \\ z_{4096}^2(t+1) = [z_{4096}^2(t), z_{4096}^2(t)]u(t). \end{cases} \tag{3.2.5}$$

同样 $\mathcal{X}_3^*$ 上的对偶控制网络可算得

$$\begin{cases} z_1^3(t+1) = [z_1^3(t), z_1^3(t)]u(t), \\ z_2^3(t+1) = [z_{730}^3(t), z_{2188}^3(t)]u(t), \\ z_3^3(t+1) = [z_{1459}^3(t), z_{4375}^2]u(t), \\ \quad\vdots \\ z_{531441}^3(t+1) = [z_{531441}^3(t), z_{531441}^3(t)]u(t). \end{cases} \tag{3.2.6}$$

3.3 对偶 k 值网络

3.3.1 对偶网络演化方程

设 (3.1.1) 为 k 值网络, 因为所有逻辑函数具有同质性, 其对偶空间

$$\mathcal{X}^* = \mathcal{X}_k^*.$$

因此, 对偶网络的动态特性有更明确的物理意义. 本节讨论对偶 k 值网络, 显然, 对偶布尔网络是其特例. 首先, 注意到

$$|\mathcal{X}_k^*| = k^{k^n}.$$

设 $Z \in \mathcal{X}_k^*$, 其结构矩阵为

$$M_Z = \delta_k[i_1, i_2, \cdots, i_{k^n}],$$

其结构向量为

$$V_Z = [i_1, i_2, \cdots, i_{k^n}].$$

我们可以按结构向量的字典序给对偶空间元素 (k 值函数) 排序. 即, 如果 $V_Z = [i_1, i_2, \cdots, i_{k^n}]$, 则 $Z = Z_j$, 这里,

$$j = (i_1 - 1) * k^{k^n - 1} + (i_2 - 1) * k^{k^n - 2} + \cdots + (i_{k^n - 1} - 1) * k + i_{k^n}. \quad (3.3.1)$$

将 Z 用 $z = \vec{Z} = \delta_k[i_1, i_2, \cdots, i_{k^n}]x$ 来表示, 可简化为 $z_j = \vec{Z}_j$, 这样, 可以简化对偶系统或对偶网络的表达.

下面考察一个布尔网络的例子.

例 3.3.1 考察一个两结点的布尔网络

$$\begin{cases} X_1(t+1) = X_2(t), \\ X_2(t+1) = \neg(X_1(t) \vee X_2(t)). \end{cases} \quad (3.3.2)$$

易知, 其代数状态空间表达式为

$$x(t+1) = Mx(t), \quad (3.3.3)$$

这里,

$$M = \delta_4[2, 3, 2, 4].$$

布尔网络 (3.3.2) 的状态转移图见图 3.3.1.

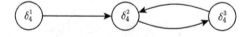

图 3.3.1   网络 (3.3.2) 的状态转移图

这个例子里共有 $2^{2^2}=16$ 个逻辑函数, 设其结构矩阵为 G_i, $i \in [1,16]$, 依序排列如下:

$$G_1 := \delta_2[1,1,1,1], \quad z_1 := \delta_{16}^1;$$
$$G_2 := \delta_2[1,1,1,2], \quad z_2 := \delta_{16}^2;$$
$$\vdots \qquad\qquad \vdots$$
$$G_{16} := \delta_2[2,2,2,2], \quad z_{16} := \delta_{16}^{16}.$$

直接计算可得

$$G_1 M = G_1,$$

即

$$Z_1(t+1) = Z_1(t).$$

同理可得其他对偶动态方程. 从而产生对偶网络如下:

$$\begin{cases}
Z_1(t+1) = Z_1(t), \\
Z_2(t+1) = Z_2(t), \\
Z_3(t+1) = Z_5(t), \\
Z_4(t+1) = Z_6(t), \\
Z_5(t+1) = Z_{11}(t), \\
Z_6(t+1) = Z_{12}(t), \\
Z_7(t+1) = Z_{15}(t), \\
Z_8(t+1) = Z_{16}(t), \\
Z_9(t+1) = Z_1(t), \\
Z_{10}(t+1) = Z_2(t), \\
Z_{11}(t+1) = Z_5(t), \\
Z_{12}(t+1) = Z_6(t), \\
Z_{13}(t+1) = Z_{11}(t), \\
Z_{14}(t+1) = Z_{12}(t), \\
Z_{15}(t+1) = Z_{15}(t), \\
Z_{16}(t+1) = Z_{16}(t).
\end{cases} \tag{3.3.4}$$

利用向量表达式 $\vec{Z}_i := \delta_{16}^i$, $i=1,2,\cdots,16$, 则可得到对偶网络的代数状态空间表达式

$$z(t+1) = M^* z(t), \tag{3.3.5}$$

这里
$$M^* = \delta_{16}[1, 2, 5, 6, 11, 12, 15, 16, 1, 2, 5, 6, 11, 12, 15, 16].$$

图 3.3.2 是对偶网络 (3.3.4) 的状态转移图. 结点中所示为相应逻辑函数的结构向量.

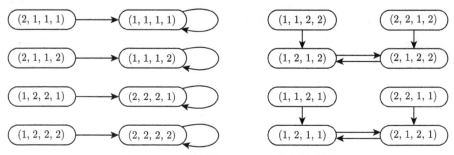

图 3.3.2　对偶网络 (3.3.4) 的状态转移图

值得注意的是, 经过对偶状态重命名后的对偶网络的这种代数状态空间表达式, 只反映状态转移关系, 而对偶状态自身作为逻辑函数的结构被忽略了.

3.3.2　对偶吸引子

定义 3.3.1　设 (3.1.1) 为 k 值网络, 其代数状态空间表达式为 (3.1.2). 令 $f(X) \in \mathcal{X}^*$ 为一 k 值逻辑函数, 其结构矩阵为 G_f, 即 $f(x) = G_f x$.

(i) $f(x)$ 称为对偶不动点, 如果

$$G_f M = G_f. \tag{3.3.6}$$

(ii) $(f_1(x), f_2(x), \cdots, f_{\ell+1}(x) = f_1(x))$ 称为一个长度为 ℓ 的对偶极限环, 如果它们的代数状态空间表达式 $G_i = G_{f_i}$, $i = 1, 2, \cdots, \ell+1$, 满足 $G_i \neq G_j$, $i \neq j$, $i, j \in [1, \ell]$, 并且,

$$\begin{aligned} G_1 &= G_{\ell+1}; \\ G_{j+1} &= G_j M, \quad j \in [1, \ell]. \end{aligned} \tag{3.3.7}$$

注 3.3.1　(i) 设 (3.1.1) 为 k 值网络, 且其对偶网络的代数状态空间表达式为

$$z(t+1) = M^* z(t). \tag{3.3.8}$$

那么,

• z 是 (3.1.1) 的对偶不动点, 当且仅当, z 是对偶网络 (3.3.8) 的不动点.

• $(z_1, z_2, \cdots, z_\ell, z_{\ell+1} = z_1)$ 是 (3.1.1) 的对偶极限环, 当且仅当, $(z_1, z_2, \cdots, z_\ell, z_{\ell+1} = z_1)$ 是对偶网络 (3.3.8) 的极限环.

(ii) (3.1.1) 的对偶不动点和对偶极限环统称为对偶吸引子. 与 k 值网络一样, k 值对偶网络的每一条轨线必定收敛于一个对偶吸引子.

(iii) 对偶吸引子的计算可利用对偶动态系统 (3.3.8) 通过标准算法 (见第 1 章) 得到.

(iv) 对于每一个对偶吸引子 $A^* \subset \mathcal{X}^*$, 定义其对偶吸引域为

$$B_{A^*} := \{z \in \mathcal{X}^* \mid \exists N \in \mathbb{N}, 使得 \ zM^s \in A^*, \forall s \geqslant N\}. \tag{3.3.9}$$

例 3.3.2 回忆例 3.3.1. 从图 3.3.2 不难看出, 对偶系统有 4 个对偶不动点, 其结构向量为

$$V_{Z_1} = (1,1,1,1), \quad V_{Z_2} = (1,1,1,2),$$
$$V_{Z_{15}} = (2,2,2,1), \quad V_{Z_{16}} = (2,2,2,2),$$

以及 2 个对偶极限环

$$V_{Z_6} = (1,2,1,2) \leftrightarrows V_{Z_{12}} = (2,1,2,2),$$
$$V_{Z_5} = (1,2,1,1) \leftrightarrows V_{Z_{11}} = (2,1,2,1).$$

每个吸引子对应的吸引域可由图 3.3.2 直接得出.

3.3.3 不变子空间

考察 k 值网络 (3.1.1), 其代数状态空间表达式为 (3.1.2). 从任意点 $z_0 \in \mathcal{X}^*$ 出发, 可以构造 $\mathcal{X}^*$ 的一个子空间如下: $\{\vec{z}_0, \vec{z}_1 := M^*\vec{z}_0, \cdots, \vec{z}_N := M^*\vec{z}_{N-1}\}$, 这里, M^* 是 (3.1.1) 的对偶网络 (3.3.8) 的结构矩阵.

定义 3.3.2 (i) 一个子集 $\mathcal{Z}_0 := \{z_0, z_1, \cdots, z_N\} \in \mathcal{X}^*$ 称为 M 不变子空间, 如果

$$M^* z_i \subset \mathcal{Z}_0, \quad i \in [0, N]. \tag{3.3.10}$$

(ii) 设

$$M^* z_i = z_{i+1}, \quad i \in [0, N-1],$$
$$M^* z_N \subset \mathcal{Z}_0. \tag{3.3.11}$$

并且, $N > 0$ 为满足 (3.3.11) 的最小 N, 则 $\mathcal{Z}_0$ 称为包含 z_0 的最小 M 不变子空间.

注 3.3.2 如果将定义 3.3.2 与定义 2.3.2 相比较, 不难看出, 网络 (3.1.1) 的 M 不变 (泛) 子空间就是其对偶网络 (3.3.8) 的正规 M^* 不变子空间.

对于 k 值网络 (3.1.1) 的对偶吸引子, 以下结论是显然的.

命题 3.3.1 设 A_i^*, $i \in [1, s]$ 为 k 值网络 (3.1.1) 的对偶吸引子集合, B_i^* 为 A_i^* 的吸引域, $i \in [1, s]$. 记 $C_i^* := A_i^* \cup B_i^*$, 则 C_i^*, $i \in [1, s]$ 为 M 不变子空间. 并且, 它们是对偶空间 $\mathcal{X}^*$ 的一个分割. 即

$$\mathcal{X}^* = \bigsqcup_{i=1}^{s} C_i^*,$$

这里, $C_i^* \cap C_j^* = \varnothing$, $i \neq j$.

对于对偶吸引子, 还有以下的一些性质.

命题 3.3.2 考察 k 值网络 (3.1.1).

(i) 设 $z \in \mathcal{X}^*$ 为对偶不动点, 则 $\neg z$ 亦为对偶不动点;

(ii) 设 $(z_0, z_1, \cdots, z_\ell = z_0) \subset \mathcal{X}^*$ 为对偶极限环, 则 $(\neg z_0, \neg z_1, \cdots, \neg z_\ell)$ 亦为对偶极限环;

(iii) 如果 B_i^* 是吸引子 A_i^* 的吸引域, 那么, $\neg B_i^*$ 则为吸引子 $\neg A_i^*$ 的吸引域.

证明 设 Z 为对偶不动点, 其结构矩阵为 G_Z. 直接计算可知

$$G_{\neg Z} = G_\neg G_Z,$$

这里, $G_\neg = \delta_k[k, k-1, \cdots, 1]$ 为 $\neg$ 的结构矩阵. 因为 Z 为对偶不动点, 则有 $G_Z M = G_Z$, 于是有

$$G_{\neg Z} M = (G_\neg G_Z) M = G_\neg (G_Z M) = G_\neg G_Z = G_{\neg Z}.$$

故 $\neg Z$ 为对偶不动点.

类此可得关于对偶极限环的证明.   □

3.4 吸引子与对偶吸引子

回忆定理 1.6.1. 一个 k 值动态网络, 其标准型为

$$x(t+1) = \begin{bmatrix} C_1 & 0 & \cdots & 0 \\ 0 & C_2 & \cdots & 0 \\ \vdots & \vdots & \ddots & \vdots \\ 0 & 0 & \cdots & C_s \end{bmatrix} x(t) := M x(t), \tag{3.4.1}$$

这里,

$$C_i = \begin{bmatrix} A_i & E_i \\ 0 & B_i \end{bmatrix}, \quad i \in [1, s],$$

并且, A_i 为循环矩阵, B_i 为幂零矩阵.

一个 k 值网络在标准型下可表示成

$$\begin{cases} x_1^i(t+1) = A_i x_1^i(t) + E_i x_2^i(t), \\ x_2^i(t+1) = B_i x_2^i(t), \quad i = 1, 2, \cdots, s; \end{cases} \tag{3.4.2}$$

这里, x_1^i 对应第 i 个吸引子, x_2^i 对应第 i 个吸引子的吸引域.

定义 3.4.1 设 $Z \in \mathcal{X}^*$, Z 的支集记为 $\mathrm{Supp}(Z)$, 定义为

$$\mathrm{Supp}(Z) := \left\{ X_i \in \mathcal{X} \,\middle|\, 存在 X_{-i} 使得 Z(X_i, X_{-i}) \neq Z(X_i', X_{-i}) \right\}. \tag{3.4.3}$$

注 3.4.1 (i) 在定义 3.4.1 中, $\mathcal{X} = \{X_1, X_2, \cdots, X_n\} = \{X_i, X_{-i}\}$, 因此, $X_{-i} = \{X_j \,|\, j \neq i\}$.

(ii) 定义 3.4.1 的物理意义是: 若 $X_i \in \mathrm{Supp}(Z)$, 则 Z 与 X_i 有关; 否则, Z 与 X_i 无关.

(iii) 由定义可知, $\mathrm{Supp}(Z)$ 与坐标有关. 从应用的角度看, 只有在对应于标准型的坐标基下函数的支集才比较有意义.

考察标准型 (3.4.1), 设 $\mathcal{X}_i := \{X^i\} \subset \mathcal{X}$ 为对应于 (3.4.2) 中第 i 块的状态变量. 记

$$\mathcal{X}_i^* := \{Z \in \mathcal{X}^* \,|\, \mathrm{Supp}(Z) \subset \mathcal{X}_i\}, \quad i \in [1, s]. \tag{3.4.4}$$

记

$$\dim(x^i) = \kappa_i, \quad i \in [1, s]. \tag{3.4.5}$$

则

$$\kappa = \sum_{i=1}^s \kappa_i = k^n.$$

定义

$$s_i := \begin{cases} 1, & i = 0, \\ \prod_{j=1}^{i-1} \kappa_j, & 1 < i \leqslant s. \end{cases} \tag{3.4.6}$$

$$s^i := \begin{cases} \prod_{j=i+1}^s \kappa_j, & 1 \geqslant i < s, \\ 0, & i = s. \end{cases} \tag{3.4.7}$$

利用定义可以证明以下结论.

命题 3.4.1　$\mathcal{X}_i^*$, $i \in [1,s]$ 是 (3.4.1) 的 M 不变子空间.

证明　设 $Z \in \mathcal{X}_i^*$, 根据结构定义 (3.4.4) 可知, 存在一个 $1 \leqslant r \leqslant k$ 使 Z 的结构矩阵为

$$G_Z = \delta_k[\underbrace{r, \cdots, r}_{\kappa_i}, G_0, \underbrace{r, \cdots, r}_{\kappa^i}], \tag{3.4.8}$$

这里, G_0 满足 $G_0^{\mathrm{T}} \in [1,k]^k$. 直接计算可知

$$G_Z M = \delta_k[\underbrace{r, \cdots, r}_{\kappa_i}, G_0', \underbrace{r, \cdots, r}_{\kappa^i}],$$

这里, $\delta_k[G_0'] = \delta_k[G_0]M$. 显见, $M^* Z \in \mathcal{X}_i^*$.　　　　□

一个 k 值网络的拓扑结构是由其网络图决定的. 从网络图看, 它是由 s 个连通块构成的. 每个连通块是由一个吸引子与它的吸引域合成的. 根据命题 3.4.1 可知, 每一个吸引子对应一个 M 不变泛子空间, 它也可视为对偶空间中的一个正规子空间. 记其为 $\mathcal{X}_i^*$, $i \in [1,s]$, 那么, 每个 $\mathcal{X}_i^*$ 上都会有它自己的不动点和极限环, 这些不动点与极限环称为原系统第 i 个吸引子的对偶吸引子. 下面用一个例子来描述对偶吸引子.

例 3.4.1　考察一个布尔网络

$$\begin{cases} Z_1(t+1) = Z_1(t) \vee \{\neg Z_1(t) \wedge [(\neg Z_2(t)) \wedge Z_3(t)]\}, \\ Z_2(t+1) = [\neg Z_1(t) \wedge (Z_2(t) \leftrightarrow Z_3(t))] \vee [\neg(Z_2(t) \wedge Z_3(t))], \\ Z_3(t+1) = [Z_1(t) \wedge Z_3(t)] \vee [\neg Z_1(t) \wedge \neg Z_2(t)]. \end{cases} \tag{3.4.9}$$

其代数状态空间表达式为

$$z(t+1) = Nz(t), \tag{3.4.10}$$

这里, $z(t) = \prod_{i=1}^3 z_i(t)$,

$$N = \delta_8[3,2,1,2,6,8,3,5].$$

其状态转移图见图 3.4.1.

根据图 3.4.1 不难设计一个坐标变换如下:

$$x = Tz, \tag{3.4.11}$$

这里, $T = \delta_8[1,4,2,5,6,7,3,8]$.

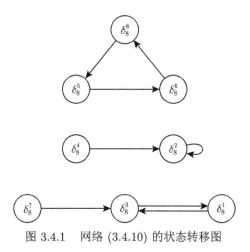

图 3.4.1 网络 (3.4.10) 的状态转移图

在坐标 X 下, 网络 (3.4.9) 变为

$$x(t+1) = Mx(t), \qquad (3.4.12)$$

这里

$$M = T * N * T^{\mathrm{T}} = \delta_8[2,1,2,4,4,7,8,6].$$

(3.4.12) 将网络 (3.4.9) 置于其标准型, 即

$$M = \mathrm{diag}(C_1, C_2, C_3),$$

这里,

$$C_i = \begin{bmatrix} A_i & E_i \\ 0 & B_i \end{bmatrix}, \quad i = 1, 2, 3,$$

且

$$A_1 = \delta_2[2,1], \qquad E_1 = \delta_2^2, \quad B_1 = 0;$$
$$A_2 = 1, \qquad\qquad E_2 = 1, \quad B_2 = 0;$$
$$A_3 = \delta_3[2,3,1].$$

相应的对偶子空间为

$$\mathcal{X}_1^* = \{Z(X) \in \mathcal{X}^* \mid \mathrm{Supp}(Z) \subset \mathcal{X}_1\},$$
$$\mathcal{X}_2^* = \{Z(X) \in \mathcal{X}^* \mid \mathrm{Supp}(Z) \subset \mathcal{X}_2\},$$
$$\mathcal{X}_3^* = \{Z(X) \in \mathcal{X}^* \mid \mathrm{Supp}(Z) \subset \mathcal{X}_3\}.$$

最后, 考察对偶子空间上的拓扑结构. 我们逐个子空间考虑:

(i) 考虑 $\mathcal{X}_1^*$: 设 $f \in \mathcal{X}_1^*$. 则其结构向量为 $V_f = (c_1, c_2, c_3, r, r, r, r, r)$. 我们简单以 (c_1, c_2, c_3) 代表 f, 利用 M 不难得到 $\mathcal{X}_1^*$ 上的对偶系统的状态转移图, 见图 3.4.2.

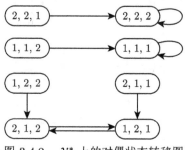

图 3.4.2　$\mathcal{X}_1^*$ 上的对偶状态转移图

(ii) 考虑 $\mathcal{X}_2^*$: 设 $f \in \mathcal{X}_2^*$. 则其结构向量为 $V_f = (r, r, r, c_4, c_5, r, r, r)$. 我们简单以 (c_4, c_5) 代表 f, 利用 M 不难得到 $\mathcal{X}_2^*$ 上的对偶系统的状态转移图, 见图 3.4.3.

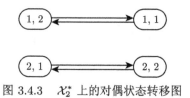

图 3.4.3　$\mathcal{X}_2^*$ 上的对偶状态转移图

(iii) 考虑 $\mathcal{X}_3^*$: 设 $f \in \mathcal{X}_3^*$. 则其结构向量为 $V_f = (r, r, r, r, r, c_6, c_7, c_8)$. 我们简单以 (c_6, c_7, c_8) 代表 f, 利用 M 不难得到 $\mathcal{X}_3^*$ 上的对偶系统的状态转移图, 见图 3.4.4.

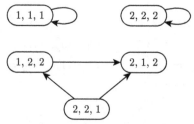

图 3.4.4　$\mathcal{X}_3^*$ 上的对偶状态转移图

3.5　$\mathcal{X}^*$ 上的布尔代数结构

设 $\mathcal{X}_k$ 为 n 个结点的 k 值逻辑网络的状态空间, 则 $|\mathcal{X}_k| = k^n$. 于是, 网络演化可由 k^n 个状态演化方程来确定. 考察对偶网络 $\mathcal{X}_k^*$, 则 $|\mathcal{X}_k^*| = k^{k^n}$. 于是, 对偶

网络演化可由 k^{k^n} 个对偶状态演化方程来确定. 但是, 对偶状态演化是由状态演化方程唯一确定的, 因此, k^{k^n} 个对偶状态演化方程不可能是独立的. 研究 $\mathcal{X}_k^*$ 上的布尔代数结构的目的就是要揭示对偶状态间的逻辑关系.

首先考虑一个对偶状态的表示. 设 $Z \in \mathcal{X}_k^*$, 其结构矩阵 $G_Z = \delta_k[i_1, \cdots, i_{k^n}] \in \mathcal{L}_{k \times k^n}$. 那么, Z 可以唯一地由其结构向量 $V_Z = [i_1, \cdots, i_{k^n}]$ 来确定, 这里,

$$i_j \in [1, k], \quad j \in [1, k^n].$$

为建立 $\mathcal{X}^*$ 上的布尔代数结构, 先回忆一下布尔代数的定义.

定义 3.5.1 [97]   一个布尔代数, 记为 $\mathcal{B}_A$, 为一个集合 B, 它包含两个特殊元素 $\mathbf{1}$, $\mathbf{0} \in B$, $\mathbf{1} \neq \mathbf{0}$, 一个一元算子 $\neg$, 两个二元算子 $\wedge$ 和 $\vee$, 使得以下条件满足 $(x, y, z \in B)$

(i) 交换律: $x \vee y = y \vee x$, $x \wedge y = y \wedge x$.

(ii) 结合律: $(x \vee y) \vee z = x \vee (y \vee z)$, $(x \wedge y) \wedge z = x \wedge (y \wedge z)$.

(iii) 分配律: $x \vee (y \wedge z) = (x \vee y) \wedge (x \vee z)$, $x \wedge (y \vee z) = (x \wedge y) \vee (x \wedge z)$.

(iv) 恒等律: $x \vee \mathbf{0} = x$, $x \wedge \mathbf{1} = x$.

(v) 补律: $x \vee \neg x = \mathbf{1}$, $x \wedge \neg x = \mathbf{0}$.

于是, 一个布尔代数可记为

$$\mathcal{B}_A = \{B, \wedge, \vee, \neg, \mathbf{1}, \mathbf{0}\}.$$

定义 3.5.2   设 $\mathcal{B}_A^i = \{B_i, \wedge_i, \vee_i, \neg_i, \mathbf{1}_i, \mathbf{0}_i\}$, $i = 1, 2$ 为两个布尔代数. 称 $\mathcal{B}_A^1$ 与 $\mathcal{B}_A^2$ 同态, 如果存在 $\pi: B_1 \to B_2$ 满足

(i) $\qquad\qquad \pi(x_1) \wedge_2 \pi(y_1) = \pi(x_1 \wedge_1 y_1)$, $x_1, y_1 \in B_1$; (3.5.1)

(ii) $\qquad\qquad \pi(x_1) \vee_2 \pi(y_1) = \pi(x_1 \vee_1 y_1)$, $x_1, y_1 \in B_1$; (3.5.2)

(iii) $\qquad\qquad\qquad \neg_2 \pi(x_1) = \pi(\neg_1(x_1))$; (3.5.3)

(iv) $\qquad\qquad\qquad\qquad \pi(\mathbf{1}_1) = \mathbf{1}_2$; (3.5.4)

(v) $\qquad\qquad\qquad\qquad \pi(\mathbf{0}_1) = \mathbf{0}_2$. (3.5.5)

一对一且映上的同态称为同构.

例 3.5.1   记 $\mathcal{D}_k = \{1, 2, \cdots, k\}$. 令

(i) $i \wedge j := \min\{i, j\}$, $i, j \in [1, k]$;

(ii) $i \vee j := \max\{i, j\}$, $i, j \in [1, k]$;

(iii) $\mathbf{1} = 1$, $\mathbf{0} = k$;

(iv) $\neg i := k + 1 - i$, $i \in [1, k]$,

则 $\{\mathcal{D}_k, \wedge, \vee, \neg, \mathbf{1}, \mathbf{0}\}$ 为一布尔代数.

定义 3.5.3　设 $\mathcal{B}_A^i = \{B_i, \wedge_i, \vee_i, \neg_i, \mathbf{1}_i, \mathbf{0}_i\}$, $i = 1, 2$ 为两个布尔代数. 定义其乘积代数, 记作 $\mathcal{B}_A = \mathcal{B}_A^1 \times \mathcal{B}_A^2$, 为

$$\mathcal{B}_A := \{(B_1, B_2), \wedge, \vee, \neg, \mathbf{1}, \mathbf{0}\},$$

其中

$$(x_1, x_2) \wedge (y_1, y_2) = (x_1 \wedge_1 y_1, x_2 \wedge_2 y_2), \quad x_1, y_1 \in B_1, \quad x_2, y_2 \in B_2.$$
$$(x_1, x_2) \vee (y_1, y_2) = (x_1 \vee_1 y_1, x_2 \vee_2 y_2), \quad x_1, y_1 \in B_1, \quad x_2, y_2 \in B_2.$$
$$\neg(x_1, x_2) = (\neg_1 x_1, \neg_2 x_2), \quad x_1 \in B_1, \quad x_2 \in B_2.$$
$$\mathbf{1} = (\mathbf{1}_1, \mathbf{1}_2), \quad \mathbf{0} = (\mathbf{0}_1, \mathbf{0}_2).$$

根据定义不难验证布尔代数的积仍为布尔代数.

命题 3.5.1　设 $\mathcal{B}_A^i = \{B_i, \wedge_i, \vee_i, \neg_i, \mathbf{1}_i, \mathbf{0}_i\}$, $i = 1, 2$ 为两个布尔代数. 其乘积代数 $\mathcal{B}_A = \mathcal{B}_A^1 \times \mathcal{B}_A^1$ 也是一个布尔代数.

设 $Z \in \mathcal{X}_k^*$, 用 $V_Z = [i_1, i_2, \cdots, i_{k^n}]$ 来标识 Z, 则 $V_Z \in \mathcal{D}_k^{k^n}$. 利用 $\mathcal{D}_k$ 的布尔代数结构, 再将 $\mathcal{D}_k^{k^n}$ 视为 $\mathcal{D}_k$ 的乘积代数, 将这个布尔代数结构赋予 $\mathcal{X}_k^*$, 称其为 $\mathcal{X}_k^*$ 上的布尔代数结构.

定义 3.5.4　定义 $\mathcal{D}_k^{k^n}$ 为 $\mathcal{X}_k^*$ 上的布尔代数结构.

注 3.5.1　定义 3.5.4 表示 $\mathcal{X}_k^*$ 上可以做布尔代数 $\mathcal{D}_k^{k^n}$ 上的运算. 例如, 设 $Z_i \in \mathcal{X}_k^*$, $i = 1, 2$, 其结构向量分别为 $V_i = [j_1^i, j_2^i, \cdots, j_{k^n}^i]$, $i = 1, 2$, 则 $Z_1 \wedge Z_2 := Z$, 这里, Z 由其结构向量

$$V_Z = V_1 \wedge V_2 = [j_1^1 \wedge j_1^2, j_2^1 \wedge j_2^2, \cdots, j_{k^n}^1 \wedge j_{k^n}^2]$$

唯一确定.

设 (3.1.1) 为 k 值网络, 其结构矩阵为 $M \in \mathcal{L}_{k^n \times k^n}$, 则由 $G_{Z(t+1)} = G_{Z(t)} M$ 可得

$$V_{Z(t+1)} = V_{Z(t)} M \in \mathcal{D}_k^{k^n}. \tag{3.5.6}$$

显见, 对偶网络的演化是由 (3.5.6) 唯一确定的.

命题 3.5.2　定义映射 $\pi : \mathcal{D}_k^{k^n} \to \mathcal{D}_k^{k^n}$ 为

$$V \mapsto \pi(V) = VM, \quad V \in \mathcal{D}_k^{k^n}, \tag{3.5.7}$$

那么, π 是一个布尔代数的同态.

证明 设 $V_i = [j_1^i, j_2^i, \cdots, j_{k^n}^i]$, $i = 1, 2$, $M = \delta_{k^n}[t_1, t_2, \cdots, t_{k^n}]$, 则

$$\pi(V_1 \wedge V_2)$$
$$= \pi\left([j_1^1 \wedge j_1^2, j_2^1 \wedge j_2^2, \cdots, j_{k^n}^1 \wedge j_{k^n}^2]\right)$$
$$= [j_{t_1}^1 \wedge j_{t_1}^2, j_{t_2}^1 \wedge j_{t_2}^2, \cdots, j_{t_{k^n}}^1 \wedge j_{t_{k^n}}^2].$$

$$\pi(V_1) \wedge \pi(V_2)$$
$$= [j_{t_1}^1, j_{t_2}^1, \cdots, j_{t_{k^n}}^1] \wedge [j_{t_1}^2, j_{t_2}^2, \cdots, j_{t_{k^n}}^2]$$
$$= [j_{t_1}^1 \wedge j_{t_1}^2, j_{t_2}^1 \wedge j_{t_2}^2, \cdots, j_{t_{k^n}}^1 \wedge j_{t_{k^n}}^2].$$

故 (3.5.1) 成立. (3.5.2)—(3.5.5) 类此可证. $\square$

$\mathcal{X}_k^*$ 上的布尔代数结构及其对对偶演化矩阵的影响可由命题 3.5.2 看出. 实际上, 命题 3.5.2 表明: 对偶网络变量的演化方程不是完全独立的.

对偶空间的布尔代数结构可以方便地用于构造对偶布尔网络的动态方程.

定义 3.5.5 考察布尔网络 (3.1.1). 设 $k_i = 1$, $i \in [1, n]$. 定义 $Z_i \in \mathcal{X}^*$, $i \in [1, 2^n]$ 如下:

$$Z_i(X) = \begin{cases} 1, & x = \delta_{2^n}^i, \\ 2, & \text{其他}, \end{cases}$$

则 $\{Z_i \mid i = 1, \cdots, 2^n\}$ 称为 $\mathcal{X}^*$ 的生成基.

命题 3.5.3 设

$$V_f = \bigvee_{j=1}^{s} V_{Z_{i_j}},$$

那么

$$f(X) = \bigvee_{j=1}^{s} Z_{i_j}(X). \tag{3.5.8}$$

并且, 如果 $f(t) = \bigvee_{j=1}^{s} Z_{i_j}$, 那么

$$f(t+1) = \bigvee_{j=1}^{s} V_{Z_{i_j}} M. \tag{3.5.9}$$

(3.5.9) 可用于构造 $\mathcal{X}^*$ 上的对偶布尔网络的动态方程.

例 3.5.2 回忆例 3.4.1. 不难算得

$$V_{Z_1} M = [1, 2, 2, 2, 2, 2, 2, 2]M = [2, 1, 2, 2, 2, 2, 2, 2],$$
$$V_{Z_2} M = [2, 1, 2, 2, 2, 2, 2, 2]M = [1, 2, 1, 2, 2, 2, 2, 2],$$

$$V_{Z_3}M = [2,2,1,2,2,2,2,2]M = [2,2,2,2,2,2,2,2],$$
$$V_{Z_4}M = [2,2,2,1,2,2,2,2]M = [2,2,2,1,1,2,2,2],$$
$$V_{Z_5}M = [2,2,2,2,1,2,2,2]M = [2,2,2,2,2,2,2,2],$$
$$V_{Z_6}M = [2,2,2,2,2,1,2,2]M = [2,2,2,2,2,1,2],$$
$$V_{Z_7}M = [2,2,2,2,2,2,1,2]M = [2,2,2,2,2,2,2,1],$$
$$V_{Z_8}M = [2,2,2,2,2,2,2,1]M = [2,2,2,2,2,2,2,2].$$

如果假设

$$V_{f(t)} = [1,2,2,2,1,2,1,2] = V_{Z_1} \vee V_{Z_5} \vee V_{Z_7},$$

那么

$$V_{f(t+1)} = V_{Z_1}M \vee V_{Z_5}M \vee V_{Z_7}M$$
$$= [2,1,2,2,1,2,2,1].$$

利用等式 (3.3.1) 可得

$$V_{f(t)} = V_{Z_{139}},$$
$$V_{f(t+1)} = V_{Z_{74}},$$

因此可知

$$Z_{139}(t+1) = Z_{74}(t).$$

类此可算出 $\mathcal{X}_i^*$ 上的对偶布尔网络的完整的动态方程.

注 3.5.2　根据 $\mathcal{X}^*$ 的布尔代数结构, 对偶布尔网络 $\mathcal{X}^*$ 上的 2^{2^n} 个布尔函数中, 只有 2^n 个是独立的, 它们对应 $\mathcal{X}$ 的一组坐标变量.

3.6　隐秩序与控制网络的实现

Kauffman 在提出布尔网络理论时曾经提到, 这套理论的最终目的是要回答这样一个问题: "什么是统治生物世界美妙秩序的源泉?" ("What is the sources of the overwhelming and beautiful order which graces the living world."[74]) 粗略地说, Kauffman 认为在基因调控网络里, 是吸引子们来决定这种秩序的 ("These attractors can be the source of order in large dynamical systems."[75]).

本章提出的对偶网络的吸引子很可能与原网络的吸引子一样, 对系统的秩序起着决定作用. 我们将对偶网络的拓扑结构视为系统的隐秩序. 隐秩序这个概念最初是由 Holland 提出来的[65]. 实际上, 大型网络的每一个实现都是由稳秩序来决定的.

3.6.1 隐秩序的结构

为理解隐秩序, 先讨论一个例子.

例 3.6.1 回忆例 3.4.1.

先考虑 $\mathcal{X}_1^*$ 上的函数, 返回到原始的 Z 坐标, 并将其用结构向量表示, 见表 3.6.1.

表 3.6.1 $\mathcal{X}_1^*$ 上的函数

(c_1, c_2, c_3)	V_Z
$(2, 2, 2)$	$(2, 2, 2, 2, 2, 2, 2, 2)$
$(2, 2, 1)$	$(2, 1, 2, 2, 2, 2, 2, 2)$
$(2, 1, 2)$	$(2, 2, 2, 1, 2, 2, 2, 2)$
$(2, 1, 1)$	$(2, 1, 2, 1, 2, 2, 2, 2)$
$(1, 2, 2)$	$(1, 2, 2, 2, 2, 2, 2, 2)$
$(1, 2, 1)$	$(1, 1, 2, 2, 2, 2, 2, 2)$
$(1, 1, 2)$	$(1, 2, 2, 1, 2, 2, 2, 2)$
$(1, 1, 1)$	$(1, 1, 2, 1, 2, 2, 2, 2)$

类似地, $\mathcal{X}_2^*$ 及 $\mathcal{X}_3^*$ 上的函数在 Z 坐标下的结构向量表示, 分别见表 3.6.2 及表 3.6.3.

表 3.6.2 $\mathcal{X}_2^*$ 上的函数

(c_4, c_5)	V_Z
$(2, 2)$	$(2, 2, 2, 2, 2, 2, 2, 2)$
$(2, 1)$	$(2, 2, 2, 2, 2, 1, 2, 2)$
$(1, 2)$	$(2, 2, 2, 2, 1, 2, 2, 2)$
$(1, 1)$	$(2, 2, 2, 2, 1, 1, 2, 2)$

表 3.6.3 $\mathcal{X}_3^*$ 上的函数

(c_1, c_2, c_3)	V_Z
$(2, 2, 2)$	$(2, 2, 2, 2, 2, 2, 2, 2)$
$(2, 2, 1)$	$(2, 2, 2, 2, 2, 2, 2, 1)$
$(2, 1, 2)$	$(2, 2, 1, 2, 2, 2, 2, 2)$
$(2, 1, 1)$	$(2, 2, 1, 2, 2, 2, 2, 1)$
$(1, 2, 2)$	$(2, 2, 2, 2, 2, 2, 1, 2)$
$(1, 2, 1)$	$(2, 2, 2, 2, 2, 2, 1, 1)$
$(1, 1, 2)$	$(2, 2, 1, 2, 2, 2, 1, 2)$
$(1, 1, 1)$	$(2, 2, 1, 2, 2, 2, 1, 1)$

对于一个 k 值网络, 假定它有 s 个吸引子, 记 $\mathcal{X}_i$ 为第 i 个吸引子以及它的吸引域, $i \in [1, s]$, 那么, 状态空间就有一个分割

$$\mathcal{X} = \bigcup_{i=1}^{s} \mathcal{X}_i. \tag{3.6.1}$$

对应于每个 $\mathcal{X}_i$, 都有一个对偶的 M 不变子空间

$$\mathcal{X}_i^* = \{Z \in \mathcal{X}^* \,|\, \mathrm{Supp}(Z) \subset \mathcal{X}_i\}, \quad i \in [1, s]. \tag{3.6.2}$$

每一个 $\mathcal{X}_i^*$ 都有自己的对偶不变吸引子及其吸引域, 记为 D_i^j, $j \in [1, \xi_i]$. 于是, 原网络吸引子与对偶网络吸引子的对应关系揭示了网络的秩序与隐秩序, 这可用图 3.6.1 描述.

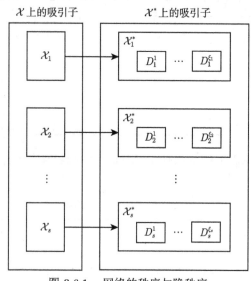

图 3.6.1　网络的秩序与隐秩序

与状态空间不同, $\mathcal{X}_i^*$, $i \in [i, s]$ 并不是 $\mathcal{X}^*$ 的一个分割. 实际上, 如果 $Z \in \mathcal{X}_i^*$, 则 (参见式 (3.4.8))

$$V_Z = [\underbrace{r, \cdots, r}_{\kappa_i}, G_0, \underbrace{r, \cdots, r}_{\kappa^i}], \tag{3.6.3}$$

这里, $1 \leqslant r \leqslant k$, 且 $G_0 \in \mathbb{R}^k$.

仿照对偶布尔网络的情形, 定义

$$\mathcal{D}_i^* := \{Z \in \mathcal{X}_i^* \,|\, V_Z \text{ 中的 } r = k\}. \tag{3.6.4}$$

那么, 类似于对偶布尔网络的情形, 不难验证以下结论.

命题 3.6.1　对任何 $f \in \mathcal{X}^*$, 存在 $Z_i \in \mathcal{D}_i^*$, $i \in [1, s]$, 使得

$$V_f = \bigvee_{i=1}^{s} V_{Z_i}, \quad Z_i \in \mathcal{D}_i^*, \quad i \in [1, s]. \tag{3.6.5}$$

从而有

$$f(X) = \bigvee_{i=1}^{s} Z_i(X), \quad X \in \mathcal{X}. \tag{3.6.6}$$

推论 3.6.1 $A \subset \mathcal{X}^*$ 为一对偶吸引子, 当且仅当, 存在不变子空间吸引子 $A_i \subset \mathcal{X}_i^*$, $i \in [1, s]$, 使得

$$A = \bigcup_{i=1}^{s} A_i. \tag{3.6.7}$$

3.6.2 k 值控制网络的实现

考察一个 k 值控制网络

$$\begin{cases} X_1(t+1) = f_1(X_1(t), \cdots, X_n(t); U_1(t), \cdots, U_m(t)), \\ X_2(t+1) = f_2(X_1(t), \cdots, X_n(t); U_1(t), \cdots, U_m(t)), \\ \vdots \\ X_n(t+1) = f_n(X_1(t), \cdots, X_n(t); U_1(t), \cdots, U_m(t)), \\ Y_j(t) = g_j(X_1(t), \cdots, X_n(t)), \quad j \in [1, p], \end{cases} \tag{3.6.8}$$

这里, $X_i(t) \in \mathcal{D}_k$, $i \in [1, n]$ 为状态变量, $U_s(t) \in \mathcal{D}_k$, $s \in [1, m]$ 为控制, $Y_j(t) \in \mathcal{D}_k$, $j \in [1, p]$ 为输出变量.

k 值控制网络 (3.6.8) 的代数状态空间表达式为

$$\begin{aligned} x(t+1) &= Lu(t)x(t), \\ y(t) &= Ex(t), \end{aligned} \tag{3.6.9}$$

这里, $x(t) = \ltimes_{i=1}^{n} x_i(t)$, $u(t) = \ltimes_{s=1}^{m} u_s(t)$, $y(t) = \ltimes_{j=1}^{p} y_j(t)$, $L \in \mathcal{L}_{2^n \times 2^{m+n}}$, $E \in \mathcal{L}_{2^p \times 2^n}$.

定义 3.6.1 考察 k 值控制网络 (3.6.8), 代数状态空间表达式为 (3.6.9).

设 $\Xi^* \subset \mathcal{X}^*$. 如果 $\mathcal{V}^* \subset \mathcal{X}^*$ 满足

(i) $\Xi^* \subset \mathcal{V}^*$.

(ii) $\mathcal{V}^*$ 是对 $\forall i$ 均为 M_i 不变的, 这里, $M_i = L\delta_{2^m}^i$, $i \in [1, 2^m]$, 那么, $\mathcal{V}^*$ 称为包含 Ξ^* 的控制不变子空间.

如果 $\mathcal{V}^*$ 是包含 Ξ^* 的控制不变子空间, 并且

(iii) 对任何包含 Ξ^* 的控制不变子空间 $\mathcal{W}^*$ 均有 $\mathcal{V}^* \subset \mathcal{W}^*$, 则 $\mathcal{V}^*$ 称为包含 Ξ^* 的最小控制不变子空间.

下面给出计算包含给定 Ξ^* 的最小控制不变子空间的算法.

算法 3.6.1　第一步: 设 $\mathcal{Z}_0 = \Xi^*$.

第 ℓ 步:

$$\mathcal{Z}_\ell = \mathcal{Z}_{\ell-1} \cup \left[\bigcup_{s=1}^{k^m} \mathcal{Z}_{\ell-1} L \delta_{k^m}^s \right].$$

最后一步: 如果

$$\mathcal{Z}_{\ell^*+1} = \mathcal{Z}_{\ell^*},$$

令

$$\mathcal{V}^* := \mathcal{Z}_{\ell^*}.$$

停止.

根据算法以及 $\mathcal{X}^*$ 的有限性可知

命题 3.6.2　由算法 3.6.1 得到的单调增序列 $\{\mathcal{Z}_\ell \,|\, \ell = 0, 1, \cdots\}$ 必收敛于某个 $\mathcal{V}^*$. 这个 $\mathcal{V}^*$ 即为包含给定 Ξ^* 的最小控制不变子空间.

回到 k 值控制网络 (3.6.8), 记 $\Xi^* = \{Y_j \,|\, j \in [1, p]\}$. 设 $\mathcal{V}^* = \{z_1, z_2, \cdots, z_s\}$ 为包含 Ξ^* 的最小控制不变子空间. 并且, 令

$$z_i = G_i x, \quad i = 1, 2, \cdots, s.$$

记 $z = \ltimes_{i=1}^s z_i$, 则

$$z = Gx,$$

这里, $G = G_1 * G_2 * \cdots * G_s \in \mathcal{L}_{2^s \times 2^n}$.

考察

$$\begin{aligned}
z(t+1) &= Gx(t+1) \\
&= GLu(t)x(t) \\
&= [GM_1, GM_2, \cdots, GM_{2^m}] u(t)x(t),
\end{aligned} \tag{3.6.10}$$

因为 $\mathcal{V}^*$ 是 M_i 不变子空间, 则存在 H_i, 使得

$$GM_i = H_i G, \quad i = 1, 2, \cdots, 2^m.$$

记 $H = [H_1, H_2, \cdots, H_{2^m}]$, 则 (3.6.10) 变为

$$z(t+1) = Hu(t)z(t). \tag{3.6.11}$$

现在, 因为 $Y_j \in \mathcal{V}^*$, $j \in [1, p]$, 所以有

$$y_j = F_j z, \quad i \in [1, p].$$

因此可得

$$y(t) = Fz(t), \tag{3.6.12}$$

这里, $F = F_1 * F_2 * \cdots * F_p$.

总结以上的讨论可得如下结论.

命题 3.6.3 考察 k 值控制网络 (3.6.8). 设 $\mathcal{V}^* \subset \mathcal{X}^*$ 为包含 $Y_j = G_j(X)$, $j \in [1, p]$ 的最小控制不变子空间, 则 $\mathcal{X}^*$ 上的对偶控制网络 (3.6.11)—(3.6.12) 为 k 值控制网络 (3.6.8) 的一个最小实现.

注 3.6.1 (i) 最小实现显然是在对偶空间 $\mathcal{X}^*$ 上的一个输入—输出映射. 与连续状态空间控制系统不同, 因为 $|\mathcal{X}^*| \gg |\mathcal{X}|$, 最小实现的维数可能比原系统大.

(ii) 最小实现的维数可能比原系统大的原因在于对偶动态系统的状态方程并不是独立的. 利用对偶系统的布尔代数结构等可将不独立的状态变量方程删去.

下面给出一个简单例子.

例 3.6.2 考察如下布尔控制网络

$$\begin{cases} x(t+1) = Lu(t)x(t), \\ y(t) = Ex(t), \end{cases} \tag{3.6.13}$$

这里, $x(t) \in \Delta_8$, $u(t)$, $y(t) \in \Delta_2$,

$$L = \delta_8[4, 2, 8, 8, 5, 6, 6, 3, 8, 7, 3, 1, 4, 6, 6, 4],$$
$$E = \delta_2[2, 2, 2, 2, 1, 2, 2, 1].$$

利用算法 3.6.1, 包含 Y 的最小控制不变子空间为

$$\mathcal{V}^* = \{Z_1 = Y, Z_2, Z_3\},$$

这里

$$z_2 = \delta_2[2, 1, 2, 2, 2, 2, 2, 2]x,$$
$$z_3 = \delta_2[2, 2, 2, 2, 2, 2, 2, 2]x.$$

于是可得 (3.6.13) 的最小实现为

$$\begin{cases} z_1(t+1) = z_2(t), \\ z_2(t+1) = [z_2(t), z_3(t)]u(t), \\ z_3(t+1) = \delta_2^2, \\ y(t) = z_1(t). \end{cases} \tag{3.6.14}$$

考察一个大型 k 值控制网络 (参见图 3.6.2).

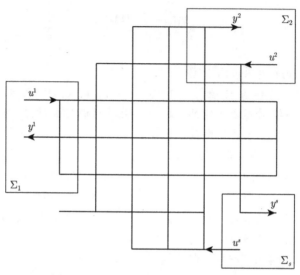

图 3.6.2 k 值控制网络的分布式实现

一个分布式实现可描述如下:

(i) 在适当结点输出某些控制, 例如, u^i, $i = 1, \cdots, s$;

(ii) 在某些结点观察相应输出值, 例如, y^j, $j = 1, \cdots, s$;

(iii) 考察相应的最小实现, 例如, $\Sigma_i : u^i \Rightarrow y^i$, $i = 1, \cdots, s$.

这样, 通过局部信息可望了解网络的相应结构与性质. 这种分布式实现可望成为分析和解剖复杂大网络的一种有效方法.

注 3.6.2   从实现和最小实现的角度看, 更显示了 $\mathcal{X}^*$ 上的隐秩序对网络性质的重要性.

第 4 章　格与有限格上的网络

k 值 (或混合值) 逻辑最早是由 Post 于 1921 年提出的[93]. 1942 年, Rosen-bloom 将其结果整理并命名为 n 阶 Post 代数[98]. Post 代数的初始表达形式很复杂, 这限制了它的传播. 1960 年, Epstein 提出 Post 代数的格结构[52], 这大大简化了 Post 代数的表达形式. 此后, 对 Post 代数及其应用的研究得到了快速发展. 本章的目的是将 Post 代数用矩阵半张量积来表示, 进而探讨其基本性质. 本章基本概念与记号来自文献 [104].

4.1　格论初步

本节简单回顾关于格的基本概念. 内容可参见本书第一卷附录, 更详细内容亦可参见相关参考书, 例如文献 [4].

定义 4.1.1　设 $L \neq \varnothing$, L 上有一关系 $\leqslant$ 称为序 (order), 如果它满足

(i) 自反性: $x \leqslant x$, $\forall x \in L$;

(ii) 反对称性: 如果 $x \leqslant y$ 且 $y \leqslant x$, 则 $x = y$;

(iii) 传递性: 如果 $x \leqslant y$ 且 $y \leqslant z$, 则 $x \leqslant z$.

定义 4.1.2　设 $\leqslant$ 为 L 上的序, 则 $(L, \leqslant)$ 称为一个偏序集 (partially ordered set). 一个偏序集 $(L, \leqslant)$ 称为全序集 (totally ordered set), 如果任意两元素均可比较, 即对任意两个元素 $x, y \in L$, 或者 $x \leqslant y$, 或者 $y \leqslant x$. 一个全序集也称为一个链 (chain). 在一个偏序集 $(L, \leqslant)$ 中,

(i) $m \in L$ 为最大元 (largest element), 如果 $x \leqslant m$, $\forall x \in L$;

(ii) $n \in L$ 为最小元 (smallest element), 如果 $n \leqslant x$, $\forall x \in L$;

(iii) $s \in L$ 为极大元 (maximal element), 如果 $s \leqslant x$, 则 $x = s$;

(iv) $\ell \in L$ 为极小元 (minimal element), 如果 $x \leqslant \ell$, 则 $x = \ell$.

定义 4.1.3　给定一个偏序集 $(L, \leqslant)$, 设 $\varnothing \neq S \subset L$.

(i) m 称为 S 的上界 (upper bound), 如果 $x \leqslant m$, $\forall x \in S$;

(ii) n 称为 S 的下界 (lower bound), 如果 $n \leqslant x$, $\forall x \in S$;

(iii) m_0 称为 S 的上确界 (least upper bound), 记作 $m_0 = \sup(S)$, 如果它是最小上界, 即若 m 为 S 的上界, 则 $m_0 \leqslant m$;

(iv) n_0 称为 S 的下确界 (most lower bound), 记作 $n_0 = \inf(S)$, 如果它是最大下界, 即若 n 为 S 的下界, 则 $n \leqslant n_0$.

(有限) 偏序集可以用图表示, 图中结点为集中元素, 边表示两端点可比较, 边不能是水平的, 上端点为大, 下端点为小. 这种图称为 Hasse 图.

例 4.1.1　考察一个整数点集合 $L = [1, 12]$. 定义 $x \leqslant y$ 为 $x|y$. 则其 Hasse 图见图 4.1.1. 其中

(i) $12, 8, 9, 7, 5, 11$ 为极大点, 1 为极小点;

(ii) 没有最大点, 1 为最小点;

(iii) 设 $A = \{2, 3\}$, 则 $\sup(A) = 6, \inf(A) = 1, 12$ 也是 A 的上界, 但不是上确界;

(iv) 设 $B = \{4, 6\}$, 则 $\sup(B) = 12, \inf(B) = 2, 1$ 也是 B 的下界, 但不是下确界;

(v) 设 $C = \{2, 5\}$, 则 $\inf(C) = 1, C$ 没有上界.

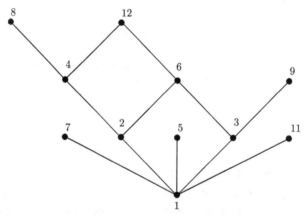

图 4.1.1　$[1, 12]$ 的 Hasse 图

定义 4.1.4　(i) 设 $(L, \leqslant)$ 为一个偏序集, 如果对任何两点 $x, y \in L$, 都存在 $\sup\{x, y\}$ 和 $\inf\{x, y\}$, 则称 $(L, \leqslant)$ 为一个格 (lattice).

(ii) 设 L 为一个格, $A \subset L$. 如果对任何两点 $x, y \in A$, $\sup\{x, y\} \in A$ 且 $\inf\{x, y\} \in A$, 则称 A 为 L 的子格.

(iii) 设 L 为一个格. 如果 L 中有最大元, 记为 $\mathbf{1}$; 最小元, 记为 $\mathbf{0}$, 则称 L 为一有界格 (bounded lattice).

例 4.1.2　考察 k 值逻辑: 令

$$L = \left\{ 0, \frac{1}{k-1}, \frac{2}{k-1}, \cdots, 1 \right\}, \quad k > 2.$$

按普通大小排序, 即

$$\frac{i}{k-1} \leqslant \frac{j}{k-1} \Leftrightarrow i \leqslant j.$$

(i) 定义

$$x \vee y := \max\{x, y\}, \quad x \wedge y := \min\{x, y\}.$$

显见,

$$\sup\{x, y\} = x \vee y, \quad \inf\{x, y\} = x \wedge y.$$

于是 $(L, \leqslant)$ 是一个格.

(ii) 令 $\mathcal{D} = \{0, 1\} \subset L$. 则 $(\mathcal{D}, \leqslant)$ 为 $(L, \leqslant)$ 的子格.

(iii) $(L, \leqslant)$ 是一个有界格.

通常在一个格 L 中, 记

$$\begin{aligned} x \vee y &:= \sup\{x, y\}, \\ x \wedge y &:= \inf\{x, y\}, \quad x, y \in L. \end{aligned} \tag{4.1.1}$$

命题 4.1.1 设 L 为一个格. 则以下两个分配律等价:

$$x \wedge (y \vee z) = (x \wedge y) \vee (x \wedge z); \tag{4.1.2}$$

$$x \vee (y \wedge z) = (x \vee y) \wedge (x \vee z). \tag{4.1.3}$$

定义 4.1.5 设 L 为一个格. 如果 (4.1.2) 或 (4.1.3) 成立 (于是两式均成立), 则 L 称为一个分配格[4].

下面这个性质十分有用.

命题 4.1.2 设 L 为一个格. L 为一个分配格, 当且仅当, 对任意 $x, y, z \in L$,

$$z \wedge x = z \wedge y, \text{ 且 } z \vee x = z \vee y, \text{则 } x = y.$$

定义 4.1.6 设 $(L, \leqslant)$ 为一个格.

(i) $I \subset L$ 称为 L 的一个理想 (ideal), 如果 I 为 L 的子格, 并且

$$存在 \ a \in I \ 使得 \ x \leqslant a, \ 则 \ x \in I.$$

(ii) 设 I 为 L 的一个理想. 如果 J 也是 L 的一个理想并且 $I \subset J$, 则 $J = I$ 或 $J = L$, 则 I 称为一个极大理想 (maximum ideal). (即没有比它更大的真理想.)

设 I, J 为 L 的两个理想. 定义

$$I \wedge J = I \cap J.$$

易知 $I \wedge J$ 也是 L 的一个理想. 定义

$$I \vee J = \{x \in L \,|\, 存在 \ i \in I, \ j \in J \ 使得 \ x \leqslant i \vee j\}.$$

易知 $I \vee J$ 也是 L 的一个理想.

考察 L 上的所有理想的集合, 记作 $\mathcal{I}(L)$. 不难证明

$$\sup\{I, J\} = I \vee J,$$
$$\inf\{I, J\} = I \wedge J.$$

于是 $(\mathcal{I}(L), \subset)$ 构成一个格, 称为 L 的理想格.

例 4.1.3　考察 $L := \mathbb{N}$, 这里 $\mathbb{N}$ 为自然数 (正整数). 定义 $x \leqslant y$ 为 $x|y$.

(i) 容易验证 $(L, \leqslant)$ 是一个格, 这里 $x \wedge y = \gcd\{x, y\}$ 为 $\{x, y\}$ 的最大公因数, $x \vee y = \mathrm{lcm}\{x, y\}$ 为 $\{x, y\}$ 的最小公倍数.

(ii) 记

$$I(x) := \{a \in L \,|\, a|x\},$$

即 $I(x)$ 为 x 的因子集合. 则 $I(x)$ 为 L 的一个理想.

(iii) 不难验证 L 的理想格

$$\mathcal{I}(L) = \{I(x) \,|\, x \in L\},$$

这里

$$I(x) \wedge I(y) = I(x \wedge y),$$
$$I(x) \vee I(y) = I(x \vee y).$$

与理想对偶的概念是滤子 (filter).

定义 4.1.7　设 $(L, \leqslant)$ 为一个格.

(i) $F \subset L$ 称为 L 的一个滤子, 如果 F 为 L 的子格, 并且

$$b \leqslant x, \ \exists b \in F \Rightarrow x \in F.$$

(ii) 设 F 为 L 的一个滤子. 如果 E 也是 L 的一个滤子并且 $F \subset E$, 则 $E = F$ 或 $E = L$, 则 F 称为一个极大滤子.

定义 4.1.8　设 L 为一个有界格. $x \in L$. $\bar{x} \in L$ 称为 x 的补元 (complement), 如果

$$x \vee \bar{x} = 1, \ \text{且} \ x \wedge \bar{x} = 0.$$

如果存在 $\bar{x}$, 则 x 称为有补元. 有补元也称为布尔元.

对一个格, 并非每个元素都是有补元. 并且, 一个有补元其补元也未必唯一. 但我们有以下结论.

命题 4.1.3　设 L 为一个有界分配格, $x \in L$ 为一有补元, 则 x 的补元唯一.

定义 4.1.9　设 L 为一个有界分配格, 并且, 每个元素 $x \in L$ 都是有补元, 则 L 称为一个布尔格. 布尔格也称为布尔代数.

定义 4.1.10 设 L 为一个有界分配格, 其有补元集合称为 L 的中心 (center), 记为 $C(L)$, 即

$$C(L) = \{x \in L \mid x \text{ 为有补元}\}.$$

4.2 P_0 代数

本节及本章以下部分, 只考虑有界分配格. 为记号简洁, 记

$$xy := x \wedge y.$$

定义 4.2.1 设 L 为一个有界分配格, $B = \{e_0, e_1, \cdots, e_{n-1}\} \subset L$, 满足

$$\mathbf{0} = e_0 < e_1 < e_2 < \cdots < e_{n-1} = \mathbf{1}.$$

(i) B 称为 L 的一组 n 元链基 (n-element chain base), 如果每一个 $x \in L$ 可表示为

$$x = \bigvee_{i=1}^{n-1} x_i e_i, \quad x_i \in C(L), \quad i \in [1, n-1]. \tag{4.2.1}$$

如果 L 具有 n 元链基, 则称 L 为 P_0 格. 如果 n 是具有最小势数的链基, 则 L 称为阶数为 n 的 P_0 格.

(ii) 在展式 (4.2.1) 中, 如果 $x_1 \geqslant x_2 \geqslant \cdots \geqslant x_{n-1}$, 则 (4.2.1) 称为单调表示 (monotonic representation); 如果 $x_i x_j = \mathbf{0}$, $i \neq j$, 则 (4.2.1) 称为不相交表示 (disjoint representation).

通常将一个 P_0 格表示为 $\langle L; e_0, \cdots, e_{n-1} \rangle$. 根据 L 的分配律不难得知, P_0 格的每一个元素均有其单调表示以及其不相交表示.

例 4.2.1 (i) 设 $L = \mathcal{D}_p := \{0, 1, \cdots, p-1\}$ 为一 p 链. 显见, 它是一个 P_0 格. 并且

$$B = \{\mathbf{0} = 0 < 1 < \cdots < p-1 = \mathbf{1}\}$$

为其链基. 其中心为

$$C(L) = \{0, p-1\}.$$

记 $0 \leqslant x \leqslant p-1$, 则 x 的单调表示为

$$x = \sum_{i=1}^{p-1} x_i \wedge i,$$

这里

$$x_i = \begin{cases} \mathbf{1} = p - 1, & i \leqslant x, \\ \mathbf{0} = 0, & i > x. \end{cases}$$

x 的不相交表示为

$$x = \sum_{i=1}^{p-1} z_i \wedge i,$$

这里

$$z_i = \begin{cases} \mathbf{1} = p - 1, & i = x, \\ \mathbf{0} = 0, & i \neq x. \end{cases}$$

(ii) 设 $L = \mathcal{D}_3 \times \mathcal{D}_5 = \{(i,j) \,|\, 0 \leqslant i \leqslant 2,\ 0 \leqslant j \leqslant 4\}$.

$$(i,j) \vee (m,n) := (i \vee m, j \vee n),$$
$$(i,j) \wedge (m,n) := (i \wedge m, j \vee n).$$

不难验证, 这是一个 P_0 格. 并且,

$$B = \{(0,0), (0,1), (0,2), (0,3), (0,4), (1,4), (2,4)\}$$

是一个链基, 但它不是具有最小势的链基.

$$B_0 = \{e_0 = (0,0), e_1 = (1,1), e_2 = (2,2), e_3 = (2,3), e_4 = (2,4)\}$$

是一组具有最小势的链基.

$$C(L) = \{(0,0), (0,4), (2,0), (2,4)\},$$

这里 $\overline{(0,0)} = (2,4)$, $\overline{(0,4)} = (2,0)$.

　　设 $x = (2,3)$, 利用 B_0, 记 x 为

$$x = \sum_{i=1}^{4} x_i e_i,$$

则 x 的一组单调表达式系数 (不唯一) 为

$$x_1 = (2,4), \quad x_2 = (2,4), \quad x_3 = (2,4), \quad x_4 = (0,0).$$

x 的一组不相交表达式系数 (不唯一) 为

$$x_1 = (0,0), \quad x_2 = (0,0), \quad x_3 = (2,0), \quad x_4 = (0,4).$$

利用分配律直接展开, 不难直接检验以下两个引理.

引理 4.2.1 设 $\langle L; e_0, \cdots, e_{n-1} \rangle$ 为一 P_0 格,

$$x = \bigvee_{i=1}^{n-1} x_i e_i, \quad y = \bigvee_{i=1}^{n-1} y_i e_i$$

分别为 x 和 y 的单调表达, 则

$$x \vee y = \bigvee_{i=1}^{n-1} (x_i \vee y_i) e_i,$$
$$x \wedge y = \bigvee_{i=1}^{n-1} (x_i \wedge y_i) e_i$$

分别为 $x \vee y$ 和 $x \wedge y$ 的单调表达.

引理 4.2.2 设 $\langle L; e_0, \cdots, e_{n-1} \rangle$ 为一 P_0 格, $x = \bigvee_{i=1}^{n-1} x_i e_i$ 为 x 的单调表达, 则

$$\bigvee_{i=1}^{n-1} x_i e_i = \bigwedge_{i=1}^{n-1} (x_i \vee e_{i-1}). \tag{4.2.2}$$

定理 4.2.1 设 $\langle L; e_0, \cdots, e_{n-1} \rangle$ 为一 P_0 格, $C = C(L)$. 设 $C_0 \subset C$ 为 C 的布尔子代数, 使得 $C_0 \cup \{e_0, \cdots, e_{n-1}\}$ 生成 L, 则 $C_0 = C$.

证明 设 C_0 为 C 的布尔子代数, 使得 L 可由 $C_0 \cup \{e_0, \cdots, e_{n-1}\}$ 生成. 设 $a \in C$, 则 a 可表示为 (不相交表示)

$$a = \bigvee_{i=1}^{n-1} a_i e_i, \quad \text{这里 } a_i \in C_0, \, a_i \wedge a_j = \mathbf{0}, \, i \neq j.$$

对每个 i, $a a_i = a_i e_i \in C$, 因此, 存在 $c = \overline{(a_i e_i)}$. 将 c 表示为 (单调表示)

$$c = \bigvee_{i=1}^{n-1} c_i e_i, \quad \text{这里 } c_i \in C_0, \, c_1 \geqslant \cdots \geqslant c_{n-1}.$$

因此, $a_i e_i \wedge c = a_i e_i \wedge c_i e_i = a_i e_i \wedge c_i = 0$. 于是可得

$$a_i e_i = a_i e_i \wedge (c_i \vee \bar{c}_i)$$
$$= a_i e_i \wedge \bar{c}_i$$
$$\leqslant a_i \bar{c}_i. \tag{4.2.3}$$

另一方面, $a_i e_i \vee c = 1$.

注意到

$$a_i e_i \vee c_1 e_1 \vee \cdots \vee c_i e_i \leqslant e_i,$$

$$c_{i+1} e_{i+1} \vee \cdots \vee c_{n-1} e_{n-1} \leqslant c_i,$$

可知

$$e_i \vee c_i = 1.$$

于是有

$$e_i \geqslant \bar{c}_i. \tag{4.2.4}$$

注意到 $a \geqslant a_i e_i$, 则

$$ae_i \geqslant a_i e_i. \tag{4.2.5}$$

由 (4.2.4)+(4.2.5) 可推出

$$a_i e_i \geqslant a_i \bar{c}_i. \tag{4.2.6}$$

由 (4.2.3)+(4.2.6) 可推出

$$a_i e_i = a_i \bar{c}_i \in C_0, \quad i \in [1, n-1]. \tag{4.2.7}$$

(4.2.7) 表明 $a \in C_0$. 由于 $a \in C$ 是任取的, 可知 $C = C_0$.　□

引理 4.2.3　设 $\langle L; e_0, \cdots, e_{n-1} \rangle$ 为一个阶为 n 的 P_0 格, 则 $e_1, \cdots, e_{n-2}$ 均无补元.

证明　反设 e_k 有补元, $1 \leqslant k \leqslant n-2$. 那么, $e_0, \cdots, e_{k-1}, e_{k+1}, \cdots, e_{n-1}$ 为一链基, 这是因为

$$x = \bigvee_{i=1}^{n-1} x_i e_i$$

$$= \bigvee_{i=1}^{k-1} x_i e_i \vee (x_k e_k \vee x_{k+1}) e_{k+1} + \sum_{i=k+1}^{n-1} x_i e_i.$$

因此, L 的阶小于 n, 矛盾.　□

引理 4.2.4　设 $\langle L; e_0, \cdots, e_{n-1} \rangle$ 为一个 P_0 格, $C = C(L)$ 为其中心, 则

(i)

$$e_j \to e_k = \mathbf{1}, \quad j \leqslant k;$$

(ii) 如果 $e_j \to e_k$ 存在, 那么,

$$ae_j \to (b \vee e_k) = \bar{a} \vee b \vee (e_j \to e_k), \quad a, b \in C, \quad j, k = 1, \cdots, n-1; \quad (4.2.8)$$

(iii) 如果 $x \to z$ 及 $y \to z$ 存在, 那么,

$$(x \vee y) \to z = (x \to z) \wedge (y \to z), \quad x, y, z \in L; \quad (4.2.9)$$

(iv) 如果 $z \to x$ 及 $z \to y$ 存在, 那么,

$$z \to (x \wedge y) = (z \to x) \wedge (z \to y), \quad x, y, z \in L. \quad (4.2.10)$$

证明 (i) 显然.

(ii) 注意到

$$ae_j(\bar{a} \vee b \vee (e_j \to e_k)) = abe_h \vee ae_j(e_j \to e_k) \leqslant b \vee e_k. \quad (4.2.11)$$

设 u 也满足不等式 (4.2.11), 即

$$ae_j u \leqslant b \vee e_k. \quad (4.2.12)$$

在 (4.2.12) 两边 $\wedge$ 上 $\bar{b}$ 可得

$$a\bar{b}e_j u \leqslant e_k \bar{b} \leqslant e_k. \quad (4.2.13)$$

因此,

$$a\bar{b}e_j u \leqslant e_j \to e_k. \quad (4.2.14)$$

在 (4.2.14) 两边 $\vee$ 上 $(\bar{a} \vee b)u$ 可得

$$u \leqslant (\bar{a} \vee b)u \vee (e_j \to e_k) \leqslant \bar{a} \vee b \vee (e_j \to e_k). \quad (4.2.15)$$

故 $\bar{a} \vee b \vee (e_j \to e_k)$ 是满足不等式 (4.2.13) 的最大的 u. 根据定义, (4.2.11) 成立.

(iii)—(iv) 证明与 (ii) 类似. $\qquad \square$

定理 4.2.2 设 $\langle L; e_0, \cdots, e_{n-1} \rangle$ 为一个 P_0 格. 如果存在 $\neg e_i = e_i \to \mathbf{0}$, $\forall i \in [1, n-1]$, 那么, 对每个 $x \in L$ 均存在 $\neg x$, 且

$$\neg x = \bigwedge_{i=1}^{n-1} (\bar{x}_i \vee \neg e_i), \quad (4.2.16)$$

这里, $\bigvee_{i=1}^{n-1} x_i e_i$ 为 x 的一个单调表示. 并且, L 是一个 Stone 代数.

证明　如果我们能证明 $\neg x_i \in C(L)$ 就够了. 因为如果 $\neg e_i \in C(L)$, 由引理 4.2.4 (ii) 可得

$$\neg(x_i e_i) = x_i \to 0 = \bar{x}_i \vee \neg e_i. \tag{4.2.17}$$

利用 (4.2.17) 并根据引理 4.2.4 (iii) 及 (ii) 可得

$$\neg x = \neg \left(\bigvee_{i=1}^{n-1} x_i e_i \right) = \bigwedge_{i=1}^{n-1} \neg(x_i e_i) = \bigwedge_{i=1}^{n-1} (\bar{x}_i \vee \neg e_i). \tag{4.2.18}$$

(4.2.6) 获证. 并且, 因为 $\neg x \in C(L)$, 故 L 为 Stone 代数.

下面证明 $\neg x_i \in C(L)$: 令

$$\neg e_i = \bigvee_{j=1}^{n-1} c_j e_j$$

为其单调表示, 那么

$$\begin{aligned}
\mathbf{0} &= e_i \wedge \left(\bigvee_{j=1}^{n-1} c_j e_j \right) \\
&= \bigvee_{j=1}^{n-1} c_j e_j e_i \\
&= \left(\bigvee_{j=1}^{i} c_j e_j \right) \vee \left(\bigvee_{j=i+1}^{n-1} c_j e_i \right) \\
&= \left(\bigvee_{j=1}^{i} c_j e_j \right).
\end{aligned} \tag{4.2.19}$$

因此, $c_j e_j = \mathbf{0}$, $j \in [0, i]$. 于是

$$\neg e_i = \bigcup_{j=1}^{n-1} c_j e_j \leqslant c_i.$$

但是因为 $c_i e_i = 0$, 根据 $\neg e_i$ 的定义 $c_i \leqslant \neg e_i$. 故有

$$\neg e_i = c_i \in C(L). \qquad \square$$

4.3 P_1 格

定义 4.3.1   设 $\langle L; e_0, \cdots, e_{n-1}\rangle$ 为一 (阶为 n 的) P_1 格, 如果它是一个 (阶为 n 的) P_0 格, 并且, 下列两个等价条件之一成立:

(i) $e_{j+1} \to e_j$, $j = 0, \cdots, n-2$, 存在, 且为 e_j;

(ii)

$$e_j \to e_i = \begin{cases} \mathbf{1}, & j \leqslant k, \\ e_k, & j > k. \end{cases} \tag{4.3.1}$$

定理 4.3.1   设 $\langle L; e_0, \cdots, e_{n-1}\rangle$ 为一 P_1 格, 则它是一个 Heyting 代数. 并且

$$x \to y = \bigwedge_{i=1}^{n-1} (\bar{x}_i \vee y_i \vee e_{i-1}), \tag{4.3.2}$$

这里

$$x = \bigvee_{i=1}^{n-1} x_i e_i, \quad y = \bigvee_{i=1}^{n-1} y_i e_i$$

为 $x, y \in L$ 的单调表示.

证明   利用命题 4.2.2 有

$$y = \bigwedge_{i=1}^{n-1} (y_i \vee e_{i-1}). \tag{4.3.3}$$

利用命题 4.2.4 (ii) 有

$$x_i e_i \to (y_j \vee e_{j-1}) = \bar{x}_i \vee y_i \vee (e_i \to e_{j-1}), \quad i, j \in [1, n-1]. \tag{4.3.4}$$

再由引理 4.2.4 (iii), (iv) 可知 $x \to y$ 存在. 并且

$$\begin{aligned} x \to y &= \bigwedge_{i=1}^{n-1} \bigwedge_{j=1}^{n-1} (x_i e_i \to (y_j \vee e_{j-1})) \\ &= \bigwedge_{i=1}^{n-1} \bigwedge_{j=1}^{n-1} (\bar{x}_i \vee y_j \vee (e_i \to e_{j-1})). \end{aligned} \tag{4.3.5}$$

于是, 由 (4.3.1) 以及 x, y 表示的单调性立得 (4.3.2). $\square$

推论 4.3.1　设 $\langle L; e_0, \cdots, e_{n-1} \rangle$ 为一 P_1 格, 则任一 $x \in L$ 的单调表示 $x = \bigvee_{i=1}^{n-1} x_i e_i$ 的第一个系数 x_1 是唯一的, 并且 $\neg x = \bar{x}_1$. 因此, L 是一个 Stone 代数.

证明　由 (4.3.1) 可知 $\neg x = x \to \mathbf{0} = \bar{x}_1$. 又因为

$$\neg x = \bar{x}_1 \in C(L), \quad x \in L,$$

故 L 是一个 Stone 代数.　　　　　　　　　　　　　　　　　　□

定理 4.3.2　设 $\langle L; e_0, \cdots, e_{n-1} \rangle$ 为一 P_1 格, 则不存在另一个链基 $f_0, \cdots, f_{m-1}$ 使得 $\langle L; f_0, \cdots, f_{m-1} \rangle$ 为一 P_1 格. 并且, 对任一 $x \in L$ 均有

$$x = \bigwedge_{i=1}^{n-1} \left((x \to e_i) \to e_i \right). \tag{4.3.6}$$

证明　设 $x = \bigvee_{i=1}^{n-1} x_i e_i$ 为 x 的一个单调表示. 由公式 (4.3.2) 可知

$$x \to e_k = \bar{x}_{k+1} \vee e_k. \tag{4.3.7}$$

再利用引理 4.2.4 可得

$$(x \to e_k) \to e_k = x_{k+1} \vee e_k. \tag{4.3.8}$$

根据引理 4.2.2 即得 (4.3.6).

为证明定理的第一部分, 设有某个 $k < n-1$ 以及 $x > e_k$, 使得 $x \to e_k = e_k$. 因此可假定在这个单调表示中 $x_1 = x_2 = \cdots = x_k = \mathbf{1}$. 于是, 根据引理 4.2.2 有

$$x = \bigwedge_{i=k}^{n-1} (x_{i+1} \vee e_i). \tag{4.3.9}$$

但是, 根据本定理证明的第一部分以及定理假定可知

$$x_{k+1} \vee e_k = (x \to e_k) \to e_k = e_k \to e_k = \mathbf{1}. \tag{4.3.10}$$

因此, (4.3.9) 可改写成

$$x = \bigwedge_{i=k+1}^{n-1} (x_{i+1} \vee e_i). \tag{4.3.11}$$

因此, $e_{k+1} \leqslant x$. 这说明 e_{k+1} 是极小的一个 x 满足 $x > e_k$ 且 $x \to e_k = e_k$, $k \in [0, n-2]$. 因此, 可推知, 如果存在 L 的另一组链基 $\mathbf{0} = f_0 < f_1 < \cdots < f_m = \mathbf{1}$, 使得 $\langle L; f_0, \cdots, f_{m-1} \rangle$ 为一 P_1 格, 则必有 $e_1 = f_1$ (它是 $x \in L$ 且满足 $x \to \mathbf{0} = \mathbf{0}$ 的极小元). 然后, 我们可递推地得到 $e_k = f_k$, $k \in [2, n-1]$, 且 $m = n$.　　　　□

4.4　Post 代数

定义 4.4.1　设 $\langle L; e_0, \cdots, e_{n-1} \rangle$ 为一个阶为 n 的 P_1 格, 并且, $e_i, i \in [1, n-2]$ 不包含非零布尔元, 则 $\langle L; e_0, \cdots, e_{n-1} \rangle$ 称为一个阶为 n 的 Post 代数. Post 代数也称为 Post 格.

说明, e_i 不包含非零布尔元指的是, 如果 $c \in C(L)$ 且 $c \leqslant e_i$, 则 $c = \mathbf{0}$.

引理 4.4.1　给定 $\langle L; e_0, \cdots, e_{n-1} \rangle$ 为一个 n 阶 Post 代数. 设存在某个 e_i 使得 $ae_i = be_i, a, b \in C(L)$, 则 $a = b$.

证明　由假设可知 $\bar{b}ae_i = \bar{b}be_i = \mathbf{0}$. 因此, $\bar{b}a = \mathbf{0}$, 即

$$a \leqslant \bar{b} \to \mathbf{0} = \neg\bar{b} = b.$$

同理, $b \leqslant a$. 故 $a = b$.　　　　　　　　　　　　　　　　　　　　　□

定理 4.4.1　设 $\langle L; e_0, \cdots, e_{n-1} \rangle$ 为一个 n 阶 P_0 格, 则以下各项等价:

(i) $\langle L; e_0, \cdots, e_{n-1} \rangle$ 为一个 Post 代数;

(ii) 如果 $ae_{i+1} \leqslant e_i, a \in C(L)$, 则 $a = \mathbf{0}$;

(iii) 对每一个 $x \in L$, 其单调表示唯一;

(iv) 对每一个 $x \in L$, 其不相交表示唯一.

证明　(i) $\Rightarrow$ (ii): 由定义立得.

(ii) $\Rightarrow$ (iii): 设 $x = \bigvee_{i=1}^{n-1} a_i e_i = \bigvee_{i=1}^{n-1} b_i e_i$ 为两个不相交表示, 那么 $xe_1 = a_1 e_1 = b_1 e_1$. 由引理 4.4.1 可知 $a_1 = b_1$. 利用数学归纳法, 设 $a_i = b_i, i \in [1, k-1]$, 则

$$xe_k = \bigvee_{i=1}^{k} a_i e_i = \bigvee_{i=1}^{k} b_i e_i.$$

于是,

$$\bar{b}_k a_k e_k \leqslant \bar{b}_k b_1 e_1 \vee \cdots \vee \bar{b}_k b_{k-1} e_{k-1} \leqslant e_{k-1}.$$

根据条件 (ii), $\bar{b}_k a_k = 0$. 同理可得 $\bar{a}_k b_k = 0$. 于是 $a_k = b_k$.

(iii) $\Leftrightarrow$ (iv): 显见.

(iii) $\Rightarrow$ (i): 首先我们证明, 如果 $b \in C(L)$, 并且存在某个 i 使 $b \leqslant e_i$, 则 $b = 0$. 实际上

$$e_i = e_1 \vee \cdots \vee e_i \vee be_{i+1} = e_1 \vee \cdots \vee e_i$$

为 e_i 的两个单调表示. 由 (iii) (唯一性) 可知 $b = \mathbf{0}$.

现在, 只要证明

$$e_{i+1} \to e_i = e_i, \quad i \in [0, n-2] \tag{4.4.1}$$

就行了. 设 $x \in L$ 且 $xe_{i+1} \leqslant e_i$. 则 $xe_{i+1} \leqslant xe_i$. 而 $xe_i \leqslant e_{i+1}$ 是显然的, 故 $xe_i = xe_{i+1}$. 令 $x = \bigvee_{i=1}^{n-1} x_i e_i$ 为 x 的唯一单调表示, 则

$$xe_i = \bigvee_{j=1}^{i} x_j e_j = \bigvee_{j=1}^{i+1} x_j e_j$$

为 xe_i 的两个单调表示, 由 (iii) 可知 $x_{i+1} = \mathbf{0}$. 于是 $x_k = \mathbf{0}$, $\forall k \geqslant i+1$. 故可得

$$x = \bigvee_{j=1}^{i} x_j e_j \leqslant e_i.$$

这就证明了 (4.4.1).   □

下面讨论几个例子.

例 4.4.1 (i) 考察图 4.4.1 中的格 L, 取链基 $B = \{\mathbf{0}, a, \mathbf{1}\}$. 不难验证, $\langle L; \mathbf{0}, a, \mathbf{1} \rangle$ 是 P_0 格, 但它不是 P_1 格, 因为 $a \to \mathbf{0} = b \neq \mathbf{0}$.

(ii) 考察图 4.4.1 中的格 L, 取链基 $B = \{\mathbf{0}, c, \mathbf{1}\}$. 不难验证, $\langle L; \mathbf{0}, c, \mathbf{1} \rangle$ 是 P_1 格, 但它不是 Post 代数. 因为 $\bar{b} = d$, 故 $b \in C(L)$. 现在 $b\mathbf{1} \leqslant c$, 但 $b \neq \mathbf{0}$, 故 $\langle L; \mathbf{0}, c, \mathbf{1} \rangle$ 不是 Post 代数.

(iii) 考察图 4.4.2. 不难验证, $\langle L; \mathbf{0}, d, \mathbf{1} \rangle$ 是 Post 代数.

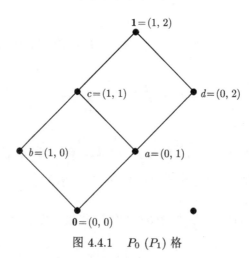

图 4.4.1 $P_0\ (P_1)$ 格

给定一个 n 阶 Post 代数 $\langle L; e_0, \cdots, e_{n-1} \rangle$. 考察 $x \in L$. 设 x 的单调表示为

$$x = \bigvee_{i=1}^{n-1} m_i(x) e_i. \tag{4.4.2}$$

设 x 的不相交表示为

$$x = \bigvee_{i=1}^{n-1} d_i(x) e_i. \tag{4.4.3}$$

于是, 根据唯一性原理, $m_i : x \mapsto m_i(x)$ 以及 $d_i : x \mapsto d_i(x)$, $i \in [1, n-1]$ 均为 L 上的一元算子.

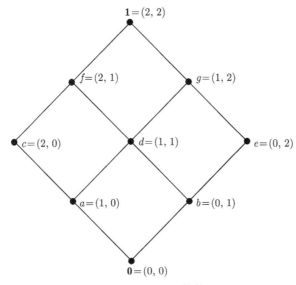

图 4.4.2 Post 代数

设 x 的不相交表示为

$$m_i(x) = \bigvee_{j=i}^{n-1} d_j(x), \tag{4.4.4}$$
$$d_i(x) = m_i(x) \wedge \overline{m_{i+1}(x)}, \quad i \in [1, n-2].$$

并令

$$\begin{aligned} m_{n-1}(x) &= d_{n-1}(x), \\ m_0(x) &= \mathbf{1}, \\ d_0(x) &= \overline{m_1(x)}. \end{aligned} \tag{4.4.5}$$

直接计算易得以下命题.

命题 4.4.1

(i) $\qquad m_i(x \vee y) = m_i(x) \vee m_i(y), \quad i \in [1, n-1];$ $\qquad$ (4.4.6)

(ii) $$m_i(x \wedge y) = m_i(x) \wedge m_i(y), \quad i \in [1, n-1]; \tag{4.4.7}$$

(iii) $$m_i(m_j(x)) = m_j(x), \quad i, j \in [1, n-1]; \tag{4.4.8}$$

(iv) $$m_i(e_j) = \begin{cases} 1, & i \leqslant j, \quad i \in [1, n-1], \\ 0, & i > j, \quad j \in [0, n-1]; \end{cases} \tag{4.4.9}$$

(v) $$m_i(\neq x) = \neg m_1(x) = \overline{m_1(x)}, \quad i \in [1, n-1]; \tag{4.4.10}$$

(vi) $$m_i(x \to y) = \bigwedge_{j=1}^{i} [m_j(x) \to m_j(y)], \quad i \in [1, n-1]; \tag{4.4.11}$$

(vii) $$x \leqslant y \Rightarrow m_i(x) \leqslant m_i(y), \quad x, y \in L, \text{ 且 } i \in [1, n-1]; \tag{4.4.12}$$

(viii) $$m_{n-1}(x) \leqslant x \leqslant m_1(x), \quad x \in L; \tag{4.4.13}$$

(ix) $$e_i \to x = \bigwedge_{j=0}^{i-1} (m_j(x)e_j \vee m_i(x)), \quad i \in [0, n-1]; \tag{4.4.14}$$

(x) $$x \to e_i = e_i \vee \overline{m_{i+1}(x)}, \quad i \in [0, n-2]; \tag{4.4.15}$$

(xi) 如果存在某个 $i \in [0, n-2]$ 使得

$$e_{i+1} \leqslant m_j(x) \vee e_i, \tag{4.4.16}$$

则 $m_j(x) = 1, j \in [0, n-1]$.

证明 根据引理 4.2.1 可得 (4.4.6) 及 (4.4.7). 由定理 4.4.1 (iii) 可得 (4.4.8) 及 (4.4.9). 利用等式 (4.4.3), (4.4.7), (4.4.8), 以及 (4.4.3) 可得

$$m_i(\neg x) = \bigwedge_{j=1}^{n-1} [m_i(\bar{x}_j \vee m_i(\neg e_j))]$$

$$= \bigwedge_{j=1}^{n-1} \bar{x}_j = \bar{x}_1 = \overline{m_1(x)}.$$

这就证明了 (4.4.10). 类此, (4.4.11) 可由 (4.3.2) 导出. 事实上,

$$m_i(x \to y) = \bigwedge_{j=1}^{n-1} [\bar{x}_j \vee y_j \vee m_i(e_{j-1})]$$

$$= \bigwedge_{j=1}^{i} (\bar{x}_j \vee y_j) = \bigwedge_{j=1}^{i} (x_j \to y_j)$$

$$= \bigwedge_{j=1}^{i} [m_j(x) \to m_j(y_j)], \quad i \in [1, n-1].$$

(4.4.12) 可由 (4.4.6) 导出. 由

$$x = \bigvee_{i=1}^{n-1} m_i(x)e_i$$

的单调性即可推得 (4.4.13). 由 (4.3.2) 作一替换即得 (4.4.14). 事实上, 利用引理 4.2.2 有

$$e_i \to x = \bigwedge_{j=1}^{n-1} \overline{[m_j(e_i)]} \vee m_j(x) \vee e_{j-1}]$$

$$= \bigwedge_{j=1}^{i} [m_j(x) \vee e_{j-1}]$$

$$= \bigwedge_{j=1}^{i-1} m_j(x)e_j \vee m_i(x).$$

利用等式 (4.3.2) 及 (4.4.9) 可得

$$x \to e_i = \bigwedge_{j=1}^{n-1} \overline{[m_j(x)]} \vee m_j(e_i) \vee e_{j-1}]$$

$$= e_i \vee \overline{m_{i+1}(x)}.$$

这就证明了 (4.4.15).

由等式 (4.4.9), (4.4.12), (4.4.7) 以及不等式

$$e_{i+1} \leqslant m_j(x) \vee e_i$$

可知

$$1 = m_{i+1}(e_{i+1}) \leqslant m_{i+1}(m_j(x)) \wedge \mathbf{0} = m_j(x).$$

因此, $m_j(x) = \mathbf{1}$. 这就证明了 (4.4.16) 对 $i \in [0, n-2]$, $j \in [0, n-1]$ 均成立. □

例 4.4.2 每一个布尔代数 B, 都可构造 Post 代数 $\langle L; e_0, \cdots, e_{n-1} \rangle$, 使得 $C(L) = B$.

定义 $L = \{(a_1, \cdots, a_{n-1}) \mid a_i \in B, i \in [1, n-1], \text{且} a_{n-1} \leqslant a_{n-2} \leqslant \cdots \leqslant a_1\}$.
令 a, $b \in L$, 这里 $a = (a_1, \cdots, a_{n-1})$, $b = (b_1, \cdots, b_{n-1})$. 定义

$$a \vee b := (a_1 \vee b_1, \cdots, a_{n-1} \vee b_{n-1}),$$

$$a \wedge b := (a_1 \wedge b_1, \cdots, a_{n-1} \wedge b_{n-1}),$$

$$\mathbf{1} := (\mathbf{1}_B, \cdots, \mathbf{1}_b),$$

$$\mathbf{0} := (\mathbf{0}_B, \cdots, \mathbf{0}_B).$$

容易检验 $(L, \vee, \wedge, \mathbf{1}, \mathbf{0})$ 是一个有界分配格.

定义 L 的一个链基 $\mathbf{0} = e_0 < e_1 < \cdots < e_{n-1} = \mathbf{1}$ 如下:

$$e_i := (\underbrace{\mathbf{1}, \cdots, \mathbf{1}}_{i}, \mathbf{0}, \cdots, \mathbf{0}), \quad i \in [0, n-1], \tag{4.4.17}$$

则

$$C(L) = \{(a_1, \cdots, a_{n-1}) \,|\, a_1 = a_2 = \cdots = a_{n-1}\} \cong B.$$

于是有

$$m_i[(a_1, \cdots, a_{n-1})] = (a_i, \cdots, a_i), \quad i \in [1, n-1], \tag{4.4.18}$$

即

$$(a_1, \cdots, a_{n-1}) = \bigvee_{i=1}^{n-1} m_i[(a_1, \cdots, a_{n-1})] e_i. \tag{4.4.19}$$

并且不难证明, 单调表示 (4.4.19) 是唯一的. 由定理 4.4.1(iii), $\langle L; e_0, \cdots, e_{n-1} \rangle$ 为一 Post 代数.

定义 4.4.2　设 $\langle L^i; e_0^i, \cdots, e_{n-1}^i \rangle$, $i = 1, 2$ 为两个阶为 n 的 Post 代数.

(i) 如果存在 $h: L^1 \to L^2$ 满足

$$h(x \vee y) = h(x) \vee h(y), \tag{4.4.20}$$

$$h(x \wedge y) = h(x) \wedge h(y), \tag{4.4.21}$$

$$h(e_i^1) = e_i^2, \quad i \in [0, n-1], \tag{4.4.22}$$

则称 h 为一 Post 同态.

(ii) 设 $h: L^1 \to L^2$ 为一 Post 同态, 并且, h 是一对一且映上的, 则称 h 为一 Post 同构.

4.5　有限格上的逻辑网络

4.5.1　Post 函数

先考虑链的乘积格.

定义 4.5.1　设 L_i, $i = 1, 2$ 为两个格. 其乘积格 $L = L_1 \times L_2$ 定义如下:

$$\begin{aligned}
(x_1, y_1) \vee (x_2, y_2) &:= (x_1 \vee x_2, y_1 \vee y_2), \\
(x_1, y_1) \wedge (x_2, y_2) &:= (x_1 \wedge x_2, y_1 \wedge y_2), \quad x_1, x_2 \in L_1, \quad y_1, y_2 \in L_2.
\end{aligned} \tag{4.5.1}$$

由定义可直接检验以下性质.

命题 4.5.1 设 $L = L_1 \times L_2$ 为一乘积格, 那么

(i) 如果 L_i 为有界格, $\mathbf{1}_i$ 及 $\mathbf{0}_i$ 分别为 L_i 的最大元和最小元, 那么, L 有界, 其最大元为 $(\mathbf{1}_1, \mathbf{1}_2)$, 最小元为 $(\mathbf{0}_1, \mathbf{0}_2)$;

(ii) 如果 L_i, $i = 1, 2$ 为分配格, 那么, L 也为分配格.

推论 4.5.1 设 $L = \mathcal{D}_{k_1} \times \cdots \times \mathcal{D}_{k_n}$, 其中

$$\mathcal{D}_{k_i} = \{0, 1, \cdots, k_i - 1\}, \quad i \in [1, n]$$

为长度为 k_i 的链, 则 L 作为链的乘积格是一个有界分配格.

设 $X = (X_1, \cdots, X_n)$, $Y = (Y_1, \cdots, Y_n) \in L$. 定义

$$X \leqslant Y \Leftrightarrow X_i \leqslant Y_i, \quad i \in [1, n].$$

定义 4.5.2 设 $\mathcal{X}$ 为一有界分配格, $P_0 = \{0, 1, \cdots, m-1\}$ 为一个链. $F: \mathcal{X} \to P_0$ 称为一个 Post 函数[①].

定义

$$S_i := \{X \in \mathcal{X} \mid F(X) \geqslant i\}, \quad i \in [1, m-1].$$

定义一族函数:

$$\mathrm{ID}_i(x) = \begin{cases} \mathbf{1}, & x \in S_i, \\ \mathbf{0}, & \text{其他}, \end{cases} \quad i \in [1, m-1].$$

那么, F 可表示成

$$F(x) = \bigvee_{i=1}^{k-1} i \cdot \mathrm{ID}_i(x). \tag{4.5.2}$$

例 4.5.1[50] 设 $\mathcal{X} = \mathcal{D}_3^2$, $P_0 = \mathcal{D}_3$. 设 $F: \mathcal{X} \to P_0$ 由表 4.5.1 描述.

表 4.5.1 例 4.5.1 的 F

X	(0,0)	(0,1)	(0,2)	(1,0)	(1,1)	(1,2)	(2,0)	(2,1)	(2,2)
$F(X)$	0	2	0	1	2	1	0	2	0

易知

$$S_1 = \{(0,1), (1,0), (1,1), (1,2), (2,1)\},$$
$$S_2 = \{(0,1), (1,1), (2,1)\}.$$

---

① 一些文献 (见 [50] 及其相关参考文献) 上将 $F: P_1 \times P_2 \times \cdots \times P_n \to P_0$ (这里 P_i, $i \in [1, n]$ 为链) 称为 Post 代数上的多值函数. 他们并未检验 $P_1 \times P_2 \times \cdots \times P_n$ 是否构成 Post 代数. 实际上, 他们只要求 $P_1 \times P_2 \times \cdots \times P_n$ 是一个有界分配格.

于是,
$$F(X) = 1 \cdot \mathrm{ID}(S_1) \vee 2 \cdot \mathrm{ID}(S_2).$$

考察一个逻辑网络

$$\begin{cases} X_1(t+1) = F_1(X_1(t), X_2(t), \cdots, X_n(t)), \\ X_2(t+1) = F_2(X_1(t), X_2(t), \cdots, X_n(t)), \\ \vdots \\ X_n(t+1) = F_n(X_1(t), X_2(t), \cdots, X_n(t)), \end{cases} \tag{4.5.3}$$

这里 $X_i(t) \in \mathcal{D}_{k_i}$, $F_i : \prod_{j=1}^n \mathcal{D}_{k_j} \to \mathcal{D}_{k_i}$, $i \in [1,n]$,

$$\mathcal{D}_{k_i} = \{0, 1, \cdots, k_i - 1\}, \quad i \in [1,n].$$

如果 $k_i = 2$, $\forall i \in [1,n]$, 则 (4.5.3) 称为一个布尔网络, 如果存在 $k_i > 2$, 则它称为多值逻辑网络. 对于一个多值逻辑网络, 如果 $k_i = k > 2$, $\forall i \in [1,n]$, 则 (4.5.3) 称为一个 k 值逻辑网络, 否则, 它称为一个混合值逻辑网络.

记链积格

$$\mathcal{X} := \mathcal{D}_{k_1} \times \cdots \times \mathcal{D}_{k_n} \tag{4.5.4}$$

为多值网络 (4.5.3) 的状态空间. 定义

$$S_j^i := \{X \in \mathcal{X} \mid F_i(X) \geqslant j\}, \quad j \in [i, k_i - 1], \quad i \in [i, n].$$

利用 Post 函数表示, 则 (4.5.3) 可表示为

$$X_i(t+1) := \bigvee_{j=1}^{k_i-1} j \cdot \mathrm{ID}(S_j^i), \quad i \in [1,n]. \tag{4.5.5}$$

4.5.2　k 值网络的格结构

考察网络 (4.5.3), 设 $k_i = k$, $i \in [1,n]$. 则其状态空间有 Post 格结构. 这个结论 (即下面这个定理) 实际上是 Epstein[52] 的主要结论. 只是在我们的情形中, 格为有限格. 我们给出一个简单的构造性证明.

定理 4.5.1 [52]　网络 (4.5.3) 的状态空间

$$\mathcal{X} = \underbrace{\mathcal{D}_k \times \cdots \times \mathcal{D}_k}_{n} \tag{4.5.6}$$

作为链的乘积格, 是一个 Post 格.

证明 首先, 构造一个链基如下:

$$e_0 = \mathbf{0} = (0, \cdots, 0) < e_1 = (1, \cdots, 1) < \cdots < e_{k-1} = (k-1, \cdots, k-1) = \mathbf{1}. \tag{4.5.7}$$

不难知道, $\mathcal{X}$ 的核心是

$$C(\mathcal{X}) = \{(c_1, \cdots, c_n) \mid c_i \in \{0, k-1\},\ i \in [1, n]\}. \tag{4.5.8}$$

设 $X = (X_1, X_2, \cdots, X_n) \in \mathcal{X}$. 定义

$$x_j^i = \begin{cases} k-1, & X_i \geqslant j, \\ 0, & X_i < j, \end{cases} \quad j \in [1, k-1], \quad i \in [1, n], \tag{4.5.9}$$

$$c_j = (x_j^1, x_j^2, \cdots, x_j^n), \quad j \in [1, k-1]. \tag{4.5.10}$$

显然, 这组系数是唯一的. □

例 4.5.2 考察 $\mathcal{X} = \mathcal{D}_4^5$. 则

$$\mathcal{X} = \{X = (X_1, X_2, X_3, X_4, X_5) \mid 0 \leqslant X_i \leqslant 3\}.$$

$$e_0 = (0, 0, 0, 0, 0) = \mathbf{0} < e_1 = (1, 1, 1, 1, 1) < e_2 = (2, 2, 2, 2, 2)$$

$$< e_3 = (3, 3, 3, 3, 3) = \mathbf{1}.$$

$$C(\mathcal{X}) = \{(c_1, c_2, c_3, c_4, c_5) \mid c_i \in \{0, 3\}\}.$$

现在假设任给 $X = (3, 1, 2, 0, 1) \in \mathcal{X}$. 它的唯一单调表示为

$$X = (3, 3, 3, 0, 3)e_1 + (3, 0, 3, 0, 0)e_2 + (3, 0, 0, 0, 0)e_3.$$

因为 $\mathcal{X} = \mathcal{D}_k^n$ 是一个 Post 格, 则每个 $X = (X_1, X_2, \cdots, X_n) \in \mathcal{X}$ 有唯一的单调表示系数:

$$c_X = (m_1(X), m_2(X), \cdots, m_{k-1}(X)) \in C^{k-1}(\mathcal{X}).$$

因此, 可以用 $\{C_X \mid X \in \mathcal{X}\}$ 代替 X, 作为状态空间中的元素 (即状态).

例 4.5.3 考察一个 2 元 3 值逻辑网络. 则其状态空间为 $\mathcal{X} = \mathcal{D}_3^2$. 如果用向量表示, 即令 $2 \sim \delta_3^1$, $1 \sim \delta_3^2$, $0 \sim \delta_3^3$, 那么, 状态的各种表示可见表 4.5.2 描述.

表 4.5.2 $\mathcal{X} = \mathcal{D}_3^2$ 的状态变量

X	$(0,0)$	$(0,1)$	$(0,2)$	$(1,0)$	$(1,1)$
C_X	$(0,0),(0,0)$	$(0,2),(0,0)$	$(0,2),(0,2)$	$(2,0),(0,0)$	$(2,2),(0,0)$
$\vec{X}$	δ_9^9	δ_9^8	δ_9^7	δ_9^6	δ_9^5
X	$(1,2)$	$(2,0)$	$(2,1)$	$(2,2)$	
C_X	$(2,2),(0,2)$	$(2,0),(2,0)$	$(2,2),(2,0)$	$(2,2),(2,2)$	
$\vec{X}$	δ_9^4	δ_9^3	δ_9^2	δ_9^1	

4.5.3　混合值网络的格结构

考察网络 (4.5.3), 设 k_i, $i \in [1,n]$ 不全相同, 则 (4.5.3) 成混合值网络. 这时, 状态空间为 $\mathcal{X} = \prod_{i=1}^{n} \mathcal{D}_{k_i}$.

命题 4.5.2　考察混合值网络 (4.5.3), 则存在链基, 使其状态空间 $\mathcal{X}$ 成为一个 P_1 格. 但它不可能成为 Post 格.

证明　设 $k^* = \max\{k_1, k_2, \cdots, k_n\}$. 构造 $\mathcal{D}$ 的一组链基如下:

$$\mathbf{0} = e^0 < e^1 < \cdots < e^{k^*-1} = \mathbf{1}, \tag{4.5.11}$$

这里,

$$e^i(j) = i \wedge (k_j - 1), \quad j \in [1,n], \quad i \in [1, k^*-1]. \tag{4.5.12}$$

下面证明

$$\langle \mathcal{X}; e^0, e^1, \cdots, e^{k^*-1} \rangle$$

是一个阶为 k^* 的 P_0 格.

首先, 其阶数 $\geqslant k^*$ 是显然的, 因为长度小于 k^* 的链显然构不成基.

设 $X = (X_1, \cdots, X_n) \in \mathcal{X}$, 构造

$$c_j^i := \begin{cases} k_i - 1, & X_i \geqslant e_j^i, \\ 0, & X_i < e_j^i, \quad i \in [1,n], \quad j \in [1, k_i - 1]. \end{cases} \tag{4.5.13}$$

不难验证

$$X = \bigvee_{j=1}^{k_*-1} c_j \cdot e^j, \tag{4.5.14}$$

这里,

$$c_j := (c_j^1, c_j^2, \cdots, c_j^n), \quad j \in [1, k^*-1].$$

于是 $\langle \mathcal{X}; e^0, e^1, \cdots, e^{k^*-1} \rangle$ 是一个阶为 k^* 的 P_0 格.

由 $\{e^i\}$ 的构造显见

$$e^p \to e^q = \begin{cases} \mathbf{1}, & p \leqslant q, \\ e^q, & p > q. \end{cases}$$

因此, $\langle \mathcal{X}; e^0, e^1, \cdots, e^{k^*-1} \rangle$ 是一个阶为 k^* 的 P_1 格.

它不可能成为 Post 格, 这是因为, 无论如何选择链基, $\mathcal{X}$ 中单调不增的中心元素序列 (与 k^* 值逻辑相应的格一样) 个数为 $(k^*)^n$, 而 $|\mathcal{X}| = \prod_{i=1}^{n} k_i < (k^*)^n$, 因此, 至少有一个元素 $X \in \mathcal{X}$, 它的单调表示不唯一. □

例 4.5.4 设 $\mathcal{D} = \mathcal{D}_2 \times \mathcal{D}_3$. 则

(i) $\mathcal{D}$ 的最大元为 $\mathbf{1} = (1, 2)$, 最小元为 $\mathbf{0} = (0, 0)$;

(ii) $\mathcal{D}$ 的一组链基为

$$\mathbf{0} = e^0 = (0, 0) < e^1 = (1, 1) < e^2 = (1, 2) = \mathbf{1};$$

(iii) $\mathcal{D}$ 的中心为

$$C(\mathcal{D}) = \{(0, 0), (0, 2), (1, 0), (1, 2)\};$$

(iv) 设 $X = (1, 1) \in \mathcal{D}$, 则其单调表示为

$$X = (1, 2)e^1 + (1, 0)e^2 = (1, 2)e^1 + (0, 0)e^2.$$

因此, 该元素单调表示不唯一. 故 $\mathcal{D}$ 在这组链基下不是 Post 格. 不难验证, 这组链基是唯一的, 故 $\mathcal{D}$ 不是 Post 格.

4.6 定义在格上的多值网络

考察网络 (4.5.3), 设 $X_i \in L = \{0, 1, \cdots, \kappa - 1\}$, $i \in [1, n]$. 如果赋予 L 自然链结构, 则 (4.5.3) 为 κ 值逻辑网络. 现在设 $\kappa = \prod_{s=1}^{\ell} p_s$ (为叙述方便, 不妨设 $p_s, s \in [1, \ell]$ 为素数), 并且 L 上有乘积格结构, 即

$$L = \mathcal{D}_{p_1} \times \cdots \times \mathcal{D}_{p_\ell}. \tag{4.6.1}$$

定义 4.6.1 考察网络 (4.5.3), 设 $X_i \in L = \{0, 1, \cdots, \kappa - 1\}$, L 为由 (4.6.1) 定义的乘积格, $F_i : L^n \to L$, $i \in [1, n]$ 为 $L^n \to L$ 的格函数, 则网络 (4.5.3) 称为定义在格 L 上的网络, 简称格网络.

下面给出一个格网络的例子.

例 4.6.1 考察一个 P_1 格网络

$$\begin{cases} X_1(t + 1) = X_1(t) \vee (\neg X_2(t)), \\ X_2(t + 1) = X_1(t) \wedge X_2(t), \end{cases} \tag{4.6.2}$$

这里 $X_i(t) \in L = \mathcal{D}_2 \times \mathcal{D}_3$, $i = 1, 2$. 用向量表示, 令 $\mathcal{D}_2 \to \Delta_2$ 为

$$0 \to \delta_2^2, \quad 1 \to \delta_2^1;$$

$\mathcal{D}_3 \to \Delta_3$ 为

$$0 \to \delta_3^3, \quad 1 \to \delta_3^2, \quad 2 \to \delta_3^3.$$

那么, $X \in L$ 的向量表达为

$$
\begin{aligned}
\delta_6^1 &:= 5 \sim (1,2), \\
\delta_6^2 &:= 4 \sim (1,1), \\
\delta_6^3 &:= 3 \sim (1,0), \\
\delta_6^4 &:= 2 \sim (0,2), \\
\delta_6^5 &:= 1 \sim (0,1), \\
\delta_6^6 &:= 0 \sim (0,0).
\end{aligned}
\tag{4.6.3}
$$

现在考虑 $\neg$, 注意到根据定义 $\neg X = X \to 0$, 则可得

$$
\begin{aligned}
\neg 5 &= \neg(1,2) = (0,0) = 0, \\
\neg 4 &= \neg(1,1) = (0,0) = 0, \\
\neg 3 &= \neg(1,0) = (0,2) = 2, \\
\neg 2 &= \neg(0,2) = (1,0) = 3, \\
\neg 1 &= \neg(0,1) = (1,0) = 3, \\
\neg 0 &= \neg(0,0) = (1,2) = 5.
\end{aligned}
$$

于是 $\neg$ 的结构矩阵为

$$
M_n = \delta_6[6,6,4,3,3,1].
\tag{4.6.4}
$$

上、下确界的运算可见表 4.6.1.

表 4.6.1 L 上的 $\vee$ 及 $\wedge$

X	$(1,2)$	$(1,2)$	$(1,2)$	$(1,2)$	$(1,2)$	$(1,2)$	$(1,1)$	$(1,1)$	$(1,1)$
Y	$(1,2)$	$(1,1)$	$(1,0)$	$(0,2)$	$(0,1)$	$(0,0)$	$(1,2)$	$(1,1)$	$(1,0)$
$X \vee Y$	$(1,2)$	$(1,2)$	$(1,2)$	$(1,2)$	$(1,2)$	$(1,2)$	$(1,2)$	$(1,1)$	$(1,1)$
$X \wedge Y$	$(1,2)$	$(1,1)$	$(1,0)$	$(0,2)$	$(0,1)$	$(0,0)$	$(1,1)$	$(1,1)$	$(1,0)$
X	$(1,1)$	$(1,1)$	$(1,1)$	$(1,0)$	$(1,0)$	$(1,0)$	$(1,0)$	$(1,0)$	$(1,0)$
Y	$(0,2)$	$(0,1)$	$(0,0)$	$(1,2)$	$(1,1)$	$(1,0)$	$(0,2)$	$(0,1)$	$(0,0)$
$X \vee Y$	$(1,2)$	$(1,1)$	$(1,1)$	$(1,2)$	$(1,1)$	$(1,0)$	$(1,2)$	$(1,1)$	$(1,0)$
$X \wedge Y$	$(0,1)$	$(0,1)$	$(0,0)$	$(1,0)$	$(1,0)$	$(1,0)$	$(0,0)$	$(0,0)$	$(0,0)$
X	$(0,2)$	$(0,2)$	$(0,2)$	$(0,2)$	$(0,2)$	$(0,2)$	$(0,1)$	$(0,1)$	$(0,1)$
Y	$(1,2)$	$(1,1)$	$(1,0)$	$(0,2)$	$(0,1)$	$(0,0)$	$(1,2)$	$(1,1)$	$(1,0)$
$X \vee Y$	$(1,2)$	$(1,2)$	$(1,2)$	$(0,2)$	$(0,2)$	$(0,2)$	$(1,2)$	$(1,1)$	$(1,1)$
$X \wedge Y$	$(0,2)$	$(0,1)$	$(0,0)$	$(0,2)$	$(0,1)$	$(0,0)$	$(0,1)$	$(0,1)$	$(0,0)$
X	$(0,1)$	$(0,1)$	$(0,1)$	$(0,0)$	$(0,0)$	$(0,0)$	$(0,0)$	$(0,0)$	$(0,0)$
Y	$(0,2)$	$(0,1)$	$(0,0)$	$(1,2)$	$(1,1)$	$(1,0)$	$(0,2)$	$(0,1)$	$(0,0)$
$X \vee Y$	$(0,2)$	$(0,1)$	$(0,1)$	$(1,2)$	$(1,1)$	$(1,0)$	$(0,2)$	$(0,1)$	$(0,0)$
$X \wedge Y$	$(0,1)$	$(0,1)$	$(0,0)$	$(0,0)$	$(0,0)$	$(0,0)$	$(0,0)$	$(0,0)$	$(0,0)$

于是可得到 $\vee$ 和 $\wedge$ 的结构矩阵, 分别记作 M_d 和 M_c,

$$
\begin{aligned}
M_d = \delta_6[&1,1,1,1,1,1,1,2,2,1,2,2,1,2,3,1,2,3, \\
&1,1,1,4,4,4,1,2,2,4,5,5,1,2,3,4,5,6],
\end{aligned} \tag{4.6.5}
$$

$$
\begin{aligned}
M_c = \delta_6[&1,2,3,4,5,6,2,2,3,5,5,6,3,3,3,6,6,6, \\
&4,5,6,4,5,6,5,5,6,5,5,6,6,6,6,6,6,6].
\end{aligned} \tag{4.6.6}
$$

于是, (4.6.2) 的分量代数状态空间表示为

$$
\begin{cases}
x_1(t+1) = M_2 x(t), \\
x_2(t+1) = M_2 x(t),
\end{cases} \tag{4.6.7}
$$

这里,

$$
\begin{aligned}
M_1 &= M_d (I_6 \otimes M_n) \\
&= \delta_6[1,1,1,1,1,1,2,2,1,2,2,1,3,3,1,3,3,1, \\
&\qquad\quad 4,4,4,1,1,1,5,5,4,2,2,1,6,6,4,3,3,1], \\
M_2 &= M_c.
\end{aligned}
$$

(4.6.2) 的代数状态空间表示为

$$
x(t+1) = M x(t), \tag{4.6.8}
$$

这里

$$
\begin{aligned}
M &= M_1 * M_2 \\
&= \delta_{36}[1,2,3,4,5,6,8,8,3,11,11,6,15,15,3,18,18,6,22, \\
&\qquad\quad 23,24,4,5,6,29,29,24,11,11,6,36,36,24,18,18,6].
\end{aligned}
$$

4.7 多值生物网络的异步实现

为改进生物系统的布尔网络模型, 近年来, 多值生物网络被提出并应用于基因调控网络的建模、分析与调控[72,95,103]. 用异步多值动力系统的方法研究生物系统演化是一种较有效的方法[96]. 本节介绍它的建模方法.

假定一个生物网络可以用多值网络模型 (4.5.3) 刻画. 这时, $X_i \in \mathcal{D}_{k_i}$ 称为结点 i 的表现水平 (expression level), 它具有链结构. 这时 (4.5.3) 称为标称系统 (nominated system), 它代表每个结点表现水平演化的趋向. 而水平的真正演

化是用标称系统的异步演化 (asynchronous dynamics) 来实现. 异步演化方程可表示如下:

$$\begin{cases} X_i(t+1) = X_i(t) + \text{sgn}(F_i(X(t)) - X_i(x)), \\ X_j(t+1) = X_j(t), \quad j \neq i, \end{cases} \tag{4.7.1}$$

这里

$$\text{sgn}(X) = \begin{cases} 1, & X > 0, \\ 0, & X = 0, \\ -1, & X < 0. \end{cases}$$

记 $\kappa = \prod_{i=1}^{n} k_i$, 定义一组矩阵

$$E_i = \begin{cases} I_{k_1} \otimes \mathbf{1}_{\kappa/k_1}^{\mathrm{T}}, & i = 1, \\ \mathbf{1}_{\prod_{j=1}^{i-1} k_j}^{\mathrm{T}} \otimes I_{k_i} \otimes \mathbf{1}_{\prod_{j=i+1}^{n} k_j}^{\mathrm{T}}, & 1 < i < n, \\ \mathbf{1}_{\kappa/k_n}^{\mathrm{T}} \otimes I_{k_n}, & i = n. \end{cases} \tag{4.7.2}$$

直接计算可知

引理 4.7.1　设 $x = \ltimes_{i=1}^{n} x_i$, 这里, $x_i \in \Delta_{k_i}$, $i \in [1, n]$, 那么,

$$E_i x = x_i, \quad i \in [1, n]. \tag{4.7.3}$$

再定义一族矩阵

$$D^i = [D_1^i, D_2^i, \cdots, D_{k_i}^i] \in \mathcal{L}_{k_i \times k_i^2}, \quad i \in [1, n], \tag{4.7.4}$$

这里

$$D_j^i = [D_j^i(1), D_j^i(2), D_j^i(3)] \in \mathcal{L}_{k_i \times k_i}, \quad j \in [1, k_i], \tag{4.7.5}$$

其中,

$$D_j^i(1) = \begin{bmatrix} \mathbf{0}_{1 \times (j-1)} \\ I_{j-1} \\ \mathbf{0}_{(k_i-j) \times (j-1)} \end{bmatrix},$$

$$D_j^i(2) = \delta_{k_i}^j, \tag{4.7.6}$$

$$D_j^i(3) = \begin{bmatrix} \mathbf{0}_{(j-1) \times (k_i-j)} \\ I_{k_i-j} \\ \mathbf{0}_{1 \times (k_i-j)} \end{bmatrix}.$$

以下结果可直接验证.

引理 4.7.2 设 $X, Y \in \mathcal{D}_{k_i}$, $x = \vec{X}$, $y = \vec{Y}$. 记 $Z = X + \operatorname{sgn}(Y - X)$, $z = \vec{Z}$. 那么,

$$z = D^i y x. \tag{4.7.7}$$

利用引理 4.7.1 和引理 4.7.2 可得到如下结论.

定理 4.7.1 设标称方程的代数状态空间表示为

$$x_i(t+1) = M_i x(t), \quad i \in [1, n], \tag{4.7.8}$$

这里 $x_i(t) = \vec{X}_i(t)$, $x(t) = \prod_{i=1}^{n} x_i(t)$. 那么, 第 i 个元素异步实现的代数状态空间表达式为

$$x_i(t+1) = A_i x(t), \quad i \in [1, n], \tag{4.7.9}$$

这里,

$$A_i = D^i M_i (I_\kappa \otimes E_i) \operatorname{PR}_\kappa, \quad i \in [1, n]. \tag{4.7.10}$$

证明 利用引理 4.7.1 和引理 4.7.2 可得

$$
\begin{aligned}
x_i(t+1) &= D^i M_i x(t) x_i(t) \\
&= D^i M_i x(t) E_i x(t) \\
&= D^i M_i (I_\kappa \otimes E_i) x^2(t) \\
&= D^i M_i (I_\kappa \otimes E_i) \operatorname{PR}_\kappa x(t). \qquad \square
\end{aligned}
$$

例 4.7.1 考察一网络, 其状态空间为 $\mathcal{X} = \mathcal{D}_3 \times \mathcal{D}_5$, 其中, $X_1 \in \mathcal{D}_3$, $X_2 \in \mathcal{D}_5$. 在 $\mathcal{D}_3$ 中令 $\delta_3^1 \sim 2$, $\delta_3^2 \sim 1$, $\delta_3^3 \sim 0$, 在 $\mathcal{D}_5$ 中令 $\delta_5^1 \sim 4$, $\cdots$, $\delta_5^5 \sim 0$. 设 X_1 的标称演化方程 (的代数状态空间表示) 为

$$x_1(t+1) = \delta_3[1, 2, 3, 2, 2, 1, 1, 3, 3, 3, 2, 1, 1, 2, 3] x(t) := M_1 x(t). \tag{4.7.11}$$

设 X_1 的标称演化方程为

$$x_1(t+1) = \delta_5[5, 1, 2, 4, 3, 2, 2, 1, 1, 5, 5, 3, 2, 4, 4] x(t) := M_2 x(t). \tag{4.7.12}$$

则

$$E_1 = I_3 \otimes \mathbf{1}_5^{\mathrm{T}}; \quad E_2 = \mathbf{1}_3^{\mathrm{T}} \otimes I_5.$$

利用 (4.7.4)—(4.7.6), 不难得出

$$D^1 = \delta_3[1, 1, 2, 2, 2, 2, 2, 3, 3],$$
$$D^2 = \delta_5[1, 1, 2, 3, 4, 2, 2, 2, 3, 4, 2, 3, 3, 3, 4, 2, 3, 4, 4, 4, 2, 3, 4, 5, 5].$$

利用式 (4.7.10) 可得

$$x_i(t+1) = A_i x(t), \quad i = 1, 2,$$

这里

$$A_1 = D^1 M_1 (I_{15} \otimes E_1) \, \mathrm{PR}_{15}$$
$$= \delta_3[1, 2, 2, 2, 2, 1, 1, 3, 3, 3, 2, 2, 2, 2, 3];$$
$$A_2 = D^2 M_2 (I_{15} \otimes E_2) \, \mathrm{PR}_{15}$$
$$= \delta_5[2, 1, 2, 4, 4, 2, 2, 2, 3, 5, 2, 3, 2, 4, 4].$$

最后, 我们想知道, 当 X_1 (X_2) 单独更新时整个系统的演化方程. 我们寻求当 X_1 单独更新时整个系统演化的代数状态空间表示. 此时

$$x_2(t+1) = E_2 x(t),$$

因此有

$$x(t+1) = (A_1 * E_2)x(t) := W_1 x(t), \tag{4.7.13}$$

这里

$$W_1 = \delta_{15}[1, 7, 8, 9, 10, 1, 2, 13, 14, 15, 6, 7, 8, 9, 15].$$

类似地, 当 X_2 单独更新时整个系统演化的代数状态空间表示为

$$x(t+1) = (E_1 * A_2)x(t) := W_2 x(t), \tag{4.7.14}$$

这里

$$W_2 = \delta_{15}[2, 1, 2, 4, 4, 7, 7, 7, 8, 10, 12, 13, 12, 14, 14].$$

第 5 章　有限环上的网络

　　有限域上的网络是一种特殊的有限网络, 在存储空间或通信带宽受限的情形下, 这种网络更具实用性. 因此, 它被广泛研究[82-84,90,91,101]. 从应用角度看, 有限域的最大缺点是它的承载集合大小是受限制的. 实际网络未必能满足这个要求. 本章讨论有限环上的网络, 它是有限域上的网络的一种推广, 具有承载集合大小不受限制的优点.

　　本章内容基于文献 [46].

5.1　环 与 子 环

　　本节对环做一个简单介绍, 着重考虑有限环. 关于环的更详细介绍可见第一卷附录, 亦可参见标准近世代数教科书, 例如文献 [77].

　　定义 5.1.1　给定一个集合 $R \neq \varnothing$. R 称为一个环, 如果 R 包含两个元素 $1, 0 \in R$, $1 \neq 0$, 并且, R 上有两种二元运算 $(\oplus, \odot)$, 满足

　　(i) $(R, \oplus)$ 为阿贝尔群, 其单位元为 0.

　　(ii) $(R, \odot)$ 为么半群, 其单位元为 1.

$$(a \oplus b) \odot c = a \odot c \oplus b \odot c,$$
$$a \odot (b \oplus c) = a \odot b \oplus a \odot c, \quad a, b, c \in R. \tag{5.1.1}$$

另外, 如果

$$a \odot b = b \odot a, \quad a, b \in R, \tag{5.1.2}$$

则 R 称为一个交换环.

　　注5.1.1　(i) 在有些文献中环对乘法 $(\odot)$ 不要求有单位元 1. 这里取文献 [77] 中的定义.

　　(ii) 为了强调环中的算子, 一个环也可以用三元组表示, 即用 $(R, \oplus, \odot)$ 表示一个环.

　　(iii) 如果 $(R, \oplus, \odot)$ 为一个环, 并且 $(R \backslash \{0\}, \odot)$ 也是一个阿贝尔群, 则 R 是一个域. 因此, 有限域是一个特殊的有限环.

(iv) 在一个环 R 中, 因为 $(R, \oplus)$ 是一个群, 对每一个 $X \in R$, 存在唯一的逆元, 记作 $\neg X$ (或 $-X$) 使得 $X \oplus (\neg X) = \mathbf{0}$. 我们也用 $\ominus$ 这个符号, 即

$$X \ominus Y := X \oplus (\neg Y).$$

下面的命题给出环最基本的性质.

命题 5.1.1 [69]　设 R 为一个环, 且 $\mathbf{1} \neq \mathbf{0}$, 那么,

(i) $$\mathbf{0} \odot a = a \odot \mathbf{0} = \mathbf{0}, \quad a \in R; \tag{5.1.3}$$

(ii) $$(\neg a) \odot b = a \odot (\neg b) = \neg(a \odot b), \quad a, b \in R; \tag{5.1.4}$$

(iii) $$(na) \odot b = a \odot (nb) = n(a \odot b), \quad n \in \mathbb{Z}_+, \quad a, b \in R, \tag{5.1.5}$$

这里, $na := \underbrace{a \oplus a \oplus \cdots \oplus a}_{n};$

(iv) $$(\oplus_{i=1}^{m} a_i) \odot (\oplus_{j=1}^{n} b_j) = \oplus_{i=1}^{m} \oplus_{j=1}^{n} a_i \odot b_j, \quad a_i, b_j \in R. \tag{5.1.6}$$

定义 5.1.2　设 $(S, +, \times)$ 及 $(R, \oplus, \otimes)$ 为两个环.

(i) 一个映射 $\pi : S \to R$ 称为环同态, 如果

$$\begin{cases} \pi(s_1 + s_2) = \pi(s_1) \oplus \pi(s_2), \\ \pi(s_1 \times s_2) = \pi(s_1) \otimes \pi(s_2), \quad s_1, s_2 \in S. \end{cases} \tag{5.1.7}$$

如果存在环同态 $\pi : S \to R$, 则称 S 同态于 R, 记作 $S \simeq R$.

(ii) 设 $\pi : S \to R$ 为一环同态. 如果 π 是一对一且映上的, 则称 π 为环同构. 同时, 称 S 同构于 R, 记作 $S \cong R$.

(iii) 如果 $\pi : R \to R$ 为环同态 (环同构), 则称其为自同态 (自同构).

注 5.1.2　设 S 及 R 为两个环. $\pi : S \to R$ 为环同态, 那么不难证明, 同态映射

(i) 保持单位元, 即

$$\pi(\mathbf{1}_1) = \mathbf{1}_2, \quad \pi(\mathbf{0}_1) = \mathbf{0}_2;$$

(ii) 保持分配律, 即

$$\pi[(s_1 \oplus_1 s_2) \odot_1 s_3] = (\pi(s_1) \odot_2 \pi(s_3)) \oplus_2 (\pi(s_2) \odot_2 \pi(s_3)), \quad s_1, s_2, s_3 \in S,$$

等等;

(iii) 保持逆元, 即

$$\pi(\neg s) = \neg \pi(s), \quad s \in S.$$

定义 5.1.3 (i) 设 $(R, \oplus, \odot)$ 为一环, $S \subset R$. 如果 $(S, \oplus, \odot)$ 也是一个环, 则称 S 为 R 的子环.

(ii) 设 $S \subset R$ 为 R 的子环, 如果

$$r \odot S \subset S, \quad S \odot r \subset S, \quad \forall r \in R,$$

则称 S 为 R 的理想.

注 5.1.3 设 $S \subset R$ 为 R 的一个子环, 则 $r \odot S$ $(S \odot r)$ 称为 S 的左 (右) 陪集. 如果

$$r \odot S \subset S, \quad \forall r \in R,$$

则 S 称为右理想; 如果

$$S \odot r \subset S, \quad \forall r \in R,$$

则 S 称为左理想. 如果 R 为交换环, 则 $r \odot S = S \odot r$ 称为 S 的陪集; 左理想等于右理想, 称为 R 的理想.

例 5.1.1 考察 $\mathbb{Z}_p = \{0, 1, \cdots, p-1\}$. 定义加法与乘法如下:

$$a +_p b := a + b (\bmod p), \quad a \times_p b := a \times b (\bmod p).$$

则不难验证 $(\mathbb{Z}_p, +_p, \times_p)$ 是一个交换环, 其中 $\mathbf{1} = 1, \mathbf{0} = 0$.

(i) 考察 $\mathbb{Z}_6$. 令 $S = \{3, 0\}$. 直接验算可知 $(S, +_6, \times_6)$ 是一个环. 因此, S 是 $\mathbb{Z}_6$ 的子环.

(ii) 定义 $\pi : Z_2 \to \mathbb{Z}_6$ 如下:

$$\pi(x) = \begin{cases} 3, & x = 1 \\ 0, & x = 0. \end{cases} \tag{5.1.8}$$

那么, 直接验证可知 $\pi : Z_2 \to \mathbb{Z}_6$ 为一环同态.

(iii) 定义 $\pi : Z_2 \to S$ 如 (5.1.8). 则显见 $\pi : Z_2 \to S$ 为一环同构.

(iv) 直接计算可知 S 是 $\mathbb{Z}_6$ 的一个理想.

定义 5.1.4 设 S 为一有限环, $|S| = r$. 如果 $\pi : S \to \mathbb{Z}_r$ 为一环同构, 则称 $\mathbb{Z}_r$ 为 S 的本质环, π 为 S 的本质映射.

例 5.1.2 回忆例 5.1.1, $(S, +_6, \times_6)$ 的本质环是 $\mathbb{Z}_2$, 本质映射 π 为

$$\pi(3) = 1, \quad \pi(0) = 0.$$

5.2 有限环运算的矩阵表示

考察一个有限环 $(R, \oplus, \odot)$, 设 $|R| = k$, 记其元素为 $R = \{1, 2, \cdots, k-1, 0\}$. 这里, $i \in R$ 并没有数量上的意义, 但作为约定, 我们定义

$$\mathbf{1} := 1, \quad \mathbf{0} := 0. \tag{5.2.1}$$

利用向量表示

$$\vec{i} = \begin{cases} \delta_k^i, & i \in [1, k-1], \\ \delta_k^k, & i = 0, \end{cases} \tag{5.2.2}$$

那么, $R \sim \Delta_k$.

记 $\oplus$ 和 $\odot$ 的结构矩阵分别为 $M_\oplus$ 及 $M_\odot$, 则有

$$M_\oplus, \; M_\odot \in \mathcal{L}_{k \times k^2}.$$

并且, 在向量表示下, 有

$$\begin{aligned} x \oplus y &= M_\oplus xy, \\ x \odot y &= M_\odot xy, \quad x, y \in R = \Delta_k. \end{aligned} \tag{5.2.3}$$

除了这两个二元算子外, 为方便计, 还需要一个一元算子 $\neg$. 记其结构矩阵为 $M_\neg$. 这个算子不是独立的, 它满足

$$x \oplus \neg x = \mathbf{0}, \quad x \in R. \tag{5.2.4}$$

还可以定义一个二元算子 $\ominus$, 记其结构矩阵为 $M_\ominus$. 这个算子也不是独立的, 它满足

$$x \ominus y = x \oplus (\neg y), \quad x, y \in R. \tag{5.2.5}$$

由于一个环的性质是由其算子来决定的, 于是, 环的性质可通过其算子的结构矩阵所满足的方程来刻画.

定理 5.2.1 给定一个集合 R (记 $|R| = k$), 其上的算子 $\oplus, \odot, \neg, \ominus$ 等定义如前. 那么,

(i) $\oplus$ 的可交换性: $(R, \oplus)$ 可交换, 当且仅当,

$$M_\oplus = M_\oplus W_{[k,k]}. \tag{5.2.6}$$

(ii) $\oplus$ 的结合律: $(R, \oplus)$ 可结合, 当且仅当,

$$M_{\oplus}^2 = M_{\oplus}\left(I_k \otimes M_{\oplus}\right). \tag{5.2.7}$$

(iii) $\oplus$ 的单位元: $\mathbf{0} = \delta_k^k$ 是 $(R, \oplus)$ 的单位元, 当且仅当,

$$M_{\oplus}\delta_k^k = M_{\oplus}W_{[k,k]}\delta_k^k = I_k. \tag{5.2.8}$$

(iv) $\oplus$ 的逆: $(R, \oplus)$ 可逆, 当且仅当, 存在一元算子 $\neg$, 使得

$$M_{\oplus}\left(I_k \otimes M_{\neg}\right)\mathrm{PR}_k = \delta_k^k \otimes \mathbf{1}_k^{\mathrm{T}}. \tag{5.2.9}$$

(v) $\odot$ 的结合律: $(R, \odot)$ 可结合, 当且仅当,

$$M_{\odot}^2 = M_{\odot}\left(I_k \otimes M_{\odot}\right). \tag{5.2.10}$$

(vi) $\odot$ 的单位元: $\mathbf{1} = \delta_k^1$ 是 $(R, \odot)$ 的单位元, 当且仅当,

$$M_{\odot}\delta_k^1 = M_{\odot}W_{[k,k]}\delta_k^1 = I_k. \tag{5.2.11}$$

(vii) $\oplus$-$\odot$ 分配律: $(R, \oplus, \odot)$ 满足加乘分配律, 当且仅当,

$$M_{\odot}M_{\oplus} = M_{\oplus}M_{\odot}\left(I_{k^2} \otimes M_{\odot}\right)\left(I_k \otimes W_{[k,k]}\right)\left(I_{k^2} \otimes \mathrm{PR}_k\right), \tag{5.2.12a}$$

$$M_{\odot}\left(I_k \otimes M_{\oplus}\right) = M_{\oplus}M_{\odot}\left(I_{k^2} \otimes M_{\odot}\right)\left(I_k \otimes W_{[k,k]}\right)\mathrm{PR}_k. \tag{5.2.12b}$$

证明 我们只证 (vii) 的第二部分. 其余各项的证明类似.

要证明 (vii) 的第二部分, 只要证明 (5.2.12b) 与以下式子等价即可:

$$X \odot (Y \oplus Z) = (X \odot Y) \oplus (X \odot Z), \quad X, Y, Z \in R. \tag{5.2.13}$$

将式 (5.2.13) 两边表示成向量形式, 我们有

$$\mathrm{LHS} = M_{\odot}x M_{\oplus}yz = M_{\odot}\left(I_k \otimes M_{\oplus}\right)xyz;$$

$$\begin{aligned}
\mathrm{RHS} &= M_{\oplus}M_{\odot}xy M_{\odot}xz \\
&= M_{\oplus}M_{\odot}\left(I_{k^2} \otimes M_{\odot}\right)xyxz \\
&= M_{\oplus}M_{\odot}\left(I_{k^2} \otimes M_{\odot}\right)x W_{[k,k]}xyz \\
&= M_{\oplus}M_{\odot}\left(I_{k^2} \otimes M_{\odot}\right)\left(I_k \otimes W_{[k,k]}\right)x^2yz \\
&= M_{\oplus}M_{\odot}\left(I_{k^2} \otimes M_{\odot}\right)\left(I_k \otimes W_{[k,k]}\right)\mathrm{PR}_k xyz.
\end{aligned}$$

因为 $x, y, z \in \Delta_k$ 是任意的, 令 $\mathrm{LHS} = \mathrm{RHS}$ 即得 (5.2.12b). 因此, (5.2.12b) 与 (5.2.13) 等价. $\qquad\square$

因为一个环 R 是由其上的两个二元算子 $\oplus$ 和 $\odot$ 唯一确定的, 根据定理 5.2.1, 当等式 (5.2.7)—(5.2.12) 成立时, R 是一个环. 此外, 如果 (5.2.6) 也成立, 则 R 是一个交换环. 显然, 这些都是充要条件, 因此, 可以根据这些等式来构造有限环. 下面讨论几个例子.

例 5.2.1 (1) 考察一个环 R, 设 $|R| = p$, 这里 $p > 1$ 为一个素数. 则不难验证 $R \simeq \mathbb{Z}_p$. 设 $\mathbf{1}$, $\mathbf{0} \in R$ 分别为 R 的乘法与加法的单位元, $\mathbf{1} \neq \mathbf{0}$. 构造序列 $\langle \mathbf{1} \rangle := \{\mathbf{1}, 2\mathbf{1}, 3\mathbf{1}, \cdots\}$. 对于 $n < p$, 显然 $n\mathbf{1} \neq \mathbf{0}$, 因为如果 $n\mathbf{1} = \mathbf{0}$, 那么, $\{\mathbf{1}, 2\mathbf{1}, \cdots, n\mathbf{1} = \mathbf{0}\}$ 群同构于 $\mathbb{Z}_n$, 于是有 $n|p$, 矛盾. 于是有 $\langle \mathbf{1} \rangle := \{\mathbf{1}, 2\mathbf{1}, 3\mathbf{1}, \cdots, p\mathbf{1} = \mathbf{0}\}$. 再利用加乘分配律可证

$$u\mathbf{1} \times v\mathbf{1} = uv(\text{mod } p)\mathbf{1}.$$

因此, $R \cong \mathbb{Z}_p$.

(2) 设 R 为一环, $|R| = 4$. 用向量表示其四个元素如下: $\mathbf{1} = \delta_4^1$, δ_4^2, δ_4^3, $\delta_4^4 = \{\mathbf{0}\}$. 设其加法和乘法算子的结构矩阵分别为 $M_\oplus$ 和 $M_\odot$. 检验有多少 $M_\oplus$ 和 $M_\odot$ 满足等式 (5.2.7)—(5.2.12), 就可以找出所有的有限环. 用穷举法可证明 $|R| = 4$ 的环共 6 个:

(i) R_1:
$$M_\oplus = \delta_4[3, 4, 2, 1, 4, 3, 1, 2, 2, 1, 4, 3, 1, 2, 3, 4],$$
$$M_\odot = \delta_4[1, 2, 3, 4, 2, 1, 3, 4, 3, 3, 4, 4, 4, 4, 4, 4].$$

(ii) R_2:
$$M_\oplus = \delta_4[4, 3, 2, 1, 3, 4, 1, 2, 2, 1, 4, 3, 1, 2, 3, 4],$$
$$M_\odot = \delta_4[1, 2, 3, 4, 2, 1, 3, 4, 3, 3, 4, 4, 4, 4, 4, 4].$$

(iii) R_3:
$$M_\oplus = \delta_4[4, 3, 2, 1, 3, 4, 1, 2, 2, 1, 4, 3, 1, 2, 3, 4],$$
$$M_\odot = \delta_4[1, 2, 3, 4, 2, 2, 4, 4, 3, 4, 3, 4, 4, 4, 4, 4].$$

(iv) R_4:
$$M_\oplus = \delta_4[4, 3, 2, 1, 3, 4, 1, 2, 2, 1, 4, 3, 1, 2, 3, 4],$$
$$M_\odot = \delta_4[1, 2, 3, 4, 2, 3, 1, 4, 3, 1, 2, 4, 4, 4, 4, 4].$$

(v) R_5:
$$M_\oplus = \delta_4[2, 3, 4, 1, 3, 4, 1, 2, 4, 1, 2, 3, 1, 2, 3, 4],$$
$$M_\odot = \delta_4[1, 2, 3, 4, 2, 4, 2, 4, 3, 2, 1, 4, 4, 4, 4, 4].$$

(vi) R_6:
$$M_\oplus = \delta_4[4, 3, 2, 1, 3, 4, 1, 2, 2, 1, 4, 3, 1, 2, 3, 4],$$
$$M_\odot = \delta_4[1, 2, 3, 4, 2, 4, 2, 4, 3, 2, 1, 4, 4, 4, 4, 4].$$

注 5.2.1 由例 5.2.1 可观察到如下事实:

(1) 所有 R_i, $i = 1, 2, 3, 4, 5, 6$ 均为交换环.

(2) $R_5 = \mathbb{Z}_4$.

(3) 在 6 个环中 R_1 与 R_5 同构. 其同构映射 π 为

$$
\pi(x) = \begin{cases} \delta_4^1, & x = \delta_4^1, \\ \delta_4^3, & x = \delta_4^2, \\ \delta_4^2, & x = \delta_4^3, \\ \delta_4^4, & x = \delta_4^4. \end{cases}
$$

例 5.2.1 还表示, 如果 s 不是素数, 则 $R = \mathbb{Z}_s$ 不是 $|R| = s$ 的唯一的环.

5.3 有限环上的网络的性质

本章其余部分只考虑交换环, 故此后的环均假定可交换.

一个有限环 R 上的网络可表示为

$$
\begin{cases} X_1(t+1) = p_1(X_1, X_2, \cdots, X_n), \\ X_2(t+1) = p_2(X_1, X_2, \cdots, X_n), \\ \vdots \\ X_n(t+1) = p_n(X_1, X_2, \cdots, X_n), \end{cases} \tag{5.3.1}
$$

其中 $X_i \in R$, $i \in [1, n]$, 并且

$$
p_i := \sum_{j \in \Lambda_i} a_j^i X_1^{r_j^1} X_2^{r_j^2} \cdots X_n^{r_j^n}, \quad a_j^i, X_j \in R, \quad j \in \Lambda_i, \quad i \in [1, n]
$$

为多项式, $\Lambda_i = [1, \ell_i]$, $i \in [1, n]$ 为指标集, ℓ_i 为 p_i 的项数.

类似地, 一个有限环 R 上的控制网络可表示为

$$
\begin{cases} X_1(t+1) = p_1(X_1, \cdots, X_n; U_1, \cdots, U_m), \\ X_2(t+1) = p_2(X_1, \cdots, X_n; U_1, \cdots, U_m), \\ \vdots \\ X_n(t+1) = p_n(X_1, \cdots, X_n; U_1, \cdots, U_m), \\ Y_j(t) = \xi_j(X_1, \cdots, X_n), \quad j \in [1, p], \end{cases} \tag{5.3.2}
$$

这里, X_i, U_s, $Y_j \in R$, p_i, ξ_j 为多项式, $i \in [1, n]$, $s \in [1, m]$, $j \in [1, p]$.

注意: 为了记号的方便, 在控制动态网络中乘法符号 $\odot$ 通常被略去; 加法符号 $\oplus$, 减法符号 $\neg$ 或 $\ominus$, 通常用普通加号 $(+)$ 和普通减号 $(-)$ 代替. 但我们在心里必须记住, 它们实际代表着环上的运算 $\oplus$, $\odot$ 等.

下面考察一个有限环上的网络.

例 5.3.1 考察 $R = \mathbb{Z}_5$ 上的一个有限网络

$$\begin{cases} X_1(t+1) = (X_2(t) + X_3(t))^2, \\ X_2(t+1) = -X_3(t), \\ X_3(t+1) = X_1(t) - X_2(t)^2. \end{cases} \tag{5.3.3}$$

记 $M_p = M_{+_5}$, $M_t = M_{\times_5}$, $M_s = M_{-_5}$, $M_m = M_{\neg_5}$. 简单计算可得

$$\begin{aligned} M_p &= \delta_5[2,3,4,5,1,3,4,5,1,2,4,5,1,2,3,5,1,2,3,4,1,2,3,4,5], \\ M_t &= \delta_5[1,2,3,4,5,2,4,1,3,5,3,1,4,2,5,4,3,2,1,5,5,5,5,5,5], \\ M_s &= \delta_5[5,4,3,2,1,1,5,4,3,2,2,1,5,4,3,3,2,1,5,4,4,3,2,1,5], \\ M_m &= \delta_5[4,3,2,1,5]. \end{aligned} \tag{5.3.4}$$

利用结构矩阵 M_p, M_t 和 M_m, 不难算得

$$\begin{aligned} x_1(t+1) &= M_t M_p x_2(t) x_3(t) M_p x_2(t) x_3(t) \\ &= M_t M_p (I_{25} \otimes M_p)(x_2(t) x_3(t))^2 \\ &= M_t M_p (I_{25} \otimes M_p) \mathrm{PR}_{25} x_2(t) x_3(t) \\ &= M_t M_p (I_{25} \otimes M_p) \mathrm{PR}_{25} (\mathbf{1}_5^{\mathrm{T}} \otimes I_{25}) x(t) \\ &:= M_1 x(t), \end{aligned} \tag{5.3.5}$$

这里, $x(t) = \ltimes_{i=1}^3 x_i(t)$,

$$\begin{aligned} M_1 = \delta_5[& 4,4,1,5,1,4,1,5,1,4,1,5,1,4,4,5,1,4,4,1,1,4,4,1,5, \\ & 4,4,1,5,1,4,1,5,1,4,1,5,1,4,4,5,1,4,4,1,1,4,4,1,5, \\ & 4,4,1,5,1,4,1,5,1,4,1,5,1,4,4,5,1,4,4,1,1,4,4,1,5, \\ & 4,4,1,5,1,4,1,5,1,4,1,5,1,4,4,5,1,4,4,1,1,4,4,1,5, \\ & 4,4,1,5,1,4,1,5,1,4,1,5,1,4,4,5,1,4,4,1,1,4,4,1,5]. \end{aligned}$$

$$\begin{aligned} x_2(t+1) &= M_m x_3(t) \\ &= (\mathbf{1}_{25}^{\mathrm{T}} \otimes I_5) x(t) \\ &:= M_2 x(t), \end{aligned} \tag{5.3.6}$$

这里,

$$M_2 = \delta_5[4,3,2,1,5,4,3,2,1,5,4,3,2,1,5,4,3,2,1,5,4,3,2,1,5,$$
$$4,3,2,1,5,4,3,2,1,5,4,3,2,1,5,4,3,2,1,5,4,3,2,1,5,$$
$$4,3,2,1,5,4,3,2,1,5,4,3,2,1,5,4,3,2,1,5,4,3,2,1,5,$$
$$4,3,2,1,5,4,3,2,1,5,4,3,2,1,5,4,3,2,1,5,4,3,2,1,5,$$
$$4,3,2,1,5,4,3,2,1,5,4,3,2,1,5,4,3,2,1,5,4,3,2,1,5].$$

$$\begin{aligned}
x_3(t+1) &= M_p x_1(t) M_m M_t x_2(t) x_2(t) \\
&= M_p x_1(t) M_m M_t \mathrm{PR}_5 x_2(t) \\
&= M_p(I_5 \otimes (M_m M_t \mathrm{PR}_5)) x_1(t) x_2(t) \\
&= M_p(I_5 \otimes (M_m M_t \mathrm{PR}_5))(I_{25} \otimes \mathbf{1}_5^{\mathrm{T}}) x(t) \\
&:= M_3 x(t),
\end{aligned} \tag{5.3.7}$$

这里

$$M_3 = \delta_5[5,5,5,5,5,2,2,2,2,2,2,2,2,2,2,5,5,5,5,5,1,1,1,1,1,$$
$$1,1,1,1,1,3,3,3,3,3,3,3,3,3,3,1,1,1,1,1,2,2,2,2,2,$$
$$2,2,2,2,2,4,4,4,4,4,4,4,4,4,4,2,2,2,2,2,3,3,3,3,3,$$
$$3,3,3,3,3,5,5,5,5,5,5,5,5,5,5,3,3,3,3,3,4,4,4,4,4,$$
$$4,4,4,4,4,1,1,1,1,1,1,1,1,1,1,4,4,4,4,4,5,5,5,5,5].$$

最后可得, 网络 (5.3.3) 的代数状态空间表达式为

$$x(t+1) = Mx(t), \tag{5.3.8}$$

这里,

$$M = M_1 * M_2 * M_3$$
$$= \delta_{125}[95,90,10,105,25,92,12,107,2,97,17,112,7,77,97,120,15,$$
$$85,80,25,16,86,81,1,121,91,86,6,101,21,93,13,108,3,98,$$
$$18,113,8,78,98,116,11,81,76,21,17,87,82,2,122,92,87,7,$$
$$102,22,94,14,109,4,99,19,114,9,79,99,117,12,82,77,22,$$
$$18,88,83,3,123,93,88,8,103,23,95,15,110,5,100,20,115,$$

10, 80, 100, 118, 13, 83, 78, 23, 19, 89, 84, 4, 124, 94, 89, 9, 104,

24, 91, 11, 106, 1, 96, 16, 111, 6, 76, 96, 119, 14, 84, 79, 24, 20,

90, 85, 5, 125].

利用代数状态空间表达式, 网络 (5.3.3) 的所有性质都可以揭示出来. 例如,
考虑其不动点, 因为

$$\mathrm{tr}(M) = 2.$$

这里有两个不动点. 利用第 1 章中介绍的标准计算方法, 可以求得

$$x^1 = \delta_{125}^{104} = \delta_5^5 \ltimes \delta_5^1 \ltimes \delta_5^4 \sim (0, 1, 4).$$

即, $X_1 = 0$, $X_2 = 1$ 及 $X_3 = 4$ 为一个不动点.

$$x^2 = \delta_{125}^{125} = \delta_5^5 \ltimes \delta_5^5 \ltimes \delta_5^5 \sim (0, 0, 0).$$

即, $X_1 = 0$, $X_2 = 0$ 及 $X_3 = 0$ 为另一个不动点.

下面考虑有限环上的网络的控制问题. 它本质上是一个 k 值逻辑网络的控制
问题. 我们用一个例子来说明.

例 5.3.2　考察一个环 R 上的控制网络 Σ. 其网络结构图见图 5.3.1. 其网络
演化方程为 (5.3.9).

$$\begin{cases} X_1(t+1) = (X_2(t) + X_3^2(t))U(t), \\ X_2(t+1) = X_3(t) - X_2(t), \\ X_3(t+1) = (X_1(t) + U(t))^2, \\ Y(t) = X_1(t) + X_2(t) + X_3(t). \end{cases} \tag{5.3.9}$$

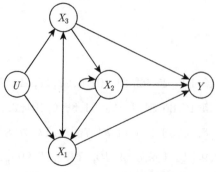

图 5.3.1　(5.3.9) 的网络结构图

其承载环 R 为例 5.2.1 中的 R_1. 由例 5.2.1 可知, R_1 上算子 $\oplus$, $\odot$, 以及 $\neg$ 的结构矩阵, 分别记作 M_p, M_t 及 M_m, 为

$$M_p = \delta_4[3, 4, 2, 1, 4, 3, 1, 2, 2, 1, 4, 3, 1, 2, 3, 4],$$
$$M_t = \delta_4[1, 2, 3, 4, 2, 1, 3, 4, 3, 3, 4, 4, 4, 4, 4, 4],$$
$$M_m = \delta_4[2, 1, 3, 4].$$

为求 (5.3.9) 的代数状态空间表达式, 计算如下.

$$
\begin{aligned}
x_1(t+1) &= M_t M_p x_2(t) M_t x_3^2(t) u(t) \\
&= M_t M_p x_2(t) M_t \mathrm{PR}_4 x_3(t) u(t) \\
&= M_t M_p (I_4 \otimes (M_t \mathrm{PR}_4)) x_2(t) x_3(t) u(t) \\
&= M_t M_p (I_4 \otimes (M_t \mathrm{PR}_4))(\mathbf{1}_4^{\mathrm{T}} \otimes I_{64}) x(t) u(t) \\
&= M_t M_p (I_4 \otimes (M_t \mathrm{PR}_4))(\mathbf{1}_4^{\mathrm{T}} \otimes I_{64}) W_{[4,64]} u(t) x(t) \\
&:= L_1 u(t) x(t),
\end{aligned}
$$

这里,

$$L_1 = \delta_4[3, 3, 1, 1, \cdots, 4, 4, 4, 4] \in \mathcal{L}_{4 \times 256}.$$

$$
\begin{aligned}
x_2(t+1) &= M_p x_3(t) M_m x_2(t) \\
&= M_p (I_4 \otimes M_m) x_3(t) x_2(t) \\
&= M_p (I_4 \otimes M_m) W_{[4,4]} x_2(t) x_3(t) \\
&= M_p (I_4 \otimes M_m) W_{[4,4]} (\mathbf{1}_{16}^{\mathrm{T}} \otimes I_{16}) u(t) x(t) \\
&:= L_2 u(t) x(t),
\end{aligned}
$$

这里,

$$L_2 = \delta_4[4, 3, 1, 2, \cdots, 1, 2, 3, 4] \in \mathcal{L}_{4 \times 256}.$$

$$
\begin{aligned}
x_3(t+1) &= M_t M_p u(t) x_1(t) M_p u(t) x_1(t) \\
&= M_t M_p (I_{16} \otimes M_p)(u(t) x_1(t))^2 \\
&= M_t M_p (I_{16} \otimes M_p) \mathrm{PR}_{16} u(t) x_1(t) \\
&= M_t M_p (I_{16} \otimes M_p) \mathrm{PR}_{16} (I_{16} \otimes \mathbf{1}_{16}^{\mathrm{T}}) u(t) x(t) \\
&:= L_3 u(t) x(t),
\end{aligned}
$$

这里,

$$L_3 = \delta_4[4, 4, 4, 4, \cdots, 4, 4, 4, 4] \in \mathcal{L}_{4 \times 256}.$$

$$y(t) = M_p M_p x_1(t) x_2(t) x_3(t) := Ex(t),$$

这里,

$$E = \delta_4[1, 1, 4, 3, \cdots, 1, 2, 3, 4] \in \mathcal{L}_{4 \times 64}.$$

最后可得 (5.3.9) 的代数状态空间表达式为

$$\begin{cases} x(t+1) = Lu(t)x(t), \\ y = Ex, \end{cases} \tag{5.3.10}$$

这里,

$$L = L_1 * L_2 * L_3 = \delta_{256}[48, 84, 4, 8, \cdots, 52, 56, 60, 64] \in \mathcal{L}_{256 \times 256}.$$

利用代数状态空间表达式 (5.3.10), 可以考虑各种标准的控制问题, 如下述几例所示.

(i) 能控性: 令

$$\begin{aligned} M &:= \sum_{\mathcal{B}}^{4}_{i=1} L\delta_4^i \\ &= \begin{bmatrix} 0 & 0 & 0 & 0 & \cdots & 1 & 0 & 0 & 0 \\ 0 & 0 & 0 & 0 & \cdots & 0 & 0 & 0 & 0 \\ \vdots & \vdots & \vdots & \vdots & & \vdots & \vdots & \vdots & \vdots \\ 0 & 0 & 0 & 0 & \cdots & 0 & 0 & 0 & 1 \end{bmatrix} \in \mathcal{B}_{64 \times 64}. \end{aligned}$$

则可算得

$$\mathrm{tr}(M) = 2.$$

并且,

$$M(60, 60) = M(64, 64) = 1.$$

因此, 该系统有两个控制不动点: $\delta_{64}^{60} \sim (4, 3, 4)$ 以及 $\delta_{64}^{64} \sim (4, 4, 4)$[①].

利用 M, 可计算能控性矩阵

$$\begin{aligned} \mathcal{C} &:= \sum_{\mathcal{B}}^{64}_{i=1} M^{(i)} \\ &= \begin{bmatrix} 1 & 1 & 1 & 1 & \cdots & 1 & 1 & 1 & 1 \\ 0 & 0 & 0 & 0 & \cdots & 0 & 0 & 0 & 0 \\ \vdots & \vdots & \vdots & \vdots & & \vdots & \vdots & \vdots & \vdots \\ 1 & 1 & 1 & 1 & \cdots & 1 & 1 & 1 & 1 \end{bmatrix} \in \mathcal{B}_{64 \times 64}. \end{aligned}$$

---

① 一个点 x_0 称为控制不动点, 如果存在 u_0 使得 $x_0 = Lu_0 x_0$.[123]

因此, 网络 (5.3.9) 不是完全能控的. 具体地说,

$$\text{Row}_j(\mathcal{C}) = \mathbf{1}_{64}, \quad j \in J,$$

这里,

$$J = \{1, 5, 17, 21, 36, 40, 41, 48, 52, 56, 57, 60, 61, 64\}.$$

因此, $\delta_{64}^j, j \in J$ 是全局可达的. 也就是说, 对每个 $\delta_{64}^j, j \in J$, 从任何 x_0 出发, 都存在控制序列 $u(t), t \geqslant 0$, 它们可将轨线从 x_0 控制到 δ_{64}^j.

(ii) 镇定: 将控制网络镇定到 x_d, 是指从任一 x_0 出发, 存在一个控制序列 $u(t)$, $t \geqslant 0$ 和一个 $T > 0$, 受控轨道 $x(t)$ 从 $x(0) = x_0$ 出发, 满足 $x(t) = x_d$, $t > T$. 显然, 系统可镇定到 x_d, 当且仅当, x_d 不仅全局可达, 而且是控制不动点.

根据 (i) 可知, 控制网络 (5.3.9) 可镇定到 $\delta_{64}^{60} \sim (4,3,4)$ 或 $\delta_{64}^{64} \sim (4,4,4)$.

(iii) 控制同步: 网络同步指存在 $T > 0$, 使网络满足 $X(t) = X_d$, $t \geqslant T$, 其中 $X_d = (X_0^d, X_0^d, \cdots, X_0^d)$[90]. 网络的控制同步指存在一个控制序列, 使受控网络达到同步.

考察控制网络 (5.3.9). 由 (i), (ii) 的讨论可知, 该网络可控制同步于 $X_d = (4,4,4)$.

值得指出的是, 关于 k 值控制网络的所有控制设计技巧均可直接应用于有限环上的网络.

下面讨论有限环上的网络特有的一些性质.

5.4 理想上的子网络

设 R 为一有限环. $S \subset R$ 为一理想. 因为 S 本身是一个有限环, 故存在一个 S 的本质环 R_S, 使得 $\pi: S \to R_S$ 为环同构.

给定一个 $a \in R$. 因为 S 为一理想, 则对每个 $s_i \in S$, 存在唯一的 $s_j \in S$, 使得

$$as_i = s_j, \quad s_i, s_j \in S. \tag{5.4.1}$$

这表明, 每一个 $a \in R$ 都可以导致一个 $S \to S$ 的映射, 将该映射记为 θ_a. 现在, 记 $R_S := \{1, 2, \cdots, k-1, 0\}$, 这里, $k = |S|$. 那么, 在向量表达形式下 θ_a 的结构矩阵记为 Θ_a, 则

$$\pi(as_i) = \Theta_a \pi(s_i). \tag{5.4.2}$$

我们用一个简单例子说明.

例 5.4.1　考察 $\mathbb{Z}_6$ 及其理想 $S = \{3, 0\} \subset \mathbb{Z}_6$. 不难看出,

(i) $R_S = \mathbb{Z}_2$, 并且, 同构映射 $\pi : S \to \mathbb{Z}_2$ 为

$$\pi(3) = 1, \quad \pi(0) = 0.$$

(ii) 因为 $1 \times_6 3 = 3$, $1 \times_6 0 = 0$, 故 $\Theta_1 = \delta_2[1, 2]$.
类似地可得

$$\begin{aligned}
\Theta_1 &= \Theta_3 = \Theta_5 = I_2, \\
\Theta_2 &= \Theta_4 = \Theta_6 = \delta_2[2, 2].
\end{aligned} \tag{5.4.3}$$

定义 5.4.1　设 R 为一有限环, $S \subset R$ 为 R 的一个理想. S 称为一个恰当理想, 如果存在一个映射 $\phi : R \to S$ 使得

$$\theta_a(s) = \phi(a)s, \quad a \in R, \quad s \in S. \tag{5.4.4}$$

例 5.4.2　(i) 考察 $\mathbb{Z}_6$ 及其理想 $S = \{3, 0\} \subset \mathbb{Z}_6$. 根据式 (5.4.3) 可得

$$\begin{aligned}
\theta_1(x) &= \theta_3(x) = \theta_5(x) = 3x, \\
\theta_2(x) &= \theta_4(x) = \theta_0(x) = 0.
\end{aligned} \tag{5.4.5}$$

于是有

$$\begin{aligned}
\phi(1) &= \phi(3) = \phi(5) = 3, \\
\phi(2) &= \phi(4) = \phi(0) = 0.
\end{aligned} \tag{5.4.6}$$

这说明, S 是 $\mathbb{Z}_6$ 的恰当理想.

(ii) 设 $R = (\{1, 2, \cdots, \kappa - 1, 0\}, \oplus, \odot)$ 为一有限环, $S \subset R$ 为 R 的一个理想, 并且, $R_S = \mathbb{Z}_r$.

设 R 中元素满足下式.

$$a = \underbrace{1 \oplus 1 \oplus \cdots \oplus 1}_{a}, \quad a \in [1, \kappa - 1]. \tag{5.4.7}$$

那么, S 是 R 的恰当理想.

要证明这一点, 定义 $\phi : R \to S$ 如下:

$$\phi(a) = a \pmod{r}. \tag{5.4.8}$$

设 $\pi : S \to \mathbb{Z}_r$ 为其环同构, 定义

$$\xi = \pi^{-1}(\mathbf{1}).$$

则显见

$$S = \{\xi, 2\xi, \cdots, (r-1)\xi, 0\}.$$

设 $a = \alpha r + \beta \in R$, $s = t\xi \in S$,

$$\pi(as) = \pi(at\xi) = \pi[(\alpha r + \beta)t\xi]$$
$$= \pi(\beta\xi)t = \beta t, \qquad (5.4.9)$$

这里, $\beta = a \pmod{r}$. (5.4.9) 的最后一个等式来自以下等式: $rt\xi = 0$. 因此, (5.4.8) 中定义的 ϕ 满足 (5.4.9).

值得注意的是, 假设 (5.4.7) 不是总成立的. 观察例 5.2.1 (2) 中的六个环, 只有 $R_5 = \mathbb{Z}_4$ 满足 (5.4.9).

设 $R = \{1, 2, \cdots, \kappa - 1, 0\}$ 为一有限环, $S \subset R$ 为其恰当理想, $|S| = r$.

考察 R 上的一个网络 Σ, 其演化方程为

$$Z_i(t+1) = p_i(Z_1(t), Z_2(t), \cdots, Z_n(t))$$
$$= \sum_{j=1}^{\ell_i} a_j^i Z_1^{r_j^1} \cdots Z_n^{r_j^n}, \quad i \in [1, n]. \qquad (5.4.10)$$

我们在 R_S 上构造一个网络如下:

$$X_i(t+1) = \sum_{j=1}^{\ell_i} \phi(a_j^i) X_1^{r_j^1} \cdots X_n^{r_j^n}, \quad i \in [1, k]. \qquad (5.4.11)$$

定义 5.4.2 网络 (5.4.11) 称为 R 上网络 (5.4.10) 在恰当理想 $S \subset R$ 上的子网络.

关于理想上的子网络有如下性质.

命题 5.4.1 考察 R 上的网络 Σ, 其演化方程为 (5.4.10). 设 $S \subset R$ 为其恰当理想, S 上的子网络为 (5.4.11). 那么, 对每一点 $s_0 \in S$, Σ 从 s_0 出发的轨线, 记作 $z(t, s_0)$, $t \geqslant 0$, 以及子网络 Σ_S 从 $\phi(s_0)$ 出发的轨线, 记作 $x(t, \phi(s_0))$, $t \geqslant 0$, 满足以下关系:

$$\phi(z(t, s_0)) = x(t, \phi(s_0)), \quad t \geqslant 0. \qquad (5.4.12)$$

证明 由 Σ_S 的构造可知

$$\phi(\Sigma|_S) = \Sigma_S.$$

因为 ϕ 是环同构, 则对任何多项式 p 成立

$$\phi[p(X_1, X_2, \cdots, X_n)] = \phi(p)(\phi(X_1), \phi(X_2), \cdots, \phi(X_n)),$$

这里, $X_i \in S$, $i \in [1, n]$, 且 $\phi(p)$ 的定义恰如 (5.4.11) 中相应的多项式.

设 $Z(t) = (Z_1(t), \cdots, Z_n(t)) \in S$, 那么,

$$Z(t+1) = \Sigma|_S Z(t).$$

因此,

$$\begin{aligned}
\phi(Z(t+1)) &= \phi[\Sigma|_S Z(t)] \\
&= \pi(\Sigma|_S)\phi(Z(t)) \\
&= \Sigma_S X(t).
\end{aligned}$$

结论显见.   □

下面考虑一个例子.

例 5.4.3   设 $R = \mathbb{Z}_6$. 一个 R 上的网络 Σ 定义如下:

$$\begin{cases} Z_1(t+1) = 4Z_1^2(t) - Z_2(t), \\ Z_2(t+1) = Z_1(t)Z_2(t), \end{cases} \tag{5.4.13}$$

首先, 注意到

$$\begin{aligned}
M_{+_6} &= \delta_6[2,3,4,5,6,1,3,4,5,6,1,2,4,5,6,1,2,3, \\
&\quad 5,6,1,2,3,4,6,1,2,3,4,5,1,2,3,4,5,6], \\
M_{\times_6} &= \delta_6[1,2,3,4,5,6,2,4,6,2,4,6,3,6,3,6,3,6, \\
&\quad 4,2,6,4,2,6,5,4,3,2,1,6,6,6,6,6,6,6], \\
M_{\neg_6} &= \delta_6[5,4,3,2,1,6].
\end{aligned} \tag{5.4.14}$$

(5.4.13) 的代数状态空间表达式可计算如下:

$$\begin{aligned}
z_1(t+1) &= M_{+_6}(M_{\times_6}\delta_6^4)M_{\times_6}\mathrm{PR}_6 z_1(t) M_{\neg_6} z_2(t) \\
&= M_{+_6}(M_{\times_6}\delta_6^4)M_{\times_6}\mathrm{PR}_6 (I_6 \otimes M_{\neg_6}) z(t) \\
&:= M_1 z(t),
\end{aligned}$$

这里,

$$\begin{aligned}
M_1 &= \delta_6[3,2,1,6,5,4,3,2,1,6,5,4,5,4,3,2,1,6, \\
&\quad 3,2,1,6,5,4,3,2,1,6,5,4,5,4,3,2,1,6].
\end{aligned}$$

$$z_2(t+1) = M_{\times_6} z(t) := M_2 z(t),$$

这里,

$$\begin{aligned}
M_2 = M_{\times_6} &= \delta_6[1,2,3,4,5,6,2,4,6,2,4,6,3,6,3,6,3,6, \\
&\quad 4,2,6,4,2,6,5,4,3,2,1,6,6,6,6,6,6,6].
\end{aligned}$$

于是, (5.4.13) 的代数状态空间表达式为

$$z(t+1) = Mz(t), \qquad (5.4.15)$$

这里

$$M = M_1 * M_2$$
$$= \delta_{36}[13, 8, 3, 34, 29, 24, 14, 10, 6, 32, 28, 24, 27, 24, 15, 12, 3, 36,$$
$$16, 8, 6, 34, 26, 24, 17, 10, 3, 32, 25, 24, 30, 24, 18, 12, 6, 36].$$

于是, 考虑 $S = \{3, 0\}$ 作为 $\mathbb{Z}_6$ 的恰当理想, 构造 Σ_S 如下: 因为 $\Theta_4 = \delta_2[2, 2]$, 即, $\theta_4(x) = \mathbf{0}_2$, S 上的子网络变为

$$\begin{cases} X_1(t+1) = -X_2(t), \\ X_2(t+1) = X_1(t)X_2(t). \end{cases} \qquad (5.4.16)$$

其代数状态空间表达式计算如下:

$$x_1(t+1) = M_{\neg_2}x_2(t) = M_{\neg_2}\left(\mathbf{1}_2^{\mathrm{T}} \otimes I_2\right)x(t)$$
$$:= N_1 x(t),$$

这里,

$$N_1 = \delta_2[1, 2, 1, 2];$$

$$x_2(t+1) = M_{\times_2}x(t) := N_2 x(t),$$

这里,

$$N_2 = M_{\times_2} = \delta_2[1, 2, 2, 2].$$

最后可得

$$x(t+1) = Nx(t), \qquad (5.4.17)$$

这里,

$$N = N_1 * N_2 = \delta_4[1, 4, 2, 4].$$

现在我们可以直接检验轨道的对应关系了.

(i) 设 $Z_0 = (3, 3)$, 于是 $z_0 = \delta_{36}^{15}$ 为 (5.4.15) 的一个不动点. 令 $X_0 = \pi(Z_0) = (1, 1)$. 直接检验可知 $x_0 = \delta_4^1$ 为 (5.4.17) 的一个不动点.

(ii) 设 $Z_0 = (3, 6)$, 那么, $z_0 = \delta_{36}^{18}$. 从它出发的 (5.4.15) 的轨线为

$$z(t, z_0) = \{\delta_{36}^{18}, \delta_{36}^{36}, \delta_{36}^{36}, \cdots\}.$$

令 $X_0 = \pi(Z_0) = (1,0)$, 则 $x_0 = \delta_4^2$. 从它出发的 (5.4.17) 的轨线为

$$x(t,x_0) = \{\delta_4^2, \delta_4^4, \delta_4^4, \cdots\}.$$

直接检验可知 $\pi(z(t,z_0,t)) = x(t,x_0)$.

(iii) 设 $Z_0 = (6,3)$, 则 $z_0 = \delta_{36}^{33}$. 从它出发的 (5.4.15) 的轨线为

$$z(t,z_0) = \{\delta_{36}^{33}, \delta_{36}^{18}, \delta_{36}^{36}, \delta_{36}^{36}, \cdots\}.$$

令 $X_0 = \pi(Z_0) = (0,1)$, 则 $x_0 = \delta_4^3$. 从它出发的 (5.4.17) 的轨线为

$$x(t,x_0) = \{\delta_4^3, \delta_4^2, \delta_4^4, \delta_4^4, \cdots\}.$$

同样可以直接检验 $\pi(z(t,z_0)) = x(t,x_0)$.

(iv) 设 $Z_0 = (6,6)$ 且 $X_0 = \pi(Z_0) = (0,0)$. 不难检验 $z_0 = \delta_{36}^{36}$ 和 $x_0 = \delta_4^4$ 分别为 (5.4.15) 及 (5.4.17) 的不动点.

下面我们考虑有限环 C 上的控制网络, 记作 Σ^C, 其演化方程为

$$\begin{aligned}
Z_i(t+1) &= p_i(Z_1(t), \cdots, Z_n(t); U_1(t), \cdots, U_m(t)) \\
&= \sum_{j=1}^{\ell_i} a_j^i Z_1^{r_j^1} \cdots Z_n^{r_j^n} U_1^{s_j^1} \cdots U_m^{s_j^m}, \quad i \in [1,n], \\
Y_\ell &= \xi_\ell(Z_1(t), \cdots, Z_n(t)) \\
&= \sum_{\alpha=1}^{\ell_i} b_j^i Z_1^{e_j^1} \cdots Z_n^{e_j^n}, \quad \ell \in [1,p].
\end{aligned} \tag{5.4.18}$$

设 $S \subset R$ 为恰当理想. 我们构造 R_S 上的子控制网络如下:

$$\begin{aligned}
X_i(t+1) &= \sum_{j=1}^{\ell_i} \phi(a_j^i) X_1^{r_j^1} \cdots X_n^{r_j^n} \phi(U_1)^{s_j^1} \cdots \phi(U_m)^{s_j^m}, \quad i \in [1,n], \\
Y_\ell &= \sum_{\alpha=1}^{\ell_i} \phi(b_j^i) X_1^{e_j^1} \cdots X_n^{e_j^n}, \quad \ell \in [1,p].
\end{aligned} \tag{5.4.19}$$

类似于网络/子网络一样, 控制网络/子控制网络满足如下关系.

命题 5.4.2 考虑一个 R 上的控制网络 Σ^C, 其演化方程为 (5.4.18). 设 $S \subset R$ 为恰当理想, S 上的控制网络的演化方程为 (5.4.19). 那么, 对每个 $s_0 \in S$, 以及控制序列 $u(t) \in S$, $t \geqslant 0$, 则 Σ 的由 s_0 出发, 且在控制序列 $u(t) = (u_1(t), u_2(t), \cdots, u_m(t))$, $t = 0,1,2,\cdots$ 驱动下的轨迹 $z(t,u(t),s_0)$, $t \geqslant 0$, 以及子控制

网络 Σ_S 从 $\pi(s_0)$ 出发, 并在相同控制序列的投影 $v(t) = \pi(u(t))$ 的驱动下的轨迹 $x(t, \pi(u(t)), \pi(s_0))$, $t \geqslant 0$, 满足如下关系:

$$\pi\left(z(t, u(t), s_0)\right) = x(t, \pi(u(t)), \pi(s_0)), \quad t \geqslant 0. \tag{5.4.20}$$

我们用以下的例子来验证这个结论.

例 5.4.4 考虑 $R = \mathbb{Z}_6$ 上的一个控制网络 Σ^C, 其演化方程为

$$\begin{cases} Z_1(t+1) = 4Z_1^2(t) - Z_2(t) + U(t), \\ Z_2(t+1) = Z_1(t)Z_2(t). \end{cases} \tag{5.4.21}$$

它是在系统 (5.4.13) 的第一个方程加上一个控制 $U(t)$ 而得到的.

考虑 R 的恰当理想 $S = \{3, 0\}$. Σ^C 在 R_S 上的子网络演化方程为

$$\begin{cases} X_1(t+1) = U(t) - X_2(t), \\ X_2(t+1) = X_1(t)X_2(t). \end{cases} \tag{5.4.22}$$

略去细节, 可算得系统 (5.4.21) 的代数状态空间表达式为

$$z(t+1) = Lu(t)z(t), \tag{5.4.23}$$

这里,

$$L = \delta_{36}[19, 14, 9, 4, 0, 18, 12, 6, 36] \in \mathcal{L}_{36 \times 216}.$$

(5.4.22) 的代数状态空间表达式为

$$x(t+1) = Fv(t)x(t), \tag{5.4.24}$$

这里,

$$F = \delta_4[3, 2, 4, 2, 1, 4, 2, 4] \in \mathcal{L}_{4 \times 8}.$$

假定我们选择 $s_0 = \delta_{36}^{15} \sim (3, 3)$, 并且令控制序列为

$$u(t) = \begin{cases} \delta_6^3, & t = 0, 2, 4, \cdots, \\ \delta_6^6, & t = 1, 3, 5, \cdots. \end{cases}$$

那么, Σ^C 从 s_0 出发, 受控序列轨迹为

$$z_1(t, s_0) = \{3, 6, 3, 3, 6, 3, 6, 3, 6, \cdots\},$$
$$z_2(t, s_0) = \{3, 3, 6, 3, 6, 3, 6, 3, 6, \cdots\}.$$

在 $S_R = \mathbb{Z}_2$ 上的子系统从 $\pi(s_0)$ 出发, 受控序列轨迹为

$$x_1(t, \pi(s_0)) = \{1, 2, 1, 1, 2, 1, 2, 1, 2, \cdots\},$$
$$x_2(t, \pi(s_0)) = \{1, 1, 2, 1, 2, 1, 2, 1, 2, \cdots\}.$$

显然有

$$\pi\left(Z_i(t, s_0)\right) = x_i(t, \pi(s_0)), \quad i = 1, 2.$$

注 5.4.1　考察控制网络 (5.4.18). 如果

$$p_i(0, U(t)) = 0, \quad i \in [1, n],$$

也就是说, 每一个多项式中均没有关于控性的自由项, 那么, 在命题 5.4.2 中关于 $u(t) \in S$, $t \geqslant 0$ 这个条件可去掉. 这是因为, S 是一个理想, 则当 $t = 0$ 时, 因 $X(0) \in S$, 则 $U^p(0)X^q(0)$ $(q \geqslant 1)$ 属于 S. 因此, $X(1) \in S$. 据此递推可知 $U^p(t)X^q(t) \in S$, $t > 0$. 但如果有自由控制项 $U^k(t)$, 则需要条件 $u(t) \in S$, $t \geqslant 0$ 以确保从 S 出发的控制轨线保持在 S 上.

5.5　乘积环上的网络

5.5.1　乘积环

定义 5.5.1　设 $(R_i, \odot_i, \oplus_i)$, $i = 1, 2$ 为两个有限环. R_1 和 R_2 的乘积环, 记作 $R = R_1 \times R_2$, 定义为

$$R := \{(r_1, r_2) \mid r_1 \in R_1, r_2 \in R_2\}.$$

其上的乘法与加法分别定义为

$$
\begin{aligned}
(r_1, r_2) \odot (s_1, s_2) &:= (r_1 \odot_1 s_1, r_2 \odot_2 s_2), \\
(r_1, r_2) \oplus (s_1, s_2) &:= (r_1 \oplus_1 s_1, r_2 \oplus_2 s_2), \\
(r_1, r_2), \ (s_1, s_2) &\in R.
\end{aligned}
\tag{5.5.1}
$$

根据定义, 容易验证以下结论.

命题 5.5.1

$$
\begin{aligned}
\mathbf{1}_R &= (\mathbf{1}_{R_1}, \mathbf{1}_{R_2}), \\
\mathbf{0}_R &= (\mathbf{0}_{R_1}, \mathbf{0}_{R_2}).
\end{aligned}
\tag{5.5.2}
$$

注 5.5.1　(i) 如果 $R = R_1 \times R_2$, 则

$$|R| = |R_1||R_2|. \tag{5.5.3}$$

(ii) 如果 R_i, $i = 1, 2$ 为交换环, 则 R 也是交换环.

下面设 $|R_1| = k_1$, $|R_2| = k_2$, 记 $\kappa = k_1 k_2$. 将 R_1 及 R_2 的元素用向量形式表示如下:

$$R_1 = (1, 2, \cdots, k_1 - 1, 0) \sim \delta_{k_1}\{1, 2, \cdots, k_1\},$$
$$R_2 = (1, 2, \cdots, k_2 - 1, 0) \sim \delta_{k_2}\{1, 2, \cdots, k_2\}. \tag{5.5.4}$$

利用 R_i, $i = 1, 2$ 中元素的向量表示 (5.5.4), R 中元素的向量表示定义如下.

定义 5.5.2 设 $X = (X_1, X_2) \in R$, 这里, $X_i \in R_i$ 的向量表达式为 x_i, $i = 1, 2$, 那么,

$$x = \vec{X} := x_1 x_2 \in \Delta_\kappa \simeq R. \tag{5.5.5}$$

命题 5.5.2 设 $R_1 = (X, \oplus_1, \odot_1)$, 其中 $|X| = k_1$; $R_2 = (Y, \oplus_2, \odot_2)$, 其中 $|Y| = k_2$. 令 $R = R_1 \times R_2 := (X \times Y, \oplus, \odot)$. 记 $\odot_i$, $\oplus_i$ 的结构矩阵为 $M_{\odot_i}$, $M_{\oplus_i}$ 等, $i = 1, 2$. 那么,

$$M_\oplus = M_{\oplus_1} \left(I_{k_1^2} \otimes M_{\oplus_2} \right) \left(I_{k_1} \otimes W_{[k_2, k_1]} \right), \tag{5.5.6}$$

$$M_\odot = M_{\odot_1} \left(I_{k_1^2} \otimes M_{\odot_2} \right) \left(I_{k_1} \otimes W_{[k_2, k_1]} \right), \tag{5.5.7}$$

$$M_\neg = M_{\neg_1} \left(I_{k_1} \otimes M_{\neg_2} \right). \tag{5.5.8}$$

证明 我们只证明 (5.5.6), 其他等式的证明类似.

$$
\begin{aligned}
(x_1, y_1) \oplus (x_2, y_2) &= [(x_1 \oplus_1 x_2), (y_1 \oplus_2 y_2)] \\
&= [M_{\oplus_1} x_1 x_2, M_{\oplus_2} y_1 y_2] \\
&= M_{\oplus_1} x_1 x_2 M_{\oplus_2} y_1 y_2 \\
&= M_{\oplus_1} \left(I_{k_1^2} \otimes M_{\oplus_2} \right) x_1 x_2 y_1 y_2 \\
&= M_{\oplus_1} \left(I_{k_1^2} \otimes M_{\oplus_2} \right) \left(I_{k_1} \otimes W_{[k_2, k_1]} \right) x_1 y_1 x_2 y_2 \\
&:= M_\oplus (x_1 y_1)(x_2 y_2),
\end{aligned}
$$

$$x_1, x_2 \in R_1, \quad y_1, y_2 \in R_2.$$

由于 x_1, x_2, y_1 及 y_2 均是任选的, 立得 (5.5.6). □

注 5.5.2 此后, 我们总假定 R_i 的元素 X_i 及其向量形式 x_i, $i = 1, 2$ 均如 (5.5.4) 所示, 并且, $X = (X_1, X_2) \in R$ 及其向量形式 x 如 (5.5.5) 所示. 即, 如果 $x_i = \vec{X}_i = \delta_{k_i}^{r_i}$, $i = 1, 2$, 那么,

$$x = \vec{X} = \delta_{k_1}^{r_1} \delta_{k_2}^{r_2} = \delta_\kappa^s,$$

这里,

$$s = (r_1 - 1)k_2 + r_2.$$

例 5.5.1　(i) 考察 $\mathbb{Z}^4 = \mathbb{Z}_2 \times \mathbb{Z}_2$. 注意到

$$M_{+_2} = \delta_2[2, 1, 1, 2],$$

$$M_{\times_2} = \delta_2[1, 2, 2, 2].$$

利用公式 (5.5.6) 及 (5.5.7), 可得

$$M_\oplus = M_{+_2} \left(I_4 \otimes M_{+_2} \right) \left(I_2 \otimes W_{[2,2]} \right)$$

$$= \delta_4[4, 3, 2, 1, 3, 4, 1, 2, 2, 1, 4, 3, 1, 2, 3, 4]. \tag{5.5.9}$$

$$M_\odot = M_{\times_2} \left(I_4 \otimes M_{\times_2} \right) \left(I_2 \otimes W_{[2,2]} \right)$$

$$= \delta_4[1, 2, 3, 4, 2, 2, 4, 4, 3, 4, 3, 4, 4, 4, 4, 4,]. \tag{5.5.10}$$

将它与例 5.2.1 (2) 中的六个环相比, 不难发现

$$\mathbb{Z}_2 \times \mathbb{Z}_2 = R_3 \neq \mathbb{Z}_4.$$

(ii) 考察 $\mathbb{Z}^6 := \mathbb{Z}_2 \times \mathbb{Z}_3$. 注意到

$$M_{+_3} = \delta_3[2, 3, 1, 3, 1, 2, 1, 2, 3],$$

$$M_{\times_3} = \delta_3[1, 2, 3, 2, 1, 3, 3, 3, 3],$$

$$M_{\neg_3} = \delta_3[2, 1, 3].$$

利用公式 (5.5.6) 及 (5.5.7), 可得

$$M_{+^6} = M_{+_2} \left(I_4 \otimes M_{+_3} \right) \left(I_2 \otimes W_{[3,2]} \right)$$

$$= \delta_6[5, 6, 4, 2, 3, 1, 6, 4, 5, 3, 1, 2, 4, 5, 6, 1, 2, 3,$$

$$2, 3, 1, 5, 6, 4, 3, 1, 2, 6, 4, 5, 1, 2, 3, 4, 5, 6]. \tag{5.5.11}$$

$$M_{\times^6} = M_{\times_2} \left(I_4 \otimes M_{\times_3} \right) \left(I_2 \otimes W_{[3,2]} \right)$$

$$= \delta_6[1, 2, 3, 4, 5, 6, 2, 1, 3, 5, 4, 6, 3, 3, 3, 6, 6, 6,$$

$$4, 5, 6, 4, 5, 6, 5, 4, 6, 5, 4, 6, 6, 6, 6, 6, 6, 6]. \tag{5.5.12}$$

$$M_{\neg^6} = M_{\neg_2} \otimes M_{\neg_3} = \delta_6[2, 1, 3, 5, 4, 6]. \tag{5.5.13}$$

下面这个命题是乘积环的一个基本性质. 根据乘积环的定义不难直接验证之.

命题 5.5.3 设有乘积环 $R = R_1 \times R_2$. 定义

$$S_1 := \{(r_1, \mathbf{0}_2) \mid r_i \in R_1\} \subset R,$$
$$S_2 := \{(\mathbf{0}_1, r_2) \mid r_2 \in R_2\} \subset R. \tag{5.5.14}$$

则

(i) S_i, $i = 1, 2$ 为 R 的理想. 并且, 定义映射 $\pi_i : S_i \to R_i$ 如下:

$$\pi_1((r_1, \mathbf{0}_2)) := r_1,$$
$$\pi_2((\mathbf{0}_1, r_2)) := r_2, \tag{5.5.15}$$

则 π_i, $i = 1, 2$ 为环同构.

(ii) 设映射 $\phi_i : R \to S_i$ 定义为

$$\phi_1((r_1, r_2)) := (r_1, \mathbf{0}_2) \in S_1,$$
$$\phi_2((r_1, r_2)) := (\mathbf{0}_1, r_2) \in S_2, \tag{5.5.16}$$

则 ϕ_i 满足 (5.4.4). 即 R_1 及 R_2 均为 $R = R_1 \times R_2$ 的恰当理想.

注 5.5.3 根据命题 5.5.3, 我们将 S_i 等同于 R_i, 从而将 ϕ_i 看作是 $R \to R_i$ 的自然投影. 基于这种考虑, 则可得到图 5.5.1 的乘积环-子环投影关系.

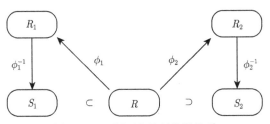

图 5.5.1   乘积环-子环投影关系

回忆在注 5.5.2 中讨论的乘积环元素的标记与因子环元素标记间的关系, 通过直接推算即可得到如下结果.

命题 5.5.4 设 $z = \delta_\kappa^r \in R = R_1 \times R_2$, 这里, $|R_i| = k_i$, $i = 1, 2$. 那么,

(i)

$$\begin{cases} \phi_1(z) = \left(I_{k_1} \otimes \mathbf{1}_{k_2}^{\mathrm{T}}\right) z, \\ \phi_2(z) = \left(\mathbf{1}_{k_1}^{\mathrm{T}} \otimes I_{k_2}\right) z. \end{cases} \tag{5.5.17}$$

(ii) 将 (5.5.17) 用标号表示, 可得

$$\begin{cases} \phi_1(\delta_\kappa^r) = \delta_{k_1}^\alpha, \\ \phi_2(\delta_\kappa^r) = \delta_{k_2}^\beta, \end{cases} \tag{5.5.18}$$

这里,

$$\begin{cases} \alpha = \left[\dfrac{r-1}{k_2}\right] + 1, \\ \beta = r - (\alpha-1)k_2. \end{cases} \tag{5.5.19}$$

(注意: $[a]$ 表示 a 的整数部分.)

我们需要将 R_1 或 R_2 中的元素嵌入 R, 则

$$\begin{cases} \phi_1^{-1}(\alpha) = (\alpha, k_2) \in R, \quad \alpha \in R_1, \\ \phi_2^{-1}(\beta) = (k_1, \beta) \in R, \quad \beta \in R_2. \end{cases}$$

换成标号, 则

$$\begin{cases} \phi_1^{-1}(\delta_{k_1}^{\alpha}) = \delta_{\kappa}^{p}, \\ \phi_2^{-1}(\delta_{k_2}^{\beta}) = \delta_{\kappa}^{q}, \end{cases} \tag{5.5.20}$$

这里,

$$\begin{aligned} p &= \alpha k_2, \\ q &= \kappa - k_2 + \beta. \end{aligned} \tag{5.5.21}$$

例 5.5.2　设 $R_1 = \{1,2,3\} \sim \{\delta_3^1, \delta_3^2, \delta_3^3\}$, $R_2 = \{1,2,3,4,5\} \sim \{\delta_5^1, \delta_5^2, \delta_5^3, \delta_5^4, \delta_5^5\}$, $R = R_1 \times R_2$, 则

$$\begin{aligned} \phi_1^{-1}(R_1) &= \{5,10,15\} \sim \{\delta_{15}^5, \delta_{15}^{10}, \delta_{15}^{15}\}, \\ \phi_2^{-1}(R_2) &= \{11,12,13,14,15\} \sim \{\delta_{15}^{11}, \delta_{15}^{12}, \delta_{15}^{13}, \delta_{15}^{14}, \delta_{15}^{15}\}. \end{aligned}$$

下面的结论表现了乘积环的一些重要性质.

命题 5.5.5　(i) 设 R_1, R_2 为两个有限环, 则

$$R_1 \times R_2 \cong R_2 \times R_1. \tag{5.5.22}$$

(ii) 设 $R_i \simeq S_i$ $i=1,2$, 则

$$R_1 \times R_2 \simeq S_1 \times S_2. \tag{5.5.23}$$

(iii) 设 $R_i \cong S_i$ $i=1,2$, 则

$$R_1 \times R_2 \cong S_1 \times S_2. \tag{5.5.24}$$

证明 考虑 (i), 定义映射 $\pi : R^1 \times R^2 \to R^2 \times R^1$, $(r_1, r_2) \mapsto (r_2, r_1)$, 根据定义可直接验证 π 是一个环同构. (ii) 与 (iii) 可类似检验. □

下面考虑有限个有限环的乘积.

$$R = R_1 \times R_2 \times \cdots \times R_s \tag{5.5.25}$$

可以递归定义, 即

$$R_1 \times R_2 \cdots \times R_s := (R_1 \times R_2 \times \cdots \times R_{s-1}) \times R_s, \quad s \geqslant 3.$$

那么, 不难证明

$$R_1 \times (R_2 \times R_3) \cong (R_1 \times R_2) \times R_3. \tag{5.5.26}$$

因此, 表达式 (5.5.25) 是合理的.

本节前面得到的关于两个环的乘积环的性质, 均可直接推广到有限个环的乘积环. 我们将推广留给读者.

定义 5.5.3 设 p_i, $i = 1, 2, \cdots, s$ 为一组素数. 定义

$$\mathbb{Z}^{\prod_{i=1}^{s} p_i} := \mathbb{Z}_{p_1} \times \mathbb{Z}_{p_2} \times \cdots \times \mathbb{Z}_{p_s}, \tag{5.5.27}$$

称为素积环.

为了让素积环的定义有唯一性, 我们需要如下假定:

$$p_1 \leqslant p_2 \leqslant \cdots \leqslant p_s.$$

有了这个假定, 则 $\mathbb{Z}^r$, $r \geqslant 2$ 就有唯一性了.

为方便计, $\mathbb{Z}^r$ 上的加、乘等算子分别记作 $+^r$, $\times^r$ 及 $\neg^r$ 等. 注意, 一般情况下 $\mathbb{Z}^r \neq \mathbb{Z}_r$, 除非 r 是素数. 若 r 是素数, 则 $\mathbb{Z}^r = \mathbb{Z}_r$. 例如, $\mathbb{Z}^3 = \mathbb{Z}_3$, 但 $\mathbb{Z}^6 \neq \mathbb{Z}_6$.

5.5.2 乘积网络

设 $R = R_1 \times R_2$, 其中 $|R_i| = k_i$, $i = 1, 2$, 且 $\kappa = k_1 k_2$. 记

$$R_1 = \{1 = \mathbf{1}_1, 2, \cdots, k_1 = \mathbf{0}_1\},$$
$$R_2 = \{1 = \mathbf{1}_2, 2, \cdots, k_2 = \mathbf{0}_2\},$$

设 $m(X) = a X_1^{r_1} X_2^{r_2} \cdots X_{k_1}^{r_{k_1}}$ 为 R_1 上的多项式. 将其嵌入 R, 有

$$\phi_1^{-1}(m(X)) = \phi_1^{-1}(a) Z_1^{r_1} Z_2^{r_2} \cdots Z_{k_1}^{r_{k_1}}$$
$$= (k_2 a) Z_1^{r_1} Z_2^{r_2} \cdots Z_{k_1}^{r_{k_1}}. \tag{5.5.28}$$

类似地, 设 $n(Y) = bY_1^{r_1}Y_2^{r_2}\cdots Y_{k_2}^{r_{k_2}}$ 为 R_2 上的单项式. 将其嵌入 R, 有

$$\phi_2^{-1}(n(Y)) = \phi_2^{-1}(b)Z_1^{r_1}Z_2^{r_2}\cdots Z_{k_2}^{r_{k_2}}. \tag{5.5.29}$$

设 p 为 R_i 上的多项式, 要将其嵌入 R, 只要逐项嵌入即可.

利用嵌入可定义乘积网络.

设 $\Sigma_i \in R_i$ 为 R_i 上的网络, $i = 1, 2$, 分别定义如下.

(i) Σ_1 为 R_1 上的网络 $(|R_1| = k_1)$:

$$\begin{aligned}
X_1(t+1) &= p_1(X_1(t), X_2(t), \cdots, X_m(t)), \\
X_2(t+1) &= p_2(X_1(t), X_2(t), \cdots, X_m(t)), \\
&\vdots \\
X_m(t+1) &= p_m(X_1(t), X_2(t), \cdots, X_m(t)).
\end{aligned} \tag{5.5.30}$$

(ii) Σ_2 为 R_2 上的网络 $(|R_2| = k_2)$:

$$\begin{aligned}
Y_1(t+1) &= q_1(Y_1(t), Y_2(t), \cdots, Y_n(t)), \\
Y_2(t+1) &= q_2(Y_1(t), Y_2(t), \cdots, Y_n(t)), \\
&\vdots \\
Y_n(t+1) &= q_n(Y_1(t), Y_2(t), \cdots, Y_n(t)).
\end{aligned} \tag{5.5.31}$$

那么, 乘积环 $R = R_1 \times R_2$ 上的乘积网络 $\Sigma = \Sigma_1 \times \Sigma_2$ 可定义如下.

定义 5.5.4 设 Σ_i 为 R_i 上的网络, $i = 1, 2$, 分别由 (5.5.30) 及 (5.5.31) 定义. 定义一个 $R_1 \times R_2$ 上的网络 Σ 如下:

$$\begin{aligned}
Z_r(t+1) = \phi_1^{-1}(p_\alpha(X_1(t), \cdots, X_m(t)))\phi_2^{-1}(q_\beta(Y_1(t), \cdots, Y_n(t))), \\
r \in [1, \kappa],
\end{aligned} \tag{5.5.32}$$

这里, α 及 β 满足 (5.5.19). 那么, 由 (5.5.32) 定义的 $R = R_1 \times R_2$ 上的网络 Σ, 称为 Σ_1 和 Σ_2 的乘积网络.

我们用一个例子来说明乘积网络.

例 5.5.3 给定两个网络 Σ_i, $i = 1, 2$ 如下:

(i) Σ_1 在 $\mathbb{Z}_5$ 上, 定义为

$$\begin{aligned}
X_1(t+1) &= 3X_1(t) + 4X_2(t), \\
X_2(t+1) &= 2X_1(t)X_2(t).
\end{aligned} \tag{5.5.33}$$

(ii) Σ_2 在 $\mathbb{Z}_3$ 上, 定义为

$$
\begin{aligned}
Y_1(t+1) &= 2Y_1(t) - Y_2(t), \\
Y_2(t+1) &= Y_1^2(t).
\end{aligned}
\tag{5.5.34}
$$

注意到

$$
\begin{aligned}
&\phi_1^{-1}(3) = 9, \quad \phi_1^{-1}(4) = 12, \\
&\phi_1^{-1}(2) = 6, \quad \phi_2^{-1}(2) = 14, \\
&(1,0) = (1, k_2) \sim \delta_\kappa^{k_2} = \delta_{15}^3, \\
&(0,1) = (k_1, 1) \sim \delta_\kappa^{\kappa - k_2 + 1} = \delta_{15}^{13}.
\end{aligned}
$$

另外, 在 $\mathbb{Z}_3$ 上有

$$
Y_1(t+1) = 2Y_1(t) - Y_2(t) = 2Y_1(t) + 2Y_2(t).
$$

将 $p_1 q_1$ 嵌入 R 可得

$$
\begin{aligned}
\phi_1^{-1}(p_1(t))\phi_2^{-1}(q_1(t)) &= [9X_1(t) + 12X_2(t)][14Y_1(t) + 14Y_2(t)] \\
&= 9 \times 14 X_1(t)Y_1(t) + 9 \times 14 X_1(t)Y_2(t) \\
&\quad + 12 \times 14 X_2(t)Y_1(t) + 12 \times 14 X_2(t)Y_2(t) \\
&:= 6Z_1(t) + 6Z_2(t) + 3Z_3(t) + 3Z_4(t).
\end{aligned}
$$

将 $p_1 q_2$ 嵌入 R 可得

$$
\begin{aligned}
\phi_1^{-1}(p_1(t))\phi_2^{-1}(q_2(t)) &= [9X_1(t) + 12X_2(t)][Y_1^2(t)] \\
&= [9X_1(t)Y_1(t) + 12X_1(t)Y_2(t)] \times 13Z_2(t) \\
&:= [9Z_1(t) + 12Z_2(t)] \times (13Z_2(t)) \\
&= [12Z_1(t) + 6Z_2(t)] \times Z_2(t) \\
&= 12Z_1(t)Z_2(t) + 6Z_2^2(t).
\end{aligned}
$$

将 $p_2 q_1$ 嵌入 R 可得

$$
\begin{aligned}
\phi_1^{-1}(p_2(t))\phi_2^{-1}(q_1(t)) &= [6X_1(t)X_2(t)][14Y_1(t) + 14Y_2(t)] \\
&= 6X_1(t)X_2(t)[Y_1(t) + Y_2(t)] \\
&= 6X_1(t)[Z_3(t) + Z_4(t)] \\
&:= 18Z_1(t)[Z_3(t) + Z_4(t)] \\
&:= 3Z_1(t)Z_3(t) + 3Z_1(t)Z_4(t).
\end{aligned}
$$

将 $p_2 q_2$ 嵌入 R 可得

$$
\begin{aligned}
\phi_1^{-1}(p_2(t))\phi_2^{-1}(q_2(t)) &= [6X_1(t)X_2(t)][Y_1^2(t)] \\
&= 6X_1(t)Y_2(t) \times X_2(t)Y_2(t) \\
&= 6Z_2(t)Z_4(t).
\end{aligned}
$$

最后, 可得到 $\Sigma = \Sigma_1 \times \Sigma_2$ 如下:

$$
\begin{aligned}
Z_1(t+1) &= 6Z_1(t) + 6Z_2(t) + 3Z_3(t) + 3Z_4(t), \\
Z_2(t+1) &= 12Z_1(t)Z_2(t) + 6Z_2^2(t), \\
Z_3(t+1) &= 3Z_1(t)Z_3(t) + 3Z_1(t)Z_4(t), \\
Z_4(t+1) &= 6Z_2(t)Z_4(t).
\end{aligned}
\tag{5.5.35}
$$

注 5.5.4 (i) 设 Σ_i 为 R_i 上的网络, $i \in [1,s]$. 则同样可定义 $\Sigma = \Sigma_1 \times \Sigma_2 \times \cdots \times \Sigma_s$. 即, 先构造乘积环 $R = R_1 \times R_2 \times \cdots \times R_s$, 再将每个 Σ_i 嵌入 R. 最后, 利用矩阵半张量积将所有分量相乘, 从而得到 Σ.

(ii) 后面我们会讨论乘积网络的更多性质. 可以看出, 乘积网络可将若干网络粘合到一起. 下一节我们会讨论分解, 它将一个网络分解为若干因子网络. 乘积与分解构成一对可逆过程.

5.6   分   解

设有乘积环 $R = R_1 \times R_2$, 这里, $|R_i| = k_i$, $i = 1,2$, $|R| = k_1 k_2 := \kappa$. 利用自然投影 $\phi_i : R \to R_i$, $i = 1,2$, 我们考虑如何将 R 上的网络分解为 R_i, $i = 1,2$ 上的因子网络.

定义 5.6.1 设 $R = R_1 \times R_2$ 为一乘积环, Σ 为 R 上的网络. Σ 称为可分解的, 如果存在 R_i 上的网络 Σ_i, $i = 1,2$, 使得 $\Sigma = \Sigma_1 \times \Sigma_2$.

根据乘积网络的定义并利用以上记号, 可以得到以下结果.

命题 5.6.1 Σ 可分解为 Σ_i, $i = 1,2$, 当且仅当, 对任意初始值 $Z_0 \in R$, $z_0 = x_0 y_0$, 这里 $X_0 \in R_1$ 及 $Y_0 \in R_2$, 则相应轨道满足

$$
z(t, z_0) = x(t, x_0)y(t, y_0), \quad t > 0.
\tag{5.6.1}
$$

证明 (必要性) 设 $\Sigma = \Sigma_1 \times \Sigma_2$. $Z(t, Z_0)$, $X(t, X_0)$, $Y(t, Y_0)$ 分别为 Σ, Σ_1, 及 Σ_2 以 Z_0, X_0 及 Y_0 为初值的轨线, 其中 $z_0 = x_0 y_0$. 由定义可知

$$
z_j(t) = x_j(t)y_j(t), \quad t \geqslant 0, \quad j \in [1,n].
\tag{5.6.2}
$$

显然, 由式 (5.6.2) 可得到式 (5.6.1).

(充分性) 设 Σ_1 及 Σ_2 分别由式 (5.5.30) 及 (5.5.31) 确定, 而 Σ 由下式确定:

$$z_j(t+1) = \xi_j(z_1(t), z_2(t), \cdots, z_\kappa(t)), \quad j \in [1, n]. \tag{5.6.3}$$

等式 (5.6.1) 表明对任何 $z_0 = x_0 y_0$ 均有

$$z(1, z_0) = x(1, x_0) y(1, y_0),$$

这说明, 对任何 $z = xy$ 均有

$$\xi_j(Z_1, Z_2, \cdots, Z_n) = \phi_1^{-1}(\xi_j)(X_1, X_2, \cdots, X_n)\phi_2^{-1}(\xi_j)(Y_1, Y_2, \cdots, Y_n). \tag{5.6.4}$$

显见式 (5.6.4) 蕴含了式 (5.5.32). 因此, $\Sigma = \Sigma_1 \times \Sigma_2$. □

下面的定理表明乘积环上的网络总是可分的.

定理 5.6.1 (分解定理) 设 Σ 为乘积环 $R = R_1 \times R_2$ 上的一个网络, 则存在唯一的一组 R_i 上的网络 Σ_i, $i = 1, 2$, 使得

$$\Sigma = \Sigma_1 \times \Sigma_2. \tag{5.6.5}$$

证明 设 Σ 由下式定义:

$$Z_j(t+1) = \xi_j(Z_1(t), Z_2(t), \cdots, Z_n(t)), \quad Z_j(t) \in R, \quad j \in [1, n]. \tag{5.6.6}$$

我们构造 Σ_1 和 Σ_2 如下:

$$X_j(t+1) = \phi_1(\xi_j)(X_1(t), X_2(t), \cdots, X_n(t)), \quad X_j(t) \in R_1, \quad j \in [1, n],$$
$$Y_j(t+1) = \phi_2(\xi_j)(Y_1(t), Y_2(t), \cdots, Y_n(t)), \quad Y_j(t) \in R_2, \quad j \in [1, n]. \tag{5.6.7}$$

那么, Σ 的一条初值为 Z_0 $(z_0 = x_0 y_0)$ 的轨线可分解为

$$z(t, z_0) = x(t, x_0) y(t, y_0), \quad t \geqslant 0. \tag{5.6.8}$$

有限环上的网络系统的动态方程中只允许三种运算: 加、乘和减, 也就是说, ξ 只含这三种运算. 根据命题 5.6.1, 显然在每一步 t 均有

$$z_i(t) \oplus z_j(t) = [x_i(t) \oplus_1 x_j(t)][y_i(t) \oplus_2 y_j(t)],$$
$$z_i(t) \odot z_j(t) = [x_i(t) \odot_1 x_j(t)][y_i(t) \odot_2 y_j(t)],$$
$$\neg z_r(t) = [\neg x_r(t)][\neg y_r(t)], \quad i, j, r \in [1, n].$$

因此, $X(t, X_0)$ 及 $Y(t, X_0)$ 分别为 Σ_1 及 Σ_2 的轨线. 于是, 命题 5.6.1 保证了 $\Sigma = \Sigma_1 \times \Sigma_2$. 这证明了分解的存在性. 至于因子网络的唯一性, 分解式 (5.6.8) 保证了分解轨线的唯一性. 而网络是由其所有轨线唯一确定的, 因此, 因子网络也是唯一的.   □

乘积环上的控制网络的分解是类似的, 只要在每一个确定的控制下分别做分解即可.

设 $R = R_1 \times R_2 \times \cdots \times R_s$ 为一乘积环, 则其上的系统与其因子系统 $\Sigma = \Sigma_1 \times \Sigma_2 \times \cdots \times \Sigma_s$ 存在合分-分解的可逆关系. 图 5.6.1 是乘积环上的网络/控制网络的分解与合成的示意图.

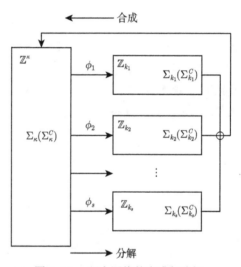

图 5.6.1   环上网络的合成与分解

下面用一个例子来描述分解定理.

例 5.6.1   考察 $\mathbb{Z}^4$ 上的一个网络, 定义如下:

$$\begin{cases} Z_1(t+1) = Z_1(t) - Z_2^2(t), \\ Z_2(t+1) = -Z_1^3(t). \end{cases} \tag{5.6.9}$$

首先, 回忆例 5.5.1 (亦可参见例 5.3.2). 我们有

$$M_\oplus = \delta_4[4, 3, 2, 1, 3, 4, 1, 2, 2, 1, 4, 3, 1, 2, 3, 4],$$
$$M_\odot = \delta_4[1, 2, 3, 4, 2, 2, 4, 4, 3, 4, 3, 4, 4, 4, 4, 4],$$
$$M_\neg = I_4.$$

于是, 不难算得

$$z_1(t+1) = M_\oplus z_1(t) M_\neg M_\odot z_2^2(t)$$
$$= M_\oplus z_1(t) M_\neg M_\odot \mathrm{PR}_4 z_2(t)$$
$$= M_\oplus \left(I_4 \otimes (M_\neg M_\odot \mathrm{PR}_4)\right) z(t)$$
$$:= M_1 z(t),$$

这里, M_1 为

$$M_1 = \delta_4[4,3,2,1,3,4,1,2,2,1,4,3,1,2,3,4].$$

$$z_2(t+1) = M_\neg M_\odot M_\odot z_1^3(t)$$
$$= M_\neg M_\odot^2 \mathrm{PR}_4^2 z_1(t)$$
$$= M_\neg M_\odot^2 \mathrm{PR}_4^2 (I_4 \otimes \mathbf{1}_4^{\mathrm{T}}) z(t)$$
$$:= M_2 z(t),$$

这里,

$$M_2 = \delta_4[1,1,1,1,2,2,2,2,3,3,3,3,4,4,4,4].$$

最后可得 (5.6.9) 的代数状态空间表示如下:

$$z(t+1) = Mz(t), \tag{5.6.10}$$

这里,

$$M = M_1 * M_2$$
$$= \delta_{16}[13,9,5,1,10,14,2,6,7,3,15,11,4,8,12,16]. \tag{5.6.11}$$

下面考虑分解问题. 注意到 $\mathbb{Z}^4 = \mathbb{Z}_2 \times \mathbb{Z}_2 := R_1 \times R_2$, 考虑分解 $z(t) = x(t)y(t)$, 则得

$$\begin{cases} x_1(t+1) = L_{11}x(t), \\ x_2(t+1) = L_{12}x(t), \end{cases}$$

这里,

$$L_{11} = \delta_2[2,1,1,2], \quad L_{12} = \delta_2[1,1,2,2].$$

最后, (5.6.9) 在 R_1 的投影网络为

$$x_1(t+1) = L_{11}x_1(t)x_2(t)$$
$$= L_{11}(I_2 \otimes J_2^{\mathrm{T}} \otimes I_2 \otimes \mathbf{1}_2^{\mathrm{T}})x_1(t)y_1(t)x_2(t)y_2(t)$$
$$:= M_{11}z(t),$$

这里,

$$M_{11} = \delta_2[2,2,1,1,2,2,1,1,1,1,2,2,1,1,2,2].$$

$$\begin{aligned}
x_2(t+1) &= L_{12}x_1(t)x_2(t) \\
&= L_{12}(I_2 \otimes J_2^{\mathrm{T}} \otimes I_2 \otimes \mathbf{1}_2^{\mathrm{T}})x_1(t)y_1(t)x_2(t)y_2(t) \\
&:= M_{21}z(t),
\end{aligned}$$

这里

$$M_{21} = \delta_2[1,1,1,1,1,1,1,1,2,2,2,2,2,2,2,2].$$

其次, (5.6.9) 在 R_2 的投影网络为

$$\begin{aligned}
y_1(t+1) &= L_{11}y_1(t)y_2(t) \\
&= L_{11}(\mathbf{1}_2^{\mathrm{T}} \otimes I_2 \otimes \mathbf{1}_2^{\mathrm{T}} \otimes I_2)x_1(t)y_1(t)x_2(t)y_2(t) \\
&:= M_{12}z(t),
\end{aligned}$$

这里,

$$M_{12} = \delta_2[2,1,2,1,1,2,1,2,2,1,2,1,1,2,1,2].$$

$$\begin{aligned}
y_2(t+1) &= L_{12}y_1(t)y_2(t) \\
&= L_{12}(\mathbf{1}_2^{\mathrm{T}} \otimes I_2 \otimes \mathbf{1}_2^{\mathrm{T}} \otimes I_2)x_1(t)y_1(t)x_2(t)y_2(t) \\
&:= M_{22}z(t),
\end{aligned}$$

这里,

$$M_{22} = \delta_2[1,1,1,1,2,2,2,2,1,1,1,1,2,2,2,2].$$

下面检验这两条轨迹的乘积是否为原网络的轨迹. 先计算乘积轨迹

$$\begin{aligned}
z^*(t+1) &= z_1^*(t+1)z_2^*(t+1) \\
&= x_1(t+1)y_1(t+1)x_2(t+1)y_2(t+1) \\
&= M_{11}x_1(t)M_{12}y_1(t)M_{21}x_2(t)M_{22}y_2(t) \\
&:= M^*z^*(t),
\end{aligned}$$

这里,

$$\begin{aligned}
M^* &= M_{11} * M_{12} * M_{21} * M_{22} \\
&= \delta_{16}[13,9,5,1,10,14,2,6,7,3,15,11,4,8,12,16].
\end{aligned} \tag{5.6.12}$$

于是可知, 由乘积轨迹得到的状态转移矩阵 M^* 和由原来网络得到的式 (5.6.11) 中的 M 是一样的. $M^* = M$ 验证了定理 5.6.1.

5.7 乘积环上的控制网络

考虑一个乘积环上的控制网络, 这时, 不妨把控制变量也看作状态变量, 于是, 从动态方程看, 它与无控制的自治网络没有太大不同, 只是方程中的多项式多了一些变量, 这并不影响方程的分解. 因此, 可以直接将乘积环上自治网络的分解方法与结论应用于控制网络. 根据定理 5.6.1, 立可得到以下结论.

定理 5.7.1 考察乘积环 $R = R_1 \times R_2$ 上的控制网络 Σ^C. 设 $\phi_i : R \to R_i$ 为自然投影, 并且, $\Sigma_i^C = \phi_i(\Sigma^C)$ 为控制网络在 R_i, $i = 1, 2$ 上的因子网络. 那么,

(i) Σ^C 是从 Z_0 到 Z_d 能控的, 当且仅当, Σ_i^C 是从 $\phi_i(Z_0)$ 到 $\phi_i(Z_d)$, $i = 1, 2$ 能控的;

(ii) Σ^C 能控制同步化到 $Z_d = (\underbrace{j, j, \cdots, j}_{n})$, 当且仅当, Σ_i^C 能控制同步化到 $\phi_i(Z_d) = (\underbrace{\phi_i(j), \phi_i(j), \cdots, \phi_i(j)}_{n})$, $i = 1, 2$;

(iii) Σ^C 是能观的, 当且仅当, Σ_i^C 是能观的, $i = 1, 2$.

下面考察一个控制网络的例子.

例 5.7.1 设 $R := \mathbb{Z}^6 = \mathbb{Z}_2 \times \mathbb{Z}_3$. 考察 R 上的一个控制网络

$$\begin{cases} Z_1(t+1) = Z_1^2(t) - 4Z_2(t), \\ Z_2(t+1) = 3Z_1(t) + U(t), \\ \Xi(t) = 4Z_1(t) + 2Z_2(t). \end{cases} \tag{5.7.1}$$

算子 $+^6$, $\times^6$, 以及 $\neg^6$ 的结构矩阵见例 5.5.1 中的 (5.5.11)—(5.5.13). 利用它们, 网络 (5.7.1) 的代数状态空间表达式可计算如下:

$$\begin{aligned} z_1(t+1) &= M_{+^6} M_{\times^6} z_1(t) z_1(t) M_{\neg^6} (M_{\times^6} \delta_6^4) z_2(t) \\ &= M_{+^6} M_{\times^6} \mathrm{PR}_6 z_1(t) M_{\neg^6} (M_{\times^6} \delta_6^4) z_2(t) \\ &= M_{+^6} M_{\times^6} \mathrm{PR}_6 [I_6 \otimes (M_{\neg^6} (M_{\times^6} \delta_6^4))] z_1(t) z_2(t) \\ &= M_{+^6} M_{\times^6} \mathrm{PR}_6 [I_6 \otimes (M_{\neg^6} (M_{\times^6} \delta_6^4))] (\mathbf{1}_6^{\mathrm{T}} \otimes I_{36}) u(t) z(t) \\ &:= L_1 u(t) z(t), \end{aligned}$$

这里,

$$L_1 = \delta_6[3, 3, 3, 3, \cdots, 6, 5, 4, 6] \in \mathcal{L}_{6 \times 216}.$$

$$\begin{aligned} z_2(t+1) &= M_{+^6} u(t) (M_{\times^6} \delta_6^3) z_1(t) \\ &= M_{+^6} [I_6 \otimes (M_{\times^6} \delta_6^3)] u(t) z_1(t) \\ &= M_{+^6} [I_6 \otimes (M_{\times^6} \delta_6^3)] (I_{36} \otimes \mathbf{1}_6^{\mathrm{T}}) u(t) z(t) \\ &:= L_2 u(t) z(t), \end{aligned}$$

这里,

$$L_2 = \delta_6[4, 4, 4, 4, \cdots, 6, 6, 6, 6] \in \mathcal{L}_{6 \times 216}.$$

$$\begin{aligned} \xi(t) &= M_{+^6}(M_{\times^6}\delta_6^4)z_1(t)(M_{\times^6}\delta_6^2)z_2(t) \\ &= M_{+^6}(M_{\times^6}\delta_6^4)[I_6 \otimes (M_{\times^6}\delta_6^2)]z(t) \\ &:= Ez(t), \end{aligned}$$

这里,

$$E = \delta_6[3, 1, 2, 6, \cdots, 3, 4, 5, 6] \in \mathcal{L}_{6 \times 36}.$$

下面依次考虑其在 $R_1 = \mathbb{Z}_2$ 及 $R_2 = \mathbb{Z}_3$ 上的投影网络.

(i) 在 $R_1 = \mathbb{Z}_2$ 上的投影网络.

首先计算

$$P_1 = (1) = P_1(2) = P_1(3) = 1,$$
$$P_1 = (4) = P_1(5) = P_1(0) = 0.$$

于是, 网络 (5.7.1) 在 R_1 上的投影网络为

$$\begin{cases} X_1(t+1) = X_1^2(t), \\ X_2(t+1) = X_1(t) + U_1(t), \\ \Xi_1(t) = X_2(t). \end{cases} \tag{5.7.2}$$

网络 (5.7.2) 的代数状态空间表达式可计算如下:

$$\begin{aligned} x_1(t+1) &= M_{\times_2}\mathrm{PR}_2 \left(\mathbf{1}_2^{\mathrm{T}} \otimes I_2 \otimes \mathbf{1}_2^{\mathrm{T}}\right) u_1(t)x(t) \\ &:= L_{11}u_1(t)x(t). \end{aligned}$$

这里,

$$L_{11} = \delta_2[1, 1, 2, 2, 1, 1, 2, 2].$$

$$\begin{aligned} x_2(t+1) &= M_{+_2} \left(I_4 \otimes \mathbf{1}_2^{\mathrm{T}}\right) u_1(t)x(t) \\ &:= L_{12}u_1(t)x(t), \end{aligned}$$

这里

$$L_{12} = \delta_2[2, 2, 1, 1, 1, 1, 2, 2].$$

$$\begin{aligned} \xi_1(t) &= (J_2 \otimes I_2) x(t) \\ &= E_1 x(t), \end{aligned}$$

这里,

$$E_1 = \delta_2[1, 2, 1, 2].$$

最后可得

$$x(t+1) = L_1 u_1(t) x(t),$$

这里,

$$L_1 = L_{11} * L_{12} = \delta_4[2, 2, 3, 3, 1, 1, 4, 4].$$

(ii) 在 $R_2 = \mathbb{Z}_3$ 上的投影网络.

首先计算

$$\begin{aligned} P_1(1) &= P_2(4) = 1, \\ P_2(2) &= P_2(5) = 2, \\ P_2(3) &= P_2(0) = 0. \end{aligned}$$

于是 (5.7.1) 在 R_2 上的投影网络为

$$\begin{cases} Y_1(t+1) = Y_1^2(t) - Y_2(t), \\ Y_2(t+1) = U_2(t), \\ \Xi_2(t) = Y_1(t) + 2Y_2(t). \end{cases} \tag{5.7.3}$$

于是, (5.7.3) 的代数状态空间表达式可计算如下:

$$\begin{aligned} y_1(t+1) &= M_{+_3} M_{\times_3} \mathrm{PR}_3 [I_3 \otimes M_{\neg_3}] \left(\mathbf{1}_3^{\mathrm{T}} \otimes I_9 \right) u_2(t) y(t) \\ &:= L_{21} u_2(t) y(t). \end{aligned}$$

这里,

$$L_{21} = \delta_3[3, 2, 1, 3, \cdots, 1, 2, 1, 3] \in \mathcal{L}_{3 \times 27}.$$

$$\begin{aligned} y_2(t+1) &= \left(I_3 \otimes \mathbf{1}_9^{\mathrm{T}} \right) u_2(t) y(t) \\ &:= L_{22} u_2(t) y(t), \end{aligned}$$

这里,

$$L_{22} = \delta_3[1, 1, 1, 1, \cdots, 3, 3, 3, 3] \in \mathcal{L}_{3 \times 27}.$$

$$\begin{aligned} \xi_2(t) &= M_{+_3} \left(I_3 \otimes (M_{\times_3} \delta_3^2) \right) y(t) \\ &:= E_2 y(t), \end{aligned}$$

这里,

$$E_2 = \delta_3[3, 2, 1, 1, 3, 2, 2, 1, 3].$$

最后可得

$$y(t+1) = L_2 u_2(t) y(t),$$

这里,

$$L_2 = L_{21} * L_{22}$$

$$= \delta_9[7, 4, 1, 7, \cdots, 3, 6, 3, 9] \in \mathcal{L}_{9 \times 27}.$$

作为例子, 下面考察 (5.7.1) 的能观性. 根据定理 5.7.1, 只要考察因子网络 (5.7.2) 及 (5.7.3) 的能观性就可以了.

(i) 考察网络 (5.7.2). 可利用辅助系统集合能控性的方法检验其能观性[33] (或参见第二卷).

构造辅助系统如下:

$$\begin{cases} x(t+1) = L_1 u(t) x(t), \\ x^*(t+1) = L_1 u(t) x^*(t). \end{cases} \tag{5.7.4}$$

令 $w(t) = x(t)x^*(t)$, 则 (5.7.4) 的代数状态空间表达式为

$$\begin{aligned} w(t+1) &= L_1 u(t) x(t) L_1 u(t) x^*(t) \\ &= L_1 \left(I_{2^3} \otimes L_1\right) u(t) x(t) u(t) x^*(t) \\ &= L_1 \left(I_{2^3} \otimes L_1\right) \left(I_3 \otimes W_{[2,4]}\right) u(t)^2 x(t) x^*(t) \\ &= L_1 \left(I_{2^3} \otimes L_1\right) \left(I_3 \otimes W_{[2,4]}\right) \mathrm{PR}_2 u(t) w(t) \\ &:= \Psi u(t) w(t), \end{aligned} \tag{5.7.5}$$

这里,

$$\Psi = L_1 \left(I_{2^3} \otimes L_1\right) \left(I_3 \otimes W_{[2,4]}\right) \mathrm{PR}_2.$$

利用 E_1, 不可区分的点对为

$$\{(\delta_4^1, \delta_4^2), (\delta_4^1, \delta_4^4), (\delta_4^2, \delta_4^1), (\delta_4^2, \delta_4^3),$$

$$(\delta_4^3, \delta_4^2), (\delta_4^3, \delta_4^4), (\delta_4^4, \delta_4^1), (\delta_4^4, \delta_4^3)\}.$$

它们所对应的 $w = xx^*$ 为

$$W = \delta_{16}\{2, 4, 5, 7, 10, 12, 13, 1, 5\}.$$

于是, 从 Δ_{16} 到 W 的集合能控性矩阵可计算如下:

首先, 令

$$M = \Psi \delta_2^1 +_B \Psi \delta_2^2.$$

这里, $+_B$ 为布尔和.

于是, (5.7.5) 的能控性矩阵可计算如下:

$$\mathcal{C}^1 = \sum_{\mathcal{B}}{}_{i=1}^{16} M^{(i)}.$$

于是, (5.7.5) 从 Δ_{16} 到 W 的集合能控性矩阵为

$$\mathcal{C}_W^1 = \mathrm{ID}_W \mathcal{C} = [0,0,1,1,0,0,1,1,1,1,0,0,1,1,0,0].$$

因此, 因子网络 (5.7.2) 是不能观的. 严格地说, 下面这些初始点对是不可区分的:

$$S_{id}^1 = \left\{(\delta_4^1, \delta_4^2), (\delta_4^3, \delta_4^4)\right\}.$$

(ii) 考察因子网络 (5.7.3). 类似的讨论可知

$$\mathcal{C}_W^2 = [0,1,1,0,1,1,1,1,0,1,0,1,1,0,1,0,1,1,1,1,0,1,1,0,1,0,1,$$

$$0,1,1,0,1,1,1,1,0,1,0,1,1,0,1,0,1,1,1,1,0,1,1,0,1,0,1,$$

$$1,0,1,1,0,1,0,1,1,1,1,0,1,1,0,1,0,1,0,1,1,0,1,1,1,1,0].$$

因此, 因子网络 (5.7.3) 也不能观. 其不可区分初始点对为

$$S_{id}^2 = \{(\delta_9^1, \delta_9^4), (\delta_9^1, \delta_9^9), (\delta_9^2, \delta_9^5), (\delta_9^2, \delta_9^7), (\delta_9^3, \delta_9^6),$$

$$(\delta_9^3, \delta_9^8), (\delta_9^4, \delta_9^9), (\delta_9^5, \delta_9^7), (\delta_9^6, \delta_9^8)\}.$$

根据定理 5.7.1, 网络 (5.7.1) 不能观. 并且, 初始点对 $\left(\delta_{36}^i, \delta_{36}^j\right)$ 不可区分, 当且仅当,

$$\delta_{36}^i = \delta_2^{\alpha(i)} \delta_3^{\beta(i)}, \quad \delta_{36}^j = \delta_2^{\alpha(j)} \delta_3^{\beta(j)},$$

这里, 或者因子点对

$$\left(\delta_2^{\alpha(i)}, \delta_2^{\alpha(j)}\right) \in S_{id}^1,$$

或者因子点对

$$\left(\delta_3^{\beta(i)}, \delta_3^{\beta(j)}\right) \in S_{id}^2.$$

5.8 线 性 网 络

本节讨论有限环上的线性网络与线性控制网络. 文献中现有的结果只讨论有限域上的线性网络, 例如, 见文献 [82,84,90].

定义 5.8.1　设 $A \in \mathbb{Z}_{n \times n}^{\kappa}$ 且 $\mathbb{Z}^{\kappa} = \prod_{i=1}^{s} \mathbb{Z}_{k_i}$. 记 $A = (a_{i,j})$, 这里, $a_{i,j} \in \mathbb{Z}^{\kappa}$. 那么, 投影 $\phi_i : \mathbb{Z}_{n \times n}^{\kappa} \to \mathbb{Z}_{k_i}^{n \times n}$ 定义为

$$\phi_i(A) := A^i \in \mathbb{Z}_{k_i}^{n \times n}, \quad i = 1, 2, \cdots, s, \tag{5.8.1}$$

这里, $A^i = (\phi_i(a_{i,j}))$, $i \in [1, s]$.

考察 $\mathbb{Z}^{\kappa}$ 上的一个线性控制网络 Σ 如下:

$$\begin{cases} Z(t+1) = AZ(t) +^{\kappa} BU(t), \\ Y(t) = CZ(t), \end{cases} \tag{5.8.2}$$

这里,

$$Z(t) = (Z_1(t), Z_2(t), \cdots, Z_n(t))^{\mathrm{T}} \in \mathbb{Z}_n^{\kappa},$$
$$U(t) = (U_1(t), U_2(t), \cdots, U_m(t))^{\mathrm{T}} \in \mathbb{Z}_m^{\kappa},$$
$$Y(t) = (Y_1(t), Y_2(t), \cdots, Y_p(t))^{\mathrm{T}} \in \mathbb{Z}_p^{\kappa},$$
$$A \in \mathbb{Z}_{n \times n}^{\kappa}, \quad B \in \mathbb{Z}_{n \times m}^{\kappa}, \quad C \in \mathbb{Z}_{p \times n}^{\kappa}.$$

应用分解定理 (定理 5.6.1) 到网络 (5.8.2) 上, 则有如下线性分解定理.

命题 5.8.1　考察线性控制系统 (5.8.2), 记为 Σ. 设 $\kappa = \prod_{i=1}^{s} k_i$, 这里, k_i, $i = 1, 2, \cdots, s$ 为素数. 则存在如下的因子线性控制网络 Σ_i:

$$\begin{cases} X^i(t+1) = A^i X^i(t) +_{k_i} B^i U^i(t), \\ Y^i(t) = C^i X^i(t), \quad i = 1, 2, \cdots, s, \end{cases} \tag{5.8.3}$$

这里,

$$A^i = \phi_i(A) \in \mathbb{Z}_{n \times n}^{k_i},$$
$$B^i = \phi_i(B) \in \mathbb{Z}_{n \times m}^{k_i},$$
$$C^i = \phi_i(C) \in \mathbb{Z}_{p \times n}^{k_i},$$

使得

$$\Sigma = \Sigma_1 \times \Sigma_2 \times \cdots \times \Sigma_s. \tag{5.8.4}$$

并且, Σ 能控 (或能观), 当且仅当, 每个 Σ_i, $i \in [1, s]$ 均能控 (或能观).

根据命题 5.8.1, Σ 的能控性与能观性可通过 Σ_i, $i \in [1, s]$ 的能控性与能观性来检验. 实际上, Σ 的各种控制问题均可通过 Σ_i, $i \in [1, s]$ 上的相关问题来解决.

下面考虑如何解决 Σ_i 上的控制问题.

考察网络 (5.8.3). 设其定义在 $\mathbb{Z}_k$ 上, 这里, $k = k_\ell$ 为素数, $A^\ell = (a_{i,j})$, $X^\ell = (X_1, X_2, \cdots, X_n)^{\mathrm{T}}$, $\ell \in [1, s]$.

网络 (5.8.3) 的代数状态空间表示式可计算如下.

对于漂移项:

$$
\begin{aligned}
\mathrm{Row}_i(A^\ell)x(t) &= M_{+_k}^{n-1} M_{\times_k} \delta_k^{a_{i,1}} x_1(t) M_{\times_k} \delta_k^{a_{i,2}} x_2(t) \cdots M_{\times_k} \delta_k^{a_{i,n}} x_n(t) \\
&= M_{+_k}^{n-1} M_{\times_k} \delta_k^{a_{i,1}} \left(I_k \otimes \delta_k^{a_{i,2}}\right) \left(I_{k^2} \otimes \delta_k^{a_{i,3}}\right) \cdots \left(I_{k^{n-1}} \otimes \delta_k^{a_{i,n}}\right) x(t) \\
&:= A_i x(t), \quad i = 1, 2, \cdots, n.
\end{aligned}
$$

这里 M_{+_k} 和 $M_{\times_k}$ 分别表示 $\mathbb{Z}_k$ 上加法和乘法的结构矩阵.

对于控制项:

$$
\begin{aligned}
\mathrm{Row}_i(B^i)u(t) &= M_{+_k}^{m-1} M_{\times_k} \delta_k^{b_{i,1}} u_1(t) M_{\times_k} \delta_k^{b_{i,2}} u_2(t) \cdots M_{\times_k} \delta_k^{b_{i,m}} u_m(t) \\
&= M_{+_k}^{m-1} M_{\times_k} \delta_k^{b_{i,1}} \left(I_k \otimes \delta_k^{b_{i,2}}\right) \left(I_{k^2} \otimes \delta_k^{b_{i,3}}\right) \cdots \left(I_{k^{m-1}} \otimes \delta_k^{b_{i,m}}\right) u(t) \\
&:= B_i u(t), \quad i = 1, 2, \cdots, n.
\end{aligned}
$$

于是可得分量代数状态空间表达式:

$$
\begin{aligned}
x_i(t+1) &= M_{+_k} B_i u(t) A_i x(t) \\
&= M_{+_k} B_i \left(I_{k^m} \otimes A_i\right) u(t) x(t) \\
&:= L_i u(t) x(t), \quad i = 1, 2, \cdots, n. \tag{5.8.5}
\end{aligned}
$$

最后, 整体网络的代数状态空间表达式为

$$
x(t+1) = L u(t) x(t), \tag{5.8.6}
$$

这里,

$$
L = L_1 * L_2 * \cdots * L_n.
$$

类似地, 对输出有

$$
\begin{aligned}
y_j(t) &= M_{+_k}^{n-1} M_{\times_k} \delta_k^{c_{j,1}} x_1(t) M_{\times_k} \delta_k^{c_{j,2}} x_2(t) \cdots M_{\times_k} \delta_k^{a_{j,n}} x_n(t) \\
&= M_{+_k}^{n-1} M_{\times_k} \delta_k^{c_{j,1}} \left(I_k \otimes \delta_k^{c_{j,2}}\right) \left(I_{k^2} \otimes \delta_k^{c_{j,3}}\right) \cdots \left(I_{k^{n-1}} \otimes \delta_k^{a_{i,n}}\right) x(t) \\
&:= E_j x(t), \quad j = 1, 2, \cdots, p.
\end{aligned}
$$

并且,

$$
y(t) = E x(t), \tag{5.8.7}
$$

这里,

$$
E = E_1 * E_2 * \cdots * E_p.
$$

下面讨论一个例子.

例 5.8.1   考察一个 $\mathbb{Z}^6$ 上的网络 Σ 如下:

$$\Sigma: \begin{cases} Z(t+1) = AZ(t) +^6 BU(t), \\ \Xi(t) = CZ(t), \end{cases} \tag{5.8.8}$$

这里,

$$A = \begin{bmatrix} 3 & 4 \\ 1 & 5 \end{bmatrix}, \quad B = \begin{bmatrix} 3 \\ 2 \end{bmatrix}, \quad C = \begin{bmatrix} 2 & 3 \end{bmatrix}.$$

将 (5.8.8) 分别投影到 $\mathbb{Z}_2$ 和 $\mathbb{Z}_3$ 可得

(i) $\mathbb{Z}_2$ 上的网络 Σ_1 为

$$\Sigma_1: \begin{cases} X(t+1) = A^1 X(t) + B^1 V(t), \\ \Xi^1(t) = C^1 X(t), \end{cases} \tag{5.8.9}$$

这里,

$$A^1 = \begin{bmatrix} 1 & 1 \\ 1 & 0 \end{bmatrix}, \quad B^1 = \begin{bmatrix} 1 \\ 0 \end{bmatrix}, \quad C^1 = \begin{bmatrix} 0 & 1 \end{bmatrix}.$$

(ii) $\mathbb{Z}_3$ 上的网络 Σ_2 为

$$\Sigma_2: \begin{cases} Y(t+1) = A^2 Y(t) + B^2 W(t), \\ \Xi^2(t) = C^2 Y(t), \end{cases} \tag{5.8.10}$$

这里,

$$A^2 = \begin{bmatrix} 0 & 1 \\ 1 & 2 \end{bmatrix}, \quad B^2 = \begin{bmatrix} 0 \\ 2 \end{bmatrix}, \quad C^2 = \begin{bmatrix} 2 & 0 \end{bmatrix}.$$

于是, Σ 的控制问题可通过 Σ_1 和 Σ_2 来解决.

下面考虑能控性问题.

(i) 考虑 Σ_1: 不难算出

$$L_1^1 = \delta_2[2, 2, 1, 1, 1, 1, 2, 2],$$
$$L_2^1 = \delta_2[2, 1, 1, 2, 2, 1, 1, 2],$$
$$L^1 = L_1^1 * L_2^1 = \delta_4[4, 3, 1, 2, 2, 1, 3, 4],$$

于是有

$$M_1 := L^1 \delta_2^1 +_\mathcal{B} L^1 \delta_2^2$$

$$= \begin{bmatrix} 0 & 1 & 1 & 0 \\ 1 & 0 & 0 & 1 \\ 0 & 1 & 1 & 0 \\ 1 & 0 & 0 & 1 \end{bmatrix},$$

能控性矩阵为

$$\mathcal{C}^1 = \sum_{\mathcal{B}}{}_{i=1}^{4} M_1^{(i)} = \mathbf{1}_{4 \times 4}.$$

因此, Σ_1 是完全能控的.

(ii) 考虑 Σ_2: 同样可算得

$$L_1^2 = \delta_3[1,2,3,1,2,3,1,2,3,1,2,3,1,2,3,1,2,3,1,2,3,1,2,3,1,2,3],$$
$$L_2^2 = \delta_3[2,1,3,3,2,1,1,3,2,1,3,2,2,1,3,3,2,1,3,2,1,1,3,2,2,1,3],$$
$$L^2 = L_1^2 * L_2^2$$
$$= \delta_9[2,4,9,3,5,7,1,6,8,1,6,8,2,4,9,3,5,7,3,5,7,1,6,8,2,4,9],$$

于是有

$$M_2 := L^2 \delta_3^1 +_{\mathcal{B}} L^2 \delta_3^2 +_{\mathcal{B}} L^2 \delta_3^3$$

$$= \begin{bmatrix} 1 & 0 & 0 & 1 & 0 & 0 & 1 & 0 & 0 \\ 1 & 0 & 0 & 1 & 0 & 0 & 1 & 0 & 0 \\ 1 & 0 & 0 & 1 & 0 & 0 & 1 & 0 & 0 \\ 0 & 1 & 0 & 0 & 1 & 0 & 0 & 1 & 0 \\ 0 & 1 & 0 & 0 & 1 & 0 & 0 & 1 & 0 \\ 0 & 1 & 0 & 0 & 1 & 0 & 0 & 1 & 0 \\ 0 & 0 & 1 & 0 & 0 & 1 & 0 & 0 & 1 \\ 0 & 0 & 1 & 0 & 0 & 1 & 0 & 0 & 1 \\ 0 & 0 & 1 & 0 & 0 & 1 & 0 & 0 & 1 \end{bmatrix},$$

则能控性矩阵为

$$\mathcal{C}^2 = \sum_{\mathcal{B}}{}_{i=1}^{9} M_2^{(i)} = \mathbf{1}_{9 \times 9}.$$

因此, Σ_2 也是完全能控的.

根据命题 5.8.1 可知 Σ 是完全能控的.

5.9 网络的有限环表示

本节讨论将一个有限网络表示成一个有限环上的网络的可行性与表示方法. 我们首先考虑布尔网络的情形. 注意到

$$X \wedge Y = X \times_2 Y, \quad X, Y \in \mathcal{D}_2,$$

以及

$$\neg X = X +_2 1, \quad X \in \mathcal{D}_2.$$

这表明 $\wedge$ 和 $\neg$ 都可以用 $\mathbb{Z}_2$ 上的环运算表示. 因为 $(\wedge, \neg)$ 是一个布尔逻辑上的完备集[62], 任何逻辑函数都可用它们表示. 因此, 任何逻辑函数也都可用 $\{+_2, \times_2\}$ 表示. 换言之, 任何布尔网络都可表示为环 $\mathbb{Z}_2$ 上的网络.

当 k 为素数时, 上述结论对 k 值网络也成立.

定理 5.9.1　考察一个 k 值网络, 设 k 为素数, 则该网络可表示为环 $\mathbb{Z}_k$ 上的网络.

证明　一个 k 值逻辑的最小完备集为 $\{\varphi, \gamma\}$[38,40,41], 这里 φ 为一个二元算子, 其结构矩阵如下:

$$M_\varphi = [M_1, M_2, \cdots, M_k], \tag{5.9.1}$$

这里,

$$M_1 = \delta_k[1, 2, 3, \cdots, k]M_\sigma,$$
$$M_2 = \delta_k[2, 2, 3, \cdots, k]M_\sigma,$$
$$\vdots$$
$$M_k = \delta_k[k, k, k, \cdots, k]M_\sigma,$$

这里, $\sigma = (1, 2, \cdots, k) \in \mathbf{S}_k$, $\mathbf{S}_k$ 是 k 阶对称群[69].

γ 的结构矩阵为

$$M_\gamma = \delta_k[1, 1, 2, 3, \cdots, k-1].$$

因此, 只要证明 φ 和 γ 可分别表示成 $\mathbb{Z}_k$ 上的两个多项式即可.

定义示性函数

$$\Gamma_\alpha(x) := \prod_{j \neq \alpha} (\alpha - j)^{-1}(x - j), \quad \alpha \in [0, k-1], \tag{5.9.2}$$

注意到因为 $\mathbb{Z}_k$ 是一个域, 当 $j \neq \alpha$ 时 $(\alpha - j)^{-1}$ 是定义好的.

于是, 不难验证

$$\Gamma_\alpha(x) = \begin{cases} 1, & x = \alpha, \\ 0, & x \neq \alpha. \end{cases}$$

定义

$$P_\gamma(x) := \Gamma_1(x) \times_k 1$$
$$+_k \Gamma_2(x) \times_k 1$$
$$+_k \Gamma_3(x) \times_k 2$$
$$+ \cdots$$
$$+ \Gamma_k(x) \times_k (k-1).$$

于是不难看出

$$\gamma(x) = P_\gamma(x).$$

类似地, 定义

$$P_\varphi(x,y) := \{+_\kappa\}_{i=1}^\kappa \{+_\kappa\}_{j=1}^\kappa \Gamma_i(x)\Gamma_j(y)\varphi(i,j)$$

$$= \varphi(x,y). \qquad \square$$

下面, 我们考虑一般情况, 设 $\kappa = k_1 k_2 \cdots k_s$, 这里, $k_1 \leqslant k_2 \leqslant \cdots \leqslant k_s$ 为素数. 令 Σ 为 S 上的网络, $|S| = \kappa$. 记 $S = \{1, 2, \cdots, \kappa-1, 0\}$. 利用向量表达

$$\vec{i} = \begin{cases} \delta_\kappa^i, & i \neq 0, \\ \delta_\kappa^\kappa, & i = 0. \end{cases}$$

记

$$\Delta_\kappa := \left\{ \delta_\kappa^1, \delta_\kappa^2, \cdots, \delta_\kappa^\kappa \right\}.$$

则 Σ 的动态方程可表示为

$$x(t+1) = Lx(t), \quad x(t) \in \Delta_\kappa, \tag{5.9.3}$$

这里, $L \in \mathcal{L}_{\kappa \times \kappa}$.

令

$$\kappa_i := \begin{cases} 1, & i = 1, \\ \prod_{j=1}^{i-1} k_j, & 2 \leqslant i \leqslant s, \end{cases}$$

$$\kappa^i := \begin{cases} 1, & i = s, \\ \prod_{j=i+1}^s k_j, & 1 \leqslant i \leqslant s-1. \end{cases}$$

构造一组映射 $E_i : \Delta_\kappa \to \Delta_{k_i}$ 为

$$E_i = \mathbf{1}_{\kappa_i}^{\mathrm{T}} \otimes I_{k_i} \otimes \mathbf{1}_{\kappa^i}^{\mathrm{T}}, \quad i \in [1, s]. \tag{5.9.4}$$

于是投影 $\phi_i : \Delta_\kappa \to \Delta_{k_i}$ 可表示成

$$x_i(t) = E_i x(t) \in \Delta_{k_i}, \quad i \in [1, s].$$

利用这组投影, 我们可以得到如下结论.

推论 5.9.1 借助投影, $\phi_i, i \in [1, s]$, 一个 κ 值网络可以表示为 $\mathbb{Z}^\kappa$ 上的网络.

证明　令 $x = \ltimes_{i=1}^{s} x_i \in \mathbb{Z}^{\kappa}$, 这里, $x_i \in \mathbb{Z}_{k_i}$. 考虑投影 $\phi_i : x \mapsto x_i$, $i \in [1, s]$, 显然, 式 (5.9.4) 中定义的 E_i 是 ϕ_i 的结构矩阵.

定义

$$\Psi_{\ell}^{i}(x) := \Gamma_{\ell}(\phi_i(x))\mathbf{1}_{\kappa} \in \Delta_{\kappa}, \quad \ell \in \Delta_{k_i}, \quad i \in [1, s], \tag{5.9.5}$$

这里, $\Gamma_{\ell} : \Delta_{k_i} \to \{0, 1\}$ 由 (5.9.2) 定义. 于是可知

$$\Psi^{i}(x) = \begin{cases} \mathbf{1}_{\kappa}, & x_i = \ell, \\ \mathbf{0}_{\kappa}, & x_i \neq \ell. \end{cases} \tag{5.9.6}$$

最后, (5.9.3) 可表示为

$$x(t+1) = \left[+_{\kappa \ell_1 \in \Delta_{k_1}} +_{\kappa \ell_2 \in \Delta_{k_2}} \cdots +_{\kappa \ell_s \in \Delta_{k_s}} \times_{\kappa i=1}^{s} \Psi_{\ell_i}^{i}(x) M \ell_1 \ell_2 \cdots \ell_s \right] x(t), \tag{5.9.7}$$

这里 $+_{\kappa}$ 以及 $\times_{\kappa}$ 分别为 $\mathbb{Z}^{\kappa}$ 上的加法与乘法算子. □

注 5.9.1　注意到表达式 (5.9.7) 用到投影算子 ϕ_i, $i \in [1, s]$, 因此, 严格地说, (5.9.7) 不能称为环 $\mathbb{Z}^{\kappa}$ 上的网络. 我们不妨把它称为环 $\mathbb{Z}^{\kappa}$ 上的拓广网络. 推论 5.9.1 说明任何 k 值网络都可以表示成有限环上的拓广网络.

例 5.9.1　考察一个 R 上的网络, 这里 $|R| = 6$. 其动态方程由下式定义:

$$z(t+1) = Mz(t), \tag{5.9.8}$$

这里,

$$M = \delta_6[4, 6, 1, 3, 2, 5].$$

做分解 $Z = (X, Y)$, 这里 $X \in \mathbb{Z}_2$, $Y \in \mathbb{Z}_3$.

为确定 $X = 1$ 的值, 构造

$$\Gamma_1(\phi_1(x)) := (1 - 0)^{-1}(x - 0) = x = \phi_1(z).$$

类似地, 为确定 $X = 0$ 的值, 构造

$$\Gamma_0(\phi_1(x)) := (0 - 1)^{-1}(x - 1) = x - 1 = \phi_1(z) - 1.$$

为确定 $Y = 1$ 的值, 构造

$$\Gamma_1(\phi_2(x)) := 2(1 - 0)^{-1}(y - 0)(1 - 2)^{-1}(y - 2)\phi_2(z)(\phi_2(z) - 2).$$

为确定 $Y = 2$ 的值, 构造

$$\Gamma_2(\phi_2(x)) := 2(2-0)^{-1}(y-0)(2-1)^{-1}(y-1)\phi_2(z)(\phi_2(z)-1).$$

为确定 $Y = 0$ 的值, 构造

$$\Gamma_0(\phi_2(x)) := 2(0-1)^{-1}(y-1)(0-2)^{-1}(y-2)(\phi_2(z)-1)(\phi_2(z)-2).$$

最后可得

$$
\begin{aligned}
z(t+1) &= \left[(\phi_1(z)\mathbf{1}_6) \times^6 (2\phi_2(z)(\phi_2(z)-2)\mathbf{1}_6) \times^6 4\right] \\
&\quad +^6 \left[(\phi_1(z)\mathbf{1}_6) \times^6 \left(2(2-0)^{-1}(y-0)\right.\right. \\
&\qquad \times \left.\left.(2-1)^{-1}(y-1)\phi_2(z)(\phi_2(z)-1)\mathbf{1}_6\right) \times^6 6\right] \\
&\quad +^6 \left[(\phi_1(z)\mathbf{1}_6) \times^6 \left(2(2-0)^{-1}(y-0)\right.\right. \\
&\qquad \times \left.\left.(2-1)^{-1}(y-1)\phi_2(z)(\phi_2(z)-1)\mathbf{1}_6\right) \times^6 1\right] \\
&= \left[((\phi_1(z)-1)\mathbf{1}_6) \times^6 (2\phi_2(z)(\phi_2(z)-2)\mathbf{1}_6) \times^6 4\right] \\
&\quad +^6 \left[((\phi_1(z)-1)\mathbf{1}_6) \times^6 \left(2(2-0)^{-1}(y-0)\right.\right. \\
&\qquad \times \left.\left.(2-1)^{-1}(y-1)\phi_2(z)(\phi_2(z)-1)\mathbf{1}_6\right) \times^6 6\right] \\
&\quad +^6 \left[((\phi_1(z)-1)\mathbf{1}_6) \times^6 \left(2(2-0)^{-1}(y-0)\right.\right. \\
&\qquad \times \left.\left.(2-1)^{-1}(y-1)\phi_2(z)(\phi_2(z)-1)\mathbf{1}_6\right) \times^6 1\right].
\end{aligned}
\tag{5.9.9}
$$

第 6 章　完美超复数

超复数是复数的一种推广, 它是实数域上的一个有穷维代数. 当这个代数是交换的且结合的时, 我们将它称为完美超复数. 本章以矩阵半张量积为工具, 研究完美超复数的可逆性; 探讨低维完美超复数的结构及其性质; 进而研究超复数矩阵及其代数结构; 最后讨论完美超复数上的动态系统. 本章的部分内容来自文献 [42, 43, 55].

6.1　从超复数到完美超复数

6.1.1　超复数的代数结构

熟知, 复数是实数的推广, 它是在实数上添加一个 i, 满足 $i^2 = -1$, 而生成的. 因此, 复数域可看作实数域上的二维向量空间. 那么, 能否在实数上添加别的什么, 使之也成为一个数域呢? 从 18 世纪末到 19 世纪初, 世界上的许多数学家都在努力寻找这样的新数域. 直到 1861 年, 德国数学家魏尔斯特拉斯证明了: 实数域上的有限添加, 能够成域的只有复数.

虽然找不到其他域, 但这种探索依然收获颇丰. 其中, 最重要的结果是哈密顿找到的四元数. 它是实数域上的四维向量空间. 它与域的距离仅在于其上的乘法不满足交换律. 四元数在力学中有许多应用, 这是熟知的. 于是, 这给我们一个启示, 放弃域的某个 (某些) 要求, 我们或许会找到一些新的, 有用的 "数" 的集合.

几乎与哈密顿同时, 一个德国数学家格拉斯曼也对复数做了推广, 他在实数上做有限个添加, 构成不同的向量空间. 然后在这些向量空间上定义乘法. 这类数被称为超复数. "格拉斯曼在 1855 年的一篇文章中, 对超复数给出了 16 种不同类型的乘积. 他对这些乘积作了几何解释, 并给出了它们在力学、磁学和结晶学等方面的应用."[8]

关于超复数的研究至今还十分活跃, 特别是超复数被发现有广泛的应用, 包括: 信号与图像处理[92], 微分算子的代数方法[14,16], 神经元网络[21], 等等.

先回忆一下什么是代数.

定义 6.1.1　(i) $\mathbb{R}$ 上的代数, 记作 $\mathcal{A} = (V, *)$, 这里, V 是一个实向量空间, $* : V \times V \to V$, 满足

$$(ax + by) * z = ax * z + by * z,$$
$$x * (ay + bz) = ax * y + bx * z, \quad x, y, z \in V, \quad a, b \in \mathbb{R}. \tag{6.1.1}$$

(ii) 一个代数 $\mathcal{A} = (V, *)$ 称为可交换的, 或曰交换代数, 如果

$$x * y = y * x, \quad x, y \in V. \tag{6.1.2}$$

(iii) 一个代数 $\mathcal{A} = (V, *)$ 称为可结合的, 或曰结合代数, 如果

$$(x * y) * z = x * (y * z), \quad x, y, z \in V. \tag{6.1.3}$$

定义 6.1.2 考察代数 $\mathcal{A} = (V, *)$, 设 V 为一 k 维向量空间, $e = \{\xi_1, \xi_2, \cdots, \xi_k\}$ 为其基底. 并且,

$$\xi_i * \xi_j = \sum_{s=1}^{k} c_{i,j}^s \xi_s, \quad i, j = 1, 2, \cdots, k. \tag{6.1.4}$$

则 $\mathcal{A}$ 的乘积结构矩阵定义为

$$P_{\mathcal{A}} := \begin{bmatrix} c_{1,1}^1 & c_{1,2}^1 & \cdots & c_{1,k}^1 & \cdots & c_{k,k}^1 \\ c_{1,1}^2 & c_{1,2}^2 & \cdots & c_{1,k}^2 & \cdots & c_{k,k}^2 \\ \vdots & & \ddots & & \ddots & \vdots \\ c_{1,1}^k & c_{1,2}^k & \cdots & c_{1,k}^k & \cdots & c_{k,k}^k \end{bmatrix}. \tag{6.1.5}$$

将 $x = \sum_{j=1}^{k} x_j \xi_j \in \mathcal{A}$ 写成一个列向量的形式, 即 $x = (x_1, x_2, \cdots, x_k)^{\mathrm{T}}$. 同样, $y = (y_1, y_2, \cdots, y_k)^{\mathrm{T}}$. 则有如下结论, 它直接来自结构矩阵的定义. 也可参见文献 [42].

定理 6.1.1 设代数 $\mathcal{A}$ 的乘法结构矩阵为 $P_{\mathcal{A}}$, 那么, 在向量形式下两个元素 $x, y \in \mathcal{A}$ 的积可计算如下:

$$x * y = P_{\mathcal{A}} x y. \tag{6.1.6}$$

由公式 (6.1.6) 出发, 再根据矩阵半张量积公式, 即可推得以下结果, 它们是进一步研究超复数的基础.

定理 6.1.2 (i) $\mathcal{A}$ 是可交换的, 当且仅当,

$$P_{\mathcal{A}} \left[I_k - W_{[k,k]} \right] = 0; \tag{6.1.7}$$

(ii) $\mathcal{A}$ 是可结合的, 当且仅当,

$$P_{\mathcal{A}}^2 = P_{\mathcal{A}} \left(I_k \otimes P_{\mathcal{A}} \right). \tag{6.1.8}$$

下面定义超复数, 以下的定义来自文献 [99].

定义 6.1.3　一个数 p 称为一个超复数, 如果它可以表示为

$$p = p_0 + p_1 e_1 + \cdots + p_n e_n, \tag{6.1.9}$$

这里, $p_i \in \mathbb{R}$, $i = 0, 1, \cdots, n$, e_i, $i = 1, 2, \cdots, n$ 称为超复基元 (hyper imaginary units).

注 6.1.1　(i) 实际上, 定义 6.1.3 只是给了一个超复数的形式定义. 一个超复数可以属于不同的代数, 这取决于其上乘法的运算. 只有当一个超复数所属的代数被指定了之后, 超复数才算定义好了.

(ii) 一个超复数代数, 记作 $\mathcal{A}$, 它是实数上的一个向量空间, 基底为

$$e = \{\xi_0 := \mathbf{1}, \xi_1 = e_1, \cdots, \xi_n = e_n\},$$

这里 $\mathbf{1} = 1$ 是乘法的单位元.

(iii) $\mathcal{A}$ 上的乘法则由其结构矩阵确定.

下面的命题直接来自定义.

命题 6.1.1　设

$$\mathcal{A} = \{p_0 + p_1 e_1 + \cdots + p_n e_n \,|\, p_0, p_1, \cdots, p_n \in \mathbb{R}\}. \tag{6.1.10}$$

其乘法的结构矩阵为

$$P_{\mathcal{A}} := [M_0, M_1, \cdots, M_n],$$

这里, $M_i \in \mathbb{R}^{(n+1) \times (n+1)}$, $i \in [0, n]$ 满足以下条件:

(i)
$$M_0 = I_{n+1} \tag{6.1.11}$$

为单位阵;

(ii)
$$\mathrm{Col}_1(M_j) = \delta_{n+1}^{j+1}, \quad j \in [1, n]. \tag{6.1.12}$$

定义 6.1.4　一个 n 维超复数代数 $\mathcal{A}$ 称为完美超复数, 如果它满足交换律与结合律. k 维完美超复数代数集合记为 $\mathcal{H}_k$.

例 6.1.1　考察复数域 $\mathbb{C}$. 其乘积结构矩阵为

$$P_{\mathbb{C}} = \begin{bmatrix} 1 & 0 & 0 & -1 \\ 0 & 1 & 1 & 0 \end{bmatrix}. \tag{6.1.13}$$

容易检验, 它满足 (6.1.7) 及 (6.1.8), 因此, $\mathbb{C}$ 是完美超复数.

6.1.2 完美超复数元素的逆

考察一个完美超复数代数 $\mathcal{A} = (V, *)$, 如果其中每一个非零元素 $0 \neq x \in V$ 都有逆, 即存在 x^{-1} 使 $x * x^{-1} = x^{-1}x = 1$, 那么, $\mathcal{A}$ 就是一个域. 不幸的是, 根据魏尔斯特拉斯的理论可知, 如果 $\mathcal{A} \neq \mathbb{C}$, 它就不是一个域. 因此, 完美超复数是放弃了域的可逆性而得到的结果. 这与四元数有点类似, 四元数是放弃了域的交换性而得到的.

不过, 不是完美超复数里的每个元素都不可逆, 例如, 其中的非零实数都可逆. 于是, 在一个完美超复数里, 哪些元素可逆, 哪些元素不可逆, 就成了一个有趣的问题. 为了回答这个问题, 需要引入一些新概念.

定义 6.1.5 (i) 设 $A_1, A_2, \cdots, A_r$ 为一组实方阵. $A_1, A_2, \cdots, A_r$ 称为联合非奇异矩阵, 如果它们的非零线性组合都是非奇异的. 也就是说, 如果

$$\det \left(\sum_{i=1}^{r} c_i A_i \right) = 0,$$

那么, $c_1 = c_2 = \cdots = c_r = 0$.

(ii) 设 $A \in \mathbb{R}_{k \times k^2}$. A 称为联合非奇异矩阵, 如果 $A = [A_1, A_2, \cdots, A_k]$, 这里, $A_i \in \mathbb{R}_{k \times k}$, $i \in [1, k]$ 是联合非奇异的.

设 $A \in \mathbb{R}_{k \times k^2}$, 那么, 由定义可知, A 是联合非奇异的, 当且仅当, 对任何 $0 \neq x \in \mathbb{R}^k$: $\forall x \neq 0$, k 次齐次多项式

$$\xi(x_1, \cdots, x_k) = \det(Ax) \neq 0. \tag{6.1.14}$$

我们把 $\xi(x)$ 称为 A 的特征函数.

当我们考虑一个超复数代数 $\mathcal{A}$ 时, 其乘积结构矩阵 $P_{\mathcal{A}}$ 的特征函数也称为 $\mathcal{A}$ 的特征函数.

例 6.1.2 考察复数域 $\mathbb{C} = \mathbb{R}(i)$. 利用其乘法结构矩阵 (6.1.13) 可计算其特征函数

$$\xi(x_1, x_2) = x_1^2 + x_2^2.$$

因此, $\xi(x_1, x_2) = 0$, 当且仅当, $x_1 = x_2 = 0$. 所以, 复数域的特征函数是联合非奇异的.

利用特征函数的概念, 可以得到以下结论.

命题 6.1.2 设 $\mathcal{A}$ 为 $\mathbb{R}$ 上的有穷维代数. 那么, $\mathcal{A}$ 是一个域, 当且仅当,

(i) $\mathcal{A}$ 可交换, 即 (6.1.7) 成立;

(ii) $\mathcal{A}$ 可结合, 即 (6.1.8) 成立;

(iii) 每一非零元 $0 \neq x \in \mathcal{A}$ 可逆, 即 $P_{\mathcal{A}}$ 联合非奇异.

如果 $\mathcal{A}$ 是完美超复数代数而又不是一个域, 则 $P_{\mathcal{A}}$ 必定不是联合非奇异的, 即存在不可逆的非零元.

定义 6.1.6　设 $\mathcal{A} \in \mathcal{H}_k$. 它的零点集定义为

$$\mathcal{Z}_{\mathcal{A}} := \{z \in \mathcal{A} \mid \det(P_{\mathcal{A}} z) = 0\}. \tag{6.1.15}$$

以下的事实是显见的:

(i) 如果 $\mathcal{A} = \mathbb{C}$, 那么 $\mathcal{Z}_{\mathcal{A}} = \{0\}$;

(ii) 如果 $\mathcal{A} \neq \mathbb{C}$, 那么, $\mathcal{Z}_{\mathcal{A}} \backslash \{0\} \neq \varnothing$.

6.1.3　超复数代数的同构

定义 6.1.7　设 $\mathcal{A} \in \mathcal{H}_{n+1}$ 和 $\overline{\mathcal{A}} \in \mathcal{H}_{n+1}$ 为两个 $n+1$ 维超复数代数. $\mathcal{A}$ 和 $\overline{\mathcal{A}}$ 称为同构的, 如果存在一个双向一对一映射 $\Psi : \mathcal{A} \to \overline{\mathcal{A}}$, 满足

(i) $$\Psi(1) = 1; \tag{6.1.16}$$

(ii) $$\Psi(ax + by) = a\Psi(x) + b\Psi(y), \quad x, y \in \mathcal{A}, \quad a, b \in \mathbb{R}; \tag{6.1.17}$$

(iii) $$\Psi(x * y) = \Psi(x) * \Psi(y), \quad x, y \in \mathcal{A}. \tag{6.1.18}$$

Ψ 称为一个超复数代数同构.

不难验证以下结论.

命题 6.1.3　设 $\mathcal{A}, \overline{\mathcal{A}} \in \mathcal{H}_{n+1}$, 其乘积结构矩阵分别为 $P_{\mathcal{A}}$ 及 $P_{\overline{\mathcal{A}}}$. $\mathcal{A}$ 及 $\overline{\mathcal{A}}$ 是同构的, 当且仅当, 存在非奇异 T 使得

$$P_{\overline{\mathcal{A}}} = T^{-1} P_{\mathcal{A}} (T \otimes T). \tag{6.1.19}$$

证明　(必要性) 设 $T : \mathcal{A} \to \overline{\mathcal{A}}$ 为如下的映射

$$\bar{x} = T^{-1} x.$$

则有

$$P_{\mathcal{A}} xy = T P_{\overline{\mathcal{A}}} \bar{x} \bar{y}, \quad x, y \in \mathcal{A}. \tag{6.1.20}$$

则 (6.1.20) 的右边 (RHS) 为

$$\begin{aligned} \mathrm{RHS}_{(6.1.20)} &= T P_{\overline{\mathcal{A}}} T^{-1} x T^{-1} y \\ &= T P_{\overline{\mathcal{A}}} T^{-1} \left(I_{n+1} \otimes T^{-1}\right) xy. \end{aligned}$$

因为 x, y 是任意的, 则有

$$P_{\mathcal{A}} = T P_{\overline{\mathcal{A}}} T^{-1} \left(I_{n+1} \otimes T^{-1} \right).$$

因此,

$$P_{\overline{\mathcal{A}}} = T^{-1} P_{\mathcal{A}} \left(I_{n+1} \otimes T \right) T$$
$$= T^{-1} P_{\mathcal{A}} \left(T \otimes T \right).$$

(充分性) 如果 (6.1.20) 成立, 则可直接验证

$$\bar{x} = T^{-1} x$$

是一个超复数代数同构. □

6.2 低维完美超复数

本节考虑一些低维完美超复数代数, 并按照同构将它们分类.

6.2.1 二维超复数

考察一个二维超复数代数 $\mathcal{A} = \mathbb{R}(e_1)$. 根据命题 6.1.1 可知其乘法结构矩阵为

$$P_{\mathcal{A}} = \begin{bmatrix} 1 & 0 & 0 & \alpha \\ 0 & 1 & 1 & \beta \end{bmatrix}. \tag{6.2.1}$$

命题 6.2.1 任何二维超复数代数 $\mathcal{A}$ 都是完美的.

证明 利用 (6.2.1) 不难验证 $P_{\mathcal{A}}$ 满足 (6.1.7), 因此, 任何二维超复数代数都可交换. 同样可得

$$P_{\mathcal{A}}^2 = P_{\mathcal{A}} \left(I_2 \otimes P_{\mathcal{A}} \right)$$
$$= \begin{bmatrix} 1 & 0 & 0 & \alpha & 0 & \alpha & \alpha & \alpha\beta \\ 0 & 1 & 1 & \beta & 1 & \beta & \beta & \alpha + \beta^2 \end{bmatrix}.$$

因此, 任何二维超复数代数都可结合. □

利用 (6.1.19) 可知二维超复数代数的同构映射有如下形式:

$$T = \begin{bmatrix} 1 & s \\ 0 & t \end{bmatrix}, \quad t \neq 0.$$

利用公式 (6.1.19) 可得

$$
\begin{aligned}
P_{\overline{\mathcal{A}}} &= T^{-1} P_{\mathcal{A}} \left(T \otimes T \right) \\
&= \begin{bmatrix} 1 & 0 & 0 & \alpha t^2 - s(s+t\beta) \\ 0 & 1 & 1 & 2s + t\beta \end{bmatrix}.
\end{aligned}
\tag{6.2.2}
$$

选择

$$
s = -\frac{1}{2} t\beta
$$

使 $2s + t\beta$ 变为 0, 即

$$
P_{\overline{\mathcal{A}}} = \begin{bmatrix} 1 & 0 & 0 & \left(\alpha + \frac{1}{4}\beta^2\right) t^2 \\ 0 & 1 & 1 & 0 \end{bmatrix}.
\tag{6.2.3}
$$

因为 $t \neq 0$, $\left(\alpha + \frac{1}{4}\beta^2\right) t^2$ 与 $\left(\alpha + \frac{1}{4}\beta^2\right)$ 同号, 所以, 可将 $\mathcal{H}_2$ 按 $\left(\alpha + \frac{1}{4}\beta^2\right)$ 的符号分类.

(i) 如果 $\left(\alpha + \frac{1}{4}\beta^2\right) = 0$, 有

$$
P_{\overline{\mathcal{A}}} = \begin{bmatrix} 1 & 0 & 0 & 0 \\ 0 & 1 & 1 & 0 \end{bmatrix};
\tag{6.2.4}
$$

(ii) 如果 $\left(\alpha + \frac{1}{4}\beta^2\right) > 0$, 选择 $t = \dfrac{1}{\sqrt{\left(\alpha + \frac{1}{4}\beta^2\right)}}$, 则有

$$
P_{\overline{\mathcal{A}}} = \begin{bmatrix} 1 & 0 & 0 & 1 \\ 0 & 1 & 1 & 0 \end{bmatrix};
\tag{6.2.5}
$$

(iii) 如果 $\left(\alpha + \frac{1}{4}\beta^2\right) < 0$, 选择 $t = \dfrac{1}{\sqrt{\left|\left(\alpha + \frac{1}{4}\beta^2\right)\right|}}$, 则有

$$
P_{\overline{\mathcal{A}}} = \begin{bmatrix} 1 & 0 & 0 & -1 \\ 0 & 1 & 1 & 0 \end{bmatrix}.
\tag{6.2.6}
$$

因此, 在同构意义下二维超复数代数 $\mathcal{A} \in \mathcal{H}_2$ 可分为三类:

(i) 对偶数 $(\mathcal{A}_D)$, 它对应 (6.2.4);

(ii) 双曲数 $(\mathcal{A}_H)$, 它对应 (6.2.5);

(iii) 复数 ($\mathbb{C}$), 它对应 (6.2.6).

下面, 利用 (6.1.14) 计算二维超复数的特征函数.

(i)
$$\xi_{\mathcal{A}_D} = x_0^2. \tag{6.2.7}$$

那么,

$$\mathcal{Z}_{\mathcal{A}_D} = \{x_0 + x_1 e_1 \in \mathcal{A}_D \,|\, x_0 = 0\}. \tag{6.2.8}$$

(ii)
$$\xi_{\mathcal{A}_H} = x_0^2 - x_1^2. \tag{6.2.9}$$

那么,

$$\mathcal{Z}_{\mathcal{A}_D} = \{x_0 + x_1 e_1 \in \mathcal{A}_H \,|\, x_0 = \pm x_1\}. \tag{6.2.10}$$

(iii)
$$\xi_{\mathbb{C}} = x_0^2 + x_1^2. \tag{6.2.11}$$

那么,

$$\mathcal{Z}_{\mathbb{C}} = \{0\}. \tag{6.2.12}$$

注 6.2.1 (i) 显然, $\mathcal{A}_D$, $\mathcal{A}_H$ 和 $\mathbb{C}$ 都是完美超复数.

(ii) 它们的添加元满足的最小多项式分别为 x_0^2, $x_0^2 - x_1^2$ 和 $x_0^2 + x_1^2$. 因为只有 $e_1 = i \in \mathbb{C}$ 的最小多项式不可约, $\mathbb{C}$ 是唯一的域.

(iii) 不难看出, 这些特征多项式的零集都是零测集. 实际上, 所有完美超复数的特征多项式的零集都是零测集.

6.2.2 三维超复数

考察一个三维超复数代数 $\mathcal{A}$, 首先, 根据定理 6.1.2, $\mathcal{A}$ 是可交换的, 当且仅当, 其乘法结构矩阵为

$$P_{\mathcal{A}} = \begin{bmatrix} 1 & 0 & 0 & 0 & a & d & 0 & d & p \\ 0 & 1 & 0 & 1 & b & e & 0 & e & q \\ 0 & 0 & 1 & 0 & c & f & 1 & f & r \end{bmatrix}. \tag{6.2.13}$$

其次, 考虑何时 $\mathcal{A}$ 是结合的? 根据定理 6.1.2, $\mathcal{A}$ 是结合的, 当且仅当, 其乘法结构矩阵满足

$$P_{\mathcal{A}}^2 = P_{\mathcal{A}} \left(I_3 \otimes P_{\mathcal{A}} \right). \tag{6.2.14}$$

记 $I = I_3$,

$$A = \begin{bmatrix} 0 & a & d \\ 1 & b & e \\ 0 & c & f \end{bmatrix}, \quad B = \begin{bmatrix} 0 & d & p \\ 0 & e & q \\ 1 & f & r \end{bmatrix}.$$

直接计算可得

$$\mathrm{LHS}_{(6.2.14)} = (I, A, B, A, aI + bA + cB, dI + eA + fB,$$
$$B, dI + eA + fB, pI + qA + rB), \tag{6.2.15}$$
$$\mathrm{RHS}_{(6.2.14)} = (I, A, B, A, A^2, AB, B, BA, B^2).$$

综上可得

定理 6.2.1 设 $\mathcal{A}$ 为三元超复数代数, 那么, $\mathcal{A} \in \mathcal{H}_3$, 当且仅当, $P_{\mathcal{A}}$ 具有 (6.2.13) 所示形式, 并且其中参数满足

$$\begin{aligned} a &= ce + f^2 - bf - cr, \\ d &= cq - ef, \\ p &= e^2 + fq - bq - er. \end{aligned} \tag{6.2.16}$$

证明 (必要性) 比较式 (6.2.15) 中所示式 (6.2.14) 两端的第 6 块与第 8 块可知

$$AB = BA. \tag{6.2.17}$$

于是不难看出式 (6.2.16) 给出了式 (6.2.17) 成立的充要条件.

(充分性) 仔细计算可知, 如果 (6.2.16) 成立, 则在 (6.2.15) 中给出的 (6.2.14) 的左边与右边是相等的. □

注 6.2.2 定理 6.2.1 提供了一个构造 $\mathcal{A} \in \mathcal{H}_3$ 的方便途径. 实际上, 参数 b, c, e, f, q, r 可以任给, 然后, a, d, p 可根据 (6.2.16) 推出. 显然, 有不可数之多的三维完美超复数代数.

下面给出一个数值的例子.

例 6.2.1 构造一个 $\mathcal{A} \in \mathcal{H}_3$ 如下: 令 $b = c = f = q = r = 0$ 及 $e = 1$. 则可推出 $d = a = 0$ 及 $p = 1$. 于是, $\mathcal{A}$ 的乘法结构矩阵为

$$P_{\mathcal{A}} = \begin{bmatrix} 1 & 0 & 0 & 0 & 0 & 0 & 0 & 0 & 1 \\ 0 & 1 & 0 & 1 & 0 & 1 & 0 & 1 & 0 \\ 0 & 0 & 1 & 0 & 0 & 0 & 0 & 1 & 0 & 0 \end{bmatrix}. \tag{6.2.18}$$

实际上, 将 $x \in \mathcal{A}$ 表示为标准形式

$$x = x_0 + x_1 e_1 + x_2 e_2, \quad x_0, x_1, x_2 \in \mathbb{R},$$

则得

$$e_1^2 = 0; \quad e_2^2 = 1,$$
$$e_1 * e_2 = e_2 * e_1 = e_1.$$

于是, 不难算得

$$\xi_{\mathcal{A}} = (x_0 - x_2)(x_0 + x_2)^2. \tag{6.2.19}$$

因此,

$$\mathcal{Z}_{\mathcal{A}} = \{(x_0, x_1, x_2) \in \mathbb{R}^3 \mid x_0 = \pm x_2\}. \tag{6.2.20}$$

6.2.3 四维超复数

本小节讨论某些完美四维超复数. 给出 $\mathcal{A} \in \mathcal{H}_4$ 的一般结构看来比较困难, 虽然原则上说, 它与完美三维超复数类似. 我们只讨论一些简单的例子.

例 6.2.2 考察一个 $\mathcal{A} \in \mathcal{H}_4$. 设

$$\mathcal{A} = \{p_0 + p_1 e_1 + p_2 e_2 + p_3 e_3 \mid p_0, p_1, p_2, p_3 \in \mathbb{R}\},$$

满足

$$\begin{aligned} e_1^2, e_2^2, e_3^2 &\in \{-1, 0, 1\}, & e_1 * e_2 = e_2 * e_1 &= \pm e_3, \\ e_2 * e_3 = e_3 * e_2 &= \pm e_1, & e_3 * e_1 = e_1 * e_3 &= \pm e_2. \end{aligned} \tag{6.2.21}$$

在这个约束条件下, 我们寻找可能的一组四维完美超复数代数 $\mathcal{A}_i$. 它们的乘法结构矩阵记为 $P_{\mathcal{A}_i}$. 显然, $\mathcal{A}_i$ 是由 $P_{\mathcal{A}_i}$ 完全决定的. 为节约空间, 将 $P_{\mathcal{A}_i}$ 表示成

$$P_{\mathcal{A}_i} = [I_4, Q_i].$$

下面只用 Q_i 来代表 $P_{\mathcal{A}_i}$.

利用 MATLAB, 用穷举法检验交换性与结合律, 可以得到满足条件 (6.2.21) 的四维完美超复数代数如下:

(1)

$$Q_1 = \begin{bmatrix} 0 & -1 & 0 & 0 & 0 & 0 & -1 & 0 & 0 & 0 & 0 & 1 \\ 1 & 0 & 0 & 0 & 0 & 0 & 0 & 1 & 0 & 0 & 1 & 0 \\ 0 & 0 & 0 & 1 & 1 & 0 & 0 & 0 & 0 & 1 & 0 & 0 \\ 0 & 0 & -1 & 0 & 0 & -1 & 0 & 0 & 1 & 0 & 0 & 0 \end{bmatrix};$$

(2)

$$Q_2 = \begin{bmatrix} 0 & -1 & 0 & 0 & 0 & 0 & -1 & 0 & 0 & 0 & 0 & 1 \\ 1 & 0 & 0 & 0 & 0 & 0 & 0 & -1 & 0 & 0 & -1 & 0 \\ 0 & 0 & 0 & -1 & 1 & 0 & 0 & 0 & 0 & -1 & 0 & 0 \\ 0 & 0 & 1 & 0 & 0 & 1 & 0 & 0 & 1 & 0 & 0 & 0 \end{bmatrix};$$

(3)

$$Q_3 = \begin{bmatrix} 0 & -1 & 0 & 0 & 0 & 0 & 1 & 0 & 0 & 0 & 0 & -1 \\ 1 & 0 & 0 & 0 & 0 & 0 & 0 & -1 & 0 & 0 & -1 & 0 \\ 0 & 0 & 0 & 1 & 1 & 0 & 0 & 0 & 0 & 1 & 0 & 0 \\ 0 & 0 & -1 & 0 & 0 & -1 & 0 & 0 & 1 & 0 & 0 & 0 \end{bmatrix};$$

(4)

$$Q_4 = \begin{bmatrix} 0 & -1 & 0 & 0 & 0 & 0 & 1 & 0 & 0 & 0 & 0 & -1 \\ 1 & 0 & 0 & 0 & 0 & 0 & 0 & 1 & 0 & 0 & 1 & 0 \\ 0 & 0 & 0 & -1 & 1 & 0 & 0 & 0 & 0 & -1 & 0 & 0 \\ 0 & 0 & 1 & 0 & 0 & 1 & 0 & 0 & 1 & 0 & 0 & 0 \end{bmatrix};$$

(5)

$$Q_5 = \begin{bmatrix} 0 & 1 & 0 & 0 & 0 & 0 & -1 & 0 & 0 & 0 & 0 & -1 \\ 1 & 0 & 0 & 0 & 0 & 0 & 0 & 1 & 0 & 0 & 1 & 0 \\ 0 & 0 & 0 & -1 & 1 & 0 & 0 & 0 & 0 & -1 & 0 & 0 \\ 0 & 0 & -1 & 0 & 0 & -1 & 0 & 0 & 1 & 0 & 0 & 0 \end{bmatrix};$$

(6)

$$Q_6 = \begin{bmatrix} 0 & 1 & 0 & 0 & 0 & 0 & -1 & 0 & 0 & 0 & 0 & -1 \\ 1 & 0 & 0 & 0 & 0 & 0 & 0 & -1 & 0 & 0 & -1 & 0 \\ 0 & 0 & 0 & 1 & 1 & 0 & 0 & 0 & 0 & 1 & 0 & 0 \\ 0 & 0 & 1 & 0 & 0 & 1 & 0 & 0 & 1 & 0 & 0 & 0 \end{bmatrix};$$

(7)

$$Q_7 = \begin{bmatrix} 0 & 1 & 0 & 0 & 0 & 0 & 1 & 0 & 0 & 0 & 0 & 1 \\ 1 & 0 & 0 & 0 & 0 & 0 & 0 & -1 & 0 & 0 & -1 & 0 \\ 0 & 0 & 0 & -1 & 1 & 0 & 0 & 0 & 0 & -1 & 0 & 0 \\ 0 & 0 & -1 & 0 & 0 & -1 & 0 & 0 & 1 & 0 & 0 & 0 \end{bmatrix};$$

(8)

$$Q_8 = \begin{bmatrix} 0 & 1 & 0 & 0 & 0 & 0 & 1 & 0 & 0 & 0 & 0 & 1 \\ 1 & 0 & 0 & 0 & 0 & 0 & 0 & 1 & 0 & 0 & 1 & 0 \\ 0 & 0 & 0 & 1 & 1 & 0 & 0 & 0 & 0 & 1 & 0 & 0 \\ 0 & 0 & 1 & 0 & 0 & 1 & 0 & 0 & 1 & 0 & 0 & 0 \end{bmatrix}.$$

下面找几个 $\mathcal{A} \in \mathcal{H}_4$ 做进一步分析.

例 6.2.3 回顾例 6.2.2.

(i) 考虑 $\mathcal{A}_3$:

不难算得

$$\begin{aligned} \xi_{\mathcal{A}_3} &= \det(P_{\mathcal{A}_3}x) \\ &= (x_0^2 - x_2^2)^2 + (x_1^2 - x_3^2)^2 + 2(x_0x_1 + x_2x_3)^2 + 2(x_0x_3 + x_1x_2)^2. \end{aligned} \tag{6.2.22}$$

因此, 其零集为

$$\begin{aligned} \mathcal{Z}_{\mathcal{A}_3} = \{(x_0, x_1, x_2, x_3)^{\mathrm{T}} \in \mathbb{R}^4 \,|\, &(x_0 = x_2) \\ &\cap (x_1 = -x_3) \text{ 或 } (x_0 = -x_2) \cap (x_1 = x_3)\}. \end{aligned} \tag{6.2.23}$$

(ii) 考虑 $\mathcal{A}_8$:

不难算得

$$\begin{aligned} \xi_{\mathcal{A}_8} &= \det(P_{\mathcal{A}_8}x) \\ &= x_0^4 + x_1^4 + x_2^4 + x_3^4 - 2(x_0^2x_1^2 + x_0^2x_2^2 + x_0^2x_3^3 \\ &\quad + x_1^2x^2 + x_1^2x_3^2 + x_2^2x_3^2) + 8x_0x_1x_2x_3. \end{aligned} \tag{6.2.24}$$

因此, 其零集为

$$\mathcal{Z}_{\mathcal{A}_8} = \left\{ (x_0, x_1, x_2, x_3)^{\mathrm{T}} \in \mathbb{R}^4 \,|\, \xi_{\mathcal{A}_8}(x_0, x_1, x_2, x_3) = 0 \right\}. \tag{6.2.25}$$

6.2.4 高维超复数

高维超复数 $\mathcal{A} \in \mathcal{H}_n$, $n > 4$ 有许多, 下面给出一些简单例子.

下面这个例子是最简单的完美高维超复数, 称为平凡高维超复数.

例 6.2.4 定义一个 $n+1$ 维超复数代数, 记作 $\mathcal{A}_{n+1}^0$, 如下: 设其超复基元为 e_k, $k = 1, 2, \cdots, n$. 令

$$e_s * e_t = 0, \quad s, t = 1, 2, \cdots, n.$$

不难验证 $\mathcal{A}_{n+1}^0 \in \mathcal{H}_{n+1}$. 并且, 其乘法结构矩阵 $P_{\mathcal{A}_{n+1}^0}$ 满足

$$\text{Col}_i \left(P_{\mathcal{A}_{n+1}^0} \right) = \begin{cases} \delta_{n+1}^i, & i = 1, 2, \cdots, n+1, \\ \delta_{n+1}^{r+1}, & i = r(n+1)+1, \; r = 1, 2, \cdots, n, \\ 0, & \text{其他.} \end{cases} \tag{6.2.26}$$

它的特征函数为

$$\xi_{\mathcal{A}_D^n} = x_0^{n+1}. \tag{6.2.27}$$

因此, 其零集为

$$\mathcal{Z}_{\mathcal{A}_D^n} = \{x_0 + x_1 e_1 + \cdots + x_n e_n \,|\, x_0 = 0\}. \tag{6.2.28}$$

如果 $x \in \mathcal{Z}_{\mathcal{A}_D^n}^c$, 记 $x = x_0 + x_1 e_1 + \cdots + x_n e_n$, $x_0 \neq 0$, 那么,

$$x^{-1} = \frac{1}{x_0} - \sum_{i=1}^n \frac{x_i}{x_0^2} e_i.$$

下面给出一个 $\mathcal{A} \in \mathcal{H}_5$ 的例子.

例 6.2.5　构造一个五维超复数代数 $\mathcal{A}$, 其乘法结构矩阵为

$$P_{\mathcal{A}} := \delta_5[1, 2, 3, 4, 5, 2, 0, 0, 3, 0, 3, 0, 0, 0, 0, 4, 3, 0, 0, 0, 5, 0, 0, 0, 0], \tag{6.2.29}$$

这里, $\delta_5^0 = \mathbf{0}_5$.

直接检验 (6.1.7) 与 (6.1.8) 可知 $\mathcal{A}$ 是完美五维超复数代数, 即 $\mathcal{A} \in \mathcal{H}_5$.
进而不难算出它的特征函数为

$$\xi_{\mathcal{A}}(x) = x_0^3 (x_0^2 - x_1 x_3). \tag{6.2.30}$$

因此, 其零集为

$$\mathcal{Z}_{\mathcal{A}} = \{(x_0, x_1, x_2, x_3, x_4)^{\mathrm{T}} \in \mathbb{R}^5 \,|\, x_0 = 0, \text{ 或 } x_0^2 = x_1 x_3\}. \tag{6.2.31}$$

6.3　完美超复数矩阵

定义 6.3.1　设 $\mathcal{A} \in \mathcal{H}_k$.
(i) 一个 n 维向量

$$V = (v_1, v_2, \cdots, v_n)^{\mathrm{T}}$$

称为 $\mathcal{A}$ 上的一个 n 维向量, 如果 $v_i \in \mathcal{A}$, $i \in [1,n]$.

(ii) 所有 $\mathcal{A}$ 上的 n 维向量构成 $\mathcal{A}$ 上的一个 n 维向量空间. 这个 n 维向量空间记作 $\mathcal{A}^n$.

(iii) 一个 $m \times n$ 矩阵 A 称为 $\mathcal{A}$ 上的 $m \times n$ 矩阵, 如果 $A_{i,j} \in \mathcal{A}$, $i \in [1,m]$, $j \in [1,n]$. 所有 $\mathcal{A}$ 上的 $m \times n$ 矩阵集合记作 $\mathcal{A}_{m \times n}$.

定义 6.3.2 设 $\mathcal{A} \in \mathcal{H}_k$, $A = (a_{i,j}) \in \mathcal{A}_{n \times n}$.

(i) A 的行列式值, 记作 $\det(A)$, 定义如下:

$$\det(A) := \sum_{\sigma \in \mathbf{S}_n} \mathrm{sgn}(\sigma) a_{1,\sigma(1)} * a_{2,\sigma(2)} * \cdots * a_{n,\sigma(n)}. \qquad (6.3.1)$$

(ii) A 称为非奇异的, 如果 $\det(A) \notin \mathcal{Z}_{\mathcal{A}}$.

注 6.3.1 设 $A \in \mathcal{A}_{m \times n}$, $B \in \mathcal{A}_{n \times p}$. 那么, 普通的矩阵运算都可以直接推广到这类矩阵上. 例如, A 的转置, 记作 A^{T}; A 的迹, 记作 $\mathrm{tr}(A)$; A 与 B 的乘积记作 AB; 等等.

下面这个结果是显见的.

命题 6.3.1 设 $A \in \mathcal{A}_{n \times n}$ 是非奇异的, 其中, $\mathcal{A} \in \mathcal{H}_n$. 则存在唯一的 $A^{-1} \in \mathcal{A}_{n \times n}$ 使得

$$AA^{-1} = A^{-1}A = I_n.$$

例 6.3.1 设 $\mathcal{A} \in \mathcal{H}_3$, 其乘法结构矩阵见 (6.2.18). 设 $X \in \mathcal{A}_{2 \times 2}$, 这里,

$$x_{11} = 2 - e_1 - 4e_2,$$
$$x_{12} = 3 + 2e_1 - 4e_2,$$
$$x_{21} = -3 + 2e_1 - e_2,$$
$$x_{22} = -2 + e_1 + 4e_2.$$

那么,

$$\det(X) = P x_{11} x_{44} - P x_{12} x_{21}$$
$$= 20 - 3e_1 - 10e_2 \notin \mathcal{Z}_{\mathcal{A}}.$$

于是,

$$\frac{1}{\det(X)} = (P \det(X))^{-1} \delta_3^1$$
$$= 0.0667 + 0.0300 e_1 + 0.0333 e_2.$$

最后可得

$$X^{-1} = \frac{1}{\det(X)} \begin{bmatrix} x_{22} & -x_{12} \\ -x_{21} & x_{11} \end{bmatrix}$$

$$= \begin{bmatrix} y_{11} & y_{12} \\ y_{21} & y_{22} \end{bmatrix},$$

这里,

$$y_{11} = 0.1600e_1 + 0.2000e_2,$$
$$y_{12} = -0.0667 - 0.1700e_1 + 0.1667e_2,$$
$$y_{21} = 0.2333 - 0.0800e_1 + 0.1667e_2,$$
$$y_{22} = -0.1600e_1 - 0.2000e_2.$$

下面的关于 $\mathcal{A}$ 上的矩阵的性质来自经典矩阵理论. 其证明也是类似的.

命题 6.3.2　(i) 设 $A,\ B \in \mathcal{A}_{n \times n}$. 那么,

$$\det(AB) = \det(A) * \det(B). \tag{6.3.2}$$

(ii) (Cayley-Hamilton 定理) 设 $A \in \mathcal{A}_{n \times n}$. A 的特征函数为

$$p(\lambda) = \det(\lambda I_n - A)$$
$$= \lambda^n + \sum_{i=0}^{n-1} c_i \lambda^i, \quad c_i \in \mathcal{A}, \quad i = 1, 2, \cdots, n. \tag{6.3.3}$$

并且,

$$p(A) = 0. \tag{6.3.4}$$

(iii) 设 $A \in \mathcal{A}_{n \times n}$, 并且 $P \in \mathcal{A}_{n \times n}$ 可逆. 则

$$\mathrm{tr}(A) = \mathrm{tr}(P^{-1}AP). \tag{6.3.5}$$

下面讨论完美超复数上的动态系统.

设 $A \in \mathcal{A}_{n \times n}$, 其中 $\mathcal{A} \in \mathcal{H}_n$, 关于 A 的解析函数均可通过泰勒展式定义. 例如

$$e^A = I_n + \sum_{i=1}^{\infty} \frac{1}{i!} A^i. \tag{6.3.6}$$

现在考察一个 $\mathcal{A}$ 上的线性系统

$$\begin{aligned} \dot{x} &= Ax + Bu, \\ y &= Cx, \quad x \in \mathcal{A}^n, \end{aligned} \tag{6.3.7}$$

这里, $A \in \mathcal{A}_{n \times n}$, $B \in \mathcal{A}_{n \times m}$, 以及 $C \in \mathcal{A}_{p \times n}$.

仿照经典线性系统理论, 可以证明以下结果.

命题 6.3.3 (i) 系统 (6.3.7) 能控, 当且仅当

$$\mathcal{C} = [B, AB, \cdots, A^{n-1}B]$$

满秩, 即 $\operatorname{rank}(\mathcal{C}) = n$.

(ii) 系统 (6.3.7) 能观, 当且仅当

$$\mathcal{O} = \begin{bmatrix} C \\ CA \\ \cdots \\ CA^{n-1} \end{bmatrix}$$

满秩, 即 $\operatorname{rank}(\mathcal{O}) = n$.

最后, 我们探讨一下完美超复数上的一般线性群.

定义 6.3.3 给定 $\mathcal{A} \in \mathcal{H}_k$. $\mathcal{A}$ 上的一般线性群, 记作

$$\mathrm{GL}(\mathcal{A}, n) = \{A \in \mathcal{A}_{n \times n} \mid \det(A) \notin \mathcal{Z}_{\mathcal{A}}\}, \tag{6.3.8}$$

这里, 群乘积为普通矩阵乘积.

以下的结果显见.

命题 6.3.4 (i) $\mathrm{GL}(\mathcal{A}, n)$ 是一个 kn^2 维的李群.

(ii) $\mathrm{GL}(\mathcal{A}, n)$ 的李代数是

$$\mathrm{gl}(\mathcal{A}, n) = (\mathcal{A}_{n \times m}, [\cdot, \cdot]),$$

这里, 李括号按普通定义, 即

$$[A, B] = AB - BA.$$

注意, 若 $A \in \mathrm{gl}(\mathcal{A}, n)$, 则 $e^A \in \mathrm{GL}(\mathcal{A}, n)$.

第 7 章　泛维数状态空间

从本章开始, 本书的余下部分均讨论泛维数动态系统. 本章首先在混合维数的向量集合上定义线性运算, 使之成为一个向量空间. 然后, 通过定义不同维数向量间的内积开始, 引入范数与距离, 使之成为一个拓扑空间. 再通过等价性, 讨论了向量空间上的格结构. 最后介绍了泛维数向量空间的三种拓扑: 保持原始状态的自然拓扑, 基于距离的距离拓扑和基于等价关系的粘连拓扑. 关于泛维数空间的概念可参见文献 [34], 关于向量与矩阵的等价性可参见文献 [37], 关于第二类矩阵的半张量积可参见文献 [35], 关于泛维数空间的拓扑可参见文献 [36], 关于有限维向量空间的相关数学概念可参见文献 [59], 关于泛函分析的基本概念可参见文献 [47,107].

7.1　混合维数伪向量空间

考察实数域 $\mathbb{R}$ 上的 n 维向量空间, 记其为 $\mathcal{V}_n$. 则混合维向量集合定义为

$$\mathcal{V} := \bigcup_{n=1}^{\infty} \mathcal{V}_n. \tag{7.1.1}$$

注意, $\mathcal{V}$ 不是一个无穷维向量空间, 因为它的每一个元素都是一个有穷维向量. 当然, 它上面也还没有向量空间结构. 要在 $\mathcal{V}$ 建立向量空间结构, 首先要定义运算.

定义 7.1.1　(i) 设 $x \in \mathcal{V}_m \subset \mathcal{V}, r \in \mathbb{R}$. 则

$$r \times x := rx \in \mathcal{V}_m. \tag{7.1.2}$$

(ii) 设 $x \in \mathcal{V}_m, y \in \mathcal{V}_n$, 且 $t = \mathrm{lcm}(m,n)$. 则 x 与 y 的和定义如下:

$$x \vec{\boxplus} y := (x \otimes \mathbf{1}_{t/m}) + (y \otimes \mathbf{1}_{t/n}) \in \mathcal{V}_t. \tag{7.1.3}$$

相应地, x 与 y 的差定义为

$$x \vec{\boxminus} y := x \vec{\boxplus} (-y). \tag{7.1.4}$$

直接计算就可验证以下结果.

命题 7.1.1 集合 $\mathcal{V}$ 在 (7.1.2) 定义的数乘与 (7.1.3)—(7.1.4) 定义的加法 (减法) 下是一个伪向量空间 (pseudo-vector space)[①].

实际上, 在伪向量空间上 $(\mathcal{V}, \vec{\boxplus})$ 上, 零向量可以看成一个集合

$$\vec{\mathbf{0}} := \{\mathbf{0}_n \mid n = 1, 2, \cdots\},$$

这里, $\mathbf{0}_n$ 为 $\mathbb{R}^n$ 上的零向量.

因此, 设 $x \in \mathcal{V}_n$, 那么, $-x \in \mathcal{V}_n$ 满足

$$x + (-x) = \mathbf{0}_n. \tag{7.1.5}$$

为应用方便, 我们定义 $\mathcal{V}$ 上的一种有限和子集如下:

$$\mathcal{V}^{[\cdot, n]} := \bigcup_{k \mid n} \mathcal{V}_k. \tag{7.1.6}$$

不难验证 $(\mathcal{V}^{[\cdot, n]}, \vec{\boxplus})$ 也是一个伪向量空间, 称为 $\mathcal{V}$ 的有限子空间.

注意, 为计算上的方便, 我们规定当 $x \in \mathcal{V}_n$ 时 $-x \in \mathcal{V}_n$. 实际上, 因为零不唯一, $-x$ 也不唯一. x 的逆元集合, 仍记作 $-x$, 为

$$-x = \{y \mid x \vec{\boxplus} y \in \vec{\mathbf{0}}\}. \tag{7.1.7}$$

为方便起见, 在后面的讨论中我们假定

$$\begin{cases} \mathcal{V}_n := \mathbb{R}^n, & n \geqslant 1, \\ \mathcal{V} = \mathbb{R}^\infty := \bigcup_{n=1}^{\infty} \mathbb{R}^n. \end{cases} \tag{7.1.8}$$

此后, 除非另有说明, 我们总假定 (7.1.8) 成立.

7.2 等 价 向 量

受混合维数向量加法定义的启发, 可以定义等价向量如下.

定义 7.2.1 (i) 设 $x, y \in \mathcal{V}$. 称向量 x 和 y 是等价的, 记作 $x \leftrightarrow y$, 如果存在两个 1 向量 (分量均为 1 的向量) $\mathbf{1}_\alpha$ 和 $\mathbf{1}_\beta$ 使得

$$x \otimes \mathbf{1}_\alpha = y \otimes \mathbf{1}_\beta. \tag{7.2.1}$$

(ii) x 的等价类记作

$$\bar{x} := \{y \mid y \leftrightarrow x\}.$$

① 伪向量空间满足向量空间的几乎所有要求, 只是每个向量的逆向量不唯一[13].

注 **7.2.1**　(i) 应当证明, $\leftrightarrow$ 确实是等价关系, 即它满足

(a) 自反: $x \leftrightarrow x$.

(b) 对称: $x \leftrightarrow y \Rightarrow y \leftrightarrow x$.

(c) 传递: $x \leftrightarrow y,\ y \leftrightarrow z \Rightarrow x \leftrightarrow z$.

我们将此留给读者.

(ii) 类似于矩阵半张量积的情形, 不难看出, 混合维数向量加法实际上是定义在等价类上的.

下面的命题是显见的.

命题 7.2.1　设 $x,\ y \in \mathcal{V}$. $x \leftrightarrow y$, 当且仅当,

$$x \,\vec{\mathrm{F}}\, y \in \vec{\mathbf{0}}. \tag{7.2.2}$$

下面我们在一个等价类上定义一个偏序结构.

定义 7.2.2　考察一个等价类 $\bar{x}$.

(i) 在 $\bar{x}$ 上的一个偏序关系, 记作 $\leqslant$, 定义如下: 设 $x, y \in \bar{x}$, 如果存在一个 1 向量 $\mathbf{1}_s$ 使得 $x \otimes \mathbf{1}_s = y$, 则称 $x \leqslant y$.

(ii) $x_1 \in \bar{x}$ 称为最小元, 如果不存在 $y \in \bar{x}$ 和一个 $\mathbf{1}_s, s > 1$, 使得 $x_1 = y \otimes \mathbf{1}_s$. 换言之, 不存在 $y \neq x$, 使得 $y \leqslant x$.

认为 $\leqslant$ 是 $\mathcal{V}$ 上的一个偏序关系当然也是对的, 但是, 只有当两个向量在同一等价类时, 它们间才有可能存在序关系. 因此, 认为 $\leqslant$ 是 $\bar{x}$ 上的一个偏序关系更贴切.

下面这个结论与矩阵等价的相应结果类似.

定理 7.2.1　(i) 如果 $x \leftrightarrow y$, 则存在向量 $\gamma \in \mathcal{V}$ 使得

$$x = \gamma \otimes \mathbf{1}_\beta, \quad y = \gamma \otimes \mathbf{1}_\alpha. \tag{7.2.3}$$

(ii) 在每个等价类 $\bar{x}$ 中存在唯一的最小元 $x_1 \in \bar{x}$.

证明　(ii) 是显然的, 我们只证 (i). 设 $x \in \mathcal{V}_\alpha$, $y \in \mathcal{V}_\beta$, $x \leftrightarrow y$.

情形 1: 设 α 与 β 的最大公约数 $\gcd(\alpha, \beta) = 1$. 则有

$$x \otimes \mathbf{1}_\beta = y \otimes \mathbf{1}_\alpha. \tag{7.2.4}$$

由于 α 与 β 是互质的, 比较式 (7.2.4) 左边与右边对应的分量可得

$$x_i = y_j, \quad i = 1, \cdots, \alpha; \quad j = 1, \cdots, \beta.$$

情形 2: 在一般情况下, 令 $\gcd(\alpha, \beta) = \ell > 1$. 则有 $\alpha = s\ell$, $\beta = t\ell$, 这里, $\gcd(s, t) = 1$. 并且,

$$x \otimes \mathbf{1}_t = y \otimes \mathbf{1}_s. \tag{7.2.5}$$

写出 x 与 y 的分量形式如下:

$$x = [x_1^1, \cdots, x_s^1; x_1^2, \cdots, x_s^2; \cdots; x_1^\ell, \cdots, x_s^\ell]^{\mathrm{T}},$$
$$y = [y_1^1, \cdots, y_t^1; y_1^2, \cdots, y_t^2; \cdots; y_1^\ell, \cdots, y_t^\ell]^{\mathrm{T}}.$$

则式 (7.2.5) 可表示成

$$[x_1^i, \cdots, x_s^i]^{\mathrm{T}} \otimes \mathbf{1}_t = [y_1^i, \cdots, y_t^i]^{\mathrm{T}} \otimes \mathbf{1}_s, \quad i = 1, \cdots, \ell.$$

由于 $\gcd(s, t) = 1$, 根据情形 1 可知

$$x_p^i = y_q^i, \quad p = 1, \cdots, s; \quad q = 1, \cdots, t; \quad i = 1, \cdots, \ell.$$

定义 $\gamma \in \mathcal{V}_\ell$ 为

$$\gamma_i := x_p^i = y_q^i, \quad i = 1, \cdots, \ell.$$

则显然有

$$x = \gamma \otimes \mathbf{1}_s; \quad y = \gamma \otimes \mathbf{1}_t. \qquad \square$$

注 7.2.2　(i) 如果 $x = y \otimes \mathbf{1}_s$, 则 y 称为 x 的一个因子, 而 x 称为 y 的一个倍子. 这个关系决定了序 $y \leqslant x$.

(ii) 如果 (7.2.3) 成立, 并且 α, β 互质, 那么, 式 (7.2.3) 中的 γ 称为 x 与 y 的最大公约向量, 记作

$$\gamma = \gcd(x, y).$$

并且, 最大公约向量是唯一的.

(iii) 如果式 (7.2.1) 成立, 并且 α, β 互质, 那么,

$$\xi := x \otimes \mathbf{1}_\alpha = y \otimes \mathbf{1}_\beta \tag{7.2.6}$$

称为 x 及 y 的最小公倍向量, 记作

$$\xi = \mathrm{lcm}(x, y).$$

并且, 最小公倍向量也是唯一的.

(iv) 考察等价类 $\bar{x}$, 记其最小元为 x_1. 则 $\bar{x}$ 中的元可表示成

$$x_i = x_1 \otimes \mathbf{1}_i, \quad i = 1, 2, \cdots, \tag{7.2.7}$$

x_i 称为 $\bar{x}$ 中的第 i 个元素. 因此, $\bar{x}$ 可表示成一个序列:

$$\bar{x} = \{x_1, \ x_2, \ x_3, \cdots\}.$$

按照偏序关系 $\leqslant$, $\bar{x} = \{x_1, x_2, \cdots\}$ 是一个格.

命题 7.2.2　(i) 设 $x \in \mathcal{V}$, 则 $(\bar{x}, \leqslant)$ 是一个格.

(ii) 设 x, $y \in \mathcal{V}$, 则

$$(\bar{x}, \leqslant) \cong (\bar{y}, \leqslant), \tag{7.2.8}$$

即任何两个向量等价类都是格同构的.

证明　(i) 类似矩阵的情形不难验证: 对任意 u, $v \in \bar{x}$,

$$\sup(u, v) = \mathrm{lcm}(u, v); \quad \inf(u, v) = \gcd(u, v).$$

结论显见.

(ii) 设 $\bar{x} = \{x_1, x_2, \cdots\}$, $\bar{y} = \{y_1, y_2, \cdots\}$. 定义 $\pi : \bar{x} \to \bar{y}$ 为

$$\pi(x_i) = y_i, \quad i = 1, 2, \cdots.$$

直接验证可知, π 为同构映射.　　　　　　　　　　　　　　　　　　□

注 7.2.3　第一卷中对矩阵等价进行了详细讨论. 虽然本节讨论的向量等价与矩阵等价在概念上有本质的区别, 但在具体等价结构上却很相似. 为进一步地比较它们, 下面对矩阵等价做一简单回顾.

(i) 矩阵 M 与 N 等价, 记作 $M \sim N$, 如果存在两个单位阵 I_α 及 I_β, 使得

$$M \otimes I_\alpha = N \otimes I_\beta. \tag{7.2.9}$$

(ii) 任给一矩阵 A, A 的等价类记为

$$\langle A \rangle := \{B \,|\, B \sim A\}. \tag{7.2.10}$$

(iii) 在 A 的等价类 $\langle A \rangle$ 中定义一个序: $A \preceq B$, 如果存在单位阵 I_s, 使得 $B = A \otimes I_s$.

(iv) 任给一矩阵 A. 在等价类 $\langle A \rangle$ 中存在一个最小元 A_1, 使

$$\langle A \rangle = \{A_1 \otimes I_n \,|\, n = 1, 2, \cdots\}.$$

(v) 如果矩阵 M 与 N 等价, 则存在 Λ 使得

$$\begin{cases} M = \Lambda \otimes I_\beta, \\ N = \Lambda \otimes I_\alpha. \end{cases} \tag{7.2.11}$$

(vi) 在式 (7.2.9) 中, 如果 $\gcd(\alpha, \beta) = 1$, 则令

$$\Theta = M \otimes I_\alpha = N \otimes I_\beta. \tag{7.2.12}$$

(vii) 考察一个等价类 $\langle A \rangle$. 那么, 在序 $\preceq$ 下 $\langle A \rangle$ 是一个格. 设 $M, N \in \langle A \rangle$, 则 $\sup(M, N) = \Theta$, 其中, Θ 由 (7.2.12) 定义; 设在 (7.2.11) 中 $\gcd(\alpha, \beta) = 1$, 则 $\inf(M, N) = \Lambda$.

(viii) 设 $A, B \in \mathcal{M}$, 则

$$(\langle A \rangle, \preceq) \cong (\langle B \rangle, \preceq), \tag{7.2.13}$$

即任意两个矩阵等价类都是格同构的.

一个向量等价类与一个矩阵等价有相同的格结构.

命题 7.2.3 设 $\langle A \rangle$ 为一矩阵等价类, $\bar{x}$ 为一向量等价类, 那么, 它们的格结构也是相同的, 即

$$(\langle A \rangle, \preceq) \cong (\bar{x}, \leqslant). \tag{7.2.14}$$

证明 记 $\langle A \rangle = \{A_1 \otimes I_s \mid s = 1, 2, \cdots\}$, $\bar{x} = \{x_1 \otimes \mathbf{1}_s \mid s = 1, 2, \cdots\}$. 定义 $\varphi: A_s = A_1 \otimes I_s \mapsto x_s = x_1 \otimes \mathbf{1}_s$. 显然 φ 是一对一且映上的. 注意到

$$\sup(A_r, A_s) = A_{r \vee s}, \quad \inf(A_r, A_s) = A_{r \wedge s},$$

以及

$$\sup(x_r, x_s) = x_{r \vee s}, \quad \inf(x_r, x_s) = x_{r \wedge s},$$

于是可得

$$\varphi(\sup(A_r, A_s)) = \sup(\varphi(A_r), \varphi(A_s)),$$

以及

$$\varphi(\inf(A_r, A_s)) = \inf(\varphi(A_r), \varphi(A_s)).$$

结论显见. $\square$

下面简单回忆二型矩阵半张量积, 它在本套丛书第一卷介绍过, 更多内容可参见文献 [35].

定义一族伴随因子矩阵如下:

$$J_n = \frac{1}{n} \mathbf{1}_{n \times n}, \quad n = 1, 2, \cdots. \tag{7.2.15}$$

定义 7.2.3　设 $A \in \mathcal{M}_{m \times n}$, $B \in \mathcal{M}_{p \times q}$, $t = \mathrm{lcm}(n, p)$, 二型矩阵-矩阵半张量积 (简称 MM-2 半张量积) 定义如下:

$$A \circ B = A \circ_\ell B := (A \otimes J_{t/n})(B \otimes J_{t/p}). \tag{7.2.16}$$

注 7.2.4　(i) 为区别, 经典的矩阵半张量积亦称为一型矩阵-矩阵半张量积 (简称 MM-1 半张量积).

(ii) 由式 (7.2.16) 定义的 MM-2 半张量积也称 MM-2 左半张量积. 约定 MM-2 半张量积指的是 MM-2 左半张量积. MM-2 右半张量积定义如下:

$$A \circ_r B := (J_{t/n} \otimes A)(J_{t/p} \otimes B). \tag{7.2.17}$$

(iii) 多数一型矩阵-矩阵半张量积的性质都可以平推到二型矩阵-矩阵半张量积上去. 但是, 注意到 J_n, $n \geqslant 2$ 是奇异的, 当一个性质与行列式值有关时它通常推不过去. 例如

$$\det(A \ltimes B) = [\det(A)]^{t/n}[\det(B)]^{t/p}.$$

但是

$$\det(A \circ B) \neq [\det(A)]^{t/n}[\det(b)]^{t/p}.$$

又如, 当 A, B 可逆时

$$(A \ltimes B)^{-1} = B^{-1} \ltimes A^{-1}.$$

这对 $A \circ B$ 也不成立.

定义 7.2.4　设 A, $B \in \mathcal{M}$. A 与 B 称为二型等价, 记作 $A \approx B$, 如果存在 J_α 及 J_β 使得

$$A \otimes J_\alpha = B \otimes J_\beta. \tag{7.2.18}$$

注 7.2.5　(i) 为区别, 注 7.2.3 中定义的矩阵等价也称一型等价.

(ii) A 的二型等价类记为 $\langle\langle A \rangle\rangle$, 即

$$\langle\langle A \rangle\rangle := \{B \mid B \approx A\}.$$

(iii) 注 7.2.3 中提到的关于一型等价的所有性质对二型等价均成立. 考察矩阵的二型等价类的格结构, 与一型等价类似的讨论可知

$$(\langle\langle\langle A \rangle\rangle\rangle, \prec) \cong (\bar{x}, \leqslant). \tag{7.2.19}$$

最后, 考虑混合维数向量集 $\mathcal{V}$ 上的格结构. 给定两个子空间 $\mathcal{V}_i$ 及 $\mathcal{V}_j$, 这里, $i|j$. 令 $k = j/i$ 可得 $\mathcal{V}_i \otimes \mathbf{1}_k \subset \mathcal{V}_j$. 根据这个包含关系可定义一个序:

$$\mathcal{V}_i \sqsubseteq \mathcal{V}_j. \tag{7.2.20}$$

利用这个序可以得到混合维数向量集上的格结构.

命题 7.2.4 $(\mathcal{V}, \sqsubseteq)$ 是一个格, 其中

$$\begin{cases} \sup(\mathcal{V}_i, \mathcal{V}_j) = \mathcal{V}_{i \vee j}, \\ \inf(\mathcal{V}_i, \mathcal{V}_j) = \mathcal{V}_{i \wedge j}. \end{cases} \tag{7.2.21}$$

到目前为止, 我们讨论过许多格结构, 包括矩阵等价类的格结构、向量等价类的格结构、向量子空间的格结构等. 不难看出它们的格结构其实都是一样的, 都是基于正整数的因子关系. 我们较深入地探讨一下这个格.

定义 7.2.5 考察正整数集合 $\mathbb{Z}_+$, 在其上定义一个序如下:

$$a \preceq b \Leftrightarrow a|b, \quad a, b \in \mathbb{Z}_+. \tag{7.2.22}$$

容易验证以下结果.

命题 7.2.5 $(\mathbb{Z}_+, \preceq)$ 是一个格, 其中

$$\begin{cases} \sup(a, b) = \mathrm{lcm}(a, b), \\ \inf(a, b) = \gcd(a, b). \end{cases} \tag{7.2.23}$$

我们称格 $(\mathbb{Z}_+, \preceq)$ 为正整数因子格.

在一个格中 L 中, 为了表达的方便, 常用如下记号:

$$\sup(a, b) := a \vee b,$$
$$\inf(a, b) := a \wedge b, \quad a, b \in L.$$

利用这些记号, 则对正整数因子格 $\mathbb{Z}_+$ 有

$$\sup(a, b) = a \vee b = \mathrm{lcm}(a, b), \quad \inf(a, b) = a \wedge b = \gcd(a, b).$$

直接计算可得如下结论.

命题 7.2.6 正整数因子格 $(\mathbb{Z}_+, \preceq)$ 是分配格.

命题 7.2.7 以下的几个格都是同构的:

(i) 混合维数向量格: $(\mathcal{V}, \sqsubseteq)$.

(ii) 向量等价类格: $(\bar{x}, \leqslant)$.

(iii) 一型矩阵等价类格: $(\langle A \rangle, \prec)$.

(iv) 二型矩阵等价类格: $(\langle\langle A \rangle\rangle, \prec)$.

证明 不难验证, 它们都与正整数因子格同构. 因此它们都是同构的. □

7.3 泛维向量空间的距离

前面已经讨论过, 利用定义 7.1.1 给出的数乘与向量加法, 混合维数向量集合 $\mathcal{V}$ 变成了一个伪向量空间. 并且, 这个空间上有一个格结构, 它在今后的讨论中将起到重要作用. 今后, 我们把这个伪向量空间称为泛维向量空间. $\mathcal{V}$ 也记作 $\mathbb{R}^\infty$.

本节的目的是要赋予 $\mathcal{V}$ 一个拓扑结构, 使之成为一个拓扑空间. 方法是在其上定义一个距离.

定义 7.3.1 设 $x \in \mathcal{V}_m \subset \mathcal{V}, y \in \mathcal{V}_n \subset \mathcal{V}$, 并且, $t = m \vee n$. 那么, x 与 y 的内积定义为

$$\langle x, y \rangle_\mathcal{V} := \frac{1}{t} \langle x \otimes \mathbf{1}_{t/m}, y \otimes \mathbf{1}_{t/n} \rangle, \tag{7.3.1}$$

这里, $\langle x, y \rangle$ 为 $\mathbb{R}^t$ 上的普通内积. 这个内积称为加权内积, 因为有权重系数 $1/t$.

注 7.3.1 一个实向量空间 V 上的内积应当满足

(i) 分配律:

$$\langle x + y, z \rangle = \langle x, z \rangle + \langle y, z \rangle, \quad x, y, z \in V. \tag{7.3.2}$$

(ii) 对称律:

$$\langle x, y \rangle = \langle y, x \rangle, \quad x, y \in V. \tag{7.3.3}$$

(iii) 线性律:

$$\langle ax, y \rangle = a \langle x, y \rangle, \quad a \in \mathbb{R}, \quad x, y, z \in V. \tag{7.3.4}$$

(iv) 非负性:

$$\langle x, x \rangle \geqslant 0, \text{ 并且, } \langle x, x \rangle = 0 \Rightarrow x = \mathbf{0}. \tag{7.3.5}$$

因为 $\mathcal{V}$ 只是一个伪向量空间, 可以证明, 加权内积满足以上各条, 除以下这一点外: $\langle x, x \rangle = 0 \Rightarrow x = \mathbf{0}$ 应改为 $\langle x, x \rangle = 0 \Rightarrow x \in \vec{\mathbf{0}}$. 因此, 加权内积在严格意义下不满足内积定义, 我们将其称为伪内积.

利用加权内积可以定义 $\mathcal{V}$ 上的范数.

定义 7.3.2 $\mathcal{V}$ 上的范数定义如下:

$$\|x\|_\mathcal{V} := \sqrt{\langle x, x \rangle_\mathcal{V}}. \tag{7.3.6}$$

注 7.3.2 一个向量空间 V 上的范数应当满足

(i) 三角不等式:

$$\|x + y\| \leqslant \|x\| + \|y\|, \quad x, y \in V. \tag{7.3.7}$$

(ii) 线性性:

$$\|ax\| = |a|\|x\|, \quad a \in \mathbb{R}, \quad x \in V. \tag{7.3.8}$$

(iii) 非负性:

$$\|x\| \geqslant 0, \text{ 并且}, \quad \|x\| = 0 \Rightarrow x = \mathbf{0}. \tag{7.3.9}$$

不难检验, 式 (7.3.6) 定义的范数满足以上各条, 除以下这一点外: $\|x\| = 0 \Rightarrow x = \mathbf{0}$ 应改为 $\|x\| = 0 \Rightarrow x \in \vec{\mathbf{0}}$. 因此, 我们将其称为伪范数.

最后定义 $\mathcal{V}$ 上的距离.

定义 7.3.3 设 $x, y \in \mathcal{V}$. x 与 y 的距离定义为

$$d(x, y) := \|x \vec{\mathsf{F}} y\|_{\mathcal{V}}. \tag{7.3.10}$$

注 7.3.3 一个集合 X 上的距离 $d : X \times X \to \mathbb{R}$, 应当满足

(i) 三角不等式:

$$d(x, z) \leqslant d(x, y) + d(y, z), \quad x, y, z \in X. \tag{7.3.11}$$

(ii) 对称性:

$$d(x, y) = d(y, x), \quad x, y \in X. \tag{7.3.12}$$

(iii) 非负性:

$$d(x, y) \geqslant 0, \text{ 并且}, \quad d(x, y) = 0 \Rightarrow x = y. \tag{7.3.13}$$

不难检验, 式 (7.3.10) 定义的距离满足以上各条, 除以下这一点外: $d(x, y) = 0 \Rightarrow x = y$ 应改为 $d(x, y) = 0 \Rightarrow x \leftrightarrow y$. 因此, 我们将其称为伪距离.

注 7.3.4 向量空间上定义的距离一般要求它具有平移不变性, 即

$$d(x + z, y + z) = d(x, y), \quad x, y, z \in X. \tag{7.3.14}$$

不难检验, 式 (7.3.10) 定义的距离满足平移不变性.

下面用一个例子来解释这个距离的物理意义.

例 7.3.1　设 $x = \{x_i \,|\, i = 1, 2, \cdots, n\} \in \mathbb{R}^n$ 为一组排好序的数, 即 $x_i \leqslant x_{i+1}$, $i = 1, \cdots, n - 1$. 设 $y \in \mathbb{R}^m$ 并且 $m | n$. 假定 n 是一个很大的数且 $m \ll n$. 我们希望将 x 用一个 m 维向量来近似.

(i) 利用由式 (7.3.10) 定义的距离, 一种很自然的想法就是去寻找 $\mathbb{R}^m$ 上与 x 最接近的点 $\hat{y}$ 来逼近 x, 即寻找

$$\hat{y} = \operatorname*{argmin}_{y \in \mathbb{R}^m} d(x, y). \tag{7.3.15}$$

(ii) 一个直观的办法就是将 x 分成 m 份 $x^i = \{x_1^i, \cdots, x_k^i\}$, $i = 1, \cdots, m$, 这里 $k = n/m$ 且

$$x_j^i = x_{(i-1)k+j}, \quad i = 1, \cdots, m; \quad j = 1, \cdots, k.$$

然后, 对每一份取平均值作为这组数的估计, 即令

$$\hat{y}_i = \frac{1}{k} \sum_{j=1}^{k} x_j^i. \tag{7.3.16}$$

(iii) 不难证明, (7.3.15) 的解与 (7.3.16) 的解是一致的. 这解释了不同维数向量间的距离的物理意义.

(iv) 如果是一般情况, 即 $m \nmid n$. 这时就需要不一致的分组, 即令 $x^i = \{x_1^i, \cdots, x_{k_i}^i\}$, $\sum_{i=1}^{m} k_i = n$. 然后考虑

$$\hat{y}_i = \operatorname*{argmin}_{y_i} d(y_j \otimes \mathbf{1}_k, x^i),$$

这里需要等价类的概念. 最后的结论是类似的.

7.4　右　等　价

本章此前的讨论都是基于左等价, 本书如无特别说明均假定默认的等价是左等价. 这使我们可省去许多不必要的说明. 本节的目的是说明, 左等价的概念和结论一般都可以平行推广到右等价. 因此, 当需要右等价的时候, 读者可自行做这种推广.

定义 7.4.1　(i) 设 $x \in \mathcal{V}_m$, $y \in \mathcal{V}_n$, 且 $t = \operatorname{lcm}(m, n)$. 定义 x 与 y 的右向量和为

$$x \overset{\rightarrow}{+} y := (\mathbf{1}_{t/m} \otimes x) + (\mathbf{1}_{t/n} \otimes y) \in \mathcal{V}_t. \tag{7.4.1}$$

相应地, 右向量差定义为

$$x \overset{\rightarrow}{\dashv} y := x \overset{\rightarrow}{\boxplus} (-y). \tag{7.4.2}$$

(ii) 设向量 $x, y \in \mathcal{V}$. x 和 y 称为右等价的, 记作 $x \leftrightarrow_r y$, 如果存在两个 1 向量 $\mathbf{1}_\alpha$ 及 $\mathbf{1}_\beta$ 使得

$$\mathbf{1}_\alpha \otimes x = \mathbf{1}_\beta \otimes y. \tag{7.4.3}$$

x 的右等价类记作

$$\bar{x}^r := \{ y \mid y \leftrightarrow_r x \}.$$

(iii) 考察 $\bar{x}^r$. 其上的一个序 $\leqslant_r$ 可定义如下: $x \leqslant_r y$, 如果存在 1 向量 $\mathbf{1}_s$ 使得 $\mathbf{1}_s \otimes x = y$. $x_1 \in \bar{x}$ 称为右最小元, 如果不存在 y 和 $\mathbf{1}_s$, $s > 1$, 使得 $x_1 = \mathbf{1}_s \otimes y$.

(iv) 在式 (7.4.3) 中, 不失一般性, 可假定 $\gcd(\alpha, \beta) = 1$. 此时

$$\xi_r := \mathbf{1}_\alpha \otimes x = \mathbf{1}_\beta \otimes y \tag{7.4.4}$$

称为 x 和 y 的右最小公倍向量, 记作 $\xi_r = \mathrm{lcm}(x, y)$.

对于右等价, 我们有与左等价平行的结果.

命题 7.4.1 (i) 设 $x \leftrightarrow_r y$, 则存在向量 $\gamma_r \in \mathcal{V}$ 使得

$$x = \mathbf{1}_\beta \otimes \gamma_r, \quad y = \mathbf{1}_\alpha \otimes \gamma_r. \tag{7.4.5}$$

(ii) 在每个等价类 $\bar{x}^r$ 中存在唯一最小元 $x_1 \in \bar{x}^r$.

(iii) $(\bar{x}^r, \leqslant_r)$ 是一个格, 其中 $\sup(x, y) = \xi_r$, $\inf(x, y) = \gamma_r$.

考察 $\mathcal{V}_i$ 及 $\mathcal{V}_j$, 设 $i | j$ 并记 $k = j/i$. 则有 $\mathbf{1}_k \otimes \mathcal{V}_i \subset \mathcal{V}_j$. 记这个顺序为

$$\mathcal{V}_i \sqsubseteq_r \mathcal{V}_j.$$

那么, 同样有右等价下的格结构.

命题 7.4.2 (i) $(\mathcal{V}, \sqsubseteq_r)$ 是一个格, 并且, 式 (7.2.21) 依然成立.

(ii) $$(\bar{x}^r, \leqslant_r) \cong (\mathcal{V}, \sqsubseteq_r). \tag{7.4.6}$$

$\mathcal{V}$ 上也可以定义右内积.

定义 7.4.2 设 $x \in \mathcal{V}_m \subset \mathcal{V}$, $y \in \mathcal{V}_n \subset \mathcal{V}$, 且 $t = m \vee n$.

(i) 右加权内积定义如下:

$$\langle x, y \rangle_{\mathcal{V}}^r := \frac{1}{t} \left\langle \mathbf{1}_{t/m} \otimes x, \mathbf{1}_{t/n} \otimes y \right\rangle. \tag{7.4.7}$$

(ii) $\mathcal{V}$ 上的右范数定义如下:

$$\|x\|_{\mathcal{V}}^r := \sqrt{\langle x,\, x\rangle_{\mathcal{V}}^r}. \tag{7.4.8}$$

(iii) x 与 y 的右距离定义如下:

$$d_r(x, y) := \|x \overrightarrow{-} y\|_{\mathcal{V}}^r. \tag{7.4.9}$$

同样可以证明以下结论:

$$d_r(x, y) = 0 \Leftrightarrow x \leftrightarrow_r y.$$

注 7.4.1　(i) 由于本章前几节定义的内积、范数、距离等在本节中均有在右乘积因子下的对应定义, 因此, 前几节中定义的对象均可加前缀 "左", 符号表示均可加下标 $_\ell$. 例如, $\leftrightarrow = \leftrightarrow_\ell$ 可称为向量左等价, $\bar{x} = \bar{x}_\ell$ 可称为向量左等价类, $\leqslant = \leqslant_\ell$ 称为左序, 等等.

(ii) 从本节可知, 在左、右乘积因子作用下的 $\mathcal{V}$ 及其向量元素的性质大致都是一一对应的. 分别对它们进行讨论是多余的. 因此, 本书如无特别说明, 均只讨论左乘积因子作用下的性质. 并且, 将前缀左与相应记号中的下标略去. 读者如需要右乘积因子下的相应结果时, 可自行推广.

7.5　泛维数向量空间上的拓扑

本节讨论 $\mathcal{V}$ 上的拓扑. 注意, 本质上这里讨论的是

$$\mathcal{V} = \mathbb{R}^\infty = \bigcup_{n=1}^{\infty} \mathbb{R}^n.$$

这样, 理解起来就方便了.

- **自然拓扑**

自然拓扑是我们原始观念中的拓扑. 它假定 $\mathbb{R}^n$ 上面的拓扑就是我们普通意义下的拓扑. 严格地说, 定义 $\mathbb{R}^n$ 上以 $c = (c_1, c_2, \cdots, c_n)$ 为中心、$r > 0$ 为半径的开球

$$B_r(c) := \{(x_1, x_2, \cdots, x_n) \in \mathbb{R}^n \mid \sqrt{(x_1 - c_1)^2 + (x_2 - c_2)^2 + \cdots + (x_n - c_n)^2} < r\}.$$

然后以

$$B := \{B_r(c) \mid c \in \mathbb{R}^n, r > 0\}$$

为拓扑基所生成的拓扑即 $\mathbb{R}^n$ 上的普通拓扑. 接着, 假定 $\mathbb{R}^n$, $n = 1, 2, \cdots$ 为 $\mathbb{R}^\infty$ 上的闭开集 (即既闭又开的集). 自然拓扑用 **N** 表示. 在自然拓扑下, 当 $m \neq n$ 时,

$\mathbb{R}^m$ 上的点和 $\mathbb{R}^n$ 上的点是不相干的. 经典的动力学系统就是这样理解的. 例如, 2 维的微分方程, 其解轨线永远不会跑到 3 维空间上去.

自然拓扑有如下性质, 这些性质都是初等而显见的, 证明留给读者.

命题 7.5.1 (i) 设 $O_n \in \mathbb{R}^n$ 为一个开集, 则它在 $(\mathcal{V}, \mathbf{N})$ 下也是一个开集.

(ii) $(\mathcal{V}, \mathbf{N})$ 是一个 Hausdorff 空间.

● **距离拓扑**

记作 $\mathbf{D}$. 定义开球

$$B_r(c) := \{x \in \mathbb{R}^\infty | d(x, c) < r\}.$$

然后以

$$B := \{B_r(c) \,|\, c \in \mathbb{R}^\infty, r > 0\}$$

为拓扑基所生成的拓扑即 $\mathbb{R}^\infty$ 上的距离拓扑.

注 7.5.1 (i) 设 $\varnothing \neq O_n \in \mathbb{R}^n$ 为一个开集, 它在 $(\mathcal{V}, \mathbf{D})$ 下不是一个开集. 这是因为, 对每一点 $x \in O_n$, 有点 $y = x \otimes \mathbf{1}_s \notin O_n$, 但是 $d(x, y) = 0$. 故 x 不是 O_n 的内点, 即 O_n 在 $\mathbb{R}^\infty$ 中不开.

(ii) $(\mathcal{V}, \mathbf{D})$ 不是一个 Hausdorff 空间. 这是因为 x 和 $x \otimes \mathbf{1}_s$, $s > 1$ 是两个不同的点, 但它们不能分离. 其实, $(\mathcal{V}, \mathbf{D})$ 连 T_0 都不是.

不难看出, 如果 O 是 $(\mathcal{V}, \mathbf{D})$ 的开集, 则 O 是 $(\mathcal{V}, \mathbf{N})$ 的开集. 因此, $\mathbf{D} \subset \mathbf{N}$, 也就是说, 距离拓扑 $\mathbf{D}$ 比自然拓扑 $\mathbf{N}$ 粗.

● **粘连拓扑**

在拓扑空间中将某些等价点粘接到一起, 得到的新拓扑称为粘连拓扑. 粘连拓扑也称商空间拓扑. 第一卷附录有许多粘连拓扑空间的例子.

从自然拓扑出发, 在 $(\mathcal{V}, \mathbf{N})$ 上对等价点做粘连, 换言之, 将等价类 $\bar{x}$ 视为一个点. 这样得到的粘连拓扑记作 $\mathbf{Q}$. 相应的粘连拓扑空间记作 $(\mathcal{V}, \mathbf{Q})$. 前面曾经提到过: 在 $\mathcal{V}$ 上

$$d(x, y) = 0 \Leftrightarrow x \leftrightarrow y.$$

由这个原因不难看出, 距离拓扑与粘连拓扑是等价的.

7.6 跨维空间投影

定义 7.6.1 设 $\xi \in \mathcal{V}_n$. ξ 到 $\mathcal{V}_m$ 上的跨维投影, 记作 $\pi_m^n(\xi)$, 定义如下:

$$\pi_m^n(\xi) := \operatorname*{argmin}_{x \in \mathcal{V}_m} \|\xi - x\|_\mathcal{V}. \tag{7.6.1}$$

设 $t = \mathrm{lcm}(n, m)$, 并记 $\alpha := t/n$, $\beta := t/m$. 那么,

$$\Delta := \|\xi - x\|_{\mathcal{V}}^2 = \frac{1}{t}\|\xi \otimes \mathbf{1}_\alpha - x \otimes \mathbf{1}_\beta\|^2.$$

记

$$\xi \otimes \mathbf{1}_\alpha := (\eta_1, \eta_2, \cdots, \eta_t)^{\mathrm{T}},$$

这里,

$$\eta_j = \xi_i, \quad (i-1)\alpha + 1 \leqslant j \leqslant i\alpha; \quad i = 1, \cdots, n.$$

那么,

$$\Delta = \frac{1}{t}\sum_{i=1}^{m}\sum_{j=1}^{\beta}\left(\eta_{(i-1)\beta+j} - x_i\right)^2. \tag{7.6.2}$$

令

$$\frac{\partial \Delta}{\partial x_i} = 0, \quad i = 1, \cdots, m,$$

则得

$$x_i = \frac{1}{m}\left(\sum_{j=1}^{\beta}\eta_{(i-1)\beta+j}\right), \quad i = 1, \cdots, m, \tag{7.6.3}$$

即 $\pi_m^n(\xi) = x$. 并且, 不难检验

$$\left\langle \xi \vec{\mathrm{F}} x, x \right\rangle_{\mathcal{V}} = 0.$$

图 7.6.1 示意了这个投影.

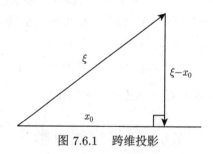

图 7.6.1   跨维投影

因此, 有如下结论.

命题 7.6.1   设 $\xi \in \mathcal{V}_n$. 则 ξ 在 $\mathcal{V}_m$ 上的投影, 记为 x, 可由式 (7.6.3) 算得. 并且, $\xi \vec{\mathrm{F}} x$ 与 x 正交.

例 7.6.1 设 $\xi = [1,0,-1,0,1,2,-2]^T \in \mathbb{R}^7$. 考虑它到 $\mathbb{R}^3$ 的投影, 记 $\pi_3^7(\xi) := x$. 则有 $\eta = \xi \otimes \mathbf{1}_3$. 记 $x = [x_1, x_2, x_3]^T$, 则得

$$x_1 = \frac{1}{7} \sum_{j=1}^{7} \eta_j = 0.2857,$$

$$x_2 = \frac{1}{7} \sum_{j=8}^{14} \eta_j = 0,$$

$$x_3 = \frac{1}{7} \sum_{j=15}^{21} \eta_j = 0.1429.$$

并且,

$$\xi \stackrel{\vec{}}{\vdash} x = [0.7143, 0.7143, 0.7143, -0.2857, -0.2857, -0.2857, -1.2857,$$
$$-1.0000, -1.0000, 0, 0, 0, 1.0000, 1.0000,$$
$$0.8571, 1.8571, 1.8571, 1.8571, -2.1429, -2.1429, -2.1429].$$

最后, 不难检验

$$\left\langle \xi \stackrel{\vec{}}{\vdash} x, x \right\rangle_{\mathcal{V}} = 0.$$

由于不同维数空间的投影 π_m^n 是一个线性映射, 可望用一个矩阵, 记作 Π_m^n, 来表示. 也就是说, $\xi \in \mathbb{R}^n$ 投影到 $\mathbb{R}^m$ 可表示为

$$\pi_m^n(\xi) = \Pi_m^n \xi, \quad \xi \in \mathcal{V}_n. \tag{7.6.4}$$

令 $\operatorname{lcm}(n,m) = t$, $\alpha := t/n$, 以及 $\beta := t/m$, 则有

$$\eta = \xi \otimes \mathbf{1}_\alpha = (I_n \otimes \mathbf{1}_\alpha)\,\xi,$$

$$x = \frac{1}{\beta}\left(I_m \otimes \mathbf{1}_\beta^T\right) \eta = \frac{1}{\beta}\left(I_m \otimes \mathbf{1}_\beta^T\right)\left(I_n \otimes \mathbf{1}_\alpha\right)\xi.$$

因此有

$$\Pi_m^n = \frac{1}{\beta}\left(I_m \otimes \mathbf{1}_\beta^T\right)\left(I_n \otimes \mathbf{1}_\alpha\right). \tag{7.6.5}$$

利用这个结构, 可以得到以下结论.

引理 7.6.1 (i) 设 $n \geqslant m$, 则 Π_m^n 是行满秩的, 因此, $\Pi_m^n(\Pi_m^n)^T$ 可逆.

(ii) 设 $n \leqslant m$, 则 Π_m^n 是列满秩的, 因此, $(\Pi_m^n)^T \Pi_m^n$ 可逆.

证明　(i) 设 $n \geqslant m$: 当 $n = m$ 时, $\Pi_m^n (\Pi_m^n)^{\mathrm{T}}$ 是单位矩阵, 结论显见. 因此我们只要考虑 $n > m$ 的情形. 根据式 (7.6.5) 给出的 Π_m^n 的结构, 不难看出 Π_m^n 的每一行至少有两个非零元素. 并且, 当 $j > i$ 时第 i 行的非零元所在列必定在第 j 行非零元所在列前面, 仅在 $j = i + 1$ 时会有一个列重合. 这种结构保证了 Π_m^n 是行满秩的. 因此, $\Pi_m^n (\Pi_m^n)^{\mathrm{T}}$ 非奇异.

(ii) 根据式 (7.6.5) 可知

$$\Pi_n^m = \frac{\beta}{\alpha} \left(\Pi_m^n\right)^{\mathrm{T}}.$$

因此, Π_m^n 的列满秩直接来自 Π_n^m 的行满秩.　　　　　　　　□

下面给一个公式, 它在后面的讨论中是很有用的.

命题 7.6.2　设 $X \in \mathbb{R}^m$. 将它投影到 $\mathbb{R}^{km}$ 再投回来, 它是不变的, 即

$$\Pi_m^{km} \Pi_{km}^m = I_m. \tag{7.6.6}$$

证明

$$
\begin{aligned}
\Pi_m^{km} \Pi_{km}^m &= \frac{1}{k} \left(I_m \otimes \mathbf{1}_k^{\mathrm{T}}\right) \left(I_m \otimes \mathbf{1}_k\right) \\
&= \frac{1}{k} \left(I_m \otimes \mathbf{1}_k^{\mathrm{T}} \mathbf{1}_k\right) \\
&= I_m.
\end{aligned}
$$
　　　　　　　□

这个命题说明, 向量 $X \in \mathbb{R}^m$ 向倍维数空间投影时, 它没有信息损失.

7.7　线性系统的最小方差逼近

考虑一个线性系统:

$$\xi(t + 1) = A\xi(t), \quad \xi(t) \in \mathbb{R}^n. \tag{7.7.1}$$

我们的目的是找一个矩阵 $A_\pi \in \mathcal{M}_{m \times m}$, 然后构造一个 $\mathbb{R}^m$ 上的线性系统

$$x(t + 1) = A_\pi x(t), \quad x(t) \in \mathbb{R}^m. \tag{7.7.2}$$

将 (7.7.2) 看作 (7.7.1) 的投影系统.

我们最关心的是系统的轨线. 理想的投影系统应当满足投影关系, 即投影系统的轨线就是原系统轨线的投影, 即

$$x(t, \pi_m^n(\xi_0)) = \pi_m^n(\xi(t, \xi_0)). \tag{7.7.3}$$

但是, 一般情况下这是很难做到的, 实际可行的是, 可以寻找最小二乘下的逼近系统.

命题 7.7.1 设系统 (7.7.2) 是系统 (7.7.1) 的逼近系统, 则最小二乘下的逼近矩阵为

$$
A_\pi = \begin{cases} \Pi_m^n A (\Pi_m^n)^{\mathrm{T}} \left(\Pi_m^n (\Pi_m^n)^{\mathrm{T}} \right)^{-1}, & n \geqslant m, \\ \Pi_m^n A \left((\Pi_m^n)^{\mathrm{T}} \Pi_m^n \right)^{-1} (\Pi_m^n)^{\mathrm{T}}, & n < m. \end{cases} \tag{7.7.4}
$$

证明 由式 (7.7.3) 可得

$$
x(t) = \Pi_m^n \xi(t), \text{ 且 } x_0 = \Pi_m^n \xi_0.
$$

将其代入式 (7.7.2) 得

$$
\Pi_m^n \xi(t+1) = A_\pi \Pi_m^n \xi(t). \tag{7.7.5}
$$

利用式 (7.7.1) 并考虑到 $\xi(t)$ 是任意的, 则可推出

$$
\Pi_m^n A = A_\pi \Pi_m^n. \tag{7.7.6}
$$

设 $n \geqslant m$: 在式 (7.7.6) 两边均右乘 $(\Pi_m^n)^{\mathrm{T}} \left(\Pi_m^n (\Pi_m^n)^{\mathrm{T}} \right)^{-1}$ 即得 (7.7.4) 的第一式.

设 $n < m$. 我们寻找形如下式的解:

$$
A_\pi = \tilde{A}(\Pi_m^n)^{\mathrm{T}}.
$$

$\tilde{A}$ 的最小二乘解为

$$
\tilde{A} = \Pi_m^n A \left((\Pi_m^n)^{\mathrm{T}} \Pi_m^n \right)^{-1}.
$$

于是有

$$
A_\pi = \Pi_m^n A \left((\Pi_m^n)^{\mathrm{T}} \Pi_m^n \right)^{-1} (\Pi_m^n)^{\mathrm{T}},
$$

这就是式 (7.7.4) 的第二部分. □

将同样的推理方法用于连续时间线性系统, 则可得到如下结论.

推论 7.7.1 考察连续时间线性系统

$$
\dot{\xi}(t) = A\xi(t), \quad \xi(t) \in \mathbb{R}^n, \tag{7.7.7}
$$

则它在 $\mathbb{R}^m$ 上的最小二乘投影系统为

$$
\dot{x}(t) = A_\pi x(t), \quad x(t) \in \mathbb{R}^m, \tag{7.7.8}
$$

这里, A_π 由式 (7.7.4) 给出.

直观地说, 不妨假定 n 很大, 于是系统 (7.7.1) 是一个大系统. 我们可以把它投射到一个低维空间 $\mathcal{V}_m$ 上, 这里, $m \ll n$, 这样, 我们可以得到原状态轨线的最佳低维逼近. 后面我们会看到, 在考虑跨维数动态系统时, 从低维系维投影到高维系统也是必要的.

类似地, 我们可以得到线性控制系统的投影系统.

推论 7.7.2   (i) 考察一个离散时间线性控制系统

$$\begin{cases} \xi(t+1) = A\xi(t) + Bu, & \xi(t) \in \mathbb{R}^n, \\ y(t) = C\xi(t), & y(t) \in \mathbb{R}^p. \end{cases} \tag{7.7.9}$$

其最小二乘近似线性系统为

$$\begin{cases} x(t+1) = A_\pi x(t) + \Pi_m^n Bu, & x(t) \in \mathbb{R}^m, \\ y(t) = C_\pi x(t), \end{cases} \tag{7.7.10}$$

这里, A_π 由式 (7.7.4) 定义, 并且,

$$C_\pi = \begin{cases} C(\Pi_m^n)^{\mathrm{T}} \left(\Pi_m^n (\Pi_m^n)^{\mathrm{T}} \right)^{-1}, & n \geqslant p, \\ C \left((\Pi_m^n)^{\mathrm{T}} \Pi_m^n \right)^{-1} (\Pi_m^n)^{\mathrm{T}}, & n < p. \end{cases} \tag{7.7.11}$$

(ii) 考察一个连续时间线性控制系统

$$\begin{cases} \dot{\xi}(t) = A\xi(t) + Bu, & \xi(t) \in \mathbb{R}^n, \\ y(t) = C\xi(t), & y(t) \in \mathbb{R}^p. \end{cases} \tag{7.7.12}$$

其最小二乘近似线性系统为

$$\begin{cases} \dot{x}(t) = A_\pi x(t) + \Pi_m^n Bu, & x(t) \in \mathbb{R}^m, \\ y(t) = C_\pi x(t), & y(t) \in \mathbb{R}^p, \end{cases} \tag{7.7.13}$$

这里, A_π 由式 (7.7.4) 定义, 并且 C_π 由式 (7.7.11) 定义.

7.8   线性变维数系统的近似系统

考察一个离散时间线性变维数系统

$$\xi(t+1) = A(t)\xi(t), \tag{7.8.1}$$

这里, $\xi(t) \in \mathbb{R}^{n(t)}$, $\xi(t+1) \in \mathbb{R}^{n(t+1)}$, $A(t) \in \mathcal{M}_{n(t+1) \times n(t)}$.

我们寻找它在 $\mathbb{R}^m$ 上最小二乘投影系统如下:

$$x(t+1) = A_\pi x(t). \tag{7.8.2}$$

类似于定常维数线性系统的最小二乘投影系统的求法, 可以得到如下结果.

命题 7.8.1 设 (7.8.2) 为 (7.8.1) 在 $\mathbb{R}^m$ 上的最小二乘投影系统, 那么,

$$A_\pi = \begin{cases} \Pi_m^{n(t+1)} A (\Pi_m^{n(t)})^{\mathrm{T}} \left(\Pi_m^{n(t)} (\Pi_m^{n(t)})^{\mathrm{T}} \right)^{-1}, & n(t) \geqslant m, \\ \Pi_m^{n(t+1)} A \left((\Pi_m^{n(t)})^{\mathrm{T}} \Pi_m^{n(t)} \right)^{-1} (\Pi_m^{n(t)})^{\mathrm{T}}, & n(t) < m. \end{cases} \tag{7.8.3}$$

这个投影系统的最大优点是, 它将原来的变维数系统投到一个固定维数空间上, 从而变成了一个固定维数的线性系统.

考察一个离散时间线性变维数系统

$$\dot{\xi}(t) = A(t)\xi(t), \tag{7.8.4}$$

这里, $\xi(t) \in \mathbb{R}^{n(t)}$, $\xi(t+1) \in \mathbb{R}^{n(t+1)}$, $A(t) \in \mathcal{M}_{n(k) \times n(k)}$, $k \leqslant t < k+1$.

类似于定常维数线性系统的最小二乘投影系统的求法, 我们可以找到它在 $\mathbb{R}^m$ 上最小二乘投影系统如下:

$$\dot{x}(t) = A_\pi x(t). \tag{7.8.5}$$

为了利用前面的投影技术, 我们假定 $x(t)$ 的维数是分段定常的. 严格地说, 我们假定:

A-1 : $\qquad \dim(\xi(t)) = \dim(\xi(n)), \quad n \leqslant t < n+1. \tag{7.8.6}$

于是可得如下结果.

命题 7.8.2 设 (7.8.5) 为 (7.8.4) 在 $\mathbb{R}^m$ 上的最小二乘投影系统. 设假定条件 A-1 (即 (7.8.6)) 成立, 那么, A_π 如式 (7.8.3) 所示.

下面考虑变维数线性控制系统. 类似的讨论可以得到以下结果.

命题 7.8.3 (i) 考察一个离散时间线性变维数控制系统

$$\begin{cases} \xi(t+1) = A(t)\xi(t) + B(t)u, \\ y(t) = C(t)\xi(t), \end{cases} \tag{7.8.7}$$

这里, $\xi(t) \in \mathbb{R}^{n(t)}$, $A(t), B(t) \in \mathcal{M}_{n(t+1) \times n(t)}$, $C(t) \in \mathcal{M}_{p \times n(t)}$. 它在 $\mathbb{R}^m$ 上最小二乘投影控制系统如下:

$$\begin{cases} x(t+1) = A_\pi(t)x(t) + \Pi_b^{n(t+1)} Bu, & x(t) \in \mathbb{R}^m, \\ y(t) = C_\pi(t)x(t), & y(t) \in \mathbb{R}^p, \end{cases} \tag{7.8.8}$$

这里, A_π 由式 (7.8.3) 决定. 并且,

$$C_\pi = \begin{cases} C(t)(\Pi_m^{n(t)})^{\mathrm{T}} \left(\Pi_m^{n(t)}(\Pi_m^{n(t)})^{\mathrm{T}} \right)^{-1}, & n(t) \geqslant p, \\ C(t) \left((\Pi_m^{n(t)})^{\mathrm{T}}\Pi_m^{n(t)} \right)^{-1} (\Pi_m^{n(t)})^{\mathrm{T}}, & n(t) < p. \end{cases} \tag{7.8.9}$$

(ii) 考察一个连续时间线性变维数控制系统

$$\begin{cases} \dot{\xi}(t) = A(t)\xi(t) + B(t)u, \\ y(t) = C(t)\xi(t), \end{cases} \tag{7.8.10}$$

这里, $\xi(t) \in \mathbb{R}^{n(t)}$, $A(t), B(t) \in \mathcal{M}_{n(k)\times n(k)}$, $k \leqslant t < k+1$, $C(t) \in \mathcal{M}_{p\times n(t)}$. 设假定条件 A-1 成立, 那么, 它在 $\mathbb{R}^m$ 上最小二乘投影控制系统如下:

$$\begin{cases} \dot{x}(t) = A_\pi(t)x(t) + \Pi_m^{n(t+1)}Bu, & x(t) \in \mathbb{R}^m, \\ y(t) = C_\pi(t)x(t), & y(t) \in \mathbb{R}^p, \end{cases} \tag{7.8.11}$$

这里, A_π 由式 (7.8.3) 决定, C_π 由式 (7.8.11) 决定.

　　变维数动态 (控制) 系统的最小二乘投影系统是一个非常有用的固定维数实现, 这一点将在后面的讨论中看到.

　　下面我们用一个例子来解释投影系统.

　　例 7.8.1   考察一个变维数系统

$$\begin{cases} \xi(t+1) = A(t)\xi(t) + B(t)u, \\ y(t) = C(t)\xi(t), \end{cases} \tag{7.8.12}$$

这里, 当 t 是偶数时 $\xi(t) \in \mathbb{R}^5$, 当 t 是奇数时 $\xi(t) \in \mathbb{R}^4$.

$$A(t) = \begin{cases} A_1 = \begin{bmatrix} 1 & 0 & -1 & 2 & 1 \\ 2 & -2 & 1 & 1 & -1 \\ 1 & 2 & -1 & -2 & 0 \\ 0 & 1 & 0 & -1 & 2 \end{bmatrix}, & t \text{ 为偶数}, \\[2em] A_2 = \begin{bmatrix} 0 & -1 & 2 & 1 \\ 2 & 1 & 1 & -1 \\ 1 & 2 & -1 & 0 \\ 0 & 1 & 0 & -1 \\ 1 & -1 & 0 & 1 \end{bmatrix}, & t \text{ 为奇数}; \end{cases}$$

$$B(t) = \begin{cases} B_1 = \begin{bmatrix} 2 & 1 \\ 2 & -1 \\ 1 & 2 \\ 0 & -1 \end{bmatrix}, & t \text{ 为偶数}, \\[2em] B_2 = \begin{bmatrix} 2 & 1 \\ 1 & -1 \\ 2 & -1 \\ 0 & -1 \\ 1 & 0 \end{bmatrix}, & t \text{ 为奇数}; \end{cases}$$

$$C(t) = \begin{cases} C_1 = \begin{bmatrix} -1 & 2 & 1 & 1 & -1 \\ 2 & -1 & -2 & -1 & 2 \end{bmatrix}, & t \text{ 为偶数}, \\[1.5em] C_2 = \begin{bmatrix} 2 & 1 & 2 & -1 \\ 0 & 1 & 0 & -2 \end{bmatrix}, & t \text{ 为奇数}. \end{cases}$$

直接计算可得

$$\Pi_3^4 = (I_3 \otimes \mathbf{1}_4^{\mathrm{T}})(I_4 \otimes \mathbf{1}_3)/3 = \begin{bmatrix} 1 & 1/3 & 0 & 0 \\ 0 & 2/3 & 2/3 & 0 \\ 0 & 0 & 1/3 & 1 \end{bmatrix},$$

$$\Pi_3^5 = (I_3 \otimes \mathbf{1}_5^{\mathrm{T}})(I_5 \otimes \mathbf{1}_3)/3 = \begin{bmatrix} 1 & 2/3 & 0 & 0 & 0 \\ 0 & 1/3 & 1 & 1/3 & 0 \\ 0 & 0 & 0 & 2/3 & 1 \end{bmatrix}.$$

于是可得投影系统为

$$\begin{cases} x(t+1) = A_\pi(t)x(t) + B_\pi(t)u, \\ y(t) = C_\pi(t)x(t), \end{cases} \tag{7.8.13}$$

这里,

$$A(t) = \tilde{A}_1, \quad B(t) = \tilde{B}_1, \quad C(t) = \tilde{C}_1, \qquad t \text{ 为偶数},$$
$$A(t) = \tilde{A}_2, \quad B(t) = \tilde{B}_2, \quad C(t) = \tilde{C}_2, \qquad t \text{ 为奇数},$$

其中,

$$\tilde{A}_1 = \Pi_3^4 A_1 (\Pi_3^5)^{\mathrm{T}} \left(\Pi_3^5 (\Pi_3^5)^{\mathrm{T}} \right)^{-1} = \begin{bmatrix} 0.9316 & -0.5556 & 1.6239 \\ 1.4325 & -0.3111 & -0.7214 \\ 1.0923 & -0.6000 & 0.7077 \end{bmatrix};$$

$$\tilde{A}_2 = \Pi_3^5 A_2 (\Pi_3^4)^{\mathrm{T}} \left(\Pi_3^4 (\Pi_3^4)^{\mathrm{T}} \right)^{-1} = \begin{bmatrix} 0.8333 & 1.3333 & 0.8333 \\ 2.0500 & 1.2500 & -1.0500 \\ 0.9167 & -0.5833 & 0.4167 \end{bmatrix};$$

$$\tilde{B}_1 = \Pi_3^4 B_1 = \begin{bmatrix} 2.6667 & 1.3333 \\ 2.0000 & 2.0000 \\ 0.3333 & -0.3333 \end{bmatrix};$$

$$\tilde{B}_2 = \Pi_3^5 B_2 = \begin{bmatrix} 2.6667 & 0.3333 \\ 2.3333 & -1.6667 \\ 1.0000 & -0.6667 \end{bmatrix};$$

$$\tilde{C}_1 = C_1 (\Pi_3^5)^{\mathrm{T}} \left(\Pi_3^5 (\Pi_3^5)^{\mathrm{T}} \right)^{-1} = \begin{bmatrix} -0.0359 & 1.7333 & -0.4974 \\ 1.3333 & -2.6667 & 1.3333 \end{bmatrix};$$

$$\tilde{C}_2 = C_2 (\Pi_3^4)^{\mathrm{T}} \left(\Pi_3^4 (\Pi_3^4)^{\mathrm{T}} \right)^{-1} = \begin{bmatrix} 1.7000 & 2.0000 & -0.7000 \\ 0.0500 & 1.2500 & -2.0500 \end{bmatrix}.$$

第 8 章　泛维欧氏空间与泛维欧氏流形

从等价向量出发, 本章首先构造商空间 (称为泛维欧氏空间) 及其子空间. 讨论泛维欧氏空间的拓扑, 并由原混维欧氏空间、泛维欧氏空间商空间以及其间的自然投影构造纤维丛. 最后, 利用混维欧氏空间-泛维欧氏空间构成的纤维丛的开子丛构造一般的泛维欧氏流形. 本章的部分内容可参见文献 [34, 37].

8.1　从等价向量到商向量空间

考察混合维数的伪向量空间 $\mathcal{V} = \mathbb{R}^\infty$, 简称其为混维欧氏空间. 回忆前一章, 设 $x, y \in \mathcal{V}$, 则 $x \leftrightarrow y$, 当且仅当, 以下两点等价定义条件 (之一) 成立:

(i) 存在 $\mathbf{1}_\alpha$ 及 $\mathbf{1}_\beta$, 使得

$$x \otimes \mathbf{1}_\alpha = y \otimes \mathbf{1}_\beta.$$

(ii) $\qquad\qquad\qquad d_\mathcal{V}(x, y) = 0.$

定义 8.1.1　(i) $\mathcal{V}$ 在等价关系 $\leftrightarrow$ 下的商空间称为泛维欧氏空间, 记作 Ω, 即

$$\Omega = \mathcal{V}/\leftrightarrow. \tag{8.1.1}$$

(ii) 设 $\bar{x}, \bar{y} \in \Omega$, 则 $\bar{x}$ 与 $\bar{y}$ 的和定义为

$$\bar{x} \,\vec{\dashv\vdash}\, \bar{y} := \overline{x \,\vec{\dashv\vdash}\, y}. \tag{8.1.2}$$

相应的减法记作

$$\bar{x} \,\vec{\vdash}\, \bar{y} := \bar{x} \,\vec{\dashv\vdash}\, (-\bar{y}), \tag{8.1.3}$$

这里, $-\bar{y} = \overline{-y}$.

这里, 需要证明 (8.1.2) (以及 (8.1.3)) 是定义好的. 下面这个命题证明了这一点.

命题 8.1.1　等价类的加法 $\vec{\dashv\vdash}$ 与等价 $\leftrightarrow$ 相容. 即, 如果 $x \leftrightarrow x'$ 及 $y \leftrightarrow y'$, 则 $x \,\vec{\dashv\vdash}\, y \leftrightarrow x' \,\vec{\dashv\vdash}\, y'$.

证明　因 $x \leftrightarrow x'$, 根据定理 7.2.1, 存在 γ, 设 $\gamma \in \mathcal{V}_p$, 使得

$$x = \gamma \otimes \mathbf{1}_\alpha, \quad x' = \gamma \otimes \mathbf{1}_\beta.$$

根据注 7.2.2, 存在 π, 设 $\pi \in \mathcal{V}_q$, 使得

$$y = \pi \otimes \mathbf{1}_s, \quad y' = \pi \otimes \mathbf{1}_t.$$

令 $\xi = \mathrm{lcm}(p,q)$, $\eta = \mathrm{lcm}(p, sq)$, 以及 $\eta = \xi\ell$. 则

$$
\begin{aligned}
x \vec{\boxplus} y &= (\gamma \otimes \mathbf{1}_\alpha) \vec{\boxplus} (\pi \otimes \mathbf{1}_s) \\
&= \left[\gamma \otimes \mathbf{1}_\alpha \otimes \mathbf{1}_{\eta/(\alpha p)}\right] + \left[\pi \otimes \mathbf{1}_s \otimes \mathbf{1}_{\eta/(sq)}\right] \\
&= \left[\gamma \otimes \mathbf{1}_{\eta/p}\right] + \left[\pi \otimes \mathbf{1}_{\eta/q}\right] \\
&= \left(\left[\gamma \otimes \mathbf{1}_{\xi/p}\right] + \left[\pi \otimes \mathbf{1}_{\xi/q}\right]\right) \otimes \mathbf{1}_\ell \\
&= (\gamma \vec{\boxplus} \pi) \otimes \mathbf{1}_\ell.
\end{aligned}
$$

因此, $x \vec{\boxplus} y \leftrightarrow \gamma \vec{\boxplus} \pi$. 类似地, 可以证明 $x' \vec{\boxplus} y' \leftrightarrow \gamma \vec{\boxplus} \pi$. 结论显见. □

推论 8.1.1　由式 (8.1.2) 和式 (8.1.3) 定义的商空间 Ω 上的等价类加法 $\vec{\boxplus}$ 及减法 $\vec{\boxminus}$ 是定义好的.

设 $\bar{x} \in \Omega$. 则 Ω 上的数乘定义为

$$a\bar{x} := \overline{ax}, \quad a \in \mathbb{R}. \tag{8.1.4}$$

容易检验, 它也是定义好的.

由式 (8.1.2) (以及式 (8.1.3)) 和式 (8.1.4) 定义的运算使 Ω 成为一个向量空间.

定理 8.1.1　对于式 (8.1.2) 定义的等价类加法和式 (8.1.4) 定义的等价类的数乘, Ω 为一向量空间.

证明　不难逐条检验向量空间所要求的条件均满足. 唯一需要强调的是, 与 $\mathcal{V}$ 不同, 现在 $\mathbf{0}$ 的等价类是唯一的, 于是, 每个等价类 $\bar{x}$ 都只有唯一的一个逆元 $-\bar{x}$. □

考虑泛维欧氏空间的子空间.

定义 8.1.2　(i) 设 $p \in \mathbb{Z}_+$ 为一正整数. 定义 p 上截断向量空间为

$$\mathcal{V}^{[p,\cdot]} := \bigcup_{\{s \,|\, p|s\}} \mathcal{V}_s. \tag{8.1.5}$$

(ii) 定义 p 上截断商向量空间为

$$\Omega^p := \mathcal{V}^{[p,\cdot]} / \leftrightarrow = \left\{ \bar{x} \,\middle|\, x_1 \in \mathcal{V}_{pr}, \ r \geqslant 1 \right\}. \tag{8.1.6}$$

(iii) 定义 p 下截断向量空间为

$$\mathcal{V}^{[\cdot,p]} := \bigcup_{\{s\,|\,s|p\}} \mathcal{V}_s. \tag{8.1.7}$$

(iv) 定义 p 下截断商向量空间为

$$\Omega_p := \mathcal{V}^{[\cdot,p]}/\leftrightarrow = \{\bar{x} \mid x_1 \in \mathcal{V}_s,\ s|p\}. \tag{8.1.8}$$

命题 8.1.2 (i) Ω^p 及 Ω_p, $p = 1, 2, \cdots$ 为 Ω 的子空间;

(ii) 如果 $i|j$, 那么, Ω^j 是 Ω^i 的子空间, Ω_i 是 Ω_j 的子空间.

下面考虑泛维欧氏空间上的格结构. 先简单回顾一下格的概念.

定义 8.1.3[20] 设 L 是一个偏序集, 序为 $\leqslant$.

(i) 设 L 为一个格, 如果对其任意两个元素 a, b 都存在它们共同的最小上界 $u = \sup(a, b)$ 和共同的最大下界 $v = \inf(a, b)$.

(ii) 设 $(L, \leqslant)$ 为一个格, 子集 $H \subset L$ 称为一个子格, 如果 $(H, \leqslant)$ 也是一个格.

(iii) 设 $(L, \leqslant)$ 为一个格, $H \subset L$ 为其子格. 设对任何 $x \in L$, 如果存在 $h \in H$ 使得 $x \leqslant h$, 则 $x \in H$, 那么, H 称为 L 的一个理想.

(iv) 设 $(L, \leqslant)$ 为一个格, $H \subset L$ 为其子格. 设对任何 $x \in L$, 如果存在 $h \in H$ 使得 $h \leqslant x$, 则 $x \in H$, 那么, H 称为 L 的一个滤子.

(v) 设 $(L, \leqslant)$ 和 $(S, \prec)$ 为两个格. 如果存在一个映射 $\pi: L \to S$, 满足

$$\pi(\sup(a, b)) = \sup(\pi(a), \pi(b)),$$
$$\pi(\inf(a, b)) = \inf(\pi(a), \pi(b)),$$

则称 $(L, \leqslant)$ 与 $(S, \prec)$ 格同态, π 为同态映射. 如果 π 还是双射, 并且 π^{-1} 也是同态映射, 则 $(L, \leqslant)$ 与 $(S, \prec)$ 为格同构, 并且 π 称为同构映射.

例 8.1.1 考察混维欧氏空间 $\mathbb{R}^\infty$.

(i) 定义其上的一个序 $\prec$ 如下: 设 $\mathbb{R}^m, \mathbb{R}^n \in \mathbb{R}^\infty$. 如果存在 $\mathbf{1}_s$ 使得

$$\mathbb{R}^m \otimes \mathbf{1}_s \subset \mathbb{R}^n,$$

则 $\mathbb{R}^m \prec \mathbb{R}^n$. 则不难验证 $(\mathbb{R}^\infty, \prec)$ 是一个格. 并且, 对任意两个欧氏空间 $\mathbb{R}^p$ 和 $\mathbb{R}^q$,

$$\sup(\mathbb{R}^p, \mathbb{R}^q) = \mathbb{R}^{p \vee q}, \quad \inf(\mathbb{R}^p, \mathbb{R}^q) = \mathbb{R}^{p \wedge q}.$$

(ii) $\mathbb{R}^{[\cdot,p]}$ 是 $\mathbb{R}^\infty$ 的一个理想.

(iii) $\mathbb{R}^{[p,\cdot]}$ 是 $\mathbb{R}^\infty$ 的一个滤子.

例 8.1.2　　$\mathbb{R}^\infty$ 上的格关系可以转移到 Ω 上:

(i) 定义

$$\Omega_{(n)} := \mathbb{R}^n / \leftrightarrow, \quad n = 1, 2, \cdots,$$

那么, $\Omega = \bigcup_{n=1}^\infty \Omega_{(n)}$. 规定

$$\Omega_{(m)} \prec \Omega_{(n)} \Leftrightarrow \mathbb{R}^m \prec R^n,$$

那么, 显然 $(\Omega, \prec)$ 是一个格. 并且,

$$\sup(\Omega_{(p)}, \Omega_{(q)}) = \Omega_{(p \vee q)}, \quad \inf(\Omega_{(p)}, \Omega_{(q)}) = \Omega_{(p \wedge q)}.$$

(ii) Ω_p 是 Ω 的一个理想.

(iii) Ω^p 是 Ω 的一个滤子.

实际上, Ω 和它的滤子格同构.

命题 8.1.3　设 $p > 1$, 那么 Ω^p 与 Ω 格同构.

证明　定义映射 $\varphi : \Omega^p \to \Omega$ 为

$$\varphi(\Omega_{(rp)}) := \Omega_{(r)}. \tag{8.1.9}$$

易证, φ 是一个格同构映射.　　　　　　　　　　　　　　　　　　　　　$\square$

8.2　泛维欧氏空间的拓扑

首先, 我们把混维欧氏空间 $\mathcal{V}$ 上的内积推广到泛维欧氏空间 Ω 上去.

定义 8.2.1　设 $\bar{x}, \bar{y} \in \Omega$, 那么, 它们的内积定义为

$$\langle \bar{x}, \bar{y} \rangle_\mathcal{V} := \langle x, y \rangle_\mathcal{V}, \quad x \in \bar{x}, \quad y \in \bar{y}. \tag{8.2.1}$$

为了证明定义 8.2.1 是恰当的, 我们需要下述命题.

命题 8.2.1　等式 (8.2.1) 是定义好的. 也就是说, 它与代表元 x 与 y 的选择无关.

证明　设 $x_1 \leftrightarrow x_2$, $y_1 \leftrightarrow y_2$. 根据定理 7.2.1, 存在 x_0 及 y_0, 设 $x_0 \in \mathcal{V}_s$, $y_0 \in \mathcal{V}_t$, 使得

$$x_1 = x_0 \otimes \mathbf{1}_\alpha; \quad x_2 = x_0 \otimes \mathbf{1}_\beta;$$
$$y_1 = y_0 \otimes \mathbf{1}_p; \quad y_2 = y_0 \otimes \mathbf{1}_q.$$

先证明以下两个事实.

事实 1: 设 $s \wedge t = \xi$, 并且 $s = a\xi$, $t = b\xi$, 其中, $\alpha \wedge b = 1$. 如果 f, g 满足

$$sf = tg,$$

那么, $af\xi = bg\xi$, 即 $af = bg$. 由于 $a \wedge b = 1$, 则存在一个 c 使得

$$f = cb, \quad g = ca. \tag{8.2.2}$$

事实 2:

$$\langle x, y \rangle_{\mathcal{V}} = \langle x \otimes \mathbf{1}_s, y \otimes \mathbf{1}_s \rangle_{\mathcal{V}}, \tag{8.2.3}$$

(8.2.3) 可依定义直接计算验证.

下面考察

$$
\begin{aligned}
\langle x_1, y_1 \rangle_{\mathcal{V}} &= \langle x_0 \otimes \mathbf{1}_\alpha, y_0 \otimes \mathbf{1}_p \rangle_{\mathcal{V}} \\
&= \left\langle x_0 \otimes \mathbf{1}_\alpha \otimes \mathbf{1}_{\frac{s\alpha \vee tp}{s\alpha}}, y_0 \otimes \mathbf{1}_p \otimes \mathbf{1}_{\frac{s\alpha \vee tp}{tp}} \right\rangle_{\mathcal{V}} \\
&= \left\langle x_0 \otimes \mathbf{1}_{\frac{s\alpha \vee tp}{s}}, y_0 \otimes \mathbf{1}_{\frac{s\alpha \vee tp}{t}} \right\rangle_{\mathcal{V}}.
\end{aligned}
$$

于是可得

$$s \frac{s\alpha \vee tp}{s} = t \frac{s\alpha \vee tp}{t}.$$

利用事实 1 可知

$$\frac{s\alpha \vee tp}{s} = cb; \quad \frac{s\alpha \vee tp}{t} = ca.$$

利用事实 2 可得

$$\langle x_1, y_1 \rangle_{\mathcal{V}} = \langle x_0 \otimes \mathbf{1}_{cb}, y_0 \otimes \mathbf{1}_{ca} \rangle_{\mathcal{V}} = \langle x_0 \otimes \mathbf{1}_b, y_0 \otimes \mathbf{1}_a \rangle_{\mathcal{V}}.$$

同理可得

$$\langle x_2, y_2 \rangle_{\mathcal{V}} = \langle x_0 \otimes \mathbf{1}_b, y_0 \otimes \mathbf{1}_a \rangle_{\mathcal{V}}.$$

结论显见. □

由于 Ω 是一个向量空间, 利用式 (8.2.1) 在 Ω 上定义了内积. 关于这个内积有如下结果.

命题 8.2.2 Ω 带上由式 (8.2.1) 定义的内积是一个内积空间, 但不是一个 Hilbert 空间.

证明 内积空间是显然的. 说它不是 Hilbert 空间就是说它不完备. 要证明这一点, 构造一个点列如下:

$$
\begin{cases}
x_1 = a \in \mathbb{R}, \\
x_{i+1} = x_i \otimes \mathbf{1}_2 + \dfrac{1}{2^{i+1}} \left(\delta_{2^{i+1}}^1 - \delta_{2^{i+1}}^2 \right), \quad i = 1, 2, \cdots.
\end{cases}
$$

显然, $\{x_i \mid i = 1, 2, \cdots\}$ 是一个柯西列, 并且, 它不会收敛到任何点 $x \in \mathcal{V}$. 令 $\bar{x}_i := \overline{x_i}$. 根据命题 8.2.1, 不难看出, $\{\bar{x}_i\}$ 也是一个柯西列, 但它不会收敛于任何点 $\bar{x} \in \Omega$. □

给定一个 $x \in \mathcal{V}$, 可以通过内积定义一个映射 $\varphi_x : \mathcal{V} \to \mathbb{R}$ 如下:

$$\varphi_x : y \mapsto \langle x, y \rangle_{\mathcal{V}}.$$

类似地, 一个 $\bar{x} \in \Omega$ 也可以通过内积定义一个映射 $\varphi_{\bar{x}} : \Omega \to \mathbb{R}$ 如下:

$$\varphi_{\bar{x}} : \bar{y} \mapsto \langle \bar{x}, \bar{y} \rangle_{\mathcal{V}}.$$

反过来, 不是每一个线性映射 $\varphi : \Sigma \to \mathbb{R}$ 都能表示成一个固定元生成的映射 $\varphi_{\bar{x}}$ 的形式. 这是因为 Ω 是无穷维的, 而每个 $\bar{x} \in \Omega$ 都是有穷维的.

利用式 (8.2.1) 所定义的内积可以定义 Ω 上的范数与距离.

定义 8.2.2　(i) 设 $\bar{x} \in \Omega$, 则 $\bar{x}$ 的范数定义为

$$\|\bar{x}\|_{\mathcal{V}} := \|x\|_{\mathcal{V}}. \tag{8.2.4}$$

(ii) 设 $\bar{x}, \bar{y} \in \Omega$, 则 $\bar{x}$ 与 $\bar{y}$ 的距离定义为

$$d_{\mathcal{V}}(\bar{x}, \bar{y}) := d_{\mathcal{V}}(x, y). \tag{8.2.5}$$

根据命题 8.2.1 可知, 式 (8.2.4) 及式 (8.2.5) 都是定义好的.

最后说明一点, Ω 作为一个拓扑空间, 其拓扑是由距离导出的. 这个拓扑与 $\mathcal{V}$ 的粘连拓扑是等价的. 或者说, 它就是 $\mathcal{V}$ 作为自然拓扑下的拓扑空间在粘连后得到的商空间.

作为拓扑空间, Ω 有如下性质.

命题 8.2.3　Ω 是第二可数的 Hausdorff 空间.

证明　因为 $\mathcal{V}^n = \mathbb{R}^n$ 是第二可数的, 记 $\{O_i^n \,|\, i = 1, 2, \cdots\}$ 为其可数拓扑基. 则 $\bigcup_{n=1}^{\infty} \bigcup_{i=1}^{\infty} O_i^n$ 是 $\mathcal{V}$ 的拓扑基, 它也是可数的. 于是作为商空间 $\Omega = \mathcal{V}/\leftrightarrow$ 第二可数.

因为 Ω 是距离空间, 则 $\bar{x} \neq \bar{y}$, 当且仅当, $d_{\mathcal{V}}(\bar{x}, \bar{y}) > 0$. 显然它是 Hausdorff 空间. (实际上, 不难证明, 它是 T_4 空间.)　　□

8.3　泛维欧氏空间上的纤维丛结构

先回忆一下纤维丛 (fibre bundle) 的定义.

定义 8.3.1[70]　设 T, B 为两个拓扑空间, $\mathrm{Pr} : T \to B$ 为一连续的满映射, 则

$$T \xrightarrow{\mathrm{Pr}} B$$

称为一个纤维丛, 其中 T 为全空间 (total space), B 为基空间 (base space). 对于每一点 $b \in B$, $\mathrm{Pr}^{-1}(b)$ 称为 b 上的纤维.

根据定义, 不难验证以下结论.

命题 8.3.1 令 $T = (\mathcal{V}, \mathbf{N})$ 为全空间, $B = (\Omega, \mathbf{D})$ 为基空间, $\mathrm{Pr}: T \to B$ 定义为 $x \mapsto \bar{x}$, 则

$$(\mathcal{V}, \mathbf{N}) \xrightarrow{\mathrm{Pr}} (\Omega, \mathbf{D})$$

为一个纤维丛, 称之为泛维欧氏丛 (dimension-free Euclidean bundle).

注意, 泛维欧氏丛也称离散丛, 因为每一点 $\bar{x}$ 上的纤维 $\mathrm{Pr}^{-1}(\bar{x}) = \{x_1, x_1 \otimes \mathbf{1}_2, x_1 \otimes \mathbf{1}_3, \cdots\}$ 构成 $\mathcal{V}$ 上的一个离散的可数子空间.

定义 8.3.2 两个 B 上的纤维丛 (T_i, Pr_i, B), $i = 1, 2$ 称为同态的, 如果存在一个连续映射 $\pi: T_1 \to T_2$, 使得图 8.3.1 可交换.

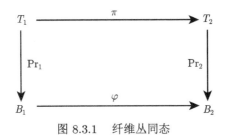

图 8.3.1　纤维丛同态

定义 8.3.3 (i) 两个纤维丛 $(T_i, \mathrm{Pr}_i, B_i)$, $i = 1, 2$ 称为同态的, 如果存在两个连续映射 $\pi: T_1 \to T_2$ 和 $\varphi: B_1 \to B_2$, 使得图 8.3.1 可交换.

此外, 如果 π 和 φ 均一一映上, 并且 $\pi^{-1}: T_2 \to T_1$ 以及 $\varphi^{-1}: B_2 \to B_1$ 也使图 8.3.1 可交换, 则 $(T_i, \mathrm{Pr}_i, B_i)$, $i = 1, 2$ 称为纤维丛同构.

(ii) 两个 B 上的纤维丛, 记作 (T_i, Pr_i, B), $i = 1, 2$, 称为同态的, 如果存在一个连续映射 $\pi: T_1 \to T_2$, 使得图 8.3.2 可交换.

此外, 如果 π 是一一映上的, 并且 $\pi^{-1}: T_2 \to T_1$ 也使图 8.3.2 可交换, 则 (T_i, Pr_i, B), $i = 1, 2$ 称为 B 上的纤维丛同构.

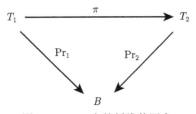

图 8.3.2　B 上的纤维丛同态

例 8.3.1 考察 $(\mathcal{V}^{[p,\cdot]}, \mathrm{Pr}, \Omega)$ 及 $(\mathcal{V}, \mathrm{Pr}, \Omega)$, 这是两个纤维丛. 令 $\pi: \mathcal{V}^{[p,\cdot]} \hookrightarrow \mathcal{V}$ 为嵌入映射, 则显然 π 是一个纤维丛同态 (见图 8.3.3).

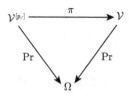

图 8.3.3　离散丛同态

8.4　从邻域丛到连续函数

为了在泛维欧氏空间上建立微分结构, 我们在每一点 $\bar{x} \in \Omega$ 建立一个 "坐标邻域". 这个坐标邻域与经典的微分流形上的坐标邻域不同, 它不是固定维数的, 而是一族丛坐标.

定义 8.4.1　设 $\bar{x} \in \Omega$. $\bar{x}$ 的基维数, 记作 $\dim(\bar{x})$, 定义为等价类元素中维数最小者, 即

$$\dim(\bar{x}) = \dim(x_1) = \min_{x \in \bar{x}} \dim(x). \tag{8.4.1}$$

定义 8.4.2　令 $\bar{x} \in \Omega$, 且 $\dim(\bar{x}) = p$. 设 $O_{\bar{x}}$ 为 $\bar{x}$ 的一个开邻域, 即 $\bar{x} \in O_{\bar{x}}$, 且 $O_{\bar{x}} \subset \Omega$ 为开集. 则

$$\mathcal{V}_{O_{\bar{x}}} := \mathrm{Pr}^{-1}\left(O_{\bar{x}}\right) \cap \mathcal{V}^{[p,\cdot]} \tag{8.4.2}$$

称为 $\bar{x}$ 的一个坐标卡集.

$$\mathcal{V}_{O_{\bar{x}}} \xrightarrow{\mathrm{Pr}} O_{\bar{x}} \tag{8.4.3}$$

称为 $\bar{x}$ 的一个坐标邻域<u>丛</u>. 称 $O_{\bar{x}}$ 为坐标邻域.

$$\mathcal{V}_{O_{\bar{x}}}^r := Pr^{-1}\left(O_{\bar{x}}\right) \cap \mathcal{V}^{rp}, \quad r = 1, 2, \cdots \tag{8.4.4}$$

称为坐标邻域<u>丛</u>的一个叶.

下面用一个例子描述丛坐标.

例 8.4.1　设 $x = (\alpha, \alpha, \beta, \beta)^{\mathrm{T}} \in \mathbb{R}^4$, 则显然 $\bar{x} = \{x_1, x_2, \cdots\}$, 这里, $x_1 = (\alpha, \beta) \in \mathbb{R}^2$. 故 $\dim(\bar{x}) = 2$. 考察 $O_{\bar{x}} = B_r(\bar{x}) \subset \Omega$ 为 $\bar{x}$ 的一个球邻域. 则由 $O_{\bar{x}}$ 定义的坐标邻域丛为

$$\mathcal{V}_O = \{B_{r_1}(x_1), B_{r_2}(x_2), \cdots\},$$

这里, $r_i = 1/\sqrt{2i}$, $x_i = (\alpha, \beta)^{\mathrm{T}} \otimes \mathbf{1}_i$, $i = 1, 2, \cdots$. 图 8.4.1 展示了 $\bar{x}$ 的坐标邻域<u>丛</u>.

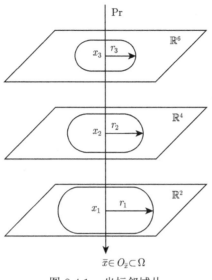

图 8.4.1 坐标邻域丛

注意, 坐标邻域丛 $\mathcal{V}_O$ 并不包括所有 O 的原像, 即

$$\mathcal{V}_O \subsetneq \mathrm{Pr}^{-1}(O).$$

但是, 它可以为邻域中所有的点提供坐标, 这是因为以下结果.

命题 8.4.1 设 $\bar{y} \in O$, 那么,

$$\mathrm{Pr}^{-1}(\bar{y}) \cap \mathcal{V}_O \neq \varnothing. \tag{8.4.5}$$

证明 设 $\bar{y} \in O$, $\dim(\bar{x}) = p$, $\dim(\bar{y}) = q$, $r = p \vee q$, 那么,

$$y_{r/q} \in \mathrm{Pr}^{-1}(O) \cap \mathcal{V}^r \subset \mathcal{V}_O. \qquad \square$$

现在我们可以定义 Ω 上的连续函数了.

定义 8.4.3 设 $f: \Omega \to \mathbb{R}$ 为 Ω 上的一个实函数.

(i) 令

$$f(x) := f(\bar{x}), \quad x \in \mathcal{V}, \tag{8.4.6}$$

则 $f: \mathcal{V} \to \mathbb{R}$ 可自然地看作 $\mathcal{V}$ 上的实函数.

(ii) 如果对每一点 $\bar{x} \in \Omega$ 都存在 $\bar{x}$ 的一个邻域 $O_{\bar{x}}$ 使得在坐标邻域丛的每个叶 $\mathcal{V}_{O_{\bar{x}}}^r \subset \mathbb{R}^{rp}$ 上, $f \in C(\mathcal{V}_{O_{\bar{x}}}^r)$, 则 f 称为 Ω 上的连续函数.

(iii) 如果在坐标邻域丛的每个叶上, $f \in C^r(\mathcal{V}_{O_{\bar{x}}}^r)$, 则 f 称为 Ω 上的 C^r 函数 (这里 $r = 1, 2, \cdots, \infty, \omega$, $r = \omega$ 表示 f 为解析函数).

注 8.4.1   在定义 8.4.2 和定义 8.4.3 中我们用邻域定义坐标与函数的连续性, 实际上也可以用全局定义, 即令每个叶为 $\mathbb{R}^{rp}$. 但局部坐标的定义方法可直接用于泛维流形.

直接在 Ω 上构造连续甚至可微函数几乎是不可想象的. 我们的构造方法是将 $\mathcal{V}$ 上的连续函数 "转移" 到 Ω 上. 注意到 $\mathcal{V}^n = \mathbb{R}^n$ 是 $\mathcal{V}$ 上的闭开集. 于是 $f : \mathcal{V} \to \mathbb{R}$ 连续, 当且仅当, $f_n := f|_{\mathbb{R}^n}$, $n = 1, 2, \cdots$ 连续. 因此, 我们只考虑 $f \in C^r(\mathbb{R}^n)$ 的转移.

定义 8.4.4   设 $f \in C^r(\mathbb{R}^n)$. 定义 $\bar{f} : \Omega \to \mathbb{R}$ 如下: 设 $\bar{x} \in \Omega$ 且 $\dim(\bar{x}) = m$, 则

$$\bar{f}(\bar{x}) := f(\Pi_n^m(x_1)), \quad \bar{x} \in \Omega. \tag{8.4.7}$$

命题 8.4.2   设 $f \in C^r(\mathbb{R}^n)$, 则由 (8.4.7) 定义的 $\bar{f} \in C^r(\Omega)$.

证明   任给 $\bar{x} \in \Omega$. 设 $\dim(\bar{x}) = m$. 考察 $\bar{x}$ 的坐标邻域丛的任意一个叶 $\mathcal{V}_{O_{\bar{x}}}^r$. 任给 $y \in \mathcal{V}_{O_{\bar{x}}}^r$, 则可能有两种情形.

情形 1: $y \in \mathbb{R}^{rm}$ 是 $\bar{y}$ 的最小元. 于是, 由定义, 有

$$\bar{f}(y) = f(\Pi_m^{rm} y). \tag{8.4.8}$$

情形 2: $y_1 \in \bar{y}$ 是 $\bar{y}$ 的最小元, $\dim(y_1) = \xi$. 于是, 存在 s 使得 $y = y_1 \otimes \mathbf{1}_s$. 因为 $y \in \mathbb{R}^{rm}$, 可知 $\xi s = mr$. 由定义, 有

$$\bar{f}(y) = f(\bar{y}) = f(\Pi_m^\xi y_1). \tag{8.4.9}$$

记

$$z_0 := \Pi_m^\xi y_1 \in \mathbb{R}^m,$$

则 z_0 为 $\mathbb{R}^m$ 上距离 y_1 最近的点. 因为 $y \leftrightarrow y_1$, 根据命题 8.2.1 可知

$$d_{\mathcal{V}}(z, y) = d_{\mathcal{V}}(z, y_1), \quad z \in \mathbb{R}^m,$$

故 z_0 也是 $\mathbb{R}^m$ 上距离 y 最近的点, 即

$$\Pi_m^{mr} y = z_0 = \Pi_m^\xi y_1.$$

于是, 式 (8.4.9) 变为式 (8.4.8). 显然 $\bar{f}$ 为 $\mathcal{V}_{O_{\bar{x}}}^r$ 上的 C^r 函数.   □

下面给出一个简单例子.

例 8.4.2   给定

$$f(x_1, x_2, x_3) = x_1 + x_2^2 - x_3 \in C^\omega(\mathbb{R}^3). \tag{8.4.10}$$

(i) 设 $\bar{y} \in \Omega$, 其中 $y_1 = (\xi_1, \xi_2, \xi_3, \xi_4, \xi_5)^{\mathrm{T}} \in \mathbb{R}^5$. 易知

$$\Pi_3^5 = \frac{1}{5} \left(I_3 \otimes \mathbf{1}_5^{\mathrm{T}} \right) \left(I_5 \otimes \mathbf{1}_3 \right)$$

$$= \frac{1}{5} \begin{bmatrix} 3 & 2 & 0 & 0 & 0 \\ 0 & 1 & 3 & 1 & 0 \\ 0 & 0 & 0 & 2 & 3 \end{bmatrix}.$$

于是可得

$$\begin{aligned} \bar{f}(\bar{y}) &= f(\Pi_3^5 y_1) \\ &= \frac{1}{5}(3\xi_1 + 2\xi_2) + \frac{1}{25}(\xi_2 + 3\xi_3 + \xi_4)^2 - \frac{1}{5}(2\xi_4 + 3\xi_5). \end{aligned}$$

(ii) 设 $\bar{y} \in \Omega$, 其中 $y_1 = (\xi_1, \xi_2) \in \mathbb{R}^2$.

考虑 $\mathcal{V}_O^1$: 因为

$$\Pi_3^2 = \frac{1}{2} \begin{bmatrix} 1 & 0 \\ 0.5 & 0.5 \\ 0 & 1 \end{bmatrix},$$

于是

$$\bar{f} = \xi_1 + \frac{1}{4}(\xi_1 + \xi_2)^2 - \xi_2.$$

考虑 $\mathcal{V}_O^2$: 因为

$$\Pi_3^4 = \frac{1}{4} \begin{bmatrix} 3 & 1 & 0 & 0 \\ 0 & 2 & 2 & 0 \\ 0 & 0 & 1 & 2 \end{bmatrix},$$

于是

$$\bar{f} = \frac{1}{4}(3\xi_1 + \xi_2) + \frac{1}{16}(\xi_2 + \xi_3)^2 - \frac{1}{4}(\xi_3 + 3\xi_4).$$

8.5 从泛维欧氏空间到泛维欧氏流形

定义 8.5.1 给定一个纤维丛 $T \xrightarrow{\pi} B$.

(i) 设 $\varnothing \neq O \subset B$ 为 B 上的一个开集. 那么,

$$\pi^{-1}(O) \xrightarrow{\pi} O \tag{8.5.1}$$

称为 O 上的一个开子丛.

(ii) 设 $b \in B$. $O_b \subset B$ 为 b 的一个开邻域. 那么 O_b 上的开子丛称为 b 的邻域丛.

定义 8.5.2　设

(i) $M = \bigcup_{n=1}^{\infty} M_n$, 这里, M_n, $n = 1, 2, \cdots$ 为 n 维 C^r 流形;

(ii) 在 M 上有一个等价关系 $\sim$, 定义 $B = M/\sim$ 为其商空间;

(iii) 在自然投影 $\pi: x \to \bar{x}$ 下, $M \xrightarrow{\pi} B$ 成一纤维丛, 这里 $\bar{x}$ 为 x 的等价类.

$M \xrightarrow{\pi} B$ 称为一个泛维欧氏丛, 且 B 称为一个泛维欧氏流形, 如果以下条件成立:

(i) 存在 B 的一个开覆盖 $\{O_\lambda \mid \lambda \in \Lambda\}$, 使得

$$\bigcup_{\lambda \in \Lambda} O_\lambda = B. \tag{8.5.2}$$

(ii) 对于每一个 O_λ, 存在 $\mathbb{R}^\infty \xrightarrow{\mathrm{Pr}} \Omega$ 的开子丛 $(\mathrm{Pr}^{-1}(U_\lambda) \xrightarrow{\mathrm{Pr}} U_\lambda)$, 它与 $(\mathrm{Pr}^{-1}(O_\lambda) \xrightarrow{\pi} O_\lambda)$ 丛同构.

设 $x \in O_\lambda$, 则 $(\mathrm{Pr}^{-1}(U_\lambda) \xrightarrow{\mathrm{Pr}} U_\lambda)$ 称为 x 的坐标邻域丛.

(iii) 设 $W_1 = O_{\lambda_1}$, $W_2 = O_{\lambda_2}$, $W_1 \cap W_2 \neq \varnothing$, $x \in W_1 \cap W_2$, 并且 $\Phi_i: O_{\lambda_i} \to U_{\lambda_i} = \Pi^{-1}(O_i)$, $\varphi_i(O_i) \to B$, $i = 1, 2$ 为相应的丛同构映射, 那么

(a) 图 8.5.1 可交换, 即

$$\pi(x) = \varphi_i \circ \mathrm{Pr}_i \circ \Psi_i(x), \quad i = 1, 2; \tag{8.5.3}$$

(b)

$$\begin{aligned} \Psi_1 \circ \Psi_2^{-1} &: \Psi_2(W_1 \cap W_2) \to \Psi_1(W_1 \cap W_2), \\ \Psi_2 \circ \Psi_1^{-1} &: \Psi_1(W_1 \cap W_2) \to \Psi_2(W_1 \cap W_2) \end{aligned} \tag{8.5.4}$$

均为 C^r 映射.

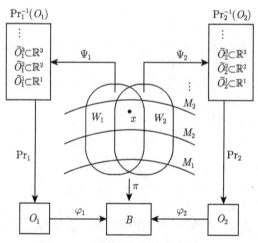

图 8.5.1　泛维流形的坐标邻域丛

下面给出一个泛维流形的例子.

例 8.5.1 考察混维球面

$$S_\infty := \bigcup_{n=1}^{\infty} S_n, \tag{8.5.5}$$

这里

$$S_n = \{x \in \mathbb{R}^{n+1} \mid x_1^2 + x_2^2 + \cdots + x_{n+1}^2 = 1\}, \quad n = 1, 2, \cdots$$

为 $\mathbb{R}^{n+1}$ 中的 n 维球面. 记 $P_n = (\underbrace{0, \cdots, 0}_{n}, -1)$ 及 $Q_s = (\underbrace{0, \cdots, 0}_{n}, 1)$ 分别为 n

维球面的北极点与南极点.

(i) 设 $M_n := S_n \backslash P_n$, 并且定义 $\Psi_n : M_n \to \mathbb{R}^n$ 为

$$\xi_i = \frac{x_i}{1 + x_{n+1}}, \quad i = 1, 2, \cdots, n. \tag{8.5.6}$$

令

$$M = \bigcup_{n=1}^{\infty} M_n.$$

设 M_n 上的拓扑为由 $\mathbb{R}^{n+1}$ 继承的子空间拓扑, 而 M_n 为 M 中的闭开集, 则映射 $\Psi : M \to \mathbb{R}^\infty$ 为拓扑同胚.

为证明这一点, 只要证明 Ψ 为双射且 Ψ^{-1} 连续即可. 由定义式 (8.5.6) 可得

$$(\xi_1^2 + \cdots + \xi_n^2)(1 + x_{n+1})^2 = \sum_{i=1}^{n} x_i^2.$$

于是有

$$\|\xi\|^2 (1 + x_{n+1})^2 + x_{n+1}^2 = 1. \tag{8.5.7}$$

解方程式 (8.5.7) 并注意到 $x_{n+1} \neq -1$, 则得

$$x_{n+1} = \frac{1 - \|\xi\|^2}{1 + \|\xi\|^2}, \tag{8.5.8}$$

并且,

$$x_i = (1 + x_{n+1})\xi_i, \quad i \in [1, n]. \tag{8.5.9}$$

等式 (8.5.8) 和 (8.5.9) 表明 Ψ^{-1} 连续.

设 $a, b \in M$, 其等价性定义为

$$a \sim_M b \Leftrightarrow \Psi(a) \leftrightarrow \Psi(b). \tag{8.5.10}$$

于是, 可定义等价类间的映射 $\phi : M / \sim_M \to \Omega$ 如下:

$$\psi(\bar{a}) = \bar{x} \Leftrightarrow \Psi(a) = x.$$

于是, 可定义映射 $\pi : M \to M / \sim_M$ 为 $\pi = \psi^{-1} \circ \mathrm{Pr} \circ \Psi$.

最后, 不难证明 $(M, \pi, M / \sim_M)$ 是一个泛维欧氏丛, 而 $M / \sim_S$ 为一泛维欧氏流形.

(ii) 设 $N_n := S_n \backslash Q_n$, 并且定义 $\Phi_n : N_n \to \mathbb{R}^n$ 为

$$\eta_i = \frac{x_i}{1 - x_{n+1}}, \quad i = 1, 2, \cdots, n. \tag{8.5.11}$$

类似于情形 (i), 设 $a, b \in N$, 定义

$$a \sim_N b \Leftrightarrow \Phi(a) \leftrightarrow \Phi(b),$$

并且, $\pi : N \to N / \sim_N$ 为 $\pi = \phi^{-1} \circ \mathrm{Pr} \circ \Phi$, 这里, ϕ 的构造与 ψ 相仿. 则可知, $(N, \pi, N / \sim_N)$ 是一个泛维欧氏丛, 而 $N / \sim_N$ 为一泛维欧氏流形.

(iii) 自然我们希望将上述结构推广到 $S_\infty = \bigcup_{n=1}^\infty S_n$. 我们可以将 $\{M, N\}$ 视为 S 的一个开覆盖. 然后通过 $\sim_M$ 和 $\sim_N$ 分别构造 M 和 N 上的等价类. 不幸的是, $\sim_M$ 和 $\sim_N$ 定义的等价类不相容, 即, 它们在 $M \cap N$ 上定义的等价类是不一样的. 可以证明, 不可能在整个 S_∞ 上构造泛维欧氏丛.

第 9 章 泛维欧氏空间上的微分几何

本章的目的是在泛维欧氏空间上建立微分流形结构. 首先, 定义每一点 $\bar{x} \in \Omega$ 的切空间, 它是一个切丛. 基于切空间, 赋予 Ω 向量场结构, 使得从任意 $\bar{x} \in \Omega$ 出发的积分曲线得以定义. 这是研究泛维欧氏空间上的动力系统的关键. 然后在余切空间上定义余向量场, 证明它与向量场定义相容. 最后定义张量场, 并利用张量场构造泛维黎曼空间与泛维辛空间.

9.1 泛维欧氏空间上的向量场

首先定义泛维欧氏空间 Ω 的切空间.

定义 9.1.1 设 $\bar{x} \in \Omega$ 且 $\dim(\bar{x}) = m$, 则 $\bar{x}$ 的切空间称为 $\bar{x}$ 点的切丛, 并记作 $T_{\bar{x}}(\Omega)$, 定义为

$$T_{\bar{x}}(\Omega) := \mathcal{V}^{[m,\cdot]}. \tag{9.1.1}$$

注 9.1.1 在标准的 n 维欧氏空间中, 每一点的切空间可以看成一个 n 维空间. 这时, 切空间的一个向量 $(v_1, v_2, \cdots, v_n)^{\mathrm{T}}$ 实际上代表一个算子 $\sum_{i=1}^{n} v_i \frac{\partial}{\partial x_i}$. 在一个 n 维欧氏流形中, 切空间的基底依赖于局部坐标的选择. 在泛维欧氏空间中, 在每一个叶上, 切空间的物理意义与标准 n 维欧氏空间是一样的, 只是不同的叶上, n 是变的. 因此, 定义 9.1.1 可以推广到泛维欧氏流形, 只是空间向量的表示依赖于坐标邻域丛的选择.

回忆坐标邻域丛的概念 (参见图 8.4.1), 不难看出, 给定点 $\bar{x} \in \Omega$ 的坐标邻域丛与该点的切丛重叠, 只是坐标邻域丛的每个叶是切丛相应的叶的一部分. 这是因为, 每个叶是在一个欧氏空间内, 而欧氏空间就是这样的.

如果换成泛维欧氏流形 M 时, 设 $\bar{x} \in M$ 且 $\dim(\bar{x}) = m$, 那么, $\bar{x}$ 上的切丛 $T_{\bar{x}}M$ 见图 9.1.1.

如果我们考虑整个 Ω 上的切空间, 即

$$T(\Omega) := \bigcup_{\bar{x} \in \Omega} T_{\bar{x}}(\Omega).$$

那么显见

$$T(\Omega) = \mathbb{R}^{\infty}. \tag{9.1.2}$$

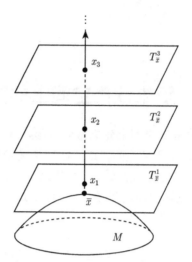

图 9.1.1　泛维欧氏流形上点的切丛

下面定义 Ω 上的向量场. 下面的定义对一般泛维欧氏流形也是适用的.

定义 9.1.2　$\bar{X}$ 称为 Ω 上的 C^r 向量场, 记作 $\bar{X} \in V^r(\Omega)$. 如果它满足以下条件:

(i) 对于每一点 $\bar{x} \in \Omega$, 存在 $p = p_{\bar{x}} = \mu_{\bar{x}} \dim(\bar{x})$, 称为向量场 $\bar{X}$ 在 $\bar{x}$ 的维数, 记作 $\dim(\bar{X}_{\bar{x}})$, 使得 $\bar{X}$ 指定 $\bar{x}$ 的一个坐标邻域丛的 p 滤子 (即 p 上子格丛), $\mathcal{V}_O^{[p,\cdot]} = \{O^p, O^{2p}, \cdots\}$, 然后在这个滤子的每个叶上指定一个向量 $X^j \in T_{x_{j\mu}}(O^{jp})$, $j = 1, 2, \cdots$;

(ii) $\{X^j \,|\, j = 1, 2, \cdots\}$ 满足相容性条件, 即

$$X^j = X^1 \otimes \mathbf{1}_j, \quad j = 1, 2, \cdots; \tag{9.1.3}$$

(iii) 在每片叶 $O^{jp} \subset \mathbb{R}^{j\mu \dim(\bar{x})}$ 上,

$$\bar{X}|_{O^{jp}} \in V^r(O^{jp}). \tag{9.1.4}$$

定义 9.1.3　$\bar{X} \in V^r(\Omega)$ 称为维数有界 (dimension bounded) 的, 如果

$$\max_{\bar{x} \in \Omega} \dim(\bar{X}_{\bar{x}}) < \infty. \tag{9.1.5}$$

下面给一个 Ω 上的 C^r 向量场的构造方法. 类似于连续函数, 我们先将向量场定义在 $\mathcal{V}^m = \mathbb{R}^m$, 然后再将它延拓到 $T(\Omega) = \mathbb{R}^\infty$ 上.

算法 9.1.1　第 1 步: 设存在一个最小的 m, 使得 $\bar{X}$ 在叶 $\mathbb{R}^m$ 上全局有定义, 即

$$\bar{X}|_{\mathbb{R}^m} := X \in V^r(\mathbb{R}^m). \tag{9.1.6}$$

从构造的角度看, 即给定一个 $X \in V^r(\mathbb{R}^m)$, 则 $\bar{X}$ 在叶 $\mathbb{R}^m$ 上的值可由 (9.1.6) 定义.

第 2 步: 将 X 推广到 $T_{\bar{y}}$ 上去. 设 $\dim(\bar{y}) = s$, 记 $m \vee s = t$, $t/s = \alpha$, $t/m = \beta$. 那么, $\dim(T_{\bar{y}}) = t$. 设 $y \in \bar{y} \cap R^{[t, \cdot]}$, 并且 $\dim(y) = kt$, $k = 1, 2, \cdots$. 定义

$$\bar{X}(y) := \Pi_{kt}^m X(\Pi_m^{kt} y), \quad k = 1, 2, \cdots. \tag{9.1.7}$$

定理 9.1.1 (i) 由算法 9.1.1 生成的 $\bar{X}$ 是 C^r 向量场, 即 $\bar{X} \in V^{*r}(\Omega)$.

(ii) 如果 $\bar{X} \in V^r(\Omega)$ 是维数有界的, 则 $\bar{X}$ 可通过算法 9.1.1 生成.

证明 (i) 根据定义, 对任何 $\bar{y} \in \Omega$, 设 $\dim(\bar{y}) = s$, 则在 $\bar{y}$ 的坐标邻域丛的一个子格 $R^{[t, \cdot]}$ 上 (因为考虑泛维欧氏空间, 坐标邻域丛的每个叶均可取全空间) 指定了 $\bar{X}_y$. 下面证明这些子格点上定义的向量是相容的. 设 $\dim(y_{k\beta}) = kt = k\beta m$, 当 $k = 1$ 时, $y = y_\beta$, 于是

$$\begin{aligned}
\bar{X}(y_\beta) &= \Pi_{\beta m}^m X(\Pi_m^{\beta m} y_\beta) \\
&= (I_{\beta m} \otimes \mathbf{1}_1^{\mathrm{T}})(I_m \otimes \mathbf{1}_\beta) X(\Pi_m^{\beta m} y_\beta) \\
&= (I_m \otimes \mathbf{1}_\beta) X(\Pi_m^{\beta m} y_\beta) \\
&= X(\Pi_m^{\beta m} y_\beta) \otimes I_\beta.
\end{aligned}$$

类似计算可得

$$\bar{X}(y_{k\beta}) = X(\Pi_m^{k\beta m} y_{k\beta}) \otimes I_{k\beta}.$$

由于 $y_\beta \leftrightarrow y_{k\beta}$, 则得 $\Pi_m^{k\beta m} y_{k\beta} = \Pi_m^{\beta m} y_\beta$. 于是有

$$\bar{X}(y_{k\beta}) = \bar{X}(y_\beta) \otimes \mathbf{1}_k.$$

这就证明了相容性.

最后证明 (9.1.4). 也就是要证明在叶 $\mathbb{R}^{jp}$ 上, $\bar{X}$ 是一个 C^r 向量场. 因为在同一个叶上, 所有点维数相同, 于是, 定义式 (9.1.7) 保证了 $\bar{X}|_{\mathbb{R}^{jp}}$ 是 C^r 向量场.

(ii) 如果 $\bar{X}$ 是维数有界的, 令

$$m := \mathrm{lcm} \left\{ \dim(\bar{X}_{\bar{x}}) \,\middle|\, \bar{x} \in \Omega \right\}.$$

那么, 显然 $X := \bar{X}|_{\mathbb{R}^m} \in C^r(\mathbb{R}^m)$. 并且, 因为 $\bar{X}$ 满足定义 9.1.2 的要求, 那么, 从这个 X 出发, 依式 (9.1.7) 构造出来的向量场必定与 $\bar{X}$ 重合. $\qquad\square$

今后, 我们只考虑维数有界向量场. 这不仅因为它们便于计算, 更因为在今后讨论动力系统时, 只考虑有限多个向量场.

下面讨论一个例子.

例 9.1.1　设 $X = (x_1 + x_2, x_2^2)^T \in C^\omega(\mathbb{R}^2)$. $\bar{X} \in C^\omega(\Omega)$ 由 X 生成.

(i) 设 $\bar{y} \in \Omega, \dim(\bar{y}) = 3$, 记 $y_1 = (\xi_1, \xi_2, \xi_3)^T \in \mathbb{R}^3$. 因为 $2 \vee 3 = 6$, $\bar{X}$ 在

$$\bar{y} \cap \mathbb{R}^{6k} = \{y_2, y_4, y_6, \cdots\}$$

上有定义. 现在考虑 y_2.

$$
\begin{aligned}
\bar{X}(y_2) &= \Pi_6^2 X(\Pi_2^6(y_2)) \\
&= \Pi_6^2 X(\Pi_2^6 y_2) \\
&= (I_2 \otimes \mathbf{1}_3) X \left(\frac{1}{3} (I_2 \otimes \mathbf{1}_3^T)(y_1 \otimes \mathbf{1}_2) \right) \\
&= \begin{bmatrix}
\dfrac{2}{3}(\xi_1 + \xi_2 + \xi_3) \\[2mm]
\dfrac{2}{3}(\xi_1 + \xi_2 + \xi_3) \\[2mm]
\dfrac{2}{3}(\xi_1 + \xi_2 + \xi_3) \\[2mm]
\dfrac{1}{9}(\xi_2 + 2\xi_3)^2 \\[2mm]
\dfrac{1}{9}(\xi_2 + 2\xi_3)^2 \\[2mm]
\dfrac{1}{9}(\xi_2 + 2\xi_3)^2
\end{bmatrix}.
\end{aligned}
$$

考虑 y_4, 同样计算可得

$$
\begin{aligned}
\bar{X}(y_4) &= \Pi_{12}^2 X(\Pi_2^{12}(y_4)) \\
&= \bar{X}(y_2) \otimes \mathbf{1}_2.
\end{aligned}
$$

实际上, 我们有

$$\bar{X}(y_{2k}) = \bar{X}(y_2) \otimes \mathbf{1}_k, \quad k = 1, 2, \cdots.$$

(ii) 考虑 $\bar{X}|_{\mathbb{R}^6}$.

设 $x = (x_1, x_2, x_3, x_4, x_5, x_6)^T \in \mathbb{R}^6$, 则

$$
\begin{aligned}
X^6 &:= \bar{X}_x \\
&= \Pi_6^2 X(\Pi_2^6 x)
\end{aligned}
$$

$$= \begin{bmatrix} \dfrac{1}{3}(x_1 + x_2 + x_3 + x_4 + x_5 + x_6) \\[2mm] \dfrac{1}{3}(x_1 + x_2 + x_3 + x_4 + x_5 + x_6) \\[2mm] \dfrac{1}{3}(x_1 + x_2 + x_3 + x_4 + x_5 + x_6) \\[2mm] \dfrac{1}{9}(x_4 + x_5 + x_6)^2 \\[2mm] \dfrac{1}{9}(x_4 + x_5 + x_6)^2 \\[2mm] \dfrac{1}{9}(x_4 + x_5 + x_6)^2 \end{bmatrix}. \tag{9.1.8}$$

$X^6 \in V^\omega(\mathbb{R}^6)$ 是一个经典意义的向量场.

下面考虑 Ω 上向量场的积分曲线.

定义 9.1.4 设 $\bar{X} \in C^r(\Omega)$, $X \in C^r(\mathbb{R}^n)$ 称为其生成向量场, 如果

$$X = \bar{X}|_{\mathbb{R}^n}. \tag{9.1.9}$$

维数最小的生成向量场称为最小生成向量场.

下面的结果可直接由定义与定理 9.1.1 得出.

命题 9.1.1 设 $\bar{X} \in V^r(\Omega)$.

(i) 如果 $X \in V^r(\mathbb{R}^n)$ 是其生成向量场, 则 $X \otimes \mathbf{1}_s \in V^r(\mathbb{R}^{sn})$ 也是其生成向量场.

(ii) 如果 $X \in V^r(\mathbb{R}^n)$ 是其生成向量场, $Y \in V^r(\mathbb{R}^m)$, $m < n$ 也是其生成向量场, 则 $m|n$, 并且 $X = Y \otimes \mathbf{1}_{n/m}$.

(iii) 设 $\bar{X} \in V^r(\Omega)$ 为有界生成向量场, 则它必有生成向量场, 从而也必有最小的生成向量场.

定义 9.1.5 设 $\bar{X} \in C^r(\Omega)$. $\bar{x}(t, \bar{x}_0)$ 称为 $\bar{X}$ 的初值为 $\bar{x}_0$ 的积分曲线, 记作 $\bar{x}(t, \bar{x}_0) = \Phi_t^{\bar{X}}(\bar{x}_0)$, 如果对每一个满足初始值条件 $x_0 \in \bar{x}_0 \cap \mathbb{R}^n$ 的 $\bar{X}$ 的生成向量场 $X = \bar{X}|_{\mathbb{R}^n}$, 均成立

$$\Phi_t^{\bar{X}}(\bar{x}_0)|_{\mathbb{R}^n} = \Phi_t^X(x_0), \quad t \geqslant 0. \tag{9.1.10}$$

下面我们讨论一下积分曲线的存在性及其性质. 首先, 设 $X = \bar{X}|_{\mathbb{R}^n}$ 为 $\bar{X}$ 的最小生成向量场. 那么, 显然 $\bar{X}$ 的所有生成向量场为 $X_k = \bar{X}|_{\mathbb{R}^{kn}}$, $k = 1, 2, \cdots$. 现在设 $\bar{x}_0 \in \Omega$, 且 $\dim(\bar{x}_0) = j$. 记 $j \vee n = s$, 那么,

$$\bar{x} \cap \mathbb{R}^\ell \neq \varnothing,$$

当且仅当, $\ell = ks$, $k = 1, 2, \cdots$. 记 $x_0^s = \bar{x}_0 \cap \mathbb{R}^s$, 则

$$\Phi_t^{X_s}(x_0^s) = \Phi_t^{\bar{X}}(\bar{x}_0)|_{\mathbb{R}^s}.$$

并且

$$\Phi_t^{\bar{X}}(\bar{x}_0)|_{\mathbb{R}^{ks}} = \Phi_t^{X_{ks}}(x_0^{ks}) = \Phi_t^{X_s}(x_0^s) \otimes \mathbf{1}_k.$$

因此, $\bar{X}$ 过 $\bar{x}_0$ 的积分曲线可以看作一族定义在子格丛 $\{\mathbb{R}^{ks} \,|\, k = 1, 2, \cdots\}$ 上的一族积分曲线, 它们都是等价的, 即, 对任何 $0 \leqslant k, k' < \infty$

$$\Phi_t^{X_{ks}}(x_0^{ks}) \leftrightarrow \Phi_t^{X_{k's}}(x_0^{k's}), \quad \forall t \geqslant 0.$$

例 9.1.2　回忆例 9.1.1. 设 $\bar{X} \in \Omega$ 由 $X = (x_1 + x_2, x_2^2)^{\mathrm{T}} \in C^\omega(\mathbb{R}^2)$ 生成. 设初值为 $\bar{x}_0 \in \Omega$, $\dim(\bar{x}_0) = 3$, 即 $x_1 = (\xi_1, \xi_2, \xi_3)^{\mathrm{T}}$. 求 $\bar{X}$ 过 $\bar{x}_0$ 的积分曲线. 因为 $2 \vee 3 = 6$, 积分曲线是定义在 $\mathbb{R}^{6k}$, $k = 1, 2, \cdots$ 上的一族等价曲线. 先求它在 $\mathbb{R}^6$ 上的积分曲线, $\bar{X}|_{\mathbb{R}^6} := X^6$, 它已由式 (9.1.8) 具体给出. 再看 $x_2^0 := \bar{x}_0 \cap \mathbb{R}^6$, 则 $x_2^0 = (\xi_1, \xi_1, \xi_2, \xi_2, \xi_3, \xi_3)^{\mathrm{T}}$. 于是, 其积分曲线为

$$\Phi_t^{X^6}(x_2^0).$$

因此

$$\Phi_t^{\bar{X}}(\bar{x}_0) = \left\{ \Phi_t^{X^6}(x_2^0) \otimes \mathbf{1}_k \,|\, k = 1, 2, \cdots \right\}. \tag{9.1.11}$$

9.2　泛维欧氏空间上的余向量场

首先定义泛维欧氏空间 Ω 的余切空间.

定义 9.2.1　设 $\bar{x} \in \Omega$ 且 $\dim(\bar{x}) = m$, 则 $\bar{x}$ 的余切空间, 称为 $\bar{x}$ 点的余切丛, 并记作 $T_{\bar{x}}^*(\Omega)$, 定义为

$$T_{\bar{x}}^*(\Omega) := \mathcal{V}^{*[m,\cdot]}. \tag{9.2.1}$$

注 9.2.1　当 Ω 被替换为泛维欧氏流形时, 定义 9.2.1 依赖于局部坐标丛的选择.

类似于切丛, 给定点 $\bar{x} \in \Omega$, 余切丛的每个叶都是一个欧氏空间. 每一点的余切丛都是 $\mathbb{R}^\infty$ 的一个子格 (滤子). 如果换成泛维欧氏流形 M 时, 不妨将图 9.1.1 当作余切丛的示意图.

下面定义 Ω 上的余向量场. 下面的定义对一般泛维欧氏流形也是适用的.

定义 9.2.2 $\bar{\omega}$ 称为 Ω 上的 C^r 余向量场, 记作 $\bar{\omega} \in V^r(\Omega)$. 如果它满足以下条件:

(i) 对于每一点 $\bar{x} \in \Omega$, 存在 $p = p_{\bar{x}} = \mu_{\bar{x}} \dim(\bar{x})$, 称为余向量场 $\bar{\omega}$ 在 $\bar{x}$ 的维数, 记作 $\dim(\bar{\omega}_{\bar{x}})$, 使得 $\bar{\omega}$ 指定 $\bar{x}$ 的一个坐标邻域丛的 p 滤子, $\mathcal{V}_O^{[p, \cdot]} = \{O^p, O^{2p}, \cdots\}$, 然后在这个子格丛的每个叶上指定一个余向量 $\omega^j \in T^*_{x_{j\mu}}(O^{jp})$, $j = 1, 2, \cdots$;

(ii) $\{\omega^j \mid j = 1, 2, \cdots\}$ 满足相容性条件, 即

$$\omega^j = \omega^1 \otimes \frac{1}{j} \mathbf{1}_j^{\mathrm{T}}, \quad j = 1, 2, \cdots; \tag{9.2.2}$$

(iii) 在每片叶 $O^{jp} \subset \mathbb{R}^{j\mu \dim(\bar{x})}$ 上,

$$\bar{\omega}|_{O^{jp}} \in V^{*r}(O^{jp}). \tag{9.2.3}$$

定义 9.2.3 $\bar{\omega} \in V^{*r}(\Omega)$ 称为维数有界的, 如果

$$\max_{\bar{x} \in \Omega} \dim(\bar{\omega}_{\bar{x}}) < \infty. \tag{9.2.4}$$

下面给出一个 Ω 上的 C^r 余向量场的构造方法. 类似于向量场, 我们先将余向量场定义在 $\mathcal{V}^m = \mathbb{R}^m$, 然后再将它延拓到 $T^*(\Omega) = \mathbb{R}^\infty$ 上.

算法 9.2.1 第 1 步: 设存在一个最小的 m, 使得 $\bar{\omega}$ 在叶 $\mathbb{R}^m$ 上全局有定义, 即

$$\bar{\omega}|_{\mathbb{R}^m} := \omega \in V^{*r}(\mathbb{R}^m). \tag{9.2.5}$$

从构造的角度看, 即给定一个 $\omega \in V^{*r}(\mathbb{R}^m)$, 则 $\bar{\omega}$ 在叶 $\mathbb{R}^m$ 上的值可由 (9.2.5) 定义.

第 2 步: 将 ω 推广到 $T^*_{\bar{y}}$ 上去. 设 $\dim(\bar{y}) = s$, 记 $m \vee s = t$, $t/m = \alpha$, $t/s = \beta$. 那么, $\dim(T_{\bar{y}}) = t$. 设 $y \in \bar{y} \cap R^{[t, \cdot]}$, 并且 $\dim(y) = kt$, $k = 1, 2, \cdots$. 定义

$$\bar{\omega}(y) := \omega(\Pi_m^{kt} y) \Pi_m^{kt}, \quad k = 1, 2, \cdots. \tag{9.2.6}$$

类似于向量场, 可以证明以下定理.

定理 9.2.1 (i) 由算法 9.2.1 生成的 $\bar{\omega}$ 是 C^r 余向量场, 即 $\bar{\omega} \in V^{*r}(\Omega)$;

(ii) 如果 $\bar{\omega} \in V^{*r}(\Omega)$ 是维数有界的, 则 $\bar{\omega}$ 可通过算法 9.2.1 生成.

类似于向量场, 今后, 我们只考虑维数有界余向量场.

余向量场与向量场一样, 只在每个点 $\bar{x} \in \Omega$ 的切丛的一个子格上有定义. 设 $\omega = \bar{\omega}|_{\mathbb{R}^n}$ 为 $\bar{\omega}$ 的最小生成余向量场. 那么, 显然 $\bar{\omega}$ 的所有生成余向量场为 $\omega_k = \bar{\omega}|_{\mathbb{R}^{kn}}$, $k = 1, 2, \cdots$. 现在设 $\bar{x}_0 \in \Omega$, 且 $\dim(\bar{x}_0) = j$. 记 $j \vee n = s$, 那么,

$$\bar{x} \cap \mathbb{R}^\ell \neq \varnothing,$$

当且仅当, $\ell = ks$, $k = 1, 2, \cdots$.

其实, 余向量可以看成向量的函数. 因此, 余向量丛与向量丛的相容性至关重要. 下面的命题给出了这种相容性.

命题 9.2.1　设 $\bar{X} \in V^r(\Omega)$, $\bar{\omega} \in V^{*r}(\Omega)$. 并且, $\dim(\bar{X}) = \dim(\bar{\omega})$. 则在任一点 $\bar{x} \in \Omega$ 的 $\bar{X}$ 及 $\bar{\omega}$ 有定义的子格上 $\bar{\omega}(\bar{X})$ 唯一定义. 即设 $x_k = \bar{x} \cap \mathbb{R}^{kp}$, $k = 1, 2, \cdots$ 上

$$\bar{\omega}(\bar{X})|_{x_k} = \text{const.}, \quad k = 1, 2, \cdots. \tag{9.2.7}$$

证明　记 $\dim x = s$, $\dim(\bar{X}) = \dim(\bar{\omega}) = m$. 由前面的讨论可知, $\bar{X}$ 及 $\bar{\omega}$ 有定义的子格为 $\{x_p, x_{2p}, \cdots\}$, 这里, $p = s \vee m$. 要证明式 (9.2.7), 只要证

$$\bar{\omega}(\bar{X})|_{x_k} = \bar{\omega}(\bar{X})|_{x_1}, \quad k = 1, 2, \cdots. \tag{9.2.8}$$

设 $p = rm$, 则

$$\begin{aligned}
\omega_1 &= \omega\left(\Pi_m^{rm}(x_p)\right)\Pi_m^{rm}, \\
\omega_k &= \omega\left(\Pi_m^{rkm}(x_{kp})\right)\Pi_m^{rkm}, \\
X_1 &= \Pi_{rm}^m X\left(\Pi_m^{rm}(x_p)\right), \\
X_k &= \Pi_{rkm}^m X\left(\Pi_m^{rkm}(x_{kp})\right).
\end{aligned} \tag{9.2.9}$$

利用式 (9.2.9) 可得

$$\begin{aligned}
\omega_1(X_1) &= \omega\left(\Pi_m^{rm}(x_p)\right)\Pi_m^{rm}\Pi_{rm}^m X\left(\Pi_m^{rm}(x_p)\right), \\
\omega_k(X_k) &= \omega\left(\Pi_m^{rkm}(x_{kp})\right)\Pi_m^{rkm}\Pi_{rkm}^m X\left(\Pi_m^{rkm}(x_{kp})\right).
\end{aligned} \tag{9.2.10}$$

因为 $x_p \leftrightarrow x_{kp}$, 则 $\Pi_m^{rm}(x_p) = \Pi_m^{rkm}(x_{kp})$. 于是, 要证明 (9.2.10), 只要证明

$$\Pi_m^{rm}\Pi_{rm}^m = \Pi_m^{rkm}\Pi_{rkm}^m$$

即可. 直接计算可得

$$\Pi_m^{rm}\Pi_{rm}^m = \Pi_m^{rkm}\Pi_{rkm}^m = 1. \qquad \square$$

余向量场也称 1 形式 (one-form). 设 $\bar{f} \in C^r(\Omega)$, 那么, 在任一叶 $\mathbb{R}^m$ 上 $f^m := \bar{f}|_{\mathbb{R}^m}$, 则有微分

$$df^m = \left(\frac{\partial f^m}{\partial x_1}, \frac{\partial f^m}{\partial x_2}, \cdots, \frac{\partial f^m}{\partial x_m}\right). \tag{9.2.11}$$

那么, 这样定义的函数微分是不是一个余向量场呢?

命题 9.2.2　由式 (9.2.11) 生成的微分族是一个余向量场.

证明 将 df^m 当作最小生成余向量场. 考虑它在 $\mathbb{R}^{km}$ 上的微分. 设 $y \in \mathbb{R}^{km}$, 考虑 $f(\Pi_m^{km} y)$. 直接计算可知

$$
df(\Pi_m^{km} y) = \left(\left. \frac{\partial f^m}{\partial x_1} \right|_{\Pi_m^{km} y}, \cdots, \left. \frac{\partial f^m}{\partial x_m} \right|_{\Pi_m^{km} y} \right) \Pi_m^{km}
$$
$$
= df(\Pi_m^{km} y) \Pi_m^{km} y. \tag{9.2.12}
$$

这说明导 $\bar{f}$ 在叶 $\mathbb{R}^{km}$ 上的微分正好是 df^m 的导出余向量场. □

如果一个余向量场能由一个函数生成, 则它称为闭形式 (closed form).

9.3 泛维欧氏空间上的分布与余分布

9.3.1 泛维欧氏空间上的分布

定义 9.3.1 Ω 上的一个分布 $\bar{D}$ 是一个规则, 它在每一点 $\bar{x} \in \Omega$ 上指定其坐标邻域 $O_{\bar{x}}$ 的一个子格 $O_j = O_{\bar{x}} \cap \mathbb{R}^{jrs}$, $r \in \mathbb{Z}_+$, $s = \dim(\bar{x})$, $j = 1, 2, \cdots$, 并在 $x_{jr} \in O_{jr}$ 的切空间 $T_{x_{jr}}(\mathbb{R}^{jrs})$ 上指定一个子空间 $D_j(x_{rj}) \subset T_{x_{rj}}(\mathbb{R}^{rjs})$. 这组子空间满足相容性条件, 即

$$
D_j(x_{rj}) = D_1(x_r) \otimes \mathbf{1}_j, \quad j = 1, 2, \cdots. \tag{9.3.1}
$$

下面给出 Ω 上的 C^r 分布的构造方法. 类似于向量场和余向量场, 我们先把分布定义在 $\mathcal{V}^m = \mathbb{R}^m$ 上, 然后再将它延拓到 $T(\Omega) = \mathbb{R}^\infty$ 上.

算法 9.3.1 第 1 步: 设存在一个最小的 m, 使得 $\bar{D}$ 在叶 $\mathbb{R}^m$ 上全局有定义, 即

$$
\bar{D}|_{\mathbb{R}^m} := D(x) \subset T^r(\mathbb{R}^m). \tag{9.3.2}
$$

第 2 步: 将 $D(x)$ 推广到 $T_{\bar{y}}(\Omega)$ 上去. 设 $\dim(\bar{y}) = s$, 记 $m \vee s = t$, $t/m = \alpha$, $t/s = \beta$, 那么, $\dim(T_{\bar{y}}) = t$. 设 $y \in \bar{y} \cap R^{[t,\cdot]}$, 并且 $\dim(y) = kt$, $k = 1, 2, \cdots$. 定义

$$
D(y) := \Pi_{kt}^m D(\Pi_m^{kt} y), \quad k = 1, 2, \cdots. \tag{9.3.3}
$$

类似于向量场及余向量场, 可以证明以下定理.

定理 9.3.1 由算法 9.3.1 生成的 $\bar{D}$ 是 Ω 上的分布, 即 $\bar{D}(\bar{x}) \subset T_{\bar{x}}(\Omega)$, $\forall \bar{x} \in \Omega$.

最常见的分布是由一些向量场生成的分布.

定义 9.3.2 设 $\bar{X}_i \in V^r(\Omega)$ 且 $\dim(\bar{X}_i) = m_i$, $i \in [1, n]$. 令 $m = \mathrm{lcm}\{m_i \mid i \in [1, n]\}$. $\bar{X}_i\big|_{\mathbb{R}^m} = X_i$, $D_m(x) \subset T(\mathbb{R}^m)$ 为由 X_i, $i \in [1, n]$ 生成的分布. 则由 $\bar{X}_i$, $i \in [1, m]$ 生成的向量场 $\bar{D} \subset T(\Omega)$ 定义为由 $D_m(x)$ 生成的向量场.

定义 9.3.3 设 $\bar{X}_i \in V^\infty(\Omega)$ 且 $\dim(\bar{X}_i) = m_i$, $i = 1, 2$. 令 $m = m_1 \vee m_2$. 则 $\bar{X}_1$ 与 $\bar{X}_2$ 的李括号

$$[\bar{X}_1, \bar{X}_2] := \bar{X} \in V^\infty(\Omega) \tag{9.3.4}$$

定义为由 X 生成的向量场, 这里

$$X = [\bar{X}_1\big|_{\mathbb{R}^m}, \bar{X}_2\big|_{\mathbb{R}^m}].$$

例 9.3.1 设 $\bar{X}, \bar{Y} \in V^\infty(\Omega)$, $\bar{X}$ 及 $\bar{Y}$ 分别由 $X_0 \in V^\infty(\mathbb{R}^2)$ 及 $Y_0 \in V^\infty(\mathbb{R}^3)$ 生成, 其中

$$\begin{aligned} X_0(x) &= [x_1 + x_2, x_2^2]^{\mathrm{T}}, \\ Y_0(y) &= [y_1^2, 0, y_2 + y_3]^{\mathrm{T}}. \end{aligned} \tag{9.3.5}$$

则 $m = \mathrm{lcm}(2, 3) = 6$. 在叶 $\mathbb{R}^6$ 上有

$$X(z) := \Pi_6^2 X_0(\Pi_2^6 z) = [\alpha, \alpha, \alpha, \beta, \beta, \beta]^{\mathrm{T}},$$

其中,

$$\alpha = \frac{1}{3}(z_1 + z_2 + z_3 + z_4 + z_5 + z_6), \quad \beta = \frac{1}{9}(z_4 + z_5 + z_6).$$

$$Y(z) := \Pi_6^3 Y_0(\Pi_3^6 z) = [\gamma, \gamma, 0, 0, \mu, \mu]^{\mathrm{T}},$$

其中,

$$\gamma = \frac{1}{4}(z_1 + z_2)^2, \quad \mu = \frac{1}{2}(z_3 + z_4 + z_5 + z_6).$$

于是 $\bar{Z} := [\bar{X}, \bar{Y}]$, 它由 $Z_0 \in V^\infty(\mathbb{R}^6)$ 生成, 其中

$$Z_0 = [X, Y] = \frac{\partial Y}{\partial z} X - \frac{\partial X}{\partial z} Y = [a, a, b, c, d, d]^{\mathrm{T}},$$

其中

$$\begin{aligned} a = {} &\frac{1}{3}(z_1 + z_2)(z_1 + z_2 + z_3 + z_4 + z_5 + z_6) \\ &- \frac{1}{6}(z_1 + z_2)^2 - \frac{1}{3}(z_3 + z_4 + z_5 + z_6), \\ b = {} &-\frac{1}{6}(z_1 + z_2)^2 - \frac{1}{3}(z_3 + z_4 + z_5 + z_6), \end{aligned}$$

$$c = -\frac{2}{9}(z_4 + z_5 + z_6)(z_3 + z_4 + z_5 + z_6),$$

$$d = \frac{1}{6}(z_1 + z_2 + z_3 + z_4 + z_5 + z_6) + \frac{1}{6}(z_4 + z_5 + z_6)^2$$
$$- \frac{2}{9}(z_4 + z_5 + z_6)(z_3 + z_4 + z_5 + z_6).$$

定义 9.3.4 (i) 分布 $\bar{D}(\bar{x}) \subset T_{\bar{x}}(\Omega)$, $\bar{x} \in \Omega$ 称为一个对合分布, 如果对任何两个向量场 $\bar{X}$, $\bar{Y} \in \bar{D}$ 均有

$$[\bar{X}, \bar{Y}] \in \bar{D}.$$

(ii) 设 $\bar{X}_i$, $i \in [1, n]$ 给定, 由 $\{\bar{X}_i \mid i \in [1, n]\}$ 生成的对合分布, 或者说, 包含 $\{\bar{X}_i \mid i \in [1, n]\}$ 的最小对合分布, 称为由 $\{\bar{X}_i \mid i \in [1, n]\}$ 生成的李代数, 记作

$$\langle \bar{X}_i \mid i \in [1, n] \rangle_{LA}.$$

9.3.2 泛维欧氏空间上的余分布

定义 9.3.5 Ω 上的一个余分布 $\bar{D}^*$ 是一个规则, 它在每一点 $\bar{x} \in \Omega$ 上指定其坐标邻域 $O_{\bar{x}}$ 的一个子格 $O_j = O_{\bar{x}} \cap \mathbb{R}^{jrs}$, $r \in \mathbb{Z}_+$, $s = \dim(\bar{x})$, $j = 1, 2, \cdots$, 并在 $x_{jr} \in O_{jr}$ 的余切空间 $T^*_{x_{jr}}(\mathbb{R}^{jrs})$ 上指定一个子空间 $D^*_j(x_{rj}) \subset T^*_{x_{rj}}(\mathbb{R}^{rjs})$. 这组子空间满足相容性条件, 即

$$D^*_j(x_{rj}) = D^*_1(x_r) \otimes \mathbf{1}_j^{\mathrm{T}}, \quad j = 1, 2, \cdots. \tag{9.3.6}$$

Ω 上的 C^r 余分布可以与分布类似地构造如下.

算法 9.3.2 第 1 步: 设存在一个最小的 m, 使得 $\bar{D}^*$ 在叶 $\mathbb{R}^m$ 上全局有定义, 即

$$\bar{D}^*|_{\mathbb{R}^m} := D^*(x) \subset T^{*r}(\mathbb{R}^m). \tag{9.3.7}$$

第 2 步: 将 $D^*(x)$ 推广到 $T^*_{\bar{y}}(\Omega)$ 上去. 设 $\dim(\bar{y}) = s$, 记 $m \vee s = t$, $t/m = \alpha$, $t/s = \beta$, 那么, $\dim(T^*_{\bar{y}}) = t$. 设 $y \in \bar{y} \cap R^{[t, \cdot]}$, 并且 $\dim(y) = kt$, $k = 1, 2, \cdots$. 定义

$$D^*(y) := D^*(\Pi_m^{kt} y) \Pi_m^{kt}, \quad k = 1, 2, \cdots. \tag{9.3.8}$$

与分布类似, 最重要的一类余分布是由余向量场张成的.

9.4　泛维欧氏空间上的张量场

设 $\phi : \underbrace{V(\mathbb{R}^m) \times \cdots \times V(\mathbb{R}^m)}_{r} \times \underbrace{V^*(\mathbb{R}^m) \times \cdots \times V^*(\mathbb{R}^m)}_{s} \to \mathbb{R}$ 为 $\mathbb{R}^m$ 上的

一个 (r,s) 阶张量场, 其中 r 为协变阶, s 为逆变阶. (r,s) 阶张量场集合记作 $T_s^r(\mathbb{R}^m)$. 记 $\{e_1, e_2, \cdots, e_m\}$ 为 $V(\mathbb{R}^m)$ 的基底, $\{d_1, d_2, \cdots, d_m\}$ 为 $V^*(\mathbb{R}^m)$ 的基底, 则

$$
\begin{aligned}
\gamma_{j_1 j_2 \cdots j_s}^{i_1 i_2 \cdots i_r} &:= \phi\left(e_{i_1}, e_{i_2}, \cdots, e_{i_r}, d_{j_1}, d_{j_2}, \cdots, d_{j_s}\right), \\
&\quad 1 \leqslant i_1, \cdots, i_r \leqslant m, \quad 1 \leqslant j_1, \cdots, j_s \leqslant m
\end{aligned}
\tag{9.4.1}
$$

称为 ϕ 的结构常数. 利用结构常数可构造结构矩阵如下:

$$
\Gamma_\phi := \begin{bmatrix}
\gamma_{11\cdots1}^{11\cdots1} & \cdots & \gamma_{11\cdots1}^{11\cdots m} & \cdots & \gamma_{11\cdots1}^{mm\cdots1} & \cdots & \gamma_{11\cdots1}^{mm\cdots m} \\
\vdots & & \vdots & & \vdots & & \vdots \\
\gamma_{11\cdots m}^{11\cdots1} & \cdots & \gamma_{11\cdots m}^{11\cdots m} & \cdots & \gamma_{11\cdots m}^{mm\cdots1} & \cdots & \gamma_{11\cdots m}^{mm\cdots m} \\
\vdots & & \vdots & & \vdots & & \vdots \\
\gamma_{mm\cdots1}^{11\cdots1} & \cdots & \gamma_{mm\cdots1}^{11\cdots m} & \cdots & \gamma_{mm\cdots1}^{mm\cdots1} & \cdots & \gamma_{mm\cdots1}^{mm\cdots m} \\
\vdots & & \vdots & & \vdots & & \vdots \\
\gamma_{mm\cdots m}^{11\cdots1} & \cdots & \gamma_{mm\cdots m}^{11\cdots m} & \cdots & \gamma_{mm\cdots m}^{mm\cdots1} & \cdots & \gamma_{mm\cdots m}^{mm\cdots m}
\end{bmatrix}.
\tag{9.4.2}
$$

利用这个结构矩阵, 我们有

$$
\phi(X_1, \cdots, X_r, \omega_1, \cdots, \omega_s) = \omega_s \cdots \omega_1 \Gamma_\phi X_1 \cdots X_r.
\tag{9.4.3}
$$

下面要构造 $\bar{\Xi} \in T_s^r(\Omega)$. 设 $\Xi \in T_s^r(\mathbb{R}^m)$ 为 $\bar{\Xi} \in T_s^r(\Omega)$ 的最小生成张量场, 记

$$
\bar{\Xi}|_{\mathbb{R}^{km}} := \Xi_k.
$$

只要将 Ξ_k 的结构矩阵造出来就可以了. 显然, 对 Ξ_k 的基本要求是, 对任意 $X_1, \cdots, X_r \in V^r(\mathbb{R}^m)$ 及 $\omega_1, \cdots, \omega_s \in V^{*r}(\mathbb{R}^m)$, 它们在 Ξ 中的取值与当它们投影到 $\mathbb{R}^{km}$ 上时, 它们在 Ξ_k 中的取值相同, 即

$$
\begin{aligned}
&\Xi(x)(X_1(x), \cdots, X_r(x), \omega_1(x), \cdots, \omega_s(x)) \\
&= \Xi_k(y)(\pi_{km}^k(X_1(x(y))), \cdots, \pi_{km}^k(X_r(x(y))), \pi_{km}^k(\omega_1(x(y))), \cdots, \pi_{km}^k(\omega_s(x(y)))),
\end{aligned}
\tag{9.4.4}
$$

其中 $y(x) = \Pi_{km}^m x$, $x(y) = \Pi_m^{km} y$.

设 Ξ 的结构矩阵为 $\Gamma(x)$, Ξ_k 的结构矩阵为 $\Gamma_k(y)$. 那么, (9.4.4) 可写成

$$\omega_s(x)\cdots\omega_1(s)\Gamma(x)X_1(x)\cdots X_r(x)$$

$$= \omega_s(\Pi_m^{km}y)\Pi_m^{km}\cdots\omega_1(\Pi_m^{km}y)\Pi_m^{km}\Gamma_k(y)\Pi_{km}^m X_1(\Pi_m^{km}(y))\cdots\Pi_{km}^m X_r(\Pi_m^{km}(y))$$

$$= \omega_s(x)\cdots\omega_1(x)\left(I_{(s-1)m}\otimes\Pi_m^{km}\right)\cdots\left(I_m\otimes\Pi_m^{km}\right)\Pi_m^{km}\Gamma_k(y)$$

$$\times \Pi_{km}^m\left(I_m\otimes\Pi_{km}^m\right)\cdots\left(I_{(r-1)m}\otimes\Pi_{km}^m\right)X_1(x)\cdots X_r(x).$$

于是可知

$$\Gamma(x) = \left(I_{(s-1)m}\otimes\Pi_m^{km}\right)\cdots\left(I_m\otimes\Pi_m^{km}\right)\Pi_m^{km}\Gamma_k(y)$$

$$\times P_{km}^m\left(I_m\otimes\Pi_{km}^m\right)\cdots\left(I_{(r-1)m}\otimes\Pi_{km}^m\right). \tag{9.4.5}$$

因此, 一个合理的定义就是

$$\Gamma_k(y) := \Pi_{km}^m\left(I_m\otimes\Pi_{km}^m\right)\cdots\left(I_{(s-1)m}\otimes\Pi_{km}^m\right)\Gamma(\Pi_m^{km}(y))$$

$$\times \left(I_{(r-1)m}\otimes\Pi_m^{km}\right)\cdots\left(I_m\otimes\Pi_m^{km}\right)\Pi_m^{km}. \tag{9.4.6}$$

不难验证, 式 (9.4.6) 定义的 Γ_k 满足式 (9.4.5).

然后, 设 $\bar{x}\in\Omega$, $\dim(\bar{x})=s$, $s\vee m=p$, 记 $p=\mu s=\lambda m$. 那么, Ξ 在 $\bar{x}\cap\mathbb{R}^{kp}$, $k=1,2,\cdots$ 上有定义. 记 $x_k=\bar{x}\cap\mathbb{R}^{kp}$, 则

$$\bar{\Gamma}(x_k) := \Pi_{k\lambda m}^m\left(I_m\otimes\Pi_{k\lambda m}^m\right)\cdots\left(I_{(s-1)m}\otimes\Pi_{k\lambda m}^m\right)\Gamma(\Pi_m^{k\lambda m}(x_k))$$

$$\times \left(I_{(r-1)m}\otimes\Pi_m^{k\lambda m}\right)\cdots\left(I_m\otimes\Pi_m^{k\lambda m}\right)\Pi_m^{k\lambda m}. \tag{9.4.7}$$

例 9.4.1 设 $\bar{\Xi}\in T_1^2(\Omega)$, 其最小生成张量 $\Xi\in T_1^2(\mathbb{R}^2)$ 的结构矩阵为

$$\Gamma(x) = \begin{bmatrix} 0 & \sin(x_1+x_2) & 0 & \cos(x_1+x_2) \\ -\cos(x_1+x_2) & 0 & \sin(x_1+x_2) & 0 \end{bmatrix}. \tag{9.4.8}$$

(i) 求 $\bar{\Xi}|_{\mathbb{R}^4}$ 上的结构矩阵.

利用式 (9.4.6), 则

$$\bar{\Xi}|_{\mathbb{R}^4} = \Pi_4^2\Gamma(\Pi_2^4(y))\left(I_2\otimes\Pi_2^4\right)\Pi_2^4$$

$$= \Pi_4^2\Gamma\left(\left[\frac{y_1+y_2}{2}, \frac{y_3+y_4}{2}\right]\right)\left(I_2\otimes\Pi_2^4\right)\Pi_2^4$$

$$= \frac{1}{4}\begin{bmatrix} 0 & 0 & s & s & 0 & 0 & s & s & 0 & 0 & c & c & 0 & 0 & c & c \\ 0 & 0 & s & s & 0 & 0 & s & s & 0 & 0 & c & c & 0 & 0 & c & c \\ -c & -c & 0 & 0 & -c & -c & 0 & 0 & s & s & 0 & 0 & s & s & 0 & 0 \\ -c & -c & 0 & 0 & -c & -c & 0 & 0 & s & s & 0 & 0 & s & s & 0 & 0 \end{bmatrix},$$

这里

$$s = \sin\left(\frac{y_1 + y_2 + y_3 + y_4}{2}\right), \quad c = \cos\left(\frac{y_1 + y_2 + y_3 + y_4}{2}\right).$$

(ii) 设 $\bar{x} \in \Omega$, $\dim(\bar{z}) = 3$, 那么, Ξ 只在 z_{kp}, $p = 2 \vee 3 = 6$, $k = 1, 2, \cdots$ 上有定义. 利用公式 (9.4.7) 可得

$$
\begin{aligned}
\bar{\Xi}|_{z_2} &= \Pi_6^2 \Gamma(\Pi_2^6(z_2)) \left(I_2 \otimes \Pi_2^6\right) \Pi_2^6 \\
&= \Pi_6^2 \Gamma\left(\left[\frac{2z_1 + z_2}{3}, \frac{z_+ 2z_3}{3}\right]\right) \left(I_2 \otimes \Pi_2^6\right) \Pi_2^6 \\
&= \frac{1}{9}\begin{bmatrix} 0 & s & 0 & s & 0 & s & 0 & c & 0 & c & 0 & c \\ -c & 0 & -c & 0 & -c & 0 & s & 0 & s & 0 & s & 0 \end{bmatrix} \otimes \mathbf{1}_{3 \times 3},
\end{aligned}
$$

这里

$$s = \sin\left(\frac{2(z_1 + z_2 + z_3)}{3}\right), \quad c = \cos\left(\frac{2(z_1 + z_2 + z_3)}{3}\right).$$

注 9.4.1 (i) 以上关于泛维欧氏空间的张量场的构造可以自然地推广到泛维欧氏流形. 因此, 不妨认为给定一个欧氏流形, 就可以定义其上的张量场.

(ii) 一个张量场 T_s^r 当逆变阶 $s = 0$ 时称为一个协变张量场, r 阶协变张量场也称 r 形式 (r-form).

9.5　泛维黎曼流形与泛维辛流形

定义 9.5.1　设 $\Xi \in T_0^r(\Omega)$ 为一 r 阶协变张量场.
(i) Ξ 称为对称的, 如果

$$\Xi(X_1, \cdots, X_r) = \Xi(X_{\sigma(1)}, \cdots, X_{\sigma(r)}), \quad \sigma \in \mathbf{S}_r. \tag{9.5.1}$$

(ii) Ξ 称为反对称的, 如果

$$\Xi(X_1, \cdots, X_r) = \mathrm{sgn}(\sigma)\Xi(X_{\sigma(1)}, \cdots, X_{\sigma(r)}), \quad \sigma \in \mathbf{S}_r. \tag{9.5.2}$$

二阶协变张量场 (2 形式) 具有特殊的重要性. 对于二阶协变张量场 $\Xi \in T^2(\mathbb{R}^n)$, 其结构矩阵通常改写成

$$M_\Xi = \begin{bmatrix} \gamma^{11} & \gamma^{12} & \cdots & \gamma^{1n} \\ \gamma^{21} & \gamma^{22} & \cdots & \gamma^{2n} \\ \vdots & \vdots & & \vdots \\ \gamma^{n1} & \gamma^{n2} & \cdots & \gamma^{nn} \end{bmatrix}. \tag{9.5.3}$$

在这种表示之下显然有

$$\Xi(X_1, X_2) = X_1^{\mathrm{T}} M_\Xi X_2. \tag{9.5.4}$$

于是可知

命题 9.5.1 $\Xi \in T^2(\Omega)$ 是对称 (反对称) 2 形式, 当且仅当, 它的最小生成张量 Ξ 的结构矩阵 M_Ξ 是对称 (反对称) 矩阵.

定义 9.5.2 考察 Ω, 以及其上有一个 $\Xi \in T^2(\Omega)$, $\dim(\bar{\Xi}) = n$.

(i) $(\Omega, \bar{\Xi})$ 称为一个泛维黎曼流形, 如果 $(\mathbb{R}^n, \bar{\Xi}|_{\mathbb{R}^n})$ 是一个黎曼流形. 即 $\Xi_n := \bar{\Xi}|_{\mathbb{R}^n} \in T^2(\mathbb{R}^n)$ 具有对称正定的结构矩阵 M_{Ξ_n}.

(ii) $(\Omega, \bar{\Xi})$ 称为一个泛维辛流形, 如果 $n = 2m$ 为偶数, 并且 $(\mathbb{R}^n, \bar{\Xi}|_{\mathbb{R}^n})$ 是一个辛流形. 即 $\Xi_{2m} := \bar{\Xi}|_{\mathbb{R}^{2m}} \in T^2(\mathbb{R}^{2m})$ 具有反对称、非奇异的结构矩阵 $M_{\Xi_{2m}}$, 并且, Ξ 是闭的.

注 9.5.1 一个 r 形式 Ξ, 如果 $d\Xi = 0$, 则称 Ξ 是闭的[17]. 设 $\Xi \in T^2(\mathbb{R}^n)$, Ξ 是闭的, 当且仅当, 其结构常数满足[6]

$$\frac{\partial}{\partial x_i}(\gamma^{jk}) + \frac{\partial}{\partial x_j}(\gamma^{ki}) + \frac{\partial}{\partial x_k}(\gamma^{ij}) = 0, \quad 1 \leqslant i, j, k \leqslant n. \tag{9.5.5}$$

下面给出一个泛维辛流形与一个泛维黎曼流形的例子.

例 9.5.1 泛维欧氏空间 Ω.

(i) 设 Ω 具有一个 2 形式 $\bar{\sigma} \in T^2(\Omega)$, 其生成元 $\sigma \in T^2(\mathbb{R}^2)$, 并且 σ 的结构矩阵为

$$M_\sigma = \begin{bmatrix} 0 & -1 \\ 1 & 0 \end{bmatrix}. \tag{9.5.6}$$

因为 M_σ 为辛矩阵, 则显然 $(\Omega, \bar{\sigma})$ 为泛维辛流形.

设 $\bar{x} \in \Omega$ 且 $\dim(\bar{x}) = 2$, 则 $\bar{\sigma}$ 定义于 $T_{\bar{x}} = \{\mathbb{R}^{2k} \mid k = 1, 2, \cdots\}$. 并且, $\bar{\sigma}(x_k)$ 的结构矩阵为

$$M_k := M|_{x_k} = \Pi_{2k}^2 M_\sigma \Pi_2^{2k} = M_\sigma \otimes I_k. \tag{9.5.7}$$

设 $\bar{y} \in \Omega$ 并且 $\dim(\bar{y}) = 3$, 那么, $\bar{\sigma}$ 定义在 $T_{\bar{y}} = \{\mathbb{R}^{6k} \mid k = 1, 2, \cdots\}$ 上. 并且, $\bar{\sigma}(y_{2k})$ 向结构矩阵为

$$M_k := M|_{y_{2k}} = \Pi_{6k}^2 M_\sigma \Pi_2^{6k} = M_\sigma \otimes I_{3k}. \tag{9.5.8}$$

(ii) 设 Ω 具有 2 形式 $\bar{\omega} \in T^2(\Omega)$, 这里, ω 是由球面 $S_2 \backslash P_2$ 导出的. 这里的记号可参考例 8.5.1. 设 S_2 上具有由 $\mathbb{R}^3$ 继承的标准欧氏距离, 则 ω 的结构矩阵为

$$M_\omega = \left(\frac{\partial x}{\partial \xi}\right)^{\mathrm{T}} I_3 \left(\frac{\partial x}{\partial \xi}\right)$$

$$
= \begin{bmatrix} \left\| \dfrac{\partial x}{\partial \xi_1} \right\|^2 & \left\langle \dfrac{\partial x}{\partial \xi_1}, \dfrac{\partial x}{\partial \xi_2} \right\rangle \\[3mm] \left\langle \dfrac{\partial x}{\partial \xi_1}, \dfrac{\partial x}{\partial \xi_2} \right\rangle & \left\| \dfrac{\partial x}{\partial \xi_2} \right\|^2 \end{bmatrix}, \tag{9.5.9}
$$

这里,

$$
\left\| \frac{\partial x}{\partial \xi_1} \right\|^2 = \left(\frac{\partial x_1}{\partial \xi_1} \right)^2 + \left(\frac{\partial x_2}{\partial \xi_1} \right)^2 + \left(\frac{\partial x_3}{\partial \xi_1} \right)^2,
$$

$$
\left\langle \frac{\partial x_1}{\partial \xi}, \frac{\partial x_2}{\partial \xi} \right\rangle = \frac{\partial x_1}{\partial \xi_1} \frac{\partial x_1}{\partial \xi_2} + \frac{\partial x_2}{\partial \xi_1} \frac{\partial x_2}{\partial \xi_2} + \frac{\partial x_3}{\partial \xi_1} \frac{\partial x_3}{\partial \xi_2},
$$

$$
\left\| \frac{\partial x}{\partial \xi_2} \right\|^2 = \left(\frac{\partial x_1}{\partial \xi_2} \right)^2 + \left(\frac{\partial x_2}{\partial \xi_2} \right)^2 + \left(\frac{\partial x_3}{\partial \xi_2} \right)^2,
$$

且

$$
\frac{\partial x_1}{\partial \xi_1} = \frac{1 - 4\xi_1^2 - (\xi_1^2 + \xi_2^2)^2}{(1 + \xi_1^2 + \xi_2^2)^2},
$$

$$
\frac{\partial x_1}{\partial \xi_2} = \frac{-4\xi_1\xi_2}{(1 + \xi_1^2 + \xi_2^2)^2},
$$

$$
\frac{\partial x_2}{\partial \xi_1} = \frac{-4\xi_1\xi_2}{(1 + \xi_1^2 + \xi_2^2)^2},
$$

$$
\frac{\partial x_2}{\partial \xi_2} = \frac{1 - 4\xi_2^2 - (\xi_1^2 + \xi_2^2)^2}{(1 + \xi_1^2 + \xi_2^2)^2},
$$

$$
\frac{\partial x_3}{\partial \xi_1} = \frac{-4\xi_1}{(1 + \xi_1^2 + \xi_2^2)^2},
$$

$$
\frac{\partial x_3}{\partial \xi_2} = \frac{-4\xi_2}{(1 + \xi_1^2 + \xi_2^2)^2}.
$$

最后可知, $(\Omega, \bar{\omega})$ 是一个泛维黎曼流形.

第 10 章　泛维欧氏空间上的控制系统

本章讨论仿射非线性系统在泛维数状态空间下的建模与控制, 状态空间为商向量空间. 通过其有穷维实现讨论其能控能观性. 然后集中讨论线性向量场和相应的线性系统的性质. 本章可视为前面三章 (第 7 章至第 9 章) 的一个应用.

10.1　非线性控制系统

为避免讨论可微阶数, 本节遇到的所有向量场、函数等均假定为无穷次可微的.

定义 10.1.1　设 $\overline{F}(u) \in V^{\infty}(\Omega)$, $\bar{h}_s$, $s \in [1, p] \in C^{\infty}(\Omega)$, 这里 $u = (u_1, u_2, \cdots, u_m)$ 可视为 F 中的参数.

(i) 一个 Ω 上的非线性控制系统, 记作 Σ, 定义如下:

$$\begin{cases} \dot{\bar{x}} = \overline{F}(u), \\ \bar{y}_s = \bar{h}_s(\bar{x}), \quad s \in [1, p], \end{cases} \tag{10.1.1}$$

这里, $u_j = u_j(t) \in C^{\infty}(\mathbb{R})$, $j \in [1, m]$ 为控制, $\bar{y}_s$, $s \in [1, m]$ 为输出.

(ii) 设 $\bar{f}$, $\bar{g}_j$, $j \in [1, m] \in V^{\infty}(\Omega)$,

$$\overline{F}(u) = \bar{f} + \sum_{j=1}^{m} \bar{g}_j u_j, \tag{10.1.2}$$

则 (10.1.1) 称为一个 Ω 上的仿射非线性控制系统.

(iii) 令

$$q := \operatorname{lcm}\left(\dim(\overline{F}(u)), \ \dim(\bar{h}_s), \ s \in [1, p]\right),$$

则 $\bar{\Sigma}|_{\mathbb{R}^q} := \Sigma$ 称为 $\bar{\Sigma}$ 的最小生成系统, 记作

$$\begin{cases} \dot{x} = F(x, u), \quad x \in \mathbb{R}^q, \\ y_s = h_s(x), \quad s \in [1, p]. \end{cases} \tag{10.1.3}$$

(iv) $\bar{\Sigma}$ 称为完全能控的, 如果 Σ 完全能控.

注 10.1.1　(i) 如果最小生成系统的状态空间是 $\mathbb{R}^q$, 那么, $\bar{\Sigma}$ 在 $\mathbb{R}^{kq}$, $k = 1, 2, \cdots$ 上的限制都是定义好的. 但它们的能控能观性显然不等价. 因此, $\bar{\Sigma}$ 的能控性和能观性只有其最小生成系统来判断.

(ii) $\bar{\Sigma}$ 的其他所有控制问题均可由其最小生成系统来定义.

非线性系统的能控性与能观性的验证是极具挑战性的问题, 详细讨论可见文献 [6,71]. 为避免繁琐的讨论, 这里只关心它们的弱形式.

记

$$\bar{\mathbf{F}} = \{\bar{F}(x, u) \,|\, u = \text{const.}\}. \tag{10.1.4}$$

定义

$$\mathbf{F} := \bar{\mathbf{F}}|_{\mathbb{R}^q} = \{\bar{F}|_{\mathbb{R}^q}(x, u) \,|\, u = \text{const.}\}. \tag{10.1.5}$$

定义 10.1.2　考察系统 (10.1.1), 记为 $\bar{\Sigma}$. 设 $\bar{\Sigma}|_{\mathbb{R}^q}$ 为其最小实现.

(i) 系统 (10.1.1) 称为在 $\bar{x}$ 弱能控, 如果在 $x_q := \bar{x} \cap \mathbb{R}^q$,

$$\dim(\langle \mathbf{F} \rangle_{LA}(x_q)) = q. \tag{10.1.6}$$

系统 (10.1.1) 称为弱能控的, 如果它在 $\forall x \in \mathbb{R}^q$ 弱能控.

(ii) 系统 (10.1.1) 称为在 $\bar{x}$ 弱能观, 如果在 $x_q := \bar{x} \cap \mathbb{R}^q$, $h_j^q = \bar{h}_j|_{\mathbb{R}^q}$, $j \in [1, p]$,

$$\dim\left(d[\langle F \rangle_{LA} h_j^q](x_q)\right) = q. \tag{10.1.7}$$

系统 (10.1.1) 称为弱能观的, 如果它在 $\forall x \in \mathbb{R}^q$ 弱能观.

例 10.1.1　考察一个 Ω 上的控制系统 $\bar{\Sigma}$, 其动态方程为

$$\begin{cases} \dot{\bar{x}} = \bar{f}(\bar{x}) + \bar{g}_1 u_1 + \bar{g}_2 u_2, \\ \bar{y} = \bar{h}(\bar{x}), \end{cases} \tag{10.1.8}$$

这里, $\dim(\bar{f}) = 2$, $\dim(\bar{g}_1) = \dim(\bar{g}_2) = 4$, $\dim(\bar{h}) = 2$. $\bar{f}$, $\bar{g}_1$, $\bar{g}_2$, $\bar{h}$ 分别由 f^0, g_1^0, g_2^0, h^0 生成, 其中

$$f^0 = (\sin(x_1 + x_2), \cos(x_1 + x_2))^{\mathrm{T}},$$
$$g_1^0 = (1, 0, 0, 0)^{\mathrm{T}},$$
$$g_2^0 = (0, x_1, x_1^2, x_1^3)^{\mathrm{T}},$$
$$h^0 = x_1 - x_2.$$

不难算出

$$f(z) = \Pi_4^2 f^0(\Pi_2^4 z)$$

$$= \begin{bmatrix} \sin\left(\dfrac{z_1 + z_2 + z_3 + z_4}{2}\right) \\[2mm] \sin\left(\dfrac{z_1 + z_2 + z_3 + z_4}{2}\right) \\[2mm] \cos\left(\dfrac{z_1 + z_2 + z_3 + z_4}{2}\right) \\[2mm] \cos\left(\dfrac{z_1 + z_2 + z_3 + z_4}{2}\right) \end{bmatrix};$$

$$\begin{aligned} h(z) &= h^0(\Pi_2^4 z) \\ &= \frac{z_1 + z_2 - z_3 - z_4}{2}. \end{aligned}$$

记其能控李代数为

$$\mathcal{L} = \langle f(z), g_1(z), g_2(z) \rangle_{LA}.$$

因为

$$g_1 = (1, 0, 0, 0)^{\mathrm{T}} \in \mathcal{L},$$

$$[g_1, g_2] = (0, 1, 2x_1, 3x_1^2)^{\mathrm{T}} \in \mathcal{L},$$

$$[g_1, [g_1, g_2]] = (0, 0, 2, 6x_1)^{\mathrm{T}} \in \mathcal{L},$$

$$[g_1, [g_1, [g_1, g_2]]] = (0, 0, 0, 6)^{\mathrm{T}} \in \mathcal{L},$$

$$\dim(\mathcal{L}) = 4,$$

系统 (10.1.8) 弱能控.

类似地, 不难验证系统 (10.1.8) 弱能观.

10.2 矩阵与线性向量场

10.2.1 矩阵半张量积与矩阵格结构

这部分内容在第一卷有详细讨论, 这里做一个简单回顾.

定义 10.2.1 设 $A \in \mathcal{M}_{m \times n}$, $B \in \mathcal{M}_{p \times q}$, $t = n \vee p$.

(i) 一型矩阵-矩阵左半张量积 (简记作: MML-1) 定义为

$$A \ltimes B := (A \otimes I_{t/n})(B \otimes I_{t/p}). \tag{10.2.1}$$

(ii) 一型矩阵-矩阵右半张量积 (简记作: MMR-1) 定义为

$$A \rtimes B := (I_{t/n} \otimes A)(I_{t/p} \otimes B). \tag{10.2.2}$$

(iii) 二型矩阵-矩阵左半张量积 (简记作: MML-2) 定义为

$$A \ltimes B := \left(A \otimes J_{t/n}\right)\left(B \otimes J_{t/p}\right),\tag{10.2.3}$$

这里,

$$J_k := \frac{1}{k}\mathbf{1}_{k\times k},\quad k = 1, 2, \cdots.$$

(iv) 二型矩阵-矩阵右半张量积 (简记作: MMR-2) 定义为

$$A \rtimes B := \left(J_{t/n} \otimes A\right)\left(J_{t/p} \otimes B\right).\tag{10.2.4}$$

记所有实矩阵集合为

$$\mathcal{M} := \bigcup_{m=1}^{\infty}\bigcup_{n=1}^{\infty}\mathcal{M}_{m\times n}.$$

事实上, 矩阵半张量积是等价类的乘法. 因此, 这些不同的矩阵半张量积导致以下 $\mathcal{M}$ 的等价矩阵的定义.

定义 10.2.2　设 $A,\ B \in \mathcal{M}$.

(i) A 与 B 称为一型左等价, 记作 $A \sim_\ell B$, 如果存在 I_α 及 I_β, 使得

$$A \otimes I_\alpha = B \otimes I_\beta.\tag{10.2.5}$$

A 的等价类记作 $\langle A\rangle_\ell$.

(ii) A 与 B 称为一型右等价, 记作 $A \sim_r B$, 如果存在 I_α 及 I_β, 使得

$$I_\alpha \otimes A = I_\beta \otimes B.\tag{10.2.6}$$

A 的等价类记作 $\langle A\rangle_r$.

(iii) A 与 B 称为二型左等价, 记作 $A \approx_\ell B$, 如果存在 J_α 及 J_β, 使得

$$A \otimes J_\alpha = B \otimes J_\beta.\tag{10.2.7}$$

A 的等价类记作 $\langle\langle A\rangle\rangle_\ell$.

(iv) A 与 B 称为二型右等价, 记作 $A \approx_r B$, 如果存在 J_α 及 J_β, 使得

$$J_\alpha \otimes A = J_\beta \otimes B.\tag{10.2.8}$$

A 的等价类记作 $\langle\langle A\rangle\rangle_r$.

为方便计, 我们主要研究左等价, 其结果可平行推广到右等价. 基于这个假定, 我们令

$$A \sim B := A \sim_\ell B, \quad A \approx B := A \approx_\ell B,$$
$$\langle A \rangle := \langle A \rangle_\ell, \qquad \langle\langle A \rangle\rangle := \langle\langle A \rangle\rangle_\ell.$$

令

$$\mathcal{M}_\mu = \{A \in \mathcal{M}_{m \times n} \,|\, m/n = \mu\}, \quad \mu \in \mathbb{Q}_+,$$

那么,

$$\mathcal{M} = \bigcup_{\mu \in \mathbb{Q}_+} \mathcal{M}_\mu.$$

这是一个分割, 即

$$\mathcal{M}_{\mu_1} \cap \mathcal{M}_{\mu_2} = \varnothing, \quad \mu_1 \neq \mu_2.$$

现在考虑等价类. 记

$$\Sigma = \mathcal{M}/\sim, \qquad \Xi = \mathcal{M}/\approx,$$
$$\Sigma_\mu = \mathcal{M}_\mu/\sim, \quad \Xi_\mu = \mathcal{M}_\mu/\approx.$$

显见

$$\Sigma = \bigcup_{\mu \in \mathbb{Q}_+} \Sigma_\mu \quad \left(\text{或 } \Xi = \bigcup_{\mu \in \mathbb{Q}_+} \Xi_\mu \right)$$

也是一个分割.

现在考虑 Σ_μ 上的格结构, 至于 Ξ_μ 上的格结构, 则与 Σ_μ 上的格结构完全一样. 定义 Σ_μ 上的序如下:

$$\langle A \rangle \prec \langle B \rangle \Leftrightarrow \langle A \rangle \supset \langle B \rangle. \tag{10.2.9}$$

作为偏序关系, 式 (10.2.9) 也可看作 Σ 上的偏序关系.

下面的性质是定义的直接推论.

命题 10.2.1 (i) 如果 $\langle A \rangle$, $\langle B \rangle$ 满足序关系 (10.2.9), 则存在一个 $\mu \in \mathbb{Q}_+$, 使得 $\langle A \rangle$, $\langle B \rangle \in \Sigma_\mu$.

(ii) 设 $\langle A \rangle$ 和 $\langle B \rangle$ 的最小元分别为 $A_1 \in \mathcal{M}_{m \times n}$, $B_1 \in \mathcal{M}_{p \times q}$, 其中 $m/n = p/q = \mu$, 则 $\langle A \rangle \prec \langle B \rangle$, 当且仅当, 存在 I_k 使得 $A_1 \otimes I_k = B_1$.

10.2.2 线性向量场

设 $\bar{X} \in V^\infty(\Omega)$ 为一线性向量场且 $\dim(\bar{X}) = m$, 则存在 $A \in \mathcal{M}_{m \times m}$ 使得 $X := \bar{X}|_{\mathbb{R}^m} = Ax$. 那么, 考虑 $\bar{X}|_{\mathbb{R}^{km}}$: 设 $y \in \mathbb{R}^{km}$, 则

$$X_k := \bar{X}(y) = \Pi_{km}^m \left(X \left(\Pi_m^{km}(y) \right) \right)$$

$$= \Pi_{km}^m A \Pi_m^{km} y$$
$$:= A_k y, \tag{10.2.10}$$

这里,

$$A_k = \Pi_{km}^m A \Pi_m^{km} = \frac{1}{k} \left(I_m \otimes \mathbf{1}_k \right) A \left(I_m \otimes \mathbf{1}_k^{\mathrm{T}} \right). \tag{10.2.11}$$

下面讨论 $\bar{X}$ 的积分曲线.

设 $\bar{X} \in V^\infty(\Omega)$ 为一线性向量场且 $\dim(\bar{X}) = m$. $X := \bar{X}|_{\mathbb{R}^m} = Ax$. 设 $\bar{x}^0 \in \Omega$.

情形 1: 设 $\dim(\bar{x}^0) = m$. 这时, 在 $\bar{X}$ 的初值为 $\bar{x}^0$ 的积分曲线只定义在其切丛的滤子

$$T_{\bar{x}^0} \cap \mathbb{R}^{km}, \quad k = 1, 2, \cdots$$

上. 在 $T_{\bar{x}^0} \cap \mathbb{R}^{km}$, 初值为 $x_k^0 = x_1^0 \otimes \mathbf{1}_k$, 向量场由式 (10.2.11) 决定. 于是, 积分曲线为

$$\begin{aligned}
x_k(t, x_k^0) &= e^{X_k t} x_k^0 \\
&= \Bigg(I_{km} + t(I_m \otimes \mathbf{1}_k) A (I_m \otimes \mathbf{1}_k^{\mathrm{T}}) \\
&\quad + \frac{t^2}{2!} (I_m \otimes \mathbf{1}_k) A^2 (I_m \otimes \mathbf{1}_k^{\mathrm{T}}) + \cdots \Bigg) (x_1^0 \otimes \mathbf{1}_k) \\
&= \frac{1}{k} (I_m \otimes \mathbf{1}_k) e^{At} (I_m \otimes \mathbf{1}_k^{\mathrm{T}}) (x_1^0 \otimes \mathbf{1}_k) \\
&= (I_m \otimes \mathbf{1}_k) e^{At} x_0 \\
&= e^{At} x_0 \otimes \mathbf{1}_k. \tag{10.2.12}
\end{aligned}$$

情形 2: 设 $\dim(\bar{x}^0) = s$, $m \vee s = p = km = rs$, 则 $\bar{X}$ 的初值为 $\bar{x}^0$ 的积分曲线只定义在其切丛的滤子

$$T_{\bar{x}^0} \cap \mathbb{R}^{jp}, \quad j = 1, 2, \cdots$$

上. 在叶 $T_{\bar{z}^0} \cap \mathbb{R}^p$ 上, 初始值为 $z_r^0 = z_1^0 \otimes \mathbf{1}_r$, 这里 $z_1^0 \in \bar{z}^0$ 是最小元. 向量场为 $A_k z$, 其中, A_k 由式 (10.2.11) 决定. 于是, 其上的积分曲线为

$$\begin{aligned}
z_r(t, z_r^0) &= e^{X_k t} z_r^0 \\
&= \frac{1}{k} (I_m \otimes \mathbf{1}_k) e^{At} (I_m \otimes J_k^{\mathrm{T}}) (z_1^0 \otimes \mathbf{1}_r). \tag{10.2.13}
\end{aligned}$$

而在叶 $T_{\bar{z}^0} \cap \mathbb{R}^{jp}$ 上, 初始值为 $z_{jr}^0 = z_1^0 \otimes \mathbf{1}_{jr}$, 积分曲线为

$$
\begin{aligned}
z_{jr}(t, z_{jr}^0) &= e^{X_{jk}t} z_{jr}^0 \\
&= \frac{1}{k}(I_m \otimes \mathbf{1}_k)e^{At}(I_m \otimes J_k^{\mathrm{T}})(z_1^0 \otimes \mathbf{1}_{jr}).
\end{aligned}
\tag{10.2.14}
$$

总结以上的讨论, 可得到如下结果.

命题 10.2.2 设 $\bar{X} \in V^\infty(\Omega)$ 为一线性向量场且 $\dim(\bar{X}) = m$. $X := \bar{X}|_{\mathbb{R}^m} = Ax$. 设 $\bar{x}^0 \in \Omega, \dim(\bar{x}^0) = s$.

(i) 如果 $s = m$, 则 $\bar{X}|_{\mathbb{R}^m}$ 上的积分曲线为

$$
\Phi_t^X(x_1^0) = e^{Xt}x_1^0.
\tag{10.2.15}
$$

于是, $\bar{X}|_{\mathbb{R}^{rm}}$ 上的积分曲线为

$$
\Phi_t^{X_r}(x_r^0) = \left[e^{Xt}x_1^0\right] \otimes \mathbf{1}_r.
\tag{10.2.16}
$$

故 $\bar{X}$ 的初值为 $\bar{x}^0$ 的积分曲线为 $\overline{\Phi_t^X(x_1^0)} \subset \Omega$.

(ii) 如果 $s = km$, 则 $\bar{X}|_{\mathbb{R}^{km}}$ 上的积分曲线为

$$
\Phi_t^{X_k}(x_1^0) = e^{X_k t}x_1^0,
\tag{10.2.17}
$$

这里, X_k 由式 (10.2.10) 决定. 故 $\bar{X}$ 的初值为 $\bar{x}^0$ 的积分曲线为 $\overline{\Phi_t^{X_k}(x_1^0)} \subset \Omega$.

(iii) 如果 $m \vee s = p = km = rs$, 则 $\bar{X}|_{\mathbb{R}^p}$ 上的积分曲线为

$$
\Phi_t^{X_k}(x_r^0) = e^{X_k t}(x_1^0 \otimes I_s).
\tag{10.2.18}
$$

故 $\bar{X}$ 的初值为 $\bar{x}^0$ 的积分曲线为 $\overline{\Phi_t^{X_k}(x_1^0 \otimes I_s)} \subset \Omega$.

10.3 线性控制系统

首先讨论一下矩阵等价性、向量等价性与线性向量场之间的关系.

命题 10.3.1 设 $\bar{X} \in V^\infty(\Omega)$ 为一线性向量场且 $\dim(\bar{X}) = m$. $X := \bar{X}|_{\mathbb{R}^m} = Ax$. 设 $\bar{x}^0 \in \Omega, \dim(\bar{x}^0) = s$. $m \vee s = p = km = rs$, 则 $\bar{X}$ 只定义在其切丛的滤子

$$
x_{jr}^0 = T_{\bar{x}^0} \cap \mathbb{R}^{jp}, \quad j = 1, 2, \cdots
$$

上. 在叶 x_r^0 上

$$
\bar{X}(x_r^0) = A_k x_r^0,
\tag{10.3.1}
$$

这里 A_k 由式 (10.2.10) 决定. 在叶 x_{jr}^0 上

$$\bar{X}(x_r^0) = A_{jk}x_{jr}^0, \quad j = 1, 2, \cdots, \tag{10.3.2}$$

这里两组容许的矩阵为

$$A_{jk} = A_k \otimes I_j \sim A_k \tag{10.3.3}$$

或

$$A_{jk} = A_k \otimes \mathbf{1}_j \approx A_k. \tag{10.3.4}$$

容许的变量可取为

$$x_{jr}^0 = x_r^0 \otimes \mathbf{1}_j \leftrightarrow x_r^0. \tag{10.3.5}$$

证明　实际上, 我们要求的是 $\bar{x}^0$ 切丛上的切向量必须相容, 即

$$\bar{X}(x_{jr}^0) = \bar{X}(x_r^0) \otimes \mathbf{1}_j, \quad j = 1, 2, \cdots. \tag{10.3.6}$$

显然, (10.3.3)+(10.3.5) 或者 (10.3.4)+(10.3.5) 均能保证 (10.3.6) 成立.　　　□

下面讨论 Ω 上的线性控制系统. 先回忆一下经典线性控制系统

$$\begin{cases} \dot{x} = Ax + \sum_{i=1}^m b_i u_i, & x \in \mathbb{R}^n, \\ y = Cx, & y \in \mathbb{R}^p. \end{cases} \tag{10.3.7}$$

显然, 一个经典的线性控制系统由三类元素构成: 线性向量场、定常向量场及线性函数. 要将它推广到 Ω 上去就必须分别将这三类元素推广到 Ω 上去. 推广的关键是相容性, 即在 $\bar{x} \in \Omega$ 上必须相容.

(i) 线性向量场的推广: 设线性向量场 $\bar{X}$ 的最小生成向量 $X = Ax \in V^r(\mathbb{R}^m)$. $\dim(\bar{x}^0) = s, m \vee s = p = \mu m = rs$. 那么, 根据上一节的讨论可得

$$\bar{X} \cap T_{\bar{x}} = \{x_{jr} \,|\, j = 1, 2, \cdots\}. \tag{10.3.8}$$

并且,

$$\bar{X}(x_{jr}) = A_{j\mu}x_{jr}, \quad j = 1, 2, \cdots, \tag{10.3.9}$$

这里, $A_{j\mu}$ 由式 (10.2.11) 决定, 其中 $k = j\mu$.

(ii) 定常向量场的推广: 设定常向量场 $\bar{X}$ 的最小生成向量 $X = b \in V^r(\mathbb{R}^m)$. $\dim(\bar{x}^0) = s$, $m \vee s = p = \mu m = rs$. 那么, (10.3.8) 依然成立, 并且

$$
\begin{aligned}
\bar{X}(x_{jr}) &= \Pi_{j\mu m}^m X(\Pi_m^{j\mu m} x_{jr}) \\
&= \Pi_{j\mu m}^m b \\
&= b \otimes \mathbf{1}_{j\mu}.
\end{aligned}
\tag{10.3.10}
$$

(iii) 线性函数的推广: $\bar{h} \in C^r(\Omega)$. $\dim(\bar{x}^0) = m$, $\bar{h}$ 在 x_1^0 的表现为 $hx = c_m x$, 这里, $c^T \in \mathbb{R}^m$. 令 $\bar{z} \in \Omega$, $\dim(\bar{z}) = s$, $m \vee s = p = rs = \mu m$. 那么, $\bar{h}$ 在 z_1 处的表示为

$$
\begin{aligned}
\bar{h}(z_1) &= \bar{h}(\Pi_m^s z_1) \\
&= \frac{1}{\mu} c_m \left(I_m \otimes \mathbf{1}_\mu^T \right) \left(I_s \otimes \mathbf{1}_r \right) z_1.
\end{aligned}
\tag{10.3.11}
$$

于是, $\bar{h}$ 在叶 $\mathbb{R}^s$ 上的线性表示为

$$
\bar{h}|_{\mathbb{R}^s} = c_s z,
\tag{10.3.12}
$$

这里,

$$
c_s = \frac{1}{\mu} c_m \left(I_m \otimes \mathbf{1}_\mu^T \right) \left(I_s \otimes \mathbf{1}_r \right).
\tag{10.3.13}
$$

特别是, 当 $s = km$ 时, 可得

$$
c_{km} = \frac{1}{k} c_m \left(I_m \otimes \mathbf{1}_k^T \right).
\tag{10.3.14}
$$

定义 10.3.1 设 $\bar{f}(x)$ 为线性向量场, $\bar{B} = [\bar{b}_1, \cdots, \bar{b}_m]$ 为一组常值向量场, $\bar{C} = [\bar{c}_1, \cdots, \bar{c}_p]^T$ 为一组线性函数, 则

$$
\begin{cases}
\dot{\bar{x}} = \bar{f}(x) + \bar{B}u, \\
\bar{y} = \bar{C}\bar{x}
\end{cases}
\tag{10.3.15}
$$

称为 Ω 上的线性控制系统.

例 10.3.1 考察一个 Ω 上的控制系统 $\bar{\Sigma}$, 其动态方程如 (10.1.2), 其中 $\bar{f}$ 的最小生成向量为 $f(x) = 2[x_1 + x_2, x_2]^T \in V^\infty(\mathbb{R}^2)$, $m = 2$, $\bar{g}_1$ 的最小生成向量为 $g_1 = [1, 0, 0, 1]^T \in V^\infty(\mathbb{R}^4)$, $\bar{g}_2$ 的最小生成向量为 $g_2 = [0, 1, 0, 0]^T \in V^\infty(\mathbb{R}^4)$. $p = 1$, $\bar{h}|_{\mathbb{R}^2} = x_2 - x_1$.

那么, $q = 4$.

$$\bar{f}|_{\mathbb{R}^4} = \Pi_4^2 f \left(\Pi_2^4 [z_1, z_2, z_3, z_4]^{\mathrm{T}} \right)$$

$$= \begin{bmatrix} z_1 + z_2 + z_3 + z_4 \\ z_1 + z_2 + z_3 + z_4 \\ z_3 + z_4 \\ z_3 + z_4 \end{bmatrix} := Az,$$

这里,

$$A = \begin{bmatrix} 1 & 1 & 1 & 1 \\ 1 & 1 & 1 & 1 \\ 0 & 0 & 1 & 1 \\ 0 & 0 & 1 & 1 \end{bmatrix}.$$

$$\bar{h}|_{\mathbb{R}^4} = h(\Pi_2^4 z)$$
$$= h(z_1 + z_2, z_3 + z_4) = z_1 + z_2 - z_3 - z_4$$
$$:= Cz,$$

这里

$$C = [1, 1, -1, -1].$$

于是, $\bar{\Sigma}$ 的最小生成系统 $\Sigma := \bar{\Sigma}|_{\mathbb{R}^4}$ 为

$$\begin{cases} \dot{z} = Az + Bu, \\ y = Cz. \end{cases}$$

不难算出, Σ 的能控性矩阵为

$$\mathcal{C} = \begin{bmatrix} 1 & 0 & 2 & 1 & 6 & 2 & 16 & 4 \\ 0 & 1 & 2 & 1 & 6 & 2 & 16 & 4 \\ 0 & 0 & 1 & 0 & 2 & 0 & 4 & 0 \\ 1 & 0 & 1 & 0 & 2 & 0 & 4 & 0 \end{bmatrix},$$

$\mathrm{rank}(\mathcal{C}) = 4$, 因此, Σ 完全能控, 亦即 $\bar{\Sigma}$ 完全能控. Σ 的能控性矩阵为

$$\mathcal{O} = \begin{bmatrix} 1 & 1 & -1 & -1 \\ 2 & 2 & 0 & 0 \\ 4 & 4 & 4 & 4 \\ 8 & 8 & 16 & 16 \end{bmatrix},$$

$\mathrm{rank}(\mathcal{O}) = 2$, 因此, Σ 不完全能观, 亦即 $\bar{\Sigma}$ 不完全能观.

第 11 章 泛维矩阵空间

考察矩阵-矩阵半张量积, 不难发现, 它其实是两个等价类矩阵的乘积. 本章讨论这种由矩阵半张量积导出的等价类的性质. 首先是一个等价类中的元素的格结构, 其次是不同等价类在整个矩阵集合中形成的格结构, 它们为商空间的构造提供了基础. 此外, 基本结构是矩阵半张量积给出的矩阵集合的半群结构, 以及由它导出的等价类上的商半群结构. 关于么半群的基本性质可参见文献 [67]. 最后考虑, 如何在矩阵空间及其商空间上建立向量空间结构.

本章的部分内容可参见文献 [36].

11.1 泛维矩阵空间的等价性与格结构

为方便进一步的讨论和读者阅读, 本节对泛维数的矩阵空间的基本结构、运算及其性质作一个简单回顾. 本节的内容大致在第一卷都讨论过, 这里做了一些系统化的整理和少量补充. 需要知道更多的细节或证明的读者可参考第一卷.

记所有实数矩阵的集合为 $\mathcal{M}$, 即

$$\mathcal{M} = \bigcup_{m=1}^{\infty} \bigcup_{n=1}^{\infty} \mathcal{M}_{m \times n}.$$

它也称为泛维矩阵空间. 当然, 它也包括了所有实向量及所有实数, 但在这个空间里, 它们都被当作特殊形式下的矩阵. 值得强调的是, 这个空间里的每一个元素都是有限维矩阵.

首先考虑这个空间上的运算. 我们最关心的是矩阵半张量积, 它是一个二元运算. 最常用的矩阵半张量积有以下四种.

定义 11.1.1 设 $A \in \mathcal{M}_{m \times n}, B \in \mathcal{M}_{p \times q}, t = n \vee p.$ 那么,

(i) 一型矩阵-矩阵左半张量积 (MM-1 LSTP):

$$A \ltimes B := \left(A \otimes I_{t/n}\right) \left(B \otimes I_{t/p}\right). \tag{11.1.1}$$

(ii) 一型矩阵-矩阵右半张量积 (MM-1 RSTP):

$$A \rtimes B := \left(I_{t/n} \otimes A\right) \left(I_{t/p} \otimes B\right). \tag{11.1.2}$$

(iii) 二型矩阵-矩阵左半张量积 (MM-2 LSTP):

$$A \circ_\ell B := \left(A \otimes J_{t/n}\right)\left(B \otimes J_{t/p}\right). \tag{11.1.3}$$

(iv) 二型矩阵-矩阵右半张量积 (MM-2 RSTP):

$$A \circ_r B := \left(J_{t/n} \otimes A\right)\left(J_{t/p} \otimes B\right). \tag{11.1.4}$$

这里, I_n 是 n 阶单位阵,

$$J_n = \frac{1}{n}\begin{bmatrix} 1 & 1 & \cdots & 1 \\ 1 & 1 & \cdots & 1 \\ \vdots & \vdots & & \vdots \\ 1 & 1 & \cdots & 1 \end{bmatrix} \in \mathcal{M}_{n \times n}.$$

不难看出, 不管哪一种矩阵半张量积, 它都是矩阵等价类的乘法. 具体地说, 它们分别对应于以下四种等价类上面的乘法.

$$\langle A \rangle_\ell = \{A, A \otimes I_2, A \otimes I_3, \cdots\},$$
$$\langle A \rangle_r = \{A, I_2 \otimes A, I_3 \otimes A, \cdots\},$$
$$\langle\langle A \rangle\rangle_\ell = \{A, A \otimes J_2, A \otimes J_3, \cdots\},$$
$$\langle\langle A \rangle\rangle_r = \{A, J_2 \otimes A, J_3 \otimes A, \cdots\}.$$

于是, 我们可以定义以下四种矩阵等价.

定义 11.1.2　设 $A, B \in \mathcal{M}$.

(i) 一型矩阵左等价 (ML-1 等价): 记作 $A \sim_\ell B$, 如果存在 I_α 及 I_β 使得

$$A \otimes I_\alpha = B \otimes I_\beta. \tag{11.1.5}$$

A 的一型矩阵左等价集合记为

$$\langle A \rangle_\ell := \{B \mid B \sim_\ell A\}.$$

(ii) 一型矩阵右等价 (MR-1 等价): 记作 $A \sim_r B$, 如果存在 I_α 及 I_β 使得

$$I_\alpha \otimes A = I_\beta \otimes B. \tag{11.1.6}$$

A 的一型矩阵右等价集合记为

$$\langle A \rangle_r := \{B \mid B \sim_r A\}.$$

(iii) 二型矩阵左等价 (ML-2 等价): 记作 $A \approx_\ell B$, 如果存在 J_α 及 J_β 使得

$$A \otimes J_\alpha = B \otimes J_\beta. \tag{11.1.7}$$

A 的二型矩阵左等价集合记为

$$\langle\langle A \rangle\rangle_\ell := \{B \,|\, B \approx_\ell A\}.$$

(iv) 二型矩阵右等价 (MR-2 等价): 记作 $A \approx_r B$, 如果存在 J_α 及 J_β 使得

$$J_\alpha \otimes A = J_\beta \otimes B. \tag{11.1.8}$$

A 的二型矩阵右等价集合记为

$$\langle\langle A \rangle\rangle_r := \{B \,|\, B \approx_r A\}.$$

在等价类中的元素可以定义一个序. 为简便计, 只讨论一型左等价.

定义 11.1.3 设 $A, B \in \langle A \rangle_\ell$, 如果存在 I_s 使得

$$B = A \otimes I_s,$$

则称 $A \prec B$.

命题 11.1.1 考察 $\langle A \rangle_\ell$.

(i) 定义 11.1.3 给出的序 $\prec$ 使 $(\langle A \rangle_\ell, \prec)$ 成为偏序集.

(ii) 设 $A, B \in \langle A \rangle_\ell$, 则存在 I_α 及 I_β 使 (11.1.5) 成立. 不妨设 $\alpha \wedge \beta = 1$ (即 α, β 互质), 这时令

$$\Theta := A \otimes I_\alpha = B \otimes I_\beta, \tag{11.1.9}$$

则

$$\Theta = \sup(A, B).$$

同时, 必存在 $\Lambda \in \langle A \rangle_\ell$, 使

$$A = \Lambda \otimes I_\beta; \quad B = \Lambda \otimes I_\alpha. \tag{11.1.10}$$

设 $\alpha \wedge \beta = 1$, 则

$$\Lambda = \inf(A, B).$$

因此, 序 $\prec$ 使 $(\langle A \rangle_\ell, \prec)$ 成为一个格. 这个格称等价类元素格.

(iii) 在格 $(\langle A \rangle_\ell, \prec)$ 中存在最小元 A_1.

这个格关系可以推广到矩阵类型上去. 定义

$$\mathcal{M}_\mu = \{A \in \mathcal{M}_{m \times n} \mid m/n = \mu\}, \quad \mu \in \mathbb{Q}_+.$$

那么, 有以下的分割

$$\mathcal{M} = \bigcup_{\mu \in \mathbb{Q}_+} \mathcal{M}_\mu. \tag{11.1.11}$$

下面, 对 $\mathcal{M}_\mu$ 的矩阵类型定义序.

定义 11.1.4　设 $\mathcal{M}_{m \times n}$, $\mathcal{M}_{p \times q} \subset \mathcal{M}_\mu$ (即 $m/n = p/q = \mu$.) 定义 $\mathcal{M}_{m \times n} \prec \mathcal{M}_{p \times q}$, 如果存在 I_s 使得

$$\mathcal{M}_{m \times n} \otimes I_s \subset \mathcal{M}_{p \times q}.$$

如果 $\mathcal{M}_{m \times n} \subset \mathcal{M}_\mu$, 记 $\mu = \mu_x / \mu_y$, 这里 μ_x, $\mu_y \in \mathbb{Z}_+$, 并且 $\mu_x \wedge \mu_y = 1$. 则不妨将 $\mathcal{M}_{m \times n}$ 写成

$$\mathcal{M}_\mu^k := \mathcal{M}_{k\mu_x \times k\mu_y}, \quad k = 1, 2, \cdots,$$

于是

$$\mathcal{M}_\mu = \{\mathcal{M}_\mu^k \mid k = 1, 2, \cdots\}.$$

于是可得

命题 11.1.2　利用定义 11.1.4 规定的序 $\prec$, $(\mathcal{M}_\mu, \prec)$ 是一个格. 这里,

$$\sup(\mathcal{M}_\mu^k, \mathcal{M}_\mu^s) = \mathcal{M}_\mu^{k \vee s}; \tag{11.1.12}$$

$$\inf(\mathcal{M}_\mu^k, \mathcal{M}_\mu^s) = \mathcal{M}_\mu^{k \wedge s}. \tag{11.1.13}$$

命题 11.1.3　(i) 设 $\langle A \rangle_\ell$ 的最小元为 A_1, $\langle B \rangle_\ell$ 的最小元为 B_1, 则

$$\langle A \rangle_\ell = \{A_1, A_2, \cdots\},$$
$$\langle B \rangle_\ell = \{B_1, B_2, \cdots\}.$$

定义 $\pi : \langle A \rangle_\ell \to \langle B \rangle_\ell$ 为 $\pi : A_i \mapsto B_i$, $i = 1, 2, \cdots$, 则 π 为格同构. 因此, 所有的等价类都是格同构的.

(ii) 设 $\mathcal{M}_\mu = \{\mathcal{M}_\mu^k \mid k = 1, 2, \cdots\}$, $\mathcal{M}_\xi = \{\mathcal{M}_\xi^k \mid k = 1, 2, \cdots\}$. 定义 $\pi : \mathcal{M}_\mu \to \mathcal{M}_\xi$ 为 $\pi : \mathcal{M}_\mu^k \mapsto \mathcal{M}_\xi^k$, 则 π 为格同构. 因此, 所有的 $\mathcal{M}_\mu$, $\mu \in \mathbb{Q}_+$ 都是格同构的.

(iii) 设 $\langle A \rangle_\ell = \{A_1, A_2, \cdots\}$, $\mathcal{M}_\mu = \{\mathcal{M}_{ks \times kt} \mid k = 1, 2, \cdots\}$. 定义 $\pi : \langle A \rangle_\ell \to \mathcal{M}_\mu$ 为 $\pi : A_k \mapsto \mathcal{M}_\mu^k$, 则 π 为格同构. 因此, 所有的 $\langle A \rangle_\ell$ 与所有的 $\mathcal{M}_\mu$ 都是格同构的.

注 11.1.1　以上的讨论只对 $\sim_\ell$ 进行. 但全部讨论都可以平行地推广到 $\sim_r$, $\approx_\ell$, 以及 $\approx_r$ 上去.

11.2 等价类的性质

本节讨论矩阵等价类的一些性质. 我们只关心上一节的四种等价, 即

$$\langle A \rangle \in \{\langle A \rangle_\ell, \langle A \rangle_r, \langle\langle A \rangle\rangle_\ell, \langle\langle A \rangle\rangle_r\}.$$

如果 $\langle A \rangle$ 只允许其中几种, 则会专门指出.

我们首先将行列式推广到等价类.

定义 11.2.1 设 $\langle A \rangle \in \{\langle A \rangle_\ell, \langle A \rangle_r\}$.

(i) 设 $A \in \mathcal{M}_{n \times n}$, 则 A 的伪行列式值定义为

$$\mathrm{Dt}(A) = [|\det(A)|]^{1/n}. \tag{11.2.1}$$

(ii) 考察一个方阵的等价类 $\langle A \rangle$, 其伪行列式值定义为

$$\mathrm{Dt}(\langle A \rangle) = \mathrm{Dt}(A), \quad A \in \langle A \rangle. \tag{11.2.2}$$

命题 11.2.1 式 (11.2.2) 是定义好的, 即它不依赖于代表元 A 的选择.

证明 要证明式 (11.2.2) 是定义好的, 只需证明如果 $A \sim B$, 那么, $\mathrm{Dt}(A) = \mathrm{Dt}(B)$. 设 $A \sim_\ell B$, 则存在 Λ 使 $A = \Lambda \otimes I_\beta$, $B = \Lambda \otimes I_\alpha$. 不妨设 $\Lambda \in \mathcal{M}_{k \times k}$, 那么

$$\mathrm{Dt}(A) = [|\det(\Lambda \otimes I_\beta)|]^{1/k\beta} = [|\det(\Lambda)|]^{1/k},$$

$$\mathrm{Dt}(B) = [|\det(\Lambda \otimes I_\alpha)|]^{1/k\alpha} = [|\det(\Lambda)|]^{1/k}.$$

显然, $\mathrm{Dt}(A) = \mathrm{Dt}(B)$. 因此, 式 (11.2.2) 是定义好的. □

注 11.2.1 (i) 直观地说, $\mathrm{Dt}(\langle A \rangle)$ 只定义了等价类 $\langle A \rangle$ 的 "绝对值". 但绝对值符号去掉是不妥的. 因为如果存在 $A \in \langle A \rangle$ 而 $\det(A) < 0$, 那么, $\det(A \otimes I_2) > 0$. 这使得 $\det(\langle A \rangle)$ 的定义无法不依赖于代表元.

(ii) 一种自然的想法是: 令 $\det(\langle A \rangle) := \det(A_1)$, 这里 $A_1 \in \langle A \rangle$ 为最小元. 这样定义的最大问题是它在等价类空间不连续. 设 $\det(A) < 0$, 依此定义 $\det(A \otimes I_2) < 0$. 但如果 $\lim_{i \to \infty} B_i = A \otimes I_2$, 显然, 当 i 足够大时 $\det(B_i) > 0$. 于是 $\det(\langle B \rangle_i) > 0$ (设 B_i 不可约). 这使 $\det$ 在等价类上不连续.

(iii) 这个函数主要用于定义等价类的可逆性, 因此, 定义绝对值也就够用了.

定义 11.2.2 (i) 设 $A \in \mathcal{M}_{n \times n}$, 则其伪迹定义为

$$\mathrm{Tr}(A) = \frac{1}{n} \mathrm{tr}(A). \tag{11.2.3}$$

(ii) 考察一个方阵的等价类 $\langle A \rangle \in \{\langle \cdot \rangle_\ell, \langle \cdot \rangle_r\}$, 其伪迹定义为

$$\mathrm{Tr}(\langle A \rangle) = \mathrm{Tr}(A), \quad A \in \langle A \rangle. \tag{11.2.4}$$

(iii) 考察一个方阵的等价类 $\langle\langle A \rangle\rangle \in \{\langle\langle \cdot \rangle\rangle_\ell, \langle\langle \cdot \rangle\rangle_r\}$, 其伪迹定义为

$$\mathrm{Tr}(\langle\langle A \rangle\rangle) = \mathrm{tr}(A), \quad A \in \langle\langle A \rangle\rangle. \tag{11.2.5}$$

类似于定义 11.2.1, 需要证明 (11.2.4) 及 (11.2.5) 是定义好的. 这个检验留给读者.

定义 11.2.3　称等价类 $\langle A \rangle$ (或 $\langle\langle A \rangle\rangle$) 具有某种性质, 如果每个 $A \in \langle A \rangle$ (相应地 $A \in \langle\langle A \rangle\rangle$) 具有这种性质. 这种性质也称为与等价相容的性质.

下面列出一些性质, 它们可由直接计算检验.

命题 11.2.2　1) 设 $A \in \mathcal{M}$ 为方阵, 则以下性质与 $\sim \in \{\sim_\ell, \sim_r\}$ 相容:

(i) A 是正交矩阵, 即 $A^{-1} = A^{\mathrm{T}}$;

(ii) $\det(A) = 1$;

(iii) $\mathrm{tr}(A) = 0$;

(iv) A 是上 (下) 三角阵;

(v) A 是严格上 (下) 三角阵 (即对角元为零的上 (下) 三角阵);

(vi) A 是对称 (反对称) 矩阵;

(vii) A 是对角矩阵.

2) 以上 (i)—(vii) 中只有 (iii) 和 (vi) 与 $\approx \in \{\approx_\ell, \approx_r\}$ 相容.

3) 设 $A \in \mathcal{M}_{2n \times 2n}$, $n = 1, 2, \cdots$, 且

$$J = \begin{bmatrix} 0 & 1 \\ -1 & 0 \end{bmatrix}. \tag{11.2.6}$$

下面的等式与 $\sim$ 或 $\approx$ 均相容.

$$J \ltimes A + A^{\mathrm{T}} \ltimes J = 0. \tag{11.2.7}$$

注 11.2.2　当某个性质与等价相容, 就可称等价类具有 (或不具有) 这个性质. 例如, 我们可以说 $\langle A \rangle$ 是正交的, $\det(\langle A \rangle) = 1$, $\langle\langle A \rangle\rangle$ 满足等式 (11.2.7), 等等.

定义 11.2.4　(i) 一个解析函数 f 称为在等价类 $\mathcal{M}/\sim$ 上是定义好的, 如果当 $A \sim B$ 时有

$$f(A) \sim f(B). \tag{11.2.8}$$

并且, 我们定义

$$f(\langle A \rangle) := \langle f(A) \rangle. \tag{11.2.9}$$

(ii) 一个解析函数 f 称为在等价类 $\mathcal{M}/\approx$ 上是定义好的, 如果当 $A \approx B$ 时有

$$f(A) \approx f(B). \tag{11.2.10}$$

并且, 我们定义

$$f(\langle\langle A\rangle\rangle) := \langle\langle A\rangle\rangle. \tag{11.2.11}$$

下面给出一个例子.

例 11.2.1 指数函数 $\exp$ 对 $\mathcal{M}_1/\sim$ 是相容的. 要证明这一点只要证明下面的等式成立就可以了:

$$e^{A\otimes I_k} = e^A \otimes I_k. \tag{11.2.12}$$

设 $A \in \mathcal{M}_{n\times n}$ 为一方阵, $B = A \otimes I_k$. 利用张量积换位方程 [①] 可得

$$W(A\otimes I_k)W^{-1} = I_k \otimes A = \operatorname{diag}\underbrace{(A, A, \cdots, A)}_{k},$$

这里, $W = W_{[n,k]}$. 于是有

$$
\begin{aligned}
e^B &= e^{W^{-1}(I_k\otimes A)W} \\
&= W^{-1}e^{\operatorname{diag}(A,A,\cdots,A)}W \\
&= W^{-1}\operatorname{diag}(e^A, e^A, \cdots, e^A)W \\
&= W^{-1}\left[I_k \otimes e^A\right]W = e^A \otimes I_k.
\end{aligned}
$$

上面这个例子很重要, 因为我们知道, 矩阵的指数函数来自线性系统的解. 即考虑

$$\dot{x} = Ax, \quad x(0) = x_0 \in \mathbb{R}^n. \tag{11.2.13}$$

那么, 其解曲线为 $x(t, x_0) = e^{At}x_0$. 于是, 在等价空间 $x_0 \otimes \mathbf{1}_k \in \mathbb{R}^{sn}$ 上, 等价的矩阵 $A \otimes I_k$ 的解曲线 $y(t, x_0\otimes \mathbf{1}_k)$ 是否与 $x(t, x_0) = e^{At}x_0$ 等价? 如果是, 那就可以在等价空间上用等价矩阵定义线性系统, 从而使解在等价意义下唯一. 例 11.2.1 说明这是对的.

[①] 见第一卷, 命题 2.6.3: 设 $A \in \mathcal{M}_{m\times n}$, $B \in \mathcal{M}_{p\times q}$, 则

$$W_{[m,p]}(A \otimes B)W_{[q,n]} = B \otimes A.$$

那么, 第二型矩阵等价是否满足式 (11.2.12) 呢? 利用泰勒展式我们有

$$
\begin{aligned}
e^{A \otimes J_k} &= I + (A \otimes J_k) + \frac{1}{2!}(A \otimes J_k)^2 + \cdots \\
&= I_{nk} + A \otimes \mathbf{1}_k + \frac{1}{2!}A^2 \otimes J + \cdots \\
&= (I_{nk} - I_n \otimes J_k) + e^A \otimes J_k.
\end{aligned}
$$

显然, 式 (11.2.12) 并不成立. 但是, 从等价初值 $x_0 \otimes \mathbf{1}_k$ 出发, 因

$$
(I_{nk} - I_n \otimes J_k)(x_0 \otimes \mathbf{1}_k) = 0,
$$

可知

$$
e^{A \otimes J_k} t(x_0 \otimes \mathbf{1}_k) = (e^A t x_0) \otimes \mathbf{1}_k.
$$

轨线依然等价.

下面讨论等价类的格结构.

例 11.2.2　定义

$$
\langle A \rangle \otimes I_k := \{ A \otimes I_k \,|\, A \in \langle A \rangle \} \subset \langle A \rangle_\ell,
$$

那么, $\langle A \rangle \otimes I_k$ 为 $\langle A \rangle_\ell$ 的一个子格. 为证明这一点, 设 A, $B \in \langle A \rangle_\ell$. 则存在 Θ 及 Λ 分别定义于 (11.1.9) 及 (11.1.10), 使得

$$
\inf(A, B) = \Lambda; \quad \sup(A, B) = \Theta. \tag{11.2.14}
$$

不难验证, 在 $\langle A \rangle \otimes I_k$ 中

$$
\inf(A \otimes I_k, B \otimes I_k) = \Lambda \otimes I_k; \quad \sup(A \otimes I_k, B \otimes I_k) = \Theta \otimes I_k. \tag{11.2.15}
$$

类似地, $I_k \otimes \langle A \rangle$ 也是 $\langle A \rangle_r$ 的子格.

下面的例子给出几个等价类的格同构.

例 11.2.3　考察 M-1 左等价 $\langle A \rangle_\ell$ 与右等价 $\langle A \rangle_r$. 设 $A_1 \in \langle A \rangle_\ell$ 及 A_1' 分别为 $\langle A \rangle_\ell$ 和 $\langle A \rangle_r$ 的最小元. 定义 $\phi : \langle A \rangle_\ell \to \langle A \rangle_r$ 如下:

$$
\phi : A_1 \otimes I_k \mapsto I_k \otimes A_1'.
$$

不难验证 ϕ 是格同构. 因此, $\langle A \rangle_\ell$ 与 $\langle A \rangle_r$ 同构.

例 11.2.4　定义 $\pi : \langle A \rangle \to \langle A \rangle \otimes I_k$ 为 $A \mapsto A \otimes I_k$. 观察 (11.2.14) 及 (11.2.15), 不难验证 π 是格同态. 并且 π 是一一且映上的, 因此, π 是格同构, 即

$$
\langle A \rangle \otimes I_k \cong \langle A \rangle.
$$

同时也可看出, 对两正整数 $k > 0$ 及 $s > 0$ 有

$$\langle A \rangle \otimes I_k \cong \langle A \rangle \otimes I_s.$$

注 11.2.3 例 11.2.3 与例 11.2.4 均可推广到 $\langle\langle A \rangle\rangle$ 上去. 可以证明, 相应结果均成立.

11.3 矩阵集及其等价类上的半群结构

11.3.1 矩阵半群

考察

$$\mathcal{M} := \bigcup_{m \in \mathbb{N}} \bigcup_{n \in \mathbb{N}} \mathcal{M}_{m \times n}.$$

半张量积使之成为半群.

命题 11.3.1 $(\mathcal{M}, \ltimes)$ 是一个幺半群.

证明 结合律来自 $\ltimes$ 的基本性质. 单位元为 1. $\qquad\square$

注 11.3.1 直接可验证以下结果:

(i) $(\mathcal{M}, \ltimes)$ 是一个幺半群;

(ii) $(\mathcal{M}, \circ_\ell)$, $(\mathcal{M}, \circ_r)$ 均为半群, 但不是幺半群.

因为数可以看作 $\mathcal{M}$ 中的元素, 故数与矩阵的乘积可以有两种理解: ① 它可看成矩阵的数乘, 即 $\mathbb{R} \times \mathcal{M} \to \mathcal{M}$; ② 它可看成矩阵与矩阵的乘积. 一型矩阵-矩阵半张量积与二型矩阵-矩阵半张量积的一个主要差别是, 对一型矩阵-矩阵半张量积, 这两种乘积相容, 即

$$r \times A = r \ltimes A, \quad r \in \mathbb{R}. \tag{11.3.1}$$

这使得 1 成为 $(\mathcal{M}, \ltimes)$ 的单位元.

而对二型矩阵-矩阵半张量积, 这两种乘积不相容. 故不能将 1 看成 $(\mathcal{M}, \circ)$ 的单位元.

定义 11.3.1 设 $(G, *)$ 为幺半群, $H \subset G$. 如果 $(H, *)$ 为幺半群, 则 $(H, *)$ 称为 $(G, *)$ 的子幺半群, 记作 $H \preceq G$.

一个子幺半群可检验如下.

命题 11.3.2 设 $(G, *)$ 为一幺半群 $H \subset G$, 那么, H 是 G 的子幺半群, 当且仅当,

(i) 如果 $h_1, h_2 \in H$, 则 $h_1 * h_2 \in H$;

(ii) $e \in H$, 这里, $e \in G$ 为单位元.

下面给出几个有用的 $(\mathcal{M}, \ltimes)$ 的么子半群.

• $\mathcal{M}(k)$:

$$\mathcal{M}(k) := \bigcup_{\alpha \in \mathbb{N}} \bigcup_{\beta \in \mathbb{N}} \mathcal{M}_{k^\alpha \times k^\beta},$$

这里, $k \in \mathbb{Z}_+$.

显然, $\mathcal{M}(k) \preceq \mathcal{M}$. 这个么子半群在计算 k 维向量空间的张量间的乘积中十分重要[17]. 它在 k 值逻辑动态系统的计算中也很有用, 包括 $k = 2$ 时的布尔网络[24,25].

在这个子么半群中, 矩阵半张量积可定义如下.

定义 11.3.2 (i) 设 $X \in \mathbb{R}^n$ 为列向量, $Y \in \mathbb{R}^m$ 为行向量.

如果 $n = pm$ (记作 $X \succ_p Y$): 将 X 等分为 m 块, 即

$$X = \left[X_1^{\mathrm{T}}, X_2^{\mathrm{T}}, \cdots, X_m^{\mathrm{T}} \right]^{\mathrm{T}},$$

这里, $X_i \in \mathbb{R}^p$, $\forall i$. 定义

$$X \ltimes Y := \sum_{s=1}^{m} X_s y_s \in \mathbb{R}^p.$$

设 $np = m$ (记作 $X \prec_p Y$): 将 Y 等分为 n 块, 即

$$Y = [Y_1, Y_2, \cdots, Y_n],$$

这里, $Y_i \in \mathbb{R}^p$, $\forall i$. 定义

$$X \ltimes Y := \sum_{s=1}^{m} x_s Y_s \in \mathbb{R}^p.$$

(ii) 设 $A \in \mathcal{M}_{m \times n}$, $B \in \mathcal{M}_{p \times q}$, 这里, $n = tp$ (记作 $A \succ_t B$), 或 $nt = p$ (记作 $A \prec_t B$), 那么,

$$A \ltimes B := C = (c_{i,j}),$$

这里,

$$c_{i,j} = \mathrm{Row}_i(A) \ltimes \mathrm{Col}_j(B),$$

而行向量与列向量的矩阵半张量积 $\ltimes$ 则由 (i) 定义.

注 11.3.2 (i) 不难验证, 当 $A \prec_t B$ 或 $B \prec_t A$, 这里, $t \in \mathbb{Z}_+$ 时, 定义 11.3.2 与定义 11.1.1 是一样的. 虽然定义 11.3.2 只针对特殊情形, 但它的物理意义更明确. 特别是, 到目前为止, 应用中用到最多的是属于这类特殊情形.

(ii) 定义 11.3.2 可以平行地推广到 $\circ_\ell$ 的情形.

(iii) 定义 11.3.2 不可以推广到 $\ltimes$ 以及 $\circ_r$ 的情形. 这是矩阵-矩阵左半张量积与右半张量积最根本的区别.

下面继续讨论 $(\mathcal{M}, \ltimes)$ 的特殊么半群.

• $\mathcal{V}$:

$$\mathcal{V} := \bigcup_{k \in \mathbb{Z}_+} \mathcal{M}_{k \times 1}.$$

显然 $\mathcal{V} \preceq \mathcal{M}$.

这个子么半群由所有列向量组成. 在这个子么半群里, 矩阵半张量积退化为张量积.

• $\mathcal{V}^{\mathrm{T}}$:

$$\mathcal{V}^{\mathrm{T}} := \bigcup_{k \in \mathbb{Z}_+} \mathcal{M}_{1 \times k}.$$

显然 $\mathcal{V}^{\mathrm{T}} \preceq \mathcal{M}$. 这个子么半群由所有行向量组成.

• $\mathcal{L}$:

$$\mathcal{L} := \{ A \in \mathcal{M} \mid \mathrm{Col}(A) \subset \Delta_s, \ s \in \mathbb{Z}_+ \}.$$

显然, $\mathcal{L} \preceq \mathcal{M}$. 这个子么半群由所有逻辑矩阵组成.

• $\mathcal{P}$:

$$\mathcal{P} := \{ A \in \mathcal{M} \mid \mathrm{Col}(A) \subset \Upsilon_n, \ s \in \mathbb{Z}_+ \},$$

这里, Υ_n 是 n 维概率向量集合.

同样, 容易验证 $\mathcal{P} \preceq \mathcal{M}$. 这个子么半群常用于概率逻辑映射.

• $\mathcal{L}(k)$:

$$\mathcal{L}(k) := \mathcal{L} \cap \mathcal{M}(k).$$

同样有 $\mathcal{L}(k) \preceq \mathcal{L} \preceq \mathcal{M}$. 它用于 k 值逻辑映射.

下面定义矮矩阵 (short matrix).

• $\mathcal{S}$:

$$\mathcal{S} := \{ A \in \mathcal{M}_\mu \mid \mu \leqslant 1 \}.$$

定义其子集 $\mathcal{S}^r$:

$$\mathcal{S}^r := \{ A \in \mathcal{S} \mid A \text{ 行满秩} \}.$$

它们有以下性质.

命题 11.3.3

$$\mathcal{S}^r \preceq \mathcal{S} \preceq \mathcal{M}. \tag{11.3.2}$$

证明 设 $A \in \mathcal{M}_{m \times n}$, $B \in \mathcal{M}_{p \times q}$ 且 A, $B \in \mathcal{S}$, 即 $m \leqslant n$, $p \leqslant q$. 令 $t = \mathrm{lcm}(n, p)$. 那么, $AB \in \mathcal{M}_{\frac{mt}{n} \times \frac{tq}{p}}$. 不难看出 $\dfrac{mt}{n} \leqslant \dfrac{tq}{p}$, 因此, $AB \in \mathcal{S}$, 即 $\mathcal{S} \preceq \mathcal{M}$.

至于前半部分, 设 A, $B \in \mathcal{S}^r$, 那么,

$$
\begin{aligned}
\mathrm{rank}(AB) &= \mathrm{rank}\left[\left(A \otimes I_{t/n} \right) \left(B \otimes I_{t/p} \right) \right] \\
&\geqslant \mathrm{rank}\left[\left(A \otimes I_{t/n} \right) \left(B \otimes I_{t/p} \right) \left(B^{\mathrm{T}}(BB^{\mathrm{T}})^{-1} \otimes I_{t/p} \right) \right] \\
&= \mathrm{rank}\left[\left(A \otimes I_{t/n} \right) \left(I_p \otimes I_{t/p} \right) \right] \\
&= \mathrm{rank}\left(A \otimes I_{t/n} \right) = mt/n.
\end{aligned}
$$

因此, $AB \in \mathcal{S}^r$, 即 $\mathcal{S}^r \preceq \mathcal{S}$. $\square$

同样可以定义高矩阵 (tall matrix).

• $\mathcal{H}$:

$$
\mathcal{H} := \{ A \in \mathcal{M}_\mu \,|\, \mu \geqslant 1 \}.
$$

定义其子集 $\mathcal{H}^r$:

$$
\mathcal{H}^r := \left\{ A \in \mathcal{H} \,|\, A \text{ 列满秩} \right\}.
$$

因为

$$
\mathcal{H} = \mathcal{S}^{\mathrm{T}} := \{ A \,|\, A^{\mathrm{T}} \in \mathcal{S} \},
$$

以下性质显见.

命题 11.3.4

$$
\mathcal{H}^r \preceq \mathcal{H} \preceq \mathcal{M}. \tag{11.3.3}
$$

注 11.3.3 (i) 所有以上讨论的 $(\mathcal{M}, \ltimes)$ 的么子半群, 都可以平行推广到 $(\mathcal{M}, \rtimes)$ 上去.

(ii) 考虑 $(\mathcal{M}, \circ_\ell)$ 和 $(\mathcal{M}, \circ_r)$, 则可平行地定义它们的么子半群: $\mathcal{M}(k)$, $\mathcal{V}$, $\mathcal{V}^{\mathrm{T}}$, $\mathcal{S}$, $\mathcal{H}$. 但其他的 $(\mathcal{M}, \ltimes)$ 的么子半群没有对应的推广.

11.3.2 矩阵集合上的向量空间结构

从线性代数中已知 $\mathcal{M}_{m \times n}$ 是一个线性空间, 那么, 能否像向量那样将这种线性空间结构推广到泛维矩阵集合上去呢? 因为一个矩阵的维数决定于两个参数: m 与 n, 难以像向量那样给出统一的加法, 我们只能考虑分类进行. [①]

回忆分割

$$
\mathcal{M} = \bigcup_{\mu \in \mathbb{Q}_+} \mathcal{M}_\mu,
$$

---

① 在第 13 章将介绍形式多项式, 它对整个矩阵集做形式加法.

这里, 每个 $\mathcal{M}_\mu$ 里的矩阵维数只由一个参数决定, 因此可望在每个 $\mathcal{M}_\mu$ 上建立线性空间结构.

注 11.3.4 为避免可能的混淆, 我们认为 $\mathbb{Q}_+$ 中数均为既约分数, 即 $\mu = \mu_x/\mu_y$, $\mu_x \wedge \mu_y = 1$.

记

$$\mathcal{M}_\mu^k := \mathcal{M}_{k\mu_y \times k\mu_x}, \quad k = 1, 2, \cdots.$$

注意

$$\mathcal{M}_\mu^i \neq \mathcal{M}_{\mu^i}.$$

下面定义 $\mathcal{M}_\mu$ 上的加法.

定义 11.3.3 设 $A, B \in \mathcal{M}_\mu$. 并且, $A \in \mathcal{M}_{m \times n}$, $B \in \mathcal{M}_{p \times q}$, $m/n = p/q = \mu$. 记 $t = \mathrm{lcm}\{m, p\}$.

(i) 一型左矩阵加法 (简称 ML-1 加法):

A 与 B 的一型左矩阵加法, 记作 $\Vdash$, 定义如下:

$$A \Vdash B := (A \otimes I_{t/m}) + (B \otimes I_{t/p}). \tag{11.3.4}$$

相应地, 一型左矩阵减法 (简称 ML-1 减法):

A 与 B 的一型左矩阵减法, 记作 $\vdash$, 定义如下:

$$A \vdash B := A \Vdash (-B). \tag{11.3.5}$$

(ii) 一型右矩阵加法 (简称 MR-1 加法):

A 与 B 的一型右矩阵加法, 记作 $\dashV$, 定义如下:

$$A \dashV B := (I_{t/m} \otimes A) + (I_{t/p} \otimes B). \tag{11.3.6}$$

相应地, 一型右矩阵减法 (简称 MR-1 减法):

A 与 B 的一型左矩阵减法, 记作 $\dashv$, 定义如下:

$$A \dashv B := A \dashV (-B). \tag{11.3.7}$$

注 11.3.5 令 $\sigma \in \{\Vdash, \vdash, \dashV, \dashv\}$, 即 σ 是这四种二元运算之一. 那么, 不难检验以下结果:

(i) 如果 $A, B \in \mathcal{M}_\mu$, 则 $A\sigma B \in \mathcal{M}_\mu$.

(ii) 如果 A 和 B 如定义 11.3.3 所示, 那么, $A\sigma B \in \mathcal{M}_{t \times \frac{nt}{m}}$.

(iii) 设 $s = \mathrm{lcm}(n, q)$, 则 $s/n = t/m$ 且 $s/q = t/p$. 因此, σ 也可以依矩阵列数定义, 即

$$A \Vdash B := (A \otimes I_{s/n}) + (B \otimes I_{s/q}),$$

等等.

注 11.3.6　二型加减法可相应地定义如下:

设 $A,\ B \in \mathcal{M}_\mu$. 并且, $A \in \mathcal{M}_{m\times n},\ B \in \mathcal{M}_{p\times q},\ m/n = p/q = \mu$. 记 $t = \mathrm{lcm}\{m,p\}$.

(i) 二型左矩阵加法 (简称 ML-2 加法):

$$A +_\ell B := \left(A \otimes J_{t/m}\right) + \left(B \otimes J_{t/p}\right). \tag{11.3.8}$$

相应地, 二型左矩阵减法 (简称 ML-2 减法):

$$A -_\ell B := A +_\ell (-B). \tag{11.3.9}$$

(ii) 二型右矩阵加法 (简称 MR-2 加法):

$$A +_r B := \left(J_{t/m} \otimes A\right) + \left(J_{t/p} \otimes B\right). \tag{11.3.10}$$

相应地, 二型右矩阵减法 (简称 MR-2 减法):

$$A -_r B := A +_r (-B). \tag{11.3.11}$$

为简便计, 以下只讨论一型运算. 但以下全部讨论对二型运算均成立.

回到 $\mathcal{M}_\mu$. 首先定义零矩阵.

$$Z := \left\{ \mathbf{0}_{k\mu_y \times k\mu_x} \,\big|\, k = 1,2,\cdots \right\}. \tag{11.3.12}$$

它是将所有 $\mathcal{M}$ 中的零矩阵放在一起. 与向量空间 $\mathbb{R}^\infty$ 相仿, 我们实际上得到一个伪向量空间.

定理 11.3.1　$\mathcal{M}_\mu$ 带上 M-1 或 M-2 加法与普通数乘构成一个伪向量空间. 在这个伪向量空间中, Z 是一个集合, 由式 (11.3.12) 定义. 并且, 对每个 $A \in \mathcal{M}_\mu$, 其逆元为

$$-A := \{B \,|\, A\sigma B \in Z\}, \tag{11.3.13}$$

这里, $\sigma \in \{\boxplus, \boxminus, +_\ell, +_r\}$.

11.3.3　矩阵子集族的群结构

由 $\mathcal{M}_\mu$ 的定义可直接推得以下结论.

命题 11.3.5　设 $A \in \mathcal{M}_{\mu_1}, B \in \mathcal{M}_{\mu_2}, \bowtie \in \{\ltimes, \rtimes, \circ_\ell, \circ_r\}$, 那么

$$A \bowtie B \in \mathcal{M}_{\mu_1\mu_2}. \tag{11.3.14}$$

定义

$$\mathcal{M}^{\mu} := \bigcup_{i=1}^{\infty} \mathcal{M}_{\mu^i}.$$

基于命题 11.3.5, 我们在 $\mathcal{M}^{\mu}$ 上定义一个二元运算 $\bowtie$ 如下:

$$\mathcal{M}_{\mu^m} \bowtie \mathcal{M}_{\mu^n} := \mathcal{M}_{\mu^{m+n}}. \tag{11.3.15}$$

实际上, 如果把 $\mathcal{M}_{\mu}$ 看作矩阵集合, 而将 $\bowtie$ 当作矩阵乘法时, 即令 $\bowtie \in \{\ltimes, \rtimes, \circ_{\ell}, \circ_r\}$, 那么

$$\mathcal{M}_{\mu^m} \bowtie \mathcal{M}_{\mu^n} \subset \mathcal{M}_{\mu^{m+n}}. \tag{11.3.16}$$

因此, 我们应当将定义式 (11.3.15) 的含义理解为如 (11.3.16) 的一种嵌入映射.

根据定义式 (11.3.15) 可得如下结果.

定理 11.3.2 (i) $(\mathcal{M}^{\mu}, \bowtie)$ 是一个群, 其中, 群元素为 $\{\mathcal{M}_{\mu^n} \,|\, n \in \mathbb{Z}\}$.

(ii) 定义映射 $\varphi : \mathcal{M}^{\mu} \to \mathbb{Z}$ 为

$$\varphi(\mathcal{M}_{\mu^n}) := n,$$

那么, φ 是群 $(\mathcal{M}^{\mu}, \bowtie)$ 到整数的加法群 $(\mathbb{Z}, +)$ 的一个同构.

11.4 矩阵空间的商空间

11.4.1 矩阵商空间的么半群结构

首先定义矩阵的商空间.

定义 11.4.1 对应于四种矩阵等价性, 分别定义四种矩阵的商空间.

(i) 一型矩阵左商空间:

$$\Sigma_{\ell}^1 := \mathcal{M}/\sim_{\ell}. \tag{11.4.1}$$

(ii) 一型矩阵右商空间:

$$\Sigma_r^1 := \mathcal{M}/\sim_r. \tag{11.4.2}$$

(iii) 二型矩阵左商空间:

$$\Sigma_{\ell}^2 := \mathcal{M}/\approx_{\ell}. \tag{11.4.3}$$

(iv) 二型矩阵右商空间:

$$\Sigma_r^2 := \mathcal{M}/\approx_r. \tag{11.4.4}$$

定义 11.4.2 [94]　(i) 一个非空集合 S 带上一个二元运算 $\sigma: S \times S \to S$ 称为一个代数系统, 记作 (S, σ).

(ii) 设 $\sim$ 是 S 上的一个等价关系, 这个等价关系称为代数系统 (S, σ) 上的一致关系 (congruence relation), 如果对任意 $A, B, C, D \in S$, 满足 $A \sim C$ 及 $B \sim D$, 则有

$$A \sigma B \sim C \sigma D. \tag{11.4.5}$$

命题 11.4.1　考察代数系统 $(\mathcal{M}, \bowtie)$, 这里 $\bowtie \in \{\ltimes, \rtimes, \circ_\ell, \circ_r\}$, 相应的等价关系分别为 $\{\sim_\ell, \sim_r, \approx_\ell, \approx_r\}$. 则等价关系是一致关系.

证明　这里只证明第一种情形, 其他三种情形类似. 设 $A \sim \tilde{A}$ 及 $B \sim \tilde{B}$. 根据命题 11.1.1, 存在 $U \in \mathcal{M}_{m\times n}$ 及 $V \in \mathcal{M}_{p\times q}$ 使得

$$A = U \otimes I_s, \quad \tilde{A} = U \otimes I_t;$$
$$B = V \otimes I_\alpha, \quad \tilde{B} = V \otimes I_\beta.$$

记

$$n \vee p = r, \quad ns \vee \alpha p = r\xi, \quad nt \vee \beta p = r\eta,$$

那么,

$$A \ltimes B = \left(U \otimes I_s \otimes I_{r\xi/ns}\right)\left(V \otimes I_\alpha \otimes I_{r\xi/\alpha p}\right)$$
$$= \left[\left(U \otimes I_{r/n}\right)\left(V \otimes I_{r/p}\right)\right] \otimes I_\xi.$$

类似地, 有

$$\tilde{A} \ltimes \tilde{B} = \left[\left(U \otimes I_{r/n}\right)\left(V \otimes I_{r/p}\right)\right] \otimes I_\eta.$$

因此, 我们有 $A \ltimes B \sim \tilde{A} \ltimes \tilde{B}$. □

命题 11.4.1 使得我们可以在等价类上定义矩阵-矩阵半张量积.

定义 11.4.3　(i) 设 $\langle A\rangle_\ell, \langle B\rangle_\ell \in \Sigma_\ell^1$, 则

$$\langle A\rangle_\ell \ltimes \langle B\rangle_\ell := \langle A \ltimes B\rangle_\ell. \tag{11.4.6}$$

(ii) 设 $\langle A\rangle_r, \langle B\rangle_r \in \Sigma_r^1$, 则

$$\langle A\rangle_r \rtimes \langle B\rangle_r := \langle A \ltimes B\rangle_r. \tag{11.4.7}$$

(iii) 设 $\langle\langle A\rangle\rangle_\ell, \langle\langle B\rangle\rangle_\ell \in \Sigma_\ell^2$, 则

$$\langle\langle A\rangle\rangle_\ell \circ_\ell \langle\langle B\rangle\rangle_\ell := \langle\langle A \circ_\ell B\rangle\rangle_\ell. \tag{11.4.8}$$

(iv) 设 $\langle\langle A\rangle\rangle_r, \langle\langle B\rangle\rangle_r \in \Sigma_r^2$, 则

$$\langle\langle A\rangle\rangle_r \circ_r \langle\langle B\rangle\rangle_r := \langle\langle A \circ_r B\rangle\rangle_r. \tag{11.4.9}$$

下面这些性质是定义的直接推论.

命题 11.4.2 (i) $(\Sigma_\ell^1, \ltimes)$ 及 $(\Sigma_r^1, \rtimes)$ 均为么半群.

(ii) 设 $(\mathcal{S}, \ltimes) \preceq (\mathcal{M}, \ltimes)$ (或 $(\mathcal{S}, \rtimes) \preceq (\mathcal{M}, \rtimes)$) 为子么半群, 那么, $(\mathcal{S}/\sim_\ell, \ltimes) \preceq \Sigma_\ell^1$ (或 $(\mathcal{S}/\sim_r, \rtimes) \preceq \Sigma_r^1$) 为子么半群.

(iii) $(\Sigma_\ell^2, \circ_\ell)$ 及 $(\Sigma_r^2, \circ_r)$ 均为半群.

(iv) 设 $(\mathcal{S}, \circ_\ell) < (\mathcal{M}, \circ_\ell)$ (或 $(\mathcal{S}, \circ_r) \preceq (\mathcal{M}, \circ_r)$) 为子半群, 那么, $(\mathcal{S}/\approx_\ell, \circ_\ell) \preceq \Sigma_\ell^2$ (或 $(\mathcal{S}/\approx_r, \circ_r) \preceq \Sigma_r^2$) 为子半群.

因为在命题 11.4.2 里, $\mathcal{S}$ 可以是 $\mathcal{M}$ 的任意么子半群 (或子半群), 则相应的么子半群 (或子半群) 的商集合也是 Σ 的么子半群 (或子半群).

例如 $\mathcal{V}/\sim_\ell$, $\mathcal{L}/\sim_r$, 等等, 都是相应的 Σ 的么子半群.

考察 $\mathcal{M}_1 := \mathcal{M}_{\mu=1}$, 它是方阵集合. 记 $\Sigma_1 := \mathcal{M}_1/\sim$, 这里, $\sim \in \{\sim_\ell, \sim_r\}$. 那么, 显然 Σ_1 是 Σ^1 的么子半群. 这个么子半群有特殊的重要性.

下面的例子给出 Σ_1 的一些重要的么子半群.

例 11.4.1 考察 $(\Sigma_\ell^1, \ltimes)$, $\Sigma_1 \preceq \Sigma_\ell^1$.

(i) 定义

$$\mathcal{O}_\Sigma := \{\langle A\rangle \mid A \text{ 可逆, 且 } A^{-1} = A^{\mathrm{T}}\}. \tag{11.4.10}$$

$\mathcal{O}_\Sigma$ 是 Σ_1 的一个么子半群. 这是因为, 首先, 根据命题 11.2.2, $\mathcal{O}_\Sigma$ 是定义好的集合. 其次, 直接计算可验证, 如果 $\langle A\rangle, \langle B\rangle \in \mathcal{O}_\Sigma$, 则 $\langle A\rangle \ltimes \langle B\rangle \in \mathcal{O}_\Sigma$; 再有 $1 \in \mathcal{O}_\Sigma$. 根据命题 11.3.2, $\mathcal{O}_\Sigma \preceq \Sigma_1$.

以下各类子么半群的检验留给读者.

(ii) 定义

$$\mathcal{S}_\Sigma := \{\langle A\rangle \mid \mathrm{Dt}(\langle A\rangle) = 1\}, \tag{11.4.11}$$

那么, $\mathcal{S}_\Sigma \preceq \Sigma_1$.

(iii) 定义

$$\mathcal{S}_0 := \{\langle A\rangle \mid \det(\langle A\rangle) = 1\}, \tag{11.4.12}$$

那么, $\mathcal{S}_0 \preceq \mathcal{S}_\Sigma$.

(iv)

$$\mathcal{T}_0 := \{\langle A\rangle \mid \mathrm{Tr}(\langle A\rangle) = 0\} < \Sigma_1. \tag{11.4.13}$$

(v)

$$\mathcal{U} := \{\langle A\rangle \mid A \text{ 是上三角}\} \preceq \Sigma_1. \tag{11.4.14}$$

(vi)

$$\mathcal{L} := \{\langle A\rangle \mid A \text{ 是下三角}\} \preceq \Sigma_1. \tag{11.4.15}$$

(vii)

$$\mathcal{D} := \{\langle A\rangle \mid A \text{ 为对角}\} \preceq \Sigma_1. \tag{11.4.16}$$

11.4.2　矩阵商空间上的加法

本小节的目的是将定义 11.3.3 所设定的 $\mathcal{M}_\mu$ 上的加减法推广到 Σ_μ 上. 我们只讨论 $\mathcal{M}_\mu$ 上的一型左矩阵加法 $\boxplus$. 下述结果均可推广到一型右矩阵加法 $\boxplus$、二型左矩阵加法 $+_\ell$, 以及二型右矩阵加法 $+_r$ 上去.

定理 11.4.1　考察代数系统 $(\mathcal{M}_\mu, \sigma)$, 这里, $\sigma \in \{\boxplus, \boxplus\}$ 且 $\sim = \sim_\ell$ (或 $\sigma \in \{\boxplus, \boxminus\}$ 且 $\sim = \sim_r$, 或 $\sigma \in \{+_\ell, -_\ell\}$ 且 $\sim = \approx_\ell$, 或 $\sigma \in \{+_r, -_r\}$ 且 $\sim = \approx_r$,), 那么, 等价关系 $\sim$ 对相应的 σ 是一致关系.

证明　我们只证 $\sigma = \boxplus$ 及 $\sim = \sim_\ell$ 的情形, 其余类此.

设 $\tilde{A} \sim_\ell A$, $\tilde{B} \sim_\ell B$. 令 $P = \inf(\tilde{A}, A)$ 以及 $Q = \inf(\tilde{B}, B)$, 那么, 存在 I_β 及 I_α, 使得

$$\tilde{A} = P \otimes I_\beta, \quad A = P \otimes I_\alpha; \tag{11.4.17}$$

同样地, 存在 I_γ 及 I_δ, 使得

$$\tilde{B} = Q \otimes I_\gamma, \quad B = Q \otimes I_\delta, \tag{11.4.18}$$

这里 $P \in \mathcal{M}_{x\mu \times x}$, $Q \in \mathcal{M}_{y\mu \times y}$, $x, y \in \mathbb{Z}_+$ 为正整数.

计算 $\tilde{A} \boxplus \tilde{B}$. 设 $\eta = \mathrm{lcm}(x, y)$, $t = \mathrm{lcm}(x\beta, y\gamma) = \eta\xi$, $s = \mathrm{lcm}(x\alpha, y\delta) = \eta\zeta$, 那么, 我们有

$$\begin{aligned}\tilde{A} \boxplus \tilde{B} &= P \otimes I_\beta \otimes I_{t/x\beta} + Q \otimes I_\gamma \otimes I_{t/y\gamma} \\ &= [(P \otimes I_{\eta/x}) + (Q \otimes I_{\eta/y})] \otimes I_\xi.\end{aligned} \tag{11.4.19}$$

类似地, 我们有

$$A \boxplus B = [(P \otimes I_{\eta/x}) + (Q \otimes I_{\eta/y})] \otimes I_\zeta. \tag{11.4.20}$$

根据式 (11.4.19) 和 (11.4.20) 立可推得 $\tilde{A} \boxplus \tilde{B} \sim A \boxplus B$. □

定义 $\mathcal{M}_\mu$ 相应的商空间为

$$
\begin{aligned}
\Sigma^1_{\ell-\mu} &:= \mathcal{M}_\mu/\sim_\ell,\\
\Sigma^1_{r-\mu} &:= \mathcal{M}_\mu/\sim_r,\\
\Sigma^2_{\ell-\mu} &:= \mathcal{M}_\mu/\approx_\ell,\\
\Sigma^2_{r-\mu} &:= \mathcal{M}_\mu/\approx_r .
\end{aligned}
\tag{11.4.21}
$$

根据定理 11.4.1, 相应的四组算子 $\Vdash$ 和 $\vdash$; $\mathrel{\dashv\!\!\mid}$ 和 $\dashv$; $+_\ell$ 和 $-_\ell$; 以及 $+_r$ 和 $-_r$ 可以分别推广到 $\Sigma^1_{\ell-\mu}$, $\Sigma^1_{r-\mu}$, $\Sigma^2_{\ell-\mu}$, 以及 $\Sigma^2_{r-\mu}$ 上去, 即

$$
\begin{aligned}
&\langle A\rangle_\ell \Vdash \langle B\rangle_\ell := \langle A \Vdash B\rangle_\ell,\\
&\langle A\rangle_\ell \vdash \langle B\rangle_\ell := \langle A \vdash B\rangle_\ell,\\
&\langle A\rangle_r \mathrel{\dashv\!\!\mid} \langle B\rangle_r := \langle A \mathrel{\dashv\!\!\mid} B\rangle_r,\\
&\langle A\rangle_r \dashv \langle B\rangle_r := \langle A \dashv B\rangle_r,\\
&\langle\langle A\rangle\rangle_\ell +_\ell \langle\langle B\rangle\rangle_\ell := \langle\langle A +_\ell B\rangle\rangle_\ell,\\
&\langle\langle A\rangle\rangle_\ell -_\ell \langle\langle B\rangle\rangle_\ell := \langle\langle A -_\ell B\rangle\rangle_\ell,\\
&\langle\langle A\rangle\rangle_r +_r \langle\langle B\rangle\rangle_r := \langle\langle A +_r B\rangle\rangle_r,\\
&\langle\langle A\rangle\rangle_r -_r \langle\langle B\rangle\rangle_r := \langle\langle A -_r B\rangle\rangle_r.
\end{aligned}
\tag{11.4.22}
$$

例 11.4.2 设 $\langle A\rangle$, $\langle B\rangle \in \mathcal{M}_{1/2}$, 这里,

$$
A = \begin{bmatrix} 1 & -1 \end{bmatrix}; \quad B = \begin{bmatrix} 1 & 2 & -2 & 0\\ 0 & -1 & 1 & 1 \end{bmatrix},
$$

那么,

(i) $\langle A\rangle \Vdash \langle B\rangle = \langle C\rangle$, 则

$$
C = A\otimes I_2 + B = \begin{bmatrix} 2 & 2 & -3 & 0\\ 0 & 0 & 1 & 0 \end{bmatrix}.
$$

(ii) $\langle A\rangle \mathrel{\dashv\!\!\mid} \langle B\rangle = \langle D\rangle$, 则

$$
D = I_2\otimes A + B = \begin{bmatrix} 2 & 1 & -2 & 0\\ 0 & -1 & -2 & 0 \end{bmatrix}.
$$

11.4.3 商空间上的向量空间结构

与泛维向量空间的加法类似, 集合 $\mathcal{M}_\mu$ 带上加法 $\Vdash$ (或 $\mathrel{\dashv\!\!\mid}$, 或 $+_\ell$, 或 $+_r$) 不是一个向量空间, 而只是一个伪向量空间. 例如考察 A, $B \in \mathcal{M}_{1/2}$ 如下:

$$
A = \begin{bmatrix} 1 & -1 \end{bmatrix}; \quad B = \begin{bmatrix} 1 & 2 & -2 & 0\\ 0 & -1 & 1 & 1 \end{bmatrix}.
$$

对于 A, 我们需要零元素为 $Z_1 = \begin{bmatrix} 0 & 0 \end{bmatrix}$ 使得 $A \vdash Z_1 = Z_1 \vdash A = A$. 而对于 B, 则需要零元素

$$Z_2 = \begin{bmatrix} 0 & 0 & 0 & 0 \\ 0 & 0 & 0 & 0 \end{bmatrix}.$$

因此, 一般地说, 在 $\mathcal{M}_{1/2}$ 中的零元素应为

$$Z = \{\mathbb{Z}_1 \otimes I_k \,|\, k = 1, 2, \cdots\}.$$

所以, 对于 $x \in \mathcal{M}_{1/2}$, 其逆元素 $-x$ 不唯一. 实际上,

$$A \vdash (-A \otimes I_k) \in Z.$$

因此, $(\mathcal{M}_\mu, \vdash)$ 只是一个伪向量空间.

由上面的讨论不难看出 $(\Sigma_\mu, \vdash)$ 是一个向量空间, 因为这时零元素及每个元素的逆均唯一.

定理 11.4.2　利用式 (11.4.22), 商空间 $\Sigma_{\ell-\mu}^1$, $\Sigma_{r-\mu}^1$, $\Sigma_{\ell-\mu}^2$, $\Sigma_{r-\mu}^2$ 均为向量空间.

注 11.4.1　作为推论, $(\Sigma_{\ell-\mu}^1, \vdash)$, $(\Sigma_{r-\mu}^1, \vdash)$, $(\Sigma_{\ell-\mu}^2, +_\ell)$, $(\Sigma_{r-\mu}^2, +_r)$ 均为阿贝尔群.

记矩阵-矩阵乘法 $* \in \{\ltimes, \rtimes, \circ_\ell, \circ_r\}$, 则

$$* : \Sigma_\mu \times \Sigma_\mu \to \Sigma_{\mu^2}.$$

因此, Σ_μ 对矩阵-矩阵乘法不封闭, 除非 $\mu = 1$.

定义 11.4.4 [69]　设 V 为一个实向量空间.

(i) 如果存在一个乘法 $* : V \times V \to V$ 使得加乘间的分配律成立, 即

$$(av_1 + bv_2) * w = a(v_1 * w) + b(v_2 * w),$$
$$w * (av_1 + bv_2) = a(w * v_1) + b(w * v_2), \quad a, b \in \mathbb{R}; \quad v_1, v_2, w \in V, \tag{11.4.23}$$

那么, V 称为一个代数.

(ii) 对于一个代数, 如果结合律成立, 即

$$v_1 * (v_2 * w) = (v_1 * v_2) * w, \tag{11.4.24}$$

则称 V 为结合代数.

(iii) 对于一个代数, 如果交换律成立, 即

$$v_1 * v_2 = v_2 * v_1, \tag{11.4.25}$$

则称 V 为交换代数.

根据定义即知

命题 11.4.3 $\left(\Sigma_1, \vec{+}, \ltimes\right)$, $\left(\Sigma_1, \vec{+}, \rtimes\right)$, $(\Sigma_1, +_\ell, \circ_\ell)$, $(\Sigma_1, +_r, \circ_r)$ 均为结合代数.

第 12 章 矩阵商空间的拓扑结构

本章介绍矩阵商空间上的三种拓扑结构: 乘积拓扑、商空间拓扑和距离拓扑. 探讨这三种拓扑的相互关系. 同时, 在不同拓扑下, 讨论商空间的性质. 本章内容可参考文献 [36].

12.1 矩阵集上的拓扑

12.1.1 矩阵商空间上的乘积拓扑

首先考虑分割

$$\mathcal{M} = \bigcup_{\mu \in \mathbb{Q}_+} \mathcal{M}_\mu.$$

记 $\mu = \mu_y / \mu_x$, 这里, $\mu_y \wedge \mu_x = 1$. 则可得到进一步的分割

$$\mathcal{M}_\mu = \bigcup_{i=1}^\infty \mathcal{M}_\mu^i,$$

这里,

$$\mathcal{M}_\mu^i = \mathcal{M}_{i\mu_y \times i\mu_x}, \quad i = 1, 2, \cdots.$$

于是, 得到整个 $\mathcal{M}$ 的一个完全分割如下:

$$\mathcal{M} = \bigcup_{\mu \in \mathbb{Q}_+} \bigcup_{i=1}^\infty \mathcal{M}_\mu^i. \tag{12.1.1}$$

首先, 由于每个 $\mathcal{M}_\mu^i$ 代表不同维数的矩阵集合, 因此, 将每个 $\mathcal{M}_\mu^i$ 看作一个闭开集是合理的. 其次, 通常赋予每个 $\mathcal{M}_\mu^i$ 相应的欧氏空间 $\mathbb{R}^{i^2 \mu_y \mu_x}$ 的标准拓扑. 因此, $\mathcal{M}$ 上的自然拓扑可描述如下.

定义 12.1.1 $\mathcal{M}$ 上的自然拓扑, 记作 $\mathcal{T}_\mathcal{M}$, 定义如下:

(i) 它由一组可数的闭开集 $\mathcal{M}_\mu^i$, $\mu \in \mathbb{Q}_+$, $i \in \mathbb{N}$ 组合;

(ii) 在每个 $\mathcal{M}_\mu^i$ 上赋予欧氏空间 $\mathbb{R}^{i^2 \mu_y \mu_x}$ 的普通拓扑.

下面考虑商空间. 令 $\sim \in \{\sim_\ell, \sim_r, \approx_\ell, \approx_r\}$.

$$\Sigma := \mathcal{M} / \sim; \quad \Sigma_\mu = \mathcal{M}_\mu / \sim.$$

显然,

$$\Sigma = \bigcup_{\mu \in \mathbb{Q}_+} \Sigma_\mu. \tag{12.1.2}$$

这里, (12.1.2) 也是一个分割. 并且, 如果 $A \in \mathcal{M}_{\mu_1}$, $B \in \mathcal{M}_{\mu_2}$, 而 $\mu_1 \neq \mu_2$, 那么, $A \not\sim B$. 因此, 每个 Σ_μ 可以视为 Σ 上的闭开集. 然后, 我们只要在每个子集 Σ_μ 上定义拓扑就可以了.

定义 12.1.2 (i) 设 $\mathcal{M}_\mu^i$ 具欧氏空间 $\mathbb{R}^{i^2\mu_y\mu_x}$ 的自然拓扑. 并设 $\varnothing \neq o_i \subset \mathcal{M}_\mu^i$ 为一开集. 定义一族等价类 $\langle o_i \rangle \subset \Sigma_\mu$ 如下:

$$\langle A \rangle \in \langle o_i \rangle \Leftrightarrow \langle A \rangle \cap o_i \neq \varnothing. \tag{12.1.3}$$

(ii) 设

$$O_i = \{o_i \,|\, o_i \ \text{为} \ \mathcal{M}_\mu^i \ \text{中以有理数为中心、有理数为半径的开球}\}.$$

(iii) 利用 O_i, 构造一组子集 $S_i \subset 2^{\Sigma_\mu}$:

$$S_i := \langle O_i \rangle, \quad i = 1, 2, \cdots.$$

取 $S = \bigcup_{i=1}^{\infty} S_i$ 为拓扑子基, 由 S 生成的拓扑记作 $\mathcal{T}_P$, 它使

$$(\Sigma_\mu, \mathcal{T}_P)$$

为一拓扑空间[①].

注意: 拓扑基是由拓扑子基的有限交生成. 这里, 拓扑基由 $s_i = \langle o_i \rangle \in S_i$ 的有限交生成.

注 12.1.1 (i) 显然, $\mathcal{T}_P$ 使 $(\Sigma_\mu, \mathcal{T}_P)$ 成一拓扑空间.

(ii) 这个空间的拓扑基是

$$\mathcal{B} := \left\{ \langle o_{i_1} \rangle \cap \langle o_{i_2} \rangle \cap \cdots \cap \langle o_{i_r} \rangle \,\middle|\, \langle o_{i_j} \rangle \in S_{i_j}, \, j = 1, \cdots, r; \, r < \infty \right\}. \tag{12.1.4}$$

(iii) 图 12.1.1 给出一个拓扑基里的元素, 其中 $o_1 \in \mathcal{M}_\mu^i$, $o_2 \in \mathcal{M}_\mu^j$ 是分别在 $\mathcal{M}_\mu^i$ 和 $\mathcal{M}_\mu^j$ 上的两个以有理数为圆心、有理数为半径的圆盘. 于是 $s_1 = \langle o_1 \rangle$ 和 $s_2 = \langle o_2 \rangle$ 是拓扑子基里的两个元素. 它们的交

$$s_1 \cap s_2 = \{\langle A \rangle \,|\, \langle A \rangle \cap o_i \neq \varnothing, \, i = 1, 2\}$$

就是拓扑基里的一个元素.

---

① 由拓扑子基生成拓扑的方法见本书第一卷附录或文献 [76].

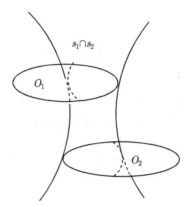

图 12.1.1　拓扑基里的一个元素

定理 12.1.1　拓扑空间 $(\Sigma_\mu, \mathcal{T}_P)$ 是第二可数的 Hausdorff (即 T_2) 空间.

证明　要证明 $(\Sigma_\mu, \mathcal{T})$ 是第二可数的, 先注意 O_i 是可数的. 然后, $\{O_i|i = 1, 2, \cdots\}$ 作为可数集的可数并是可数的. 最后, $\mathcal{B}$ 是可数集的有限子集, 也是可数的.

再证其为 Hausdorff 空间, 设 $\langle A \rangle \neq \langle B \rangle \in \Sigma_\mu$. 设 $A_1 \in \langle A \rangle$ 且 $B_1 \in \langle B \rangle$ 分别为它们的最小元. 如果存在 i, 使 A_1, $B_1 \in \mathcal{M}_\mu^i$, 那么, 存在 $\varnothing \neq o_a$, $o_b \subset \mathcal{M}_\mu^i$, $o_a \cap o_b = \varnothing$, 使得 $A_1 \in o_a$ 及 $B_1 \in o_b$. 根据定义, $s_a(o_a) \cap s_b(o_b) = \varnothing$, 并且 $\langle A \rangle \in s_a$, $\langle B \rangle \in s_b$.

最后, 设 $A_1 \in \mathcal{M}_\mu^i$, $B_1 \in \mathcal{M}_\mu^j$ 并且 $i \neq j$. 令 $t = \mathrm{lcm}(i, j)$, 那么,

$$A_{t/i} = A_1 \otimes I_{t/i} \in \mathcal{M}_\mu^t, \quad B_{t/j} = B_1 \otimes I_{t/j} \in \mathcal{M}_\mu^t.$$

因为 $A_{t/i} \neq B_{t/j}$, 可以找到 o_a, $o_b \subset \mathcal{M}_\mu^t$, $o_a \cap o_b = \varnothing$ 且 $A_{t/i} \in o_a$ 及 $B_{t/j} \in o_b$. 即, $s_a(o_a)$ 和 $s_b(o_b)$ 将 $\langle A \rangle$ 和 $\langle B \rangle$ 分开.　　　　□

由于 $s_i(o_i) = \langle o_i \rangle \subset \Sigma_\mu$ 是完全由 o_i 决定的, 于是可以简单地将 $s_i(o_i)$ 等同于 O_i. 因此, $\mathcal{T}_P$ 完全由它的子基

$$\{o_i \mid o_i \in \mathcal{T}_i, \, i = 1, 2, \cdots\}$$

所决定, 这里, $\mathcal{T}_i$ 是 $\mathbb{R}^{i^2 \mu_y \mu_x}$ 上的自然拓扑. 因此, 显然 $\mathcal{T}_P$ 是 $\mathcal{M}_\mu^i$, $i = 1, 2, \cdots$ 上的拓扑的乘积拓扑. 因此, $\mathcal{T}_P$ 称为 Σ_μ 上的乘积拓扑. 然后, 每个 Σ_μ, $\mu \in \mathbb{Q}_+$ 被视为 Σ 上的闭开集. 这样生成的 Σ 上的拓扑仍称为乘积拓扑, 也仍然用 $\mathcal{T}_P$ 来表示.

记自然投影 $\mathrm{Pr} : \mathcal{M} \to \Sigma$ 为

$$\mathrm{Pr}(A) := \langle A \rangle, \quad A \in \mathcal{M}. \tag{12.1.5}$$

我们最关心的是闭开集 $\mathcal{M}_\mu$, 即

$$\mathrm{Pr}\big|_{\mathcal{M}_\mu}(A) := \langle A \rangle \in \Sigma_\mu, \quad A \in \mathcal{M}_\mu. \tag{12.1.6}$$

那么, 乘积拓扑可以用图 12.1.2 来刻画, 这里表示了一个平行的投影结构.

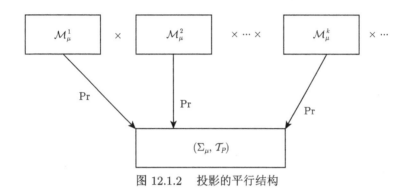

图 12.1.2   投影的平行结构

命题 12.1.1 $\mathrm{Pr} : \mathcal{M}_\mu \to (\Sigma_\mu, \mathcal{T}_P)$ 是不连续的. 因此, $\mathcal{T}_P$ 不是商拓扑.

证明   设 O 是 $\mathcal{M}_\mu^1$ 的一个开集. 定义

$$S(O) := \{\langle A \rangle \in \Sigma \mid \langle A \rangle \cap O \neq \varnothing\}.$$

那么, 根据定义, $S(O)$ 是开的. 现在考虑

$$H_k := \mathrm{Pr}^{-1}\big|_{\mathcal{M}_\mu^k}(S(O)), \quad k > 1,$$

显然, H_k 不是开集, 因为 H_k 是子空间 $\mathcal{M}_\mu^k$ 的一个真子集. 而乘积拓扑的开集只允许有限个 k 是非空真子集. 因此, 乘积拓扑 $\mathcal{T}_P$ 不是商拓扑.   □

考察自然投影 (12.1.6) (或者更一般的 (12.1.5)). 由于 Pr 是满映射, 我们可以构造商拓扑如下: $O \in \Sigma$ 开, 当且仅当, $\mathrm{Pr}^{-1}(O) \in \Sigma_\mu$ 是开的. 这个商拓扑记作 $\mathcal{T}_Q$. 它有个串联结构的投影, 这可以用图 12.1.3 来刻画.

乘积拓扑 $\mathcal{T}_P$ 和商拓扑 $\mathcal{T}_Q$ 在进一步讨论中都很重要. 大致地说, 乘积拓扑适合用于讨论商空间微分结构, 而商拓扑在讨论商空间代数结构时十分方便.

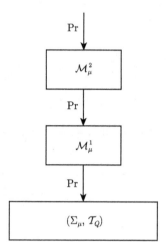

图 12.1.3　串联型投影

12.1.2　矩阵空间的丛结构

本小节只用到商拓扑, 也就是说, 在本小节除非另有说明, 商空间为如下拓扑空间:

$$\Sigma_\mu = (\Sigma_\mu, \mathcal{T}_Q).$$

回忆在定义 12.1.1 中定义的 $\mathcal{M}$ 上的拓扑 $\mathcal{T}_M$, 那么, 在每个子集 $\mathcal{M}_\mu$ 上有拓扑子空间 $(\mathcal{M}_\mu, \mathcal{T}^\mu)$, 这里, $\mathcal{T}^\mu = \mathcal{T}_M|_{\mathcal{M}_\mu}$. 类似地, 在商空间 Σ 的子集 Σ_μ 上有拓扑子空间 $(\Sigma_\mu, \mathcal{T}_Q^\mu)$, 简记为 $\mathcal{M}_\mu = (\mathcal{M}_\mu, \mathcal{T}^\mu)$ 及 $\Sigma_\mu = (\Sigma_\mu, \mathcal{T}_Q^\mu)$. 于是有如下结果.

命题 12.1.2　$(\mathcal{M}_\mu, \mathrm{PR}, \Sigma_\mu)$ 是一个纤维丛, 这里, PR 是自然投影, 即 $\mathrm{PR}(A) = \langle A \rangle$.

注 12.1.2　(i) 当然, $(\mathcal{M}, \mathrm{PR}, \Sigma_M)$ 也是一个纤维丛. 但它不是很重要, 因为它是一些互不相关的纤维丛 $(\mathcal{M}_\mu, \mathrm{PR}, \Sigma_\mu)$, $\mu \in \mathbb{Q}_+$ 的并.

(ii) 考察等价类 $\langle A \rangle = \{A_1, A_2, \cdots\} \in \Sigma_\mu$, 这里, A_1 是最小元, 那么 $\langle A \rangle$ 的原像是一个离散集合:

$$\mathrm{PR}^{-1}(\langle A \rangle) = \{A_1, A_2, A_3, \cdots\}.$$

因此, $(\mathcal{M}_\mu, \mathrm{PR}, \Sigma_\mu)$ 也称为一个离散丛.

(iii) 图 12.1.4 刻画了离散丛 $(\mathcal{M}_\mu, \mathrm{PR}, \Sigma_\mu)$ 的结构, 这里, $A_1 \in \langle A \rangle$ 和 $B_1 \in \langle B \rangle$ 为最小元 $A_1 \in \mathcal{M}_\mu^\alpha$ 及 $B_1 \in \mathcal{M}_\mu^\beta$. 相应的纤维也在图 12.1.4 中标出.

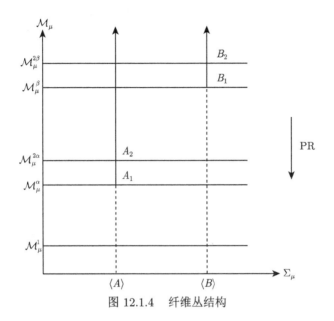

图 12.1.4 纤维丛结构

定义 12.1.3[70] 设 (E, p, B) 为一纤维丛.

(i) 一个连续映射 $c : B \to E$ 称为横截 (cross section), 如果

$$p \circ c(b) := b, \quad b \in B. \tag{12.1.7}$$

(ii) 设 $c : B \to E$ 为一横截. 那么, $c(B) \subset E$ 称为纤维丛的一个叶 (leaf).

我们可以定义一族横截 $c_i : \Sigma_\mu \to \mathcal{M}_\mu$ 如下:

$$c_i(\langle A \rangle) := \langle A \rangle \cap \mathcal{M}_\mu^i, \quad i = 1, 2, \cdots. \tag{12.1.8}$$

严格地说, 这时我们要把空集当作 $\mathcal{M}_\mu^i$ 的一个元, 即假定

$$\varnothing \in \mathcal{M}_\mu^i, \quad i = 1, 2, \cdots. \tag{12.1.9}$$

显然 $\mathrm{PR} \circ c_i = 1_{\Sigma_\mu^i}$, 这里, $1_{\Sigma_\mu^i}$ 是 Σ_μ^i 上的恒等映射.

下面考虑纤维丛 $(\mathcal{M}_\mu, \mathrm{PR}, \Sigma_\mu)$ 的某些截断子丛.

定义 12.1.4 设 $k \in \mathbb{Z}_+$.

(i) 设

$$\mathcal{M}_\mu^{[\cdot,k]} := \{M_{m \times n} \,|\, M_{m \times n} \in \mathcal{M}_\mu, \text{ 且 } m | k\mu_y\}, \tag{12.1.10}$$

那么, $\mathcal{M}_\mu^{[\cdot,k]}$ 称为 $\mathcal{M}_\mu$ 的 k 下子空间. 在格结构下, 它是一个理想.

(ii) $\Sigma_\mu^{[\cdot,k]} := \mathcal{M}_\mu^{[\cdot,k]} / \sim$ 称为 Σ_μ 的 k 下商子空间. 在格结构下, 它是一个理想.

从 k 以下子空间到 k 下商子空间的投影 $\mathrm{PR}: \mathcal{M}_\mu^{[\cdot,k]} \to \Sigma_\mu^{[\cdot,k]}$ 为其子空间上的自然投影, 于是有以下纤维丛结构.

命题 12.1.3 $\left(\mathcal{M}_\mu^{[\cdot,k]}, \mathrm{PR}, \Sigma_\mu^{[\cdot,k]}\right)$ 是 $(\mathcal{M}_\mu, \mathrm{PR}, \Sigma_\mu)$ 的一个子丛. 严格地说, 下面的图 12.1.5 是可交换的. 图中 π 和 $\tilde\pi$ 是嵌入映射. 图 12.1.5 也称为一个纤维丛同态.

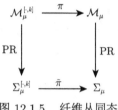

图 12.1.5　纤维丛同态

注 12.1.3 (i) 在一个截断的子纤维丛里存在一个最大横截 $c\left(\Sigma_\mu^{[\cdot,k]}\right) \subset \mathcal{M}_{kp\times kq}$ 和一个最小横截 $c\left(\Sigma_\mu^{[\cdot,k]}\right) \subset \mathcal{M}_{\mu_y\times\mu_x}$.

(ii) 设 $\mathcal{M}_{rp\times rq}$, $r = i_1, \cdots, i_t$ 为 $(\mathcal{M}_\mu, \mathrm{PR}, \Sigma_\mu)$ 上的有限个横截. 设 $k = \mathrm{lcm}(i_1, i_2, \cdots, i_t)$, 那么, 存在一个最小横截 $c\left(\Sigma_\mu^{[\cdot,k]}\right) \subset \mathcal{M}_{kp\times kq}$, 使得 $\mathcal{M}_{kp\times kq}$ 包含 $\mathcal{M}_{rp\times rq}$, $r = i_1, \cdots, i_t$ 作为它的子空间.

命题 12.1.4 商拓扑 $\mathcal{T}_Q$ 限制在 $\Sigma_\mu^{[\cdot,k]}$ 上可得

$$\mathcal{T}_Q\big|_{\Sigma_\mu^{[\cdot,k]}} = \mathcal{T}_\mathcal{M}\big|_{\mathcal{M}_\mu^k}, \tag{12.1.11}$$

即 $\mathcal{T}_Q\big|_{\Sigma_\mu^{[\cdot,k]}}$ 具有标准的 $\mathbb{R}^{k^2\mu_y\mu_x}$ 上的欧氏拓扑.

证明 为了让 $\mathrm{PR}: \mathcal{M}_\mu^{[\cdot,k]} \to \Sigma_\mu^{[\cdot,k]}$ 连续, 则必须让 $\mathcal{T}_\mathcal{M}\big|_{\mathcal{M}_\mu^k}$ 包含在商空间拓扑里. 注意到任何 $O \subset \mathcal{M}_\mu^k$, $\langle O \rangle$ 必须在商拓扑中, 因为 $\mathrm{PR}^{-1}(\langle O \rangle) = O$ 是开的. 现在对任何 $U \subset \mathcal{M}_\mu^s$ 开, $s < k$, 如前所述, $\mathrm{PR}^{-1}(\langle U \rangle)$ 在 $\mathcal{M}_\mu^k$ 不开. 因此, $\mathcal{T}_\mathcal{M}\big|_{\mathcal{M}_\mu^k}$ 是令 PR 连续的最细拓扑. $\qquad\square$

定义 12.1.5 (i) 定义

$$\mathcal{M}_\mu^{[k,\cdot]} := \{M \in \mathcal{M}_\mu^s \mid k|s\},$$

它称为 $\mathcal{M}_\mu$ 的 k 上子空间. 在格结构下, 它是一个滤子.

(ii) 定义商空间

$$\Sigma_\mu^{[k,\cdot]} := \mathcal{M}_\mu^{[k,\cdot]} / \sim,$$

它称为 Σ_μ 的 k 上商子空间. 在格结构下, 它是一个滤子.

(iii) 设 $\alpha|\beta$. 定义

$$\mathcal{M}_\mu^{[\alpha,\beta]} := \mathcal{M}_\mu^{[\alpha,\cdot]} \cap \mathcal{M}_\mu^{[\cdot,\beta]},$$

它称为 $\mathcal{M}_\mu$ 的 $[\alpha,\beta]$ 子空间.

(iv) 定义商空间

$$\Sigma_\mu^{[\alpha,\beta]} := \mathcal{M}_\mu^{[\alpha,\beta]} / \sim,$$

它称为 Σ_μ 的 $[\alpha,\beta]$ 商子空间.

注 12.1.4 命题 12.1.3 对两种截断: $\left(\mathcal{M}_\mu^{[k,\cdot]}, \mathrm{PR}, \Sigma_\mu^{[k,\cdot]}\right)$ 和 $\left(\mathcal{M}_\mu^{[\alpha,\beta]}, \mathrm{PR}, \Sigma_\mu^{[\alpha,\beta]}\right)$ 也分别成立. 严格地说, 我们有以下两个纤维丛同态 (12.1.12) 和 (12.1.13):

$$
\begin{array}{ccc}
\mathcal{M}_\mu^{[k,\cdot]} & \xrightarrow{\quad\pi\quad} & \mathcal{M}_\mu \\
\mathrm{PR}\downarrow & & \mathrm{PR}\downarrow \\
\Sigma_\mu^{[k,\cdot]} & \xrightarrow{\quad\pi'\quad} & \Sigma_\mu
\end{array}
\tag{12.1.12}
$$

$$
\begin{array}{ccc}
\mathcal{M}_\mu^{[\alpha,\beta]} & \xrightarrow{\quad\pi\quad} & \mathcal{M}_\mu \\
\mathrm{PR}\downarrow & & \mathrm{PR}\downarrow \\
\Sigma_\mu^{[\alpha,\beta]} & \xrightarrow{\quad\pi'\quad} & \Sigma_\mu
\end{array}
\tag{12.1.13}
$$

最后, 我们简单讨论一下乘积拓扑 $\mathcal{T}_P$. 因为 $\mathrm{PR} : \mathcal{M}_\mu \to (\Sigma_\mu, \mathcal{T}_P)$ 不连续, 我们对它们无法建立纤维丛结构. 如果我们只考虑理想 (上有界的子空间) $\mathcal{M}_\mu^{[\cdot,k]} \subset \mathcal{M}_\mu$, 那就可以有纤维丛结构. 在这种情形下我们有以下结果.

命题 12.1.5

$$\mathcal{M}_\mu^{[\cdot,k]} \xrightarrow{\quad\mathrm{Pr}\quad} \left(\Sigma_\mu, \ \mathcal{T}_P\big|_{\mathcal{M}_\mu^{[\cdot,k]}}\right) \tag{12.1.14}$$

是一个纤维丛. 注意在表达式 $\mathcal{T}_P\big|_{\mathcal{M}_\mu^{[k,\cdot]}}$ 中我们将 $o_i \in \mathcal{T}_\mathcal{M}$ 等同于 $s_i(o_i) \in \mathcal{T}_P$, 就像之前假定的那样.

12.1.3 矩阵商空间的坐标系统

本节考虑 $\Sigma_\mu = \mathcal{M}_\mu / \sim_\ell$. 相关结论对其他类型商空间的推广留给读者. 虽然 $(\Sigma_\mu, \Vdash)$ 是一个无穷维向量空间, 但其中每个元素 $\langle A \rangle \in \Sigma_\mu$ 具有有限维坐标表达, 因此, 我们试图对其有界子集使用有限坐标表示. 为此目的, 我们考虑对开集族 $\{O_1, O_2, \cdots\}$ 建立一族坐标, 使得 $\langle A \rangle$ 满足 $A_i \in \mathrm{span}\{O_i\}$, $i = 1, 2, \cdots$. 设 $A_1 \in \langle A \rangle$ 为其最小元, $A_i \in \mathcal{M}_{\mu_y \times \mu_x}$, 那么, 可选 $O_i \subset \mathcal{M}_{i\mu_y \times i\mu_x}$, 或直接选 $O_i = \mathcal{M}_{i\mu_y \times i\mu_x}$.

为了进一步在 Σ_μ 上建立微分流形结构[34], 坐标邻域 $\{O_1, O_2, \cdots\}$ 应满足以下要求:

(i) O_i, $i = 1, 2, \cdots$ 为开集;

(ii) 所有的 O_i 相容, 即对于 $i < j$, $O_i \subset O_j$ 应当是 O_j 的正规子空间.

从第一个要求看, 我们只能用乘积拓扑 $\mathcal{T}_P$. 因为当 $O_i \in \mathcal{M}_{i\mu_y \times i\mu_x}$ 为开集时, 它在拓扑空间 $(\Sigma_\mu, \mathcal{T}_P)$ 也开. 但对于商拓扑 $\mathcal{T}_Q$ 这一点不成立.

为满足第二个要求, 我们要在 O_j (或 $\mathcal{M}_{j\mu_y \times j\mu_x}$) 上建立一个坐标, 使得 O_i (相应地, $\mathcal{M}_{i\mu_y \times i\mu_x}$) 变成 O_j 上的部分坐标变量.

首先, 设 $A_\alpha \in \mathcal{M}_\mu^\alpha$, $A_\beta \in \mathcal{M}_\mu^\beta$, $A_\alpha \sim A_\beta$, 并且 $\alpha | \beta$, 那么, $A_\alpha \otimes I_k = A_\beta$, 这里, $k = \beta/\alpha$. 这种子空间关系记为

$$\mathcal{M}_\mu^\alpha \sqsubset \mathcal{M}_\mu^\beta. \tag{12.1.15}$$

不难看出, 我们可以定义一个嵌入映射 $\mathrm{bd}_k : \mathcal{M}_\mu^\alpha \to \mathcal{M}_\mu^\beta$ 如下:

$$\mathrm{bd}_k(A) := A \otimes I_k. \tag{12.1.16}$$

这样, $\mathcal{M}_\mu^\alpha$ 可以看作 $\mathcal{M}_\mu^\beta$ 的子空间.

其次, 定义投影 $\mathrm{pr}_k : \mathcal{M}_\mu^\beta \to \mathcal{M}_\mu^\alpha$ 如下: 令

$$C = \begin{bmatrix} C^{1,1} & C^{1,2} & \cdots & C^{1,\alpha q} \\ \vdots & \vdots & & \vdots \\ C^{\alpha p,1} & C^{\alpha p,2} & \cdots & C^{\alpha p,\alpha q} \end{bmatrix} \in \mathcal{M}_\mu^\beta, \tag{12.1.17}$$

这里, 块 $C^{I,J} \in \mathcal{M}_{k \times k}$, $p = \mu_y$, $q = \mu_x$. 于是有

$$\mathrm{pr}_k(C) := \begin{bmatrix} \mathrm{Tr}(C^{1,1}) & \mathrm{Tr}(C^{1,2}) & \cdots & \mathrm{Tr}(C^{1,\alpha q}) \\ \vdots & \vdots & & \vdots \\ \mathrm{Tr}(C^{\alpha p,1}) & \mathrm{Tr}(C^{\alpha p,2}) & \cdots & \mathrm{Tr}(C^{\alpha p,\alpha q}) \end{bmatrix} \in \mathcal{M}_\mu^\alpha. \tag{12.1.18}$$

下面, 我们在 $\mathcal{M}_\mu^\beta$ 设计一个适当的坐标, 使得 $\mathcal{M}_\mu^\alpha$ 变成 $\mathcal{M}_\mu^\beta$ 的一个坐标子空间, 即 $\mathcal{M}_\mu^\alpha$ 由 $\mathcal{M}_\mu^\beta$ 的部分坐标变量生成. 为此目的, 我们在 $\mathcal{M}_\mu^\beta$ 上构造一个正交坐标基底如下.

考虑式 (12.1.19) 中的 C. 对每一块 $C^{I,J} \in \mathcal{M}_{k \times k}$ 我们设计一个坐标基底, 它由三类元素组成.

第 1 类:

$$\Delta_{i,j}^{I,J} = (b_{u,v}) \in \mathcal{M}_{k \times k}, \quad i \neq j, \tag{12.1.19}$$

这里,

$$b_{u,v} = \begin{cases} 1, & u = i, \ v = j, \\ 0, & \text{其他}, \end{cases}$$

即对第 (I,J) 块, 在某个指定的非对角位置 (i,j), 设它为 1, 所有其他位置均为 0.

第 2 类:

$$D^{I,J} := \frac{1}{\sqrt{k}} I_k^{I,J}, \tag{12.1.20}$$

即在每一个第 (I,J) 块, 设 $D^{I,J} = \frac{1}{\sqrt{k}} I_k$ 为一个基元素.

第 3 类:

$$E_t^{I,J} = \frac{1}{\sqrt{t(t-1)}} \operatorname{diag}\left(\underbrace{1,\cdots,1}_{t-1}, -(t-1), \underbrace{0,\cdots,0}_{k-t}\right), \tag{12.1.21}$$
$$t = 2,\cdots,k,$$

即 $E_t^{I,J}$ 为 $D^{I,J}$ 块中与对角子空间 $D^{I,J}$ 正交的其余基底元素.

注意到, 设 $A, B \in \mathcal{M}_{m\times n}$. 那么, A, B 的 Frobenius 内积定义为[66]

$$(A|B)_F := \sum_{i=1}^{m}\sum_{j=1}^{n} a_{i,j} b_{i,j}. \tag{12.1.22}$$

相应的 Frobenius 模定义为

$$\|A\|_F := \sqrt{(A|A)_F}. \tag{12.1.23}$$

如果 $(A|B)_F = 0$, 那么, A 称为与 B 正交.

利用 Frobenius 内积, 不难证明以下结果.

命题 12.1.6 (i) 设

$$B^{I,J} := \left\{\Delta_{i,j}^{I,J} \,|\, 1 \leqslant i \neq j \leqslant k; \; D^{I,J} E_t^{I,J}, \, t = 2,\cdots,k\right\}, \tag{12.1.24}$$

则 $B^{I,J}$ 为第 (I,J) 块的正交基.

(ii) 设

$$B := \left\{B^{I,J} \,|\, I = 1,2,\cdots,\alpha p; \; J = 1,2,\cdots,\alpha q\right\},$$

则 B 为 $\mathcal{M}_\mu^\beta$ 的正交基.

(iii) 设

$$D := \left\{D^{I,J} \,|\, I = 1,2,\cdots,\alpha p; \; J = 1,2,\cdots,\alpha q\right\},$$

则 D 是子空间 $\mathcal{M}_\mu^\alpha \subset \mathcal{M}_\mu^\beta$ 的正交基.

注意到当 $B^{I,J}$ (或 $D^{I,J}$ 或 $E_t^{I,J}$) 被当作 $\mathcal{M}_\mu^\beta$ 中的元素时, 它应被理解为

$$\tilde{B}^{I,J} = \left(\tilde{B}_{i,j}^{I,J} \right),$$

这里,

$$\tilde{B}_{i,j}^{I,J} = \begin{cases} B^{I,J}, & (i,j) = (I,J), \\ \mathbf{0}_{k\times k}, & \text{其他}, \end{cases}$$

$$i = 1, \cdots, \alpha p;\ j = 1, \cdots, \alpha q.$$

例 12.1.1　考察 $\mathcal{M}_{1/2}^2 \sqsubset \mathcal{M}_{1/2}^4$. 对任意 $A \in \mathcal{M}_{1/2}^4$, 将 A 分块为

$$A = \begin{bmatrix} A^{1,1} & A^{1,2} & A^{1,3} & A^{1,4} \\ A^{2,1} & A^{2,2} & A^{2,3} & A^{2,4} \end{bmatrix}.$$

那么, 我们依块分别建立正交基如下:

$$B^{I,J} := \left\{ \Delta_{1,2}^{I,J} = \begin{bmatrix} 0 & 1 \\ 0 & 0 \end{bmatrix}, \Delta_{2,1}^{I,J} = \begin{bmatrix} 0 & 0 \\ 1 & 0 \end{bmatrix}, \right.$$
$$\left. D^{I,J} = \frac{1}{\sqrt{2}} \begin{bmatrix} 1 & 0 \\ 0 & 1 \end{bmatrix}, E_2^{I,J} = \frac{1}{\sqrt{2}} \begin{bmatrix} 1 & 0 \\ 0 & -1 \end{bmatrix} \right\}.$$

依命题 12.1.6 构造的正交基为

$$B = \left\{ B^{I,J} \mid I = 1, 2;\ J = 1, 2, 3, 4 \right\}.$$

设 $A \in \mathcal{M}_\mu^\beta$, $H \in \mathcal{M}_\mu^\alpha$, 并且 $\alpha k = \beta$. 利用 (12.1.24) 可得 $A = \left(A^{I,J} \right)$, 这里,

$$A^{I,J} = \begin{bmatrix} A_{1,1}^{I,J} & A_{1,2}^{I,J} & \cdots & A_{1,k}^{I,J} \\ A_{2,1}^{I,J} & A_{2,2}^{I,J} & \cdots & A_{2,k}^{I,J} \\ \vdots & \vdots & & \vdots \\ A_{k,1}^{I,J} & A_{k,2}^{I,J} & \cdots & A_{k,k}^{I,J} \end{bmatrix} \in \mathcal{M}_{k\times k},$$

其中, $I = 1, \cdots, \alpha p$; $J = 1, \cdots, \alpha q$. 于是, A 可表示为

$$A = \sum_I \sum_J \left(\sum_{i \neq j} c_{i,j}^{I,J} \Delta_{i,j}^{I,J} + d_{I,J} D^{I,J} + \sum_{t=2}^k e_t^{I,J} E_t^{I,J} \right),$$

这里,

$$c_{i,j}^{I,J} = A_{i,j}^{I,J}, \quad 1 \leqslant i \neq j \leqslant k,$$

$$d_{I,J} = \frac{1}{\sqrt{k}} \sum_{s=1}^{k} A_{s,s}^{I,J},$$

$$e_t^{I,J} = \frac{1}{t(t-1)} \sum_{s=1}^{t-1} A_{s,s}^{I,J}, \quad t = 2, \cdots, k-1.$$

当 $\mathcal{M}_\mu^\alpha$ 作为子空间被嵌入 $\mathcal{M}_\mu^\beta$ 时, 矩阵 $H = (h_{i,j}) \in \mathcal{M}_\mu^\alpha$ 可以表示为

$$H = \sum_I \sum_J h_{I,J} D^{I,J}, \quad I = 1, \cdots, \alpha p;\ J = 1, \cdots, \alpha q.$$

最后,

$$\mathrm{pr}_2(A) = \begin{bmatrix} \mathrm{Tr}(A^{1,1}) & \mathrm{Tr}(A^{1,2}) & \mathrm{Tr}(A^{1,3}) & \mathrm{Tr}(A^{1,4}) \\ \mathrm{Tr}(A^{2,1}) & \mathrm{Tr}(A^{2,2}) & \mathrm{Tr}(A^{2,3}) & \mathrm{Tr}(A^{2,4}) \end{bmatrix}.$$

根据正交基底的构造, 不难验证以下结论.

命题 12.1.7 复合映射 $\mathrm{pr}_k \circ \mathrm{bd}_k$ 是恒等映射. 严格地说, 有

$$\mathrm{pr}_k \circ \mathrm{bd}_k(C) = C, \quad \forall C \in \mathcal{M}_\mu^\alpha. \tag{12.1.25}$$

12.2 矩阵及其等价类上的距离

12.2.1 内积

设 $A = (a_{i,j})$, $B = (b_{i,j}) \in \mathcal{M}_{m \times n}$, 则 A 与 B 的 Frobenius 内积由式 (12.1.22) 定义, 而相应的 Frobenius 模由式 (12.1.23) 定义. 利用它们, 定义加权内积如下.

定义 12.2.1 设 $A, B \in \mathcal{M}_\mu$, 这里, $A \in \mathcal{M}_\mu^\alpha$, $B \in \mathcal{M}_\mu^\beta$. 那么,

(i) A 与 B 的加权内积定义为

$$(A \,|\, B)_W := \frac{1}{t} \left(A \otimes I_{t/\alpha} \,|\, B \otimes I_{t/\beta} \right)_F, \tag{12.2.1}$$

这里, $t = \alpha \vee \beta$;

(ii) A 的加权范数定义为

$$\|A\|_W := \sqrt{(A \,|\, A)_W}; \tag{12.2.2}$$

(iii) A 与 B 的距离定义为

$$d(A, B) := \|A \vdash B\|_W. \tag{12.2.3}$$

直接计算检验如下结果.

命题 12.2.1　$\mathcal{M}_\mu$ 以及由式 (12.2.3) 定义的距离构成伪距离空间.

注 12.2.1　$\mathcal{M}_\mu$ 以及由式 (12.2.3) 定义的距离不构成一个距离空间. 不难验证 $d(A,B)=0$, 当且仅当, $A \sim B$.

下面考虑商空间. 我们需要下述引理, 它可由直接计算验证.

引理 12.2.1　设 $A,\,B \in \mathcal{M}_{m\times n}$, 则

$$(A \otimes I_k \,|\, B \otimes I_k)_F = k(A\,|\,B)_F. \tag{12.2.4}$$

利用引理 12.2.1 及定义 12.2.1, 可得等价矩阵的如下性质.

命题 12.2.2　设 $A,\,B \in \mathcal{M}_\mu$, 如果 A 和 B 正交, 即 $(A\,|\,B)_F = 0$, 那么, $A \otimes I_\xi$ 与 $B \otimes I_\xi$ 也正交.

现在可以定义等价类 Σ_μ 上的内积了.

定义 12.2.2　设 $\langle A \rangle,\,\langle B \rangle \in \Sigma_\mu$, 它们的内积定义为

$$(\langle A \rangle \,|\, \langle B \rangle) := (A\,|\,B)_W. \tag{12.2.5}$$

下面的命题表明式 (12.2.5) 是定义好的.

命题 12.2.3　定义 12.2.2 是定义好的, 即式 (12.2.5) 不依赖于代表元 A 和 B 的选择.

证明　设 $A_1 \in \langle A \rangle$ 及 $B_1 \in \langle B \rangle$ 分别为最小元, 则只要证明

$$(A\,|\,B)_W = (A_1\,|\,B_1)_W, \quad A \in \langle A \rangle, \quad B \in \langle B \rangle \tag{12.2.6}$$

就够了. 设 $A_1 \in \mathcal{M}_\mu^\alpha$ 及 $B_1 \in \mathcal{M}_\mu^\beta$. 令

$$A = A_1 \otimes I_\xi \in \mathcal{M}_\mu^{\alpha\xi},$$
$$B = B_1 \otimes I_\eta \in \mathcal{M}_\mu^{\beta\eta}.$$

记 $t = \alpha \vee \beta$, $s = \alpha\xi \vee \beta\eta$, 且 $s = t\ell$. 利用式 (12.2.4), 则有

$$\begin{aligned}
(A\,|\,B)_W &= \frac{1}{s}\left(A \otimes I_{\frac{s}{\alpha\xi}} \,\Big|\, B \otimes I_{\frac{s}{\beta\eta}}\right)_F \\
&= \frac{1}{s}\left(A_1 \otimes I_{\frac{s}{\alpha}} \,\Big|\, B_1 \otimes I_{\frac{s}{\beta}}\right)_F \\
&= \frac{1}{t\ell}\left(A_1 \otimes I_{\frac{t}{\alpha}} \otimes I_\ell \,\Big|\, B_1 \otimes I_{\frac{t}{\beta}} \otimes I_\ell\right)_F \\
&= \frac{1}{t}\left(A_1 \otimes I_{\frac{t}{\alpha}} \,\Big|\, B_1 \otimes I_{\frac{t}{\beta}}\right)_F \\
&= (A_1\,|\,B_1)_W.
\end{aligned}$$
□

定义 12.2.3[102] 一个实数或复数向量空间 X 为内积空间, 如果存在一个映射 $X \times X \to \mathbb{R}$ (或 $\mathbb{C}$), 记作 $(x|y)$, 满足

(i) $$(x + y \mid z) = (x \mid z) + (y \mid z), \quad x, y, z \in X. \tag{12.2.7}$$

(ii) $$(x \mid y) = \overline{(y \mid x)}, \quad x, y \in X, \tag{12.2.8}$$

这里, $\bar{x}$ 表示 x 的复共轭, 对实空间则相等.

(iii) $$(ax \mid y) = a(x \mid y), \quad a \in \mathbb{R} \text{ (或 } \mathbb{C}). \tag{12.2.9}$$

(iv) $$(x \mid x) \geqslant 0, \tag{12.2.10}$$

且 $(x \mid x) = 0$, 当且仅当, $x = 0$.

根据定义, 不难检验以下结论.

定理 12.2.1 向量空间 $(\Sigma_\mu, \boxplus)$ 连同由式 (12.2.5) 定义的内积为一内积空间. 于是, $\langle A \rangle \in \Sigma_\mu$ 的范数则可定义如下:

$$\| \langle A \rangle \| := \sqrt{(\langle A \rangle \mid \langle A \rangle)}. \tag{12.2.11}$$

下面列举的是内积空间的标准结论.

定理 12.2.2 设 $\langle A \rangle, \langle B \rangle \in \Sigma_\mu$, 那么
(i) Schwarz 不等式:

$$|(\langle A \rangle \mid \langle B \rangle)| \leqslant \| \langle A \rangle \| \| \langle B \rangle \|; \tag{12.2.12}$$

(ii) 三角不等式:

$$\| \langle A \rangle \boxplus \langle B \rangle \| \leqslant \| \langle A \rangle \| + \| \langle B \rangle \|; \tag{12.2.13}$$

(iii) 平行四边形原理:

$$\| \langle A \rangle \boxplus \langle B \rangle \|^2 + \| \langle A \rangle \boxminus \langle B \rangle \|^2 = 2\| \langle A \rangle \|^2 + 2\| \langle B \rangle \|^2. \tag{12.2.14}$$

上述性质说明 Σ_μ 是一个赋范空间.

最后给出一个广义毕氏定理 (勾股定理).

定理 12.2.3 设 $\langle A \rangle_i \in \Sigma_\mu$, $i = 1, 2, \cdots, n$ 为一正交等价类, 则

$$\| \langle A \rangle_1 \boxplus \langle A \rangle_2 \boxplus \cdots \boxplus \langle A \rangle_n \|^2 = \| \langle A \rangle_1 \|^2 + \| \langle A \rangle_2 \|^2 + \cdots + \| A_n \|^2. \tag{12.2.15}$$

一个完备的内积空间称为一个 Hilbert 空间. 一个自然的问题是: Σ_μ 是一个 Hilbert 空间吗? 答案是否定的. 下面的反例说明了这一点.

例 12.2.1　定义一组序列 $\{\langle A\rangle_k \mid k=1,2,\cdots\}$ 如下: $A_1 \in \mathcal{M}_\mu^1$ 任给. 递推地定义 A_k 如下:

$$A_{k+1} = A_k \otimes I_2 + E_{k+1} \in \mathcal{M}_\mu^{2^k}, \quad k=1,2,\cdots,$$

这里, $E_s = \left(e_{i,j}^s\right) \in \mathcal{M}_\mu^{2^{s-1}}$ $(s \geqslant 2)$ 定义为

$$e_{i,j}^s = \begin{cases} \dfrac{1}{2^s}, & i=1,\ j=2, \\ 0, & \text{其他}. \end{cases}$$

首先, 我们证明 $\{\langle A\rangle_k := \langle A_k\rangle \mid k=1,2,\cdots\}$ 是一个柯西序列. 设 $n>m$, 则

$$\begin{aligned}
&\|\langle A\rangle_m \vdash \langle A\rangle_n\| \\
&\leqslant \|\langle A\rangle_m \vdash \langle A\rangle_{m+1}\| + \cdots + \|\langle A\rangle_{n-1} \vdash \langle A\rangle_n\| \\
&\leqslant \frac{1}{2^{m+1}} + \cdots + \frac{1}{2^n} \leqslant \frac{1}{2^m}.
\end{aligned} \tag{12.2.16}$$

下面我们用反证法证明上面构造的柯西序列不收敛. 假定这个序列收敛于 $\langle A_0\rangle$, 我们分三种情形讨论.

情形 1: 设 $A_0 \in \mathcal{M}_\mu^{2^s}$ 且 $A_0 = A_{s+1}$. 那么,

$$\|\langle A_0\rangle \vdash \langle A_{s+2}\rangle\| = \|\langle A_{s+1}\rangle \vdash \langle A_{s+2}\rangle\| = \frac{1}{2^{s+2}}.$$

类似于 (12.2.16), 我们可以证明

$$\|\langle A_0\rangle \vdash \langle A_t\rangle\| > \frac{1}{2^{s+2}}, \quad t>s+2.$$

于是, 该序列不收敛于 $\langle A_0\rangle$.

情形 2: 设 $A_0 \in \mathcal{M}_\mu^{2^s}$, $A_0 \neq A_{s+1}$. 注意到 $A_0 \vdash A_{s+1}$ 正交于 E_{s+2}, 则显然

$$\|\langle A_0 \vdash A_{s+2}\rangle\| > \|\langle A_0 \vdash A_{s+1}\rangle\|.$$

注意到, 根据构造可知, 当 $t \geqslant s+2$ 时 $A_t - A_{s+1}$ 与 $A_0 - A_{s+1}$ 正交. 利用广义毕氏定理可得

$$\begin{aligned}
&\|\langle A_0 \vdash A_t\rangle\| \\
&= \sqrt{[\langle A_0 \vdash A_{s+1}\rangle \vdash\!\vdash \langle A_{s+1} \vdash A_t\rangle]^2} \\
&= \sqrt{[\langle A_0 \vdash A_{s+1}\rangle]^2 + [\langle A_{s+1} \vdash A_t\rangle]^2}
\end{aligned}$$

$$> \| \langle A_0 \vdash A_{s+1} \rangle \| > 0, \quad t \geqslant s+2.$$

因此, 该序列不收敛于 $\langle A_0 \rangle$.

情形 3: $A_0 \in \mathcal{M}_\mu^{2^s \xi}$, 这里 $\xi > 1$ 为奇数. 对应于情形 1, 我们设 $A_0 = A_{s+1} \otimes I_\xi$, 则有

$$\begin{aligned}
&\| \langle A_0 \vdash A_{s+2} \rangle \| \\
&= \| \langle A_{s+1} \otimes I_\xi \vdash (A_{s+1} \otimes I_2 + E_{s+2}) \otimes I_\xi \rangle \| \\
&= \| \langle E_{s+2} \otimes I_\xi \rangle \| \\
&= \frac{1}{2^{s+2}},
\end{aligned}$$

并且,

$$\| \langle A_0 \vdash A_t \rangle \| > \frac{1}{2^{s+2}}, \quad t > s+2.$$

因此, 该序列不收敛于 $\langle A_0 \rangle$.

对应于情形 2, 我们设 $A_0 \neq A_{s+1} \otimes I_\xi$. 利用命题 12.2.2, 类似的讨论可证明该序列不收敛于 $\langle A_0 \rangle$.

12.2.2 商矩阵空间上的距离与距离拓扑

利用前面定义的范数不难证明 Σ_μ 是一个距离空间.

定理 12.2.4 Σ_μ 以及如下的距离形成一个距离空间:

$$d(\langle A \rangle, \langle B \rangle) := \| \langle A \rangle \vdash \langle B \rangle \|, \quad \langle A \rangle, \langle B \rangle \in \Sigma_\mu. \tag{12.2.17}$$

定理 12.2.5 考察 Σ_μ. 由距离 d 导出的拓扑记作 $\mathcal{T}_d$. 那么,

$$\mathcal{T}_d \subset \mathcal{T}_Q \subset \mathcal{T}_P. \tag{12.2.18}$$

证明 首先证明式 (12.2.18) 前半部分. 设 $V \in \mathcal{T}_d$, 那么, 对每个元素 $\langle p \rangle \in V$ 存在 $\epsilon > 0$, 使得球 $B_\epsilon(\langle p \rangle) \subset V$. 因为 $d(\langle A \rangle, \langle B \rangle) = d(A, B)$, 则有

$$B_\epsilon(p) \subset \mathrm{PR}^{-1}|_{\mathcal{M}_\mu^s}(V), \quad p \in \langle p \rangle \cap \mathcal{M}_\mu^s.$$

也就是说, $\mathrm{PR}^{-1}|_{\mathcal{M}_\mu^s}(V)$ 在 $\mathcal{M}_\mu^s$ 开. 根据商拓扑定义, 则 V 在商拓扑 $\mathcal{T}_Q$ 下开. 因此, $\mathcal{T}_d \subset \mathcal{T}_Q$.

下面证明式 (12.2.18) 后半部分. 设 $V \in \mathcal{T}_Q$, 那么对每个等价点集 $\langle p \rangle \in V$ 可以任选一个 $p_0 \in \langle p \rangle \cap \mathcal{M}_\mu^s$. 由商拓扑 $\mathcal{T}_Q$ 的定义知 $V_s := \mathrm{PR}^{-1}(V) \cap \mathcal{M}_\mu^s$ 是开集, 且 $p_0 \in V_s$. 于是

$$\langle V_s \rangle \subset V.$$

根据乘积拓扑 $\mathcal{T}_P$ 的定义可知

$$\langle p \rangle \in \langle V_s \rangle \in \mathcal{T}_P,$$

这表明 $V \in \mathcal{T}_P$.   □

下面考虑理想 (有界子空间)

$$\Sigma_\mu^{[\cdot,k]} := \bigcup_{i|k} \Sigma_\mu^i = \bigcup_{i|k} \mathcal{M}_\mu^i / \sim .$$

则有如下结果.

定理 12.2.6   考察 $\Sigma_\mu^{[\cdot,k]}$, 则

$$\mathcal{T}_d\big|_{\Sigma_\mu^{[\cdot,k]}} = \mathcal{T}_Q\big|_{\Sigma_\mu^{[\cdot,k]}} \subset \mathcal{T}_P\big|_{\Sigma_\mu^{[\cdot,k]}}. \tag{12.2.19}$$

证明   定义

$$\langle \mathcal{T}(\mathcal{M}_\mu^k) \rangle := \{ \langle O \rangle \mid O \in \mathcal{T}(\mathcal{M}_\mu^k) \}. \tag{12.2.20}$$

注意到这里 $\mathcal{T}(\mathcal{M}_\mu^k)$ 是 $\mathcal{M}_\mu^k$ 上的拓扑, 它是 $\mathcal{M}_\mu^k \cong \mathbb{R}^{k^2 \mu_y \mu_x}$ 下的标准欧氏拓扑. 因此, O 是标准欧氏开集.

首先, 根据乘积拓扑 $\mathcal{T}_P$ 的定义, 则有

$$\langle \mathcal{T}(\mathcal{M}_\mu^k) \rangle \subset \mathcal{T}_P\big|_{\Sigma_\mu^{[\cdot,k]}}. \tag{12.2.21}$$

其次, 我们断言

$$\mathcal{T}_Q\big|_{\Sigma_\mu^{[\cdot,k]}} = \langle \mathcal{T}(\mathcal{M}_\mu^k) \rangle. \tag{12.2.22}$$

设 $O \in \mathcal{T}(\mathcal{M}_\mu^k)$, 且 $p \in O$, 则存在 $\epsilon > 0$ 使得 $B_\epsilon(p) \subset O$. 构造

$$B_\epsilon(\langle p \rangle) \subset \Sigma_\mu^{[\cdot,k]},$$

则显然

$$\mathrm{PR}^{-1}\big|_{\mathcal{M}_\mu^k} B_\epsilon(\langle p \rangle) = B_\epsilon(p),$$

它在 $\mathcal{M}_\mu^k$ 中开.

至于当 $s < k$. 由于 $\mathcal{M}_\mu^s$ 是 $\mathcal{M}_\mu^k$ 子空间,

$$\mathrm{PR}^{-1}\big|_{\mathcal{M}_\mu^s} B_\epsilon(\langle p \rangle) = B_\epsilon(p) \cap \mathcal{M}_\mu^s,$$

它在 $\mathcal{M}_\mu^s$ 中也开. 根据商空间的定义

$$B_\epsilon(\langle p \rangle) \in \mathcal{T}_Q\big|_{\Sigma_\mu^{[\cdot,k]}}.$$

于是有

$$\langle \mathcal{T}(\mathcal{M}_\mu^k) \rangle \subset \mathcal{T}_Q|_{\Sigma_\mu^{[\cdot, k]}}.$$

另一方面, 设 $O \notin \mathcal{T}_Q(\mathcal{M}_\mu^k)$, 以及 $\mathrm{PR}(O) \in \mathcal{T}_Q|_{\Sigma_\mu^{[\cdot, k]}}$, 那么,

$$\mathrm{PR}^{-1}|_{\mathcal{M}_\mu^k}(\mathrm{PR}(O)) = O \notin \mathcal{T}_Q(\mathcal{M}_\mu^k),$$

这与定义矛盾. 因此,

$$\langle \mathcal{T}(\mathcal{M}_\mu^k) \rangle \supset \mathcal{T}_Q|_{\Sigma_\mu^{[\cdot, k]}}.$$

这就证明了式 (12.2.22).

类似地, 我们也可以证明

$$\mathcal{T}_d|_{\Sigma_\mu^{[\cdot, k]}} = \langle \mathcal{T}(\mathcal{M}_\mu^k) \rangle. \tag{12.2.23}$$

根据式 (12.2.21)—(12.2.23) 可得 (12.2.19). □

下面是一个猜想:

$$\mathcal{T}_d = \mathcal{T}_Q. \tag{12.2.24}$$

定义 12.2.4[51] (i) 一个拓扑空间称为 T_3 空间, 如果对任何非空闭集 X 和一个点 $x \notin X$ 存在 x 的开邻域 $U_x \ni x$ 和 X 的开邻域 $U_X \supset X$, 使得 $U_x \cap U_X = \varnothing$.

(ii) 一个拓扑空间称为 T_4 空间, 如果对任何两个非空闭集 X_1, X_2, $X_1 \cap X_2 = \varnothing$ 存在 X_i 的开邻域 $U_i \supset X_i$, $i = 1, 2$, 使得 $U_1 \cap U_2 = \varnothing$.

注意到 $(\Sigma_\mu, \mathcal{T}_d)$ 是一个距离空间. 一个距离空间总是 T_4 空间. 而且,

$$T_4 \Rightarrow T_3 \Rightarrow T_2 \quad (\text{Hausdorff}).$$

根据定理 12.2.5, 则有如下结果.

推论 12.2.1 (i) 拓扑空间 $(\Sigma_\mu, \mathcal{T})$ 是一个 Hausdorff 空间, 这里, 拓扑 $\mathcal{T}$ 可以是商拓扑 $\mathcal{T}_Q$, 或乘积拓扑 $\mathcal{T}_P$, 或距离拓扑 $\mathcal{T}_d$.

(ii) 拓扑空间 $(\Sigma_\mu, \mathcal{T})$ 是 T_4 空间, 这里, 拓扑 $\mathcal{T}$ 可以是商拓扑 $\mathcal{T}_Q$, 或距离拓扑 $\mathcal{T}_d$.

最后, 我们讨论 Σ_μ 的一些性质.

命题 12.2.4 Σ_μ 是凸的, 因此, 它也是道路连通的.

证明 设 $\langle A \rangle$, $\langle B \rangle \in \Sigma_\mu$. 则显然,

$$\lambda \langle A \rangle \Vdash (1 - \lambda) \langle B \rangle = \langle \lambda A \Vdash (1 - \lambda)B \rangle \in \Sigma_\mu, \quad \lambda \in [0, 1].$$

因此, Σ_μ 是凸的. 设 λ 从 1 连续变化到 0, 则可得到从 $\langle A \rangle$ 到 $\langle B \rangle$ 的一条路径. □

命题 12.2.5　Σ_μ 和 $\Sigma_{1/\mu}$ 是等距同构空间.

证明　利用矩阵转置构造同构映射 $\varphi : \Sigma_\mu \to \Sigma_{1/\mu}$:

$$\varphi(\langle A \rangle) := \langle A^{\mathrm{T}} \rangle,$$

那么显然

$$d(\langle A \rangle, \langle B \rangle) = d\left(\langle A^{\mathrm{T}} \rangle, \langle B^{\mathrm{T}} \rangle\right).$$

因此, φ 是等距同构映射, 并且

$$\varphi^2 = \mathrm{id},$$

这里 id 表示恒等映射.　　　　　　　　　　　　　　　　　　　　　　　　　□

12.2.3　矩阵商空间的子空间

考察 k 下商子空间 $\Sigma_\mu^{[\cdot,k]} \subset \Sigma_\mu$. 我们有如下结论.

命题 12.2.6　$\Sigma_\mu^{[\cdot,k]}$ 是一个 Hilbert 空间.

证明　因为 $\Sigma_\mu^{[\cdot,k]}$ 是一个有穷维向量空间且是内积空间, 而任何有穷维内积空间都是完备的[49], 结论显见.　　　　　　　　　　　　　　　　　　□

命题 12.2.7[49]　设 E 是一个内积空间, $\{0\} \neq F \subset E$ 是一个 Hilbert 子空间. 那么

(i) 对每一个 $x \in E$ 存在唯一的 $y := P_F(x) \in F$, 称为 x 在 F 的投影, 使得

$$\|x - y\| = \min_{z \in F} \|x - z\|. \tag{12.2.25}$$

(ii)

$$F^\perp := P_F^{-1}\{0\} \tag{12.2.26}$$

是一个 F 的正交补空间.

(iii)

$$E = F \oplus F^\perp, \tag{12.2.27}$$

这里 $\oplus$ 表示正交和.

利用命题 12.2.7, 我们考虑投影: $P_F : \Sigma_\mu \to \Sigma_\mu^{[\cdot,\alpha]}$. 设 $\langle A \rangle \in \Sigma_\mu^\beta$, 且 $\langle X \rangle \in \Sigma_\mu^\alpha$, $t = \alpha \vee \beta$. 则 $\langle A \rangle \vdash \langle X \rangle$ 的模是

$$\|\langle A \rangle \vdash \langle X \rangle\| = \frac{1}{\sqrt{t}} \left\| A \otimes I_{t/\beta} - X \otimes I_{t/\alpha} \right\|_F. \tag{12.2.28}$$

设 $p = \mu_y$, $q = \mu_x$, 且 $k := t/\alpha$. 将 A 分划成

$$A \otimes I_{t/\beta} = \begin{bmatrix} A_{1,1} & A_{1,2} & \cdots & A_{1,q\alpha} \\ A_{2,1} & A_{2,2} & \cdots & A_{2,q\alpha} \\ \vdots & \vdots & & \vdots \\ A_{p\alpha,1} & A_{p\alpha,2} & \cdots & A_{p\alpha,q\alpha} \end{bmatrix}, \tag{12.2.29}$$

这里, $A_{i,j} \in \mathcal{M}_{k \times k}$, $i = 1, \cdots, p\alpha$; $j = 1, \cdots, q\alpha$. 令

$$C := \underset{X \in \mathcal{M}_\mu^\alpha}{\arg\min} \left\| A \otimes I_{t/\beta} - X \otimes I_{t/\alpha} \right\|. \tag{12.2.30}$$

那么, 投影 $P_F : \Sigma_\mu \to \Sigma_\mu^\alpha$ 定义为

$$P_F(\langle A \rangle) := \langle C \rangle, \quad \langle A \rangle \in \Sigma_\mu^\beta, \quad \langle C \rangle \in \Sigma_\mu^\alpha. \tag{12.2.31}$$

不难验证以下结论.

命题 12.2.8   (i) 设 $P_F(\langle A \rangle) = \langle C \rangle$, 这里, $A = (A_{i,j})$ 由式 (12.2.29) 定义, 且 $C = (c_{i,j})$ 由式 (12.2.30) 定义. 那么,

$$c_{i,j} = \frac{1}{k} \operatorname{tr}(A_{i,j}), \quad i = 1, \cdots, p\alpha; \quad j = 1, \cdots, q\alpha, \tag{12.2.32}$$

这里, $\operatorname{tr}(A)$ 是 A 的迹.

(ii) 下列的正交关系成立:

$$P_F(\langle A \rangle) \perp \langle A \rangle - P_F(\langle A \rangle). \tag{12.2.33}$$

下面给出一个例子来描述这个投影.

例 12.2.2   给定

$$A = \begin{bmatrix} 1 & 2 & -3 & 0 & 2 & 1 \\ 2 & 1 & -2 & -1 & 1 & 0 \\ 0 & -1 & -1 & 3 & 1 & -2 \end{bmatrix} \in \Sigma_{0.5}^3.$$

我们考虑将 $\langle A \rangle$ 投影到 $\Sigma_{0.5}^{[\cdot,2]}$. 记 $t = 2 \vee 3 = 6$. 利用公式 (12.2.31)—(12.2.33) 可得

$$P_F(\langle A \rangle) = \left\langle \begin{bmatrix} 1 & 0 & 1/3 & 0 \\ 0 & -1/3 & 0 & -1 \end{bmatrix} \right\rangle.$$

于是有

$$\langle E \rangle = \langle A \rangle \vdash P_F(\langle A \rangle),$$

这里,

$$
E = \begin{bmatrix}
0 & 0 & 2 & 0 & -3 & 0 & -\dfrac{1}{3} & 0 & 2 & 0 & 1 & 0 \\
0 & 0 & 0 & 2 & 0 & -3 & 0 & -\dfrac{1}{3} & 0 & 2 & 0 & 1 \\
2 & 0 & 0 & 0 & -2 & 0 & -1 & 0 & \dfrac{2}{3} & 0 & 0 & 0 \\
0 & 2 & 0 & \dfrac{4}{3} & 0 & -2 & 0 & -1 & 0 & 2 & 0 & 0 \\
0 & 0 & -1 & 0 & -\dfrac{2}{3} & 0 & 3 & 0 & 1 & 0 & -1 & 0 \\
0 & 0 & 0 & -1 & 0 & -\dfrac{2}{3} & 0 & 3 & 0 & 1 & 0 & -1
\end{bmatrix}.
$$

不难验证, $\langle E \rangle$ 和 $\langle A \rangle$ 正交.

我们同样可知, $\Sigma_\mu^{[k,\cdot]}$ 和 $\Sigma_\mu^{[\alpha,\beta]}$ (这里 $\alpha|\beta$) 是 Σ_μ 的距离子空间.

最后, 值得指出 Σ_μ 是无穷维向量空间, 因此, Σ_μ 可能与它的真子空间等距同构. 考虑下面的例子.

例 12.2.3　构造映射 $\varphi : \mathcal{M}_\mu \to \mathcal{M}_\mu^{[k,\cdot]}$ 如下: $A \mapsto A \otimes I_k$. 显然, 这个映射满足

$$
\|A \vdash B\|_W = \|\varphi(A) \vdash \varphi(B)\|_W, \quad A, B \in \mathcal{M}_\mu,
$$

即 $\mathcal{M}_\mu$ 可以等距地嵌入到它的真子空间 $\mathcal{M}_\mu^{[k,\cdot]}$ 中去. 定义 $\varphi : \Sigma_\mu \to \Sigma_\mu^{[k,\cdot]}$ 如下: $\varphi(\langle A \rangle) = \langle A \otimes I_k \rangle$. 那么, 我们也会发现 Σ_μ 被等距地嵌入到它的真子空间 $\Sigma_\mu^{[k,\cdot]}$.

第 13 章　泛维线性半群系统

半群系统是数学的一个分支, 大致地说, 它为动力学演化系统提供一个一般性的框架. 关于半群系统的基本概念, 可参考文献 [9,15]. 本章的目的, 是建立基于矩阵半张量积的泛维线性半群系统. 在介绍了半群系统的基本概念后, 本章首先引入矩阵与向量的半张量积, 它用于刻画矩阵半群对泛维状态空间的作用.

13.1　半群动态系统

本节介绍半群系统的基本概念.

定义 13.1.1　(i) 设 $(G, *)$ 为一个半群, X 为一集合. 如果存在一个映射 $\varphi : G \times X \to X$, 满足

$$\varphi(g_1 * g_2, x) = \varphi(g_1, \varphi(g_2, x)), \quad g_1, \, g_2 \in G, \quad x \in X, \tag{13.1.1}$$

则 $(G, \, \varphi, \, X)$ 称为一个半群系统, 半群系统也称 S_0 系统.

(ii) 设 $(G, \, \varphi, \, X)$ 为一 S_0 系统. 如果 G 为么半群, 即存在单位元 $e \in G$, 使得

$$\varphi(e, x) = x, \quad \forall x \in X, \tag{13.1.2}$$

则 $(G, \, \varphi, \, X)$ 称为么半群系统. 么半群系统也称为 S 系统.

(iii) 设 $(G, \, \varphi, \, X)$ 为一 S_0 (S) 系统, 如果 X 为一拓扑空间, 并且, 对每一个 $g \in G$, $\varphi|_g : X \to X$ 都是连续的, 则 $(G, \, \varphi, \, X)$ 称为一个伪动态 S_0 (S) 系统.

(iv) 设 $(G, \, \varphi, \, X)$ 是一个伪动态 S_0 (S) 系统, 并且 X 为一 Hausdorff 空间, 那么, $(G, \, \varphi, \, X)$ 称为一个动态 S_0 (S) 系统.

下面的例子说明以上的定义是对已知的众多演化系统的一种概括或抽象.

例 13.1.1　(i) 逻辑网络: 考察一个逻辑网络, 设它有 n 个结点, $X_i \in \mathcal{D}_{k_i}$, $i \in [1, n]$. 当 $k_i = 2, \forall i \in [1, n]$ 时, 它是布尔网络. 令 $x_i = \vec{X}_i$, 则其演化方程为

$$x(t+1) = M(t)x(t), \tag{13.1.3}$$

这里, $x(t) = \ltimes_{i=1}^n x_i(t)$, $M(t) \in \mathcal{L}_{\kappa \times \kappa}$ $(\kappa = \prod_{i=1}^n k_i.)$ 在 (13.1.3) 中, 我们允许 $M(t)$ 是时变的. 当然, $M(t) = M$ 为定常逻辑矩阵则是其特殊情形. 注意到

(13.1.3) 的解是

$$x(t) = \prod_{i=t-1}^{0} M(i)x(0). \tag{13.1.4}$$

注意到 $(\mathcal{L}_{\kappa\times\kappa}, *)$ 是一个么半群, 其中 $*$ 可以取为普通矩阵乘积 (或半张量积, 或布尔积). 由 (13.1.4) 及矩阵乘积的结合律可知, (13.1.3) 是一个么半群系统. 因为 $\mathcal{D}_\kappa$ 或 Δ_κ 没有有效的拓扑结构, 这类网络不被认为是严格意义下的动态系统. (当然可以假定赋予 $\mathcal{D}_\kappa$ 或 Δ_κ 离散拓扑, 那么这时任何映射都是连续的, 这种拓扑对理解动态演化没有帮助, 因此, 不被认为是有效的拓扑结构.)

(ii) 线性系统: 考察一个线性系统, 设它的状态空间为 $\mathbb{R}^n$. 其演化方程为

$$\dot{x}(t) = Ax(t), \quad x(t) \in \mathbb{R}^n. \tag{13.1.5}$$

那么, 它的解为

$$x(t) = e^{At}x(0). \tag{13.1.6}$$

$\{e^{At} | t \geqslant 0\}$ 在矩阵乘法 $e^{At} \times e^{As} = e^{A(t+s)}$ 下成为一个么半群. (13.1.6) 说明 (13.1.5) 是 S 系统. 在 $\mathbb{R}^n$ 的普通拓扑下 $e^{At}: \mathbb{R}^n \to \mathbb{R}^n$ 连续, 因此, (13.1.5) 是动态 S 系统.

(iii) 非线性系统[17,71]: 考察一个非线性系统, 设它的状态空间为 $\mathbb{R}^n$. 其演化方程为

$$\dot{x}(t) = f(x), \quad x(t) \in \mathbb{R}^n. \tag{13.1.7}$$

设 $f(x)$ 是完全向量场 (complete vector field), 即其解对 $t \geqslant 0$ 均存在. 那么, 它的解为

$$x(t) = \Phi_t^{f(x)} x(0). \tag{13.1.8}$$

$\{\Phi_t^{f(x)} | t \geqslant 0\}$ 在乘积 $\Phi_t^{f(x)} \circ \Phi_s^{f(x)} = \Phi_{t+s}^{f(x)}$ 下成为一个么半群. (13.1.8) 说明 (13.1.7) 是 S 系统. 在 $\mathbb{R}^n$ 的普通拓扑下 $\Phi_t^{f(x)}: \mathbb{R}^n \to \mathbb{R}^n$ 连续, 因此, (13.1.7) 是动态 S 系统.

(iv) 考察 Banach 空间 X 中的线性系统[6]

$$\dot{x}(t) = Ax(t), \quad x(0) = x_0 \in X, \tag{13.1.9}$$

这里, A 是 X 上某个 C_0 半群 $T(t)$ 的生成算子. 于是 (13.1.9) 的解 (称温和解) 为

$$x(t) = T(t)x_0, \quad t \geqslant 0. \tag{13.1.10}$$

类似的讨论可知, (13.1.9) 也是动态 S 系统.

13.2 广义矩阵半张量积

13.2.1 基于乘子的矩阵半张量积

定义 13.2.1 1) 一族方阵

$$\Gamma = \{\Gamma_n \in \mathcal{M}_{n \times n} \,|\, n \geqslant 1\}$$

称为矩阵乘子 (matrix multiplier), 如果它满足以下条件:

(i) $$\Gamma_1 = 1; \tag{13.2.1}$$

(ii) $$\Gamma_n \Gamma_n = \Gamma_n; \tag{13.2.2}$$

(iii) $$\Gamma_p \otimes \Gamma_q = \Gamma_{pq}. \tag{13.2.3}$$

2) 一族向量

$$\gamma : \{\gamma_r \in \mathbb{R}^n \,|\, r \geqslant 1\}$$

称为向量乘子 (vector multiplier), 如果它满足以下条件:

(i) $$\gamma_1 = 1; \tag{13.2.4}$$

(ii) $$\gamma_p \otimes \gamma_q = \gamma_{pq}. \tag{13.2.5}$$

定义 13.2.2 设 $\Gamma = \{\Gamma_n \,|\, n \geqslant 1\}$ 为一矩阵乘子. $A \in \mathcal{M}_{m \times n}, B \in \mathcal{M}_{p \times q}$. 那么, A 和 B 的基于乘子 Γ 的左矩阵-矩阵 (简记为 LMM) 半张量积定义为

$$A \odot_\ell B := (A \otimes \Gamma_{t/n}) (B \otimes \Gamma_{t/p}), \tag{13.2.6}$$

这里 $t = n \vee p$ 为 n 和 p 的最小公倍数.

A 和 B 的基于乘子 Γ 的右矩阵-矩阵 (简记为 RMM) 半张量积定义为

$$A \odot_r B := (\Gamma_{t/n} \otimes A) (\Gamma_{t/p} \otimes B). \tag{13.2.7}$$

它们有一些共同的基本性质.

命题 13.2.1 (以下 $\odot$ 代表 $\odot_\ell$ 或者 $\odot_r$.)

(i) 结合律:

$$(A \odot B) \odot C = A \odot (B \odot C). \tag{13.2.8}$$

(ii) 分配律:

$$A \odot C + B \odot C,$$
$$(A + B) \odot C := A \odot C + B \odot C, \\ A \odot (B + C) = A \odot B + A \odot C. \tag{13.2.9}$$

(iii) 转置:

$$(A \odot B)^{\mathrm{T}} = B^{\mathrm{T}} \odot A^{\mathrm{T}}. \tag{13.2.10}$$

(iv) 逆: 设 $\Gamma_n, n \geqslant 1$ 可逆. 则当 A 和 B 均可逆时 $A \odot B$ 也可逆, 并且

$$(A \odot B)^{-1} = B^{-1} \odot A^{-1}. \tag{13.2.11}$$

证明   我们只证 $\odot = \odot_\ell$ 满足结合律. 这个证明对 $\odot = \odot_r$ 同样适用. 至于其他性质的证明则是显见的.

设 $A \in \mathcal{M}_{m \times n}, B \in \mathcal{M}_{p \times q}, C \in \mathcal{M}_{r \times s}$, 并且令

$$\begin{aligned}
&\mathrm{lcm}(n,p) = nn_1 = pp_1, &&\mathrm{lcm}(q,r) = qq_1 = rr_1, \\
&\mathrm{lcm}(r, qp_1) = rr_2 = qp_1p_2, &&\mathrm{lcm}(n, pq_1) = nn_2 = pq_1q_2.
\end{aligned} \tag{13.2.12}$$

注意到

$$\Gamma_p \otimes \Gamma_q = \Gamma_{pq}.$$

则式 (13.2.8) 的左边 (记作 LHS) 为

$$\begin{aligned}
\mathrm{LHS} &= (A \odot B) \odot C \\
&= ((A \otimes \Gamma_{n_1})(B \otimes \Gamma_{p_1})) \odot C \\
&= (((A \otimes \Gamma_{n_1})(B \otimes \Gamma_{p_1})) \otimes \Gamma_{p_2})(C \otimes \Gamma_{r_2}) \\
&= (((A \otimes \Gamma_{n_1})(B \otimes \Gamma_{p_1})) \otimes (\Gamma_{p_2}\Gamma_{p_2}))(C \otimes \Gamma_{r_2}) \\
&= (A \otimes \Gamma_{n_1p_2})(B \otimes \Gamma_{p_1p_2})(C \otimes \Gamma_{r_2}).
\end{aligned}$$

式 (13.2.8) 的右边 (记作 RHS) 为

$$\begin{aligned}
\mathrm{RHS} &= A \odot (B \odot C) \\
&= A \odot ((B \otimes \Gamma_{q_1})(C \otimes \Gamma_{r_1})) \\
&= (A \odot \Gamma_{n_2})(((B \otimes \Gamma_{q_1})(C \otimes \Gamma_{r_1})) \otimes \Gamma_{q_2}) \\
&= (A \otimes \Gamma_{n_2})(B \otimes \Gamma_{q_1q_2})(C \otimes \Gamma_{r_1q_2}).
\end{aligned}$$

要证明式 (13.2.8) 只要证明下面三个等式就够了:

$$n_1p_2 = n_2 \tag{13.2.13a}$$

$$p_1p_2 = q_1q_2 \tag{13.2.13b}$$

$$r_2 = r_1 q_2 \tag{13.2.13c}$$

利用最小公倍数 (最大公约数) 的结合律[7]

$$i \vee (j \vee k) = (i \vee j) \vee k, \quad i, j, k \in \mathbb{N}, \tag{13.2.14}$$

可得

$$qn \vee (pq \vee pr) = (qn \vee pq) \vee pr. \tag{13.2.15}$$

利用式 (13.2.15) 可得

$$
\begin{aligned}
(13.2.13\text{b}) \text{ 的左边} &= (qn) \vee [p(q \vee r)] \\
&= (qn) \vee (pqq_1) \\
&= q[n \vee (pq_1)] \\
&= qpq_1q_2.
\end{aligned}
$$

$$
\begin{aligned}
(13.2.13\text{b}) \text{ 的右边} &= [q(n \vee p)] \vee (pr) \\
&= (qpp_1z) \vee (pr) \\
&= p(qp_1 \vee r) \\
&= pqp_1p_2.
\end{aligned}
$$

于是, 式 (13.2.13b) 获证.

利用式 (13.2.13b) 可得

$$
\begin{aligned}
n_1 p_2 &= n_1 \frac{q_1 q_2}{p_1} = n_1 \frac{q_1 q_2 p}{p_1 p} \\
&= \frac{n \vee p}{n} \frac{n \vee (pq_1)}{pp_1} \\
&= \frac{n \vee (pq_1)}{n} = n_2.
\end{aligned}
$$

这就证明了式 (13.2.13a).

类似地,

$$
\begin{aligned}
r_1 q_2 &= r_1 \frac{p_1 p_2}{q_1} = t_1 \frac{p_1 p_2 q}{q_1 q} \\
&= \frac{q \vee r}{r} \frac{r \vee (qp_1)}{q_1 q} \\
&= \frac{r \vee (qp_1)}{r} = r_2.
\end{aligned}
$$

这就证明了式 (13.2.13c). □

例 13.2.1 (1) 设 $\Gamma = \{I_n \mid n = 1, 2, \cdots\}$，则得 MM-1 矩阵半张量积

$$\odot_\ell = \ltimes; \quad \odot_r = \rtimes.$$

(2) 设 $\Gamma = \{J_n\}$，则得 MM-2 矩阵半张量积

$$\odot_\ell = \circ_\ell; \quad \odot_r = \circ_r.$$

下面构造矩阵-向量半张量积.

定义 13.2.3 设 Γ 为一族矩阵乘子，γ 为一族向量乘子. $A \in \mathcal{M}_{m \times n}$，以及 $x \in \mathbb{R}^r$. 那么，A 与 x，关于乘子 Γ 及 γ 的矩阵-向量左半张量积 (简记为 LMV-STP)，定义为

$$A \vec{\odot}_\ell x := \left(A \otimes \Gamma_{t/n}\right)\left(x \otimes \gamma_{t/r}\right), \tag{13.2.16}$$

这里，$t = n \vee r$ 是 n 与 r 的最小公倍数.

A 与 x，关于乘子 Γ 及 γ 的矩阵-向量右半张量积 (简记为 RMV-STP)，定义为

$$A \vec{\odot}_r x := \left(\Gamma_{t/n} \otimes A\right)\left(\gamma_{t/r} \otimes x\right). \tag{13.2.17}$$

注 13.2.1 (i) 熟知，在线性代数里一个矩阵 $A \in \mathcal{M}_{m \times n}$ 可以看作从欧氏空间 $\mathbb{R}^n$ 到 $\mathbb{R}^m$ 的线性映射. 两个矩阵的乘积可以看作两个线性映射的复合. 而矩阵与向量的乘积可以看作一个线性映射的实现. 从概念上讲，这两个乘积在做两件完全不同的事情. 幸运的是，经典的矩阵乘法可以同时用来实现这两个功能.

然而，当矩阵乘法被推广到泛维空间时，统一的矩阵乘法难以同时实现这两种功能. 因此，我们需要定义两种不同的乘法：矩阵-矩阵半张量积，它用于线性映射的复合；矩阵-向量半张量积，它用于实现线性映射.

(ii) 实际上，也可以将矩阵-向量半张量积用于两个矩阵. 例如，设 $A \in \mathcal{M}_{m \times n}$ 及 $B \in \mathcal{M}_{p \times q}$. 那么，$A$ 与 B 的 (左) 矩阵-向量半张量积定义为

$$A \vec{\odot}_\ell B := \left(A \otimes \Gamma_{t/n}\right)\left(B \otimes \gamma_{t/p}\right), \tag{13.2.18}$$

这里，$t = n \vee p$ 为 n 与 p 的最小公倍数. 这时，我们将 B 看成以 B 的列生成的一个 $\mathbb{R}^p$ 中的子空间. 也就是说，把 B 看成 q 个 p 维向量.

(iii) 为方便计，矩阵与矩阵的 MM-STP 简称为 MM 积，矩阵与向量的 MV-STP 简称为 MV 积.

考虑所有矩阵的集合

$$\mathcal{M} := \bigcup_{m=1}^{\infty} \bigcup_{n=1}^{\infty} \mathcal{M}_{m \times n},$$

我们有

命题 13.2.2 $(\mathcal{M}, \odot)$ 是一个半群.

证明 结论直接来自等式 (13.2.8), 它说明 $\odot$ 满足结合律. □

下面考虑泛维状态空间.

$$\mathcal{V} := \bigcup_{r=1}^{\infty} \mathbb{R}^r.$$

设 $A \in \mathcal{M}$ 以及 $x \in \mathcal{V}$. 则映射 $\varphi : \mathcal{M} \times \mathcal{V} \to \mathcal{V}$, 即 A 对 x 的作用, 定义为 A 与 x 的 MV 乘积, 即

$$\varphi_A(x) := A \vec{\odot} x \in \mathcal{V}, \qquad (13.2.19)$$

这里, $\vec{\odot}$ 代表 $\vec{\odot}_\ell$ 或者 $\vec{\odot}_r$.

定义 13.2.4 (i) 一个矩阵乘子 Γ 与一个向量乘子 γ 称为是相容的, 如果

$$\Gamma_n \gamma_n = \gamma_n, \quad \forall n \geqslant 1. \qquad (13.2.20)$$

(ii) 一个矩阵-矩阵积 $\odot$ 与一个矩阵向量积 $\vec{\odot}$ 称为是相容的, 如果它们是由相容乘子 Γ 与 γ 定义的.

矩阵-向量积的最重要性质是: 它满足作用的半群性质, 这对于构造动态系统具有本质的重要性.

定理 13.2.1 设 $A, B \in \mathcal{M}$, $x \in \mathcal{V}$, 且 $\odot$ 和 $\vec{\odot}$ 相容. 那么, 矩阵作为线性映射作用于向量空间满足半群关系, 即

$$(A \odot B) \vec{\odot} x = A \vec{\odot} (B \vec{\odot} x). \qquad (13.2.21)$$

证明 设 $A \in \mathcal{M}_{m \times n}$, $B \in \mathcal{M}_{p \times q}$, $C \in \mathcal{V}_r$. 利用式 (13.2.12) 定义的常数可得 (13.2.21) 左边为

$$\begin{aligned}
(13.2.21)\ \text{的左边} &= (A \odot B) \vec{\odot} x \\
&= ((A \otimes \Gamma_{n_1})(B \otimes \Gamma_{p_1})) \vec{\odot} x \\
&= (((A \otimes \Gamma_{n_1})(B \otimes \Gamma_{p_1})) \otimes \Gamma_{p_2})(x \otimes \gamma_{r_2}) \\
&= (((A \otimes \Gamma_{n_1})(B \otimes \Gamma_{p_1})) \otimes (\Gamma_{p_2} \Gamma_{p_2}))(x \otimes \gamma_{r_2}) \\
&= (A \otimes \Gamma_{n_1 p_2})(B \otimes \Gamma_{p_1 p_2})(x \otimes \gamma_{r_2}).
\end{aligned}$$

利用 (13.2.20), (13.2.21) 的右边为

$$\begin{aligned}
(13.2.21)\ \text{的右边} &= A \vec{\odot} (B \vec{\odot} x) \\
&= A \vec{\odot} ((B \otimes \Gamma_{q_1})(x \otimes \gamma_{r_1}))
\end{aligned}$$

$$= (A \otimes \varGamma_{n_2}) \left(((B \otimes \varGamma_{q_1})(x \otimes \gamma_{r_1})) \otimes \gamma_{q_2} \right)$$

$$= (A \otimes \varGamma_{n_2}) \left(((B \otimes \varGamma_{q_1})(x \otimes \gamma_{r_1})) \otimes (\varGamma_{q_2} \gamma_{q_2}) \right)$$

$$= (A \otimes \varGamma_{n_2})(B \otimes \varGamma_{q_1 q_2})(x \otimes \gamma_{r_1 q_2}).$$

再由关系式 (13.2.13) 即知 (13.2.21) 成立. □

注 13.2.2　由矩阵乘子和向量乘子定义的所有的矩阵-矩阵乘积及矩阵向量乘积都是普通矩阵乘法的推广. 也就是说, 当因子维数满足普通矩阵乘法要求时, 它们就会退化为普通矩阵乘法. 详述如下:

(i) 设 $A \in M_{m \times n}$ 及 $B \in M_{n \times t}$, 那么,

$$A \odot_\ell B = AB; \quad A \odot_r B = AB.$$

(ii) 设 $A \in M_{m \times n}$ 及 $x \in \mathbb{R}^n$, 那么,

$$A \vec{\odot}_\ell x = Ax; \quad A \vec{\odot}_r x = Ax.$$

13.2.2　不同类型的矩阵半张量积

首先考虑一型矩阵半张量积, 它也是使用最广的一种. 以下的命题可通过直接计算验证.

命题 13.2.3　设 $\varGamma_n := I_n$, $n \geqslant 1$, 以及 $\gamma_r = \mathbf{1}_r$, $r \geqslant 1$. 那么,

(i) $\varGamma = \{I_n \,|\, n \geqslant 1\}$ 是一个矩阵乘子, $\gamma = \{\mathbf{1}_r \,|\, r \geqslant 1\}$ 是一个向量乘子;

(ii) $\varGamma_n$ 与 γ 相容.

那么, 由 $\varGamma$ 及 γ 生成的矩阵半张量积如下.

定义 13.2.5　(i) 由 $\varGamma = \{I_n \,|\, n \geqslant 1\}$ 生成的矩阵-矩阵半张量积: $\odot : M \times M \to M$ (这里, $\odot$ 可代表 $\odot_\ell$ 或 $\odot_r$), 由式 (13.2.6)—(13.2.7) 定义, 称为一型矩阵-矩阵半张量积.

(ii) 利用 $\varGamma = \{I_n \,|\, n \geqslant 1\}$ 及 $\gamma = \{\mathbf{1}_r \,|\, r \geqslant 1\}$ 生成的矩阵-向量半张量积: $\vec{\odot} : M \times V \to V$ (这里, $\vec{\odot}$ 可代表 $\vec{\odot}_\ell$ 或 $\vec{\odot}_r$), 由式 (13.2.16)—(13.2.17) 定义, 称为一型矩阵-向量半张量积.

命题 13.2.4　(i) 设 $A \in M_{m \times n}$, $B \in M_{p \times q}$ 且 $t = n \vee p$, 那么,

$$A \odot_\ell B = A \ltimes B = (A \otimes I_{t/n})(B \otimes I_{t/p}), \tag{13.2.22}$$

$$A \odot_r B = A \rtimes B = (I_{t/n} \otimes A)(I_{t/p} \otimes B). \tag{13.2.23}$$

(ii) 设 $A \in M_{m \times n}$, $x \in \mathbb{R}^r$, 且 $t = n \vee r$, 那么,

$$A \vec{\odot}_\ell x = A \vec{\ltimes} x = (A \otimes I_{t/n})(x \otimes \mathbf{1}_{t/r}), \tag{13.2.24}$$

$$A \vec{\odot}_r x = A \vec{\rtimes} x = (I_{t/n} \otimes A)(\mathbf{1}_{t/r} \otimes x). \tag{13.2.25}$$

一型矩阵-矩阵半张量积简记为 MM-1 STP, 一型矩阵-向量半张量积简记为
MV-1 STP.

注 13.2.3 对于由 (13.2.22) 或 (13.2.23) 定义的 $\odot$,

(i) $(\mathcal{M}, \odot)$ 是一个幺半群, 即, 它有单位元, 单位元为 1;

(ii) 式 (13.2.11) 成立.

下面考虑二型矩阵半张量积.

命题 13.2.5 设 $\Gamma_n := J_n$, $n \geqslant 1$, 以及 $\gamma_r = \mathbf{1}_r$, $r \geqslant 1$, 这里,

$$J_n = \frac{1}{n} \begin{bmatrix} 1 & 1 & \cdots & 1 \\ 1 & 1 & \cdots & 1 \\ \vdots & \vdots & & \vdots \\ 1 & 1 & \cdots & 1 \end{bmatrix} \in \mathcal{M}_{n \times n}.$$

那么,

(i) $\Gamma = \{\Gamma_n\}$ 是一个矩阵乘子, $\gamma = \{\gamma_r\}$ 是一个向量乘子;

(ii) Γ 与 γ 相容.

由 Γ 及 γ 生成的矩阵半张量积如下.

定义 13.2.6 (i) 由 $\Gamma = \{J_n \,|\, n \geqslant 1\}$ 生成的矩阵-矩阵半张量积: $\odot$: $\mathcal{M} \times \mathcal{M} \to \mathcal{M}$ (这里, $\odot$ 可代表 $\odot_\ell$ 或 $\odot_r$), 由式 (13.2.6)—(13.2.7) 定义, 称为二型矩阵-矩阵半张量积.

(ii) 利用 $\Gamma = \{J_n \,|\, n \geqslant 1\}$ 及 $\gamma = \{\mathbf{1}_r \,|\, r \geqslant 1\}$ 生成的矩阵-向量半张量积: $\vec{\odot} : \mathcal{M} \times \mathcal{V} \to \mathcal{V}$ (这里, $\vec{\odot}$ 可代表 $\vec{\odot}_\ell$ 或 $\vec{\odot}_r$), 由式 (13.2.16)—(13.2.17) 定义, 称为二型矩阵-向量半张量积.

命题 13.2.6 (i) 设 $A \in \mathcal{M}_{m \times n}$, $B \in \mathcal{M}_{p \times q}$, 且 $t = n \vee p$, 那么,

$$A \odot_\ell B = A \circ_\ell B = \left(A \otimes J_{t/n}\right) \left(B \otimes J_{t/p}\right); \tag{13.2.26}$$

$$A \odot_r B = A \circ_r B = \left(J_{t/n} \otimes A\right) \left(J_{t/p} \otimes B\right). \tag{13.2.27}$$

(ii) 设 $A \in \mathcal{M}_{m \times n}$, $x \in \mathbb{R}^r$, 及 $t = n \vee r$, 那么,

$$A \vec{\odot}_\ell x = A \vec{\circ}_\ell x = \left(A \otimes J_{t/n}\right) \left(x \otimes \mathbf{1}_{t/r}\right); \tag{13.2.28}$$

$$A \vec{\odot}_r x = A \vec{\circ}_r x = \left(J_{t/n} \otimes A\right) \left(\mathbf{1}_{t/r} \otimes x\right). \tag{13.2.29}$$

二型矩阵-矩阵半张量积简记为 MM-2 STP, 二型矩阵-向量半张量积简记为
MV-2 STP.

最后, 考虑构造一般的矩阵半张量积. 由前面的讨论易知以下的事实:

(i) 如果存在一个矩阵乘子 Γ, 则可利用式 (13.2.6)—(13.2.7) 构造矩阵-矩阵半张量积;

(ii) 如果存在一个矩阵乘子 Γ 和一个向量乘子 γ, 则可利用式 (13.2.16)—(13.2.17) 构造矩阵-向量半张量积;

(iii) 如果矩阵乘子 Γ 和向量乘子 γ 相容, 则矩阵对向量的作用满足半群性质, 即关系式 (13.2.21) 成立.

下面的例子列举出一些矩阵乘子与向量乘子.

例 13.2.2 1) 矩阵乘子: 已知的有

$$\Gamma^1 = \{I_n \,|\, n \geqslant 1\},$$

以及

$$\Gamma^2 = \{J_n \,|\, n \geqslant 1\}.$$

此外, 还可以定义

$$U_n := \begin{bmatrix} 1 & 0 & \cdots & 0 \\ 0 & 0 & \cdots & 0 \\ \vdots & \vdots & & \vdots \\ 0 & 0 & \cdots & 0 \end{bmatrix} \in \mathcal{M}_{n \times n}.$$

于是可得

$$\Gamma^3 := \{U_n \,|\, n \geqslant 1\}.$$

不难验证 Γ^3 是一族矩阵乘子.

记

$$L_n := \begin{bmatrix} 0 & \cdots & 0 & 0 \\ 0 & \cdots & 0 & 0 \\ \vdots & & \vdots & \vdots \\ 0 & \cdots & 0 & 1 \end{bmatrix} \in \mathcal{M}_{n \times n}.$$

定义

$$\Gamma^4 := \{L_n \,|\, n \geqslant 1\}.$$

不难验证 Γ^4 也是一族矩阵乘子.

2) 向量乘子: 已知的有

$$\gamma^1 = \{\mathbf{1}_n \,|\, n \geqslant 1\}.$$

令

$$\gamma^2 = \{\delta_n^1 \,|\, n \geqslant 1\},$$

或

$$\gamma^3 = \{\delta_n^n \mid n \geqslant 1\},$$

不难验证 γ^2 和 γ^3 都是向量乘子.

3) 考察相容性, 可得以下结果:

(i) Γ^1 与 γ^1, γ^2, 以及 γ^3 均相容;

(ii) Γ^2 只与 γ^1 相容, 与 γ^2 或 γ^3 均不相容;

(iii) Γ^3 只与 γ^2 相容, 与 γ^1 或 γ^3 均不相容;

(iv) Γ^4 只与 γ^3 相容, 与 γ^1 或 γ^2 均不相容.

注 13.2.4 (i) 如果 $\gamma = \{\gamma_r \mid r \geqslant 1\}$ 为一族向量乘子, 则不难验证

$$\tilde{\gamma} := \{r^\alpha \gamma_r \mid r \geqslant 1, \ \alpha \in \mathbb{R}\} \tag{13.2.30}$$

也是一族向量乘子.

(ii) 如果 Γ 与 γ 相容, $\tilde{\gamma}$ 由式 (13.2.30) 定义, 那么, 不难验证 Γ 与 $\tilde{\gamma}$ 也相容. 由此可知, 相容的矩阵乘子与向量乘子有无穷多对, 因此, 可以构造出无穷多种不同类型的线性动态系统.

13.3 矩阵的泛等价性

13.3.1 基于矩阵乘子的等价性

前面曾经提到过, 矩阵-矩阵半张量积其实是矩阵等价类之间的乘法, 不管是一型或二型. 只是当矩阵乘子不同时定义的等价类不一样. 因此, 可定义关于矩阵乘子的等价矩阵. 即令

$$A \odot B \Leftrightarrow \langle A \rangle \odot \langle B \rangle,$$

这里,

$$\langle A \rangle = \{A, A \otimes \Gamma_1, A \otimes \Gamma_2, \cdots\};$$
$$\langle B \rangle = \{B, B \otimes \Gamma_1, B \otimes \Gamma_2, \cdots\}.$$

基于这个事实, 不妨定义如下的等价性.

定义 13.3.1 设 Γ 为一族矩阵乘子, A, $B \in \mathcal{M}$ 为两个矩阵.

(i) A 与 B 称为关于乘子 Γ 左等价的, 如果存在 Γ_α 和 Γ_β 使得

$$A \otimes \Gamma_\alpha = B \otimes \Gamma_\beta. \tag{13.3.1}$$

这种等价记作

$$A \sim_\ell^\Gamma B.$$

等价类记作

$$\langle A\rangle_\ell^\Gamma := \{B\,|\,B\sim_\ell^\Gamma A\}.$$

(ii) A 和 B 称为关于乘子 Γ 右等价的, 如果存在 Γ_α 和 Γ_β 使得

$$\Gamma_\alpha \otimes A = \Gamma_\beta \otimes B. \tag{13.3.2}$$

这种等价记作

$$A\sim_r^\Gamma B.$$

等价类记作

$$\langle A\rangle_r^\Gamma := \{B\,|\,B\sim_r^\Gamma A\}.$$

注 13.3.1　定义 13.3.1 给出了多种不同的等价关系. 但还必须验证它们的确是等价关系, 即证明等价性 ($\sim$) 满足:

(i) 自返性: $A\sim A$.

(ii) 对称性: 如果 $A\sim B$, 则 $B\sim A$.

(iii) 传递性: 如果 $A\sim B$ 且 $B\sim C$, 则 $A\sim C$.

这里把验证留给读者.

下面的结论其实是已知的.

例 13.3.1　(i) 设 $\Gamma_n = I_n$, $n=1,2,\cdots$, 则等价性称为矩阵的一型等价 (简称为 M-1 等价). 其导出的左等价为

$$A\sim_\ell^\Gamma B = A\sim_\ell B, \tag{13.3.3}$$

等价类记为

$$\langle A\rangle_\ell = \{B\,|\,B\sim_\ell A\}.$$

其导出的右等价为

$$A\sim_r^\Gamma B = A\sim_r B, \tag{13.3.4}$$

等价类记为

$$\langle A\rangle_r = \{B\,|\,B\sim_r A\}.$$

(ii) 设 $\Gamma_n = J_n$, $n=1,2,\cdots$, 则等价性称为矩阵的二型等价 (简称为 M-2 等价). 其导出的左等价为

$$A\sim_\ell^\Gamma B = A\approx_\ell B, \tag{13.3.5}$$

等价类记为

$$\langle\langle AA\rangle\rangle_\ell = \{B\,|\,B\approx_\ell A\}.$$

其导出的右等价为

$$A \sim_r^{\Gamma} B = A \approx_r B, \tag{13.3.6}$$

等价类记为

$$\langle\langle AA \rangle\rangle_r = \{B \mid B \approx_r A\}.$$

13.3.2 等价矩阵的商空间

由于 $\sim^{\Gamma}$, 它可以代表 $\sim_\ell^{\Gamma}$ 也可以代表 $\sim_r^{\Gamma}$, 是一个等价关系, 则可定义等价类空间, 即等价矩阵的商空间如下:

$$\mathcal{M}/\sim^{\Gamma}. \tag{13.3.7}$$

可以将矩阵-矩阵半张量积推广到商空间上去.

定义 13.3.2 (i) 定义矩阵等价类的左半张量积为

$$\langle A \rangle_\ell^{\Gamma} \odot_\ell \langle B \rangle_\ell^{\Gamma} := \langle A \odot_\ell B \rangle_\ell^{\Gamma}. \tag{13.3.8}$$

(ii) 定义矩阵等价类的右半张量积为

$$\langle A \rangle_r^{\Gamma} \odot_r \langle B \rangle_r^{\Gamma} := \langle A \odot_r B \rangle_r^{\Gamma}. \tag{13.3.9}$$

命题 13.3.1 由式 (13.3.8) ((13.3.9)) 定义的矩阵等价类的左 (右) 半张量积是定义好的.

证明 我们只证明由式 (13.3.8) 定义的矩阵等价类的左半张量积是定义好的.

为此, 只要证明式 (13.3.8) 的右边不依赖于代表元 A, B 的选择. 设 $A_1 \in \langle A \rangle_\ell^{\Gamma}$ 及 $B_1 \in \langle B \rangle_\ell^{\Gamma}$ 为等价类中最小元, 则存在 Γ_α 及 Γ_β, 使得

$$\begin{aligned} A &= A_1 \otimes \Gamma_\alpha \in \mathcal{M}_{m \times n}, \\ B &= B_1 \otimes \Gamma_\beta \in \mathcal{M}_{p \times q}. \end{aligned} \tag{13.3.10}$$

设 $(n\alpha) \vee (p\beta) = s$, $n \vee p = r$, 以及 $s = tr$, 则

$$\begin{aligned} A \odot_\ell B &= (A_1 \otimes \Gamma_\alpha) \odot_\ell (B_1 \otimes \Gamma_\beta) \\ &= (A_1 \otimes \Gamma_\alpha \otimes \Gamma_{s/n\alpha})(B_1 \otimes \Gamma_\beta \otimes \Gamma_{s/p\beta}) \\ &= (A_1 \otimes \Gamma_{s/n})(B_1 \otimes \Gamma_{s/p}) \\ &= (A_1 \otimes \Gamma_{r/n} \otimes \Gamma_t)(B_1 \otimes \Gamma_{s/p} \otimes \Gamma_t) \\ &= (A_1 \odot_\ell B_1) \otimes \Gamma_t^2 \\ &= (A_1 \odot_\ell B_1) \otimes \Gamma_t \\ &\sim_\ell^{\Gamma} (A_1 \odot_\ell B_1). \end{aligned}$$

$\square$

例 13.3.2 设 $\sim^\Gamma \in \{\sim_\ell, \sim_r, \approx_\ell, \approx_r\}$, 则四种等价下的商空间为

$$
\begin{cases}
\Sigma^\ell := \mathcal{M}/\sim_\ell, \\
\Sigma^r := \mathcal{M}/\sim_r, \\
\Xi^\ell := \mathcal{M}/\approx_\ell, \\
\Xi^r := \mathcal{M}/\approx_r.
\end{cases}
\tag{13.3.11}
$$

每一个商空间上的乘积相应地定义如下:

$$
\begin{cases}
\langle A\rangle_\ell \ltimes \langle B\rangle_\ell := \langle A \ltimes B\rangle_\ell, \\
\langle A\rangle_r \rtimes \langle B\rangle_r := \langle A \rtimes B\rangle_r, \\
\langle\langle A\rangle\rangle_\ell \circ_\ell \langle\langle B\rangle\rangle_\ell := \langle\langle A \circ_\ell B\rangle\rangle_\ell, \\
\langle\langle A\rangle\rangle_r \circ_r \langle\langle B\rangle\rangle_r := \langle\langle A \circ_r B\rangle\rangle_r.
\end{cases}
\tag{13.3.12}
$$

作为命题 13.3.1 的特殊情形, 利用式 (13.3.12), 可得如下四种乘积:

$$
\ltimes : \Sigma^\ell \times \Sigma^\ell \to \Sigma^\ell,
$$
$$
\rtimes : \Sigma^r \times \Sigma^r \to \Sigma^r,
$$
$$
\circ_\ell : \Xi^\ell \times \Xi^\ell \to \Xi^\ell,
$$
$$
\circ_r : \Xi^r \times \Xi^r \to \Xi^r.
$$

13.3.3 矩阵的商空间拓扑

定义自然投影 $\pi : \mathcal{M} \to \Sigma = \mathcal{M}/\sim^\Gamma$ 如下:

$$
\pi(A) := \langle A\rangle^\Gamma.
\tag{13.3.13}
$$

(为简化记号, 以下略去下标 ℓ 或 r. $\sim^\Gamma$ 可被视为 $\sim_\ell^\Gamma$ 或 $\sim_r^\Gamma$.)

在标准线性代数教程中, 不同维数的矩阵之间没有拓扑关系. 因此, $\mathcal{M}$ 上的拓扑可定义如下.

定义 13.3.3 $\mathcal{M}$ 上的自然拓扑, 记为 $\mathcal{T}_n$, 定义如下:

(i) 对每个 (m, n), 矩阵集 $\mathcal{M}_{m\times n}$ 定义为闭开集;

(ii) 在每个集合 $\mathcal{M}_{m\times n}$ 上, 其拓扑为 $\mathbb{R}^{mn}$ 上的自然拓扑 (即欧氏空间拓扑).

定义 13.3.4 Σ 上的商拓扑, 记为 $\mathcal{T}_q$, 定义为自然拓扑 $\mathcal{T}_n$ 在投影 π 下的商拓扑.

为了更好地理解商拓扑, 回忆集合

$$
\mathcal{M}_\mu := \{A \in \mathcal{M}_{m\times n} \,|\, m/n = \mu\}.
$$

则有如下的分割:

$$\mathcal{M} = \bigcup_{\mu \in \mathbb{Q}_+} \mathcal{M}_\mu,$$

这里, $\mathbb{Q}_+$ 是正有理数集.

于是, 可以相应地定义如下商空间:

$$\Sigma = \mathcal{M} / \sim^\Gamma,$$

以及

$$\Sigma_\mu = \mathcal{M}_\mu / \sim^\Gamma.$$

于是可以得出如下分割:

$$\Sigma = \bigcup_{\mu \in \mathbb{Q}_+} \Sigma_\mu.$$

注意到, 如果 $A \in \mathcal{M}_{\mu_1}$, $B \in \mathcal{M}_{\mu_2}$ 及 $\mu_1 \neq \mu_2$, 则 A 与 B 不可能等价. 因此, Σ 上的 $\mathcal{T}_q$ 拓扑可以确定如下:

(i) 每一个子集 $\Sigma_\mu = \mathcal{M}_\mu / \sim^\Gamma$ 可以看作闭开集;

(ii) 在每一个子集 Σ_μ 内部, 利用映射 $\pi : \mathcal{M}_\mu \to \Sigma_\mu$ 导出的商拓扑作为每一个子集的拓扑.

注意到商拓扑是使 π 连续的最细拓扑. 换言之, $O_\Sigma \subset \Sigma$ 开, 当且仅当,

$$\pi^{-1}(O_\Sigma) := \{x \mid x \in \mathcal{M} \text{ 且 } \pi(x) \in O_\Sigma\}$$

为开集[76].

13.3.4 向量空间的等价性

考察泛维向量集合:

$$\mathcal{V} := \bigcup_{n=1}^\infty \mathcal{V}_n, \tag{13.3.14}$$

这里 $\mathcal{V}_n$ 为 n 维向量空间. 为简单计, 我们不区分 $\mathcal{V}_n$ 与 $\mathbb{R}^n$.

当我们考虑 MV-乘积时, 类似于 MM 乘积, 显然 MV 乘积也是矩阵等价类与向量等价类的乘积. 这个事实导致如下定义.

定义 13.3.5 设 $x, y \in \mathcal{V}$.

(i) 向量 x 和 y 称为对向量乘子 γ 左等价, 记作 $x \sim_\ell^\gamma y$, 如果存在 γ_α 及 γ_β 使得

$$x \otimes \gamma_\alpha = y \otimes \gamma_\beta. \tag{13.3.15}$$

x 的左等价类记作 $\langle x \rangle_\ell^\gamma$.

(ii) 向量 x 和 y 称为对向量乘子 γ 右等价, 记作 $x \sim_r^\gamma y$, 如果存在 γ_α 及 γ_β 使得

$$\gamma_\alpha \otimes x = \gamma_\beta \otimes y. \tag{13.3.16}$$

x 的右等价类记作 $\langle x \rangle_r^\gamma$.

例 13.3.3　设 $\gamma_r = \mathbf{1}_r$, $r \geqslant 1$, 那么,

(i) 左等价记为

$$x \sim_\ell^\gamma y := x \leftrightarrow_\ell y.$$

x 的左等价类记作

$$\langle x \rangle_\ell^\gamma := \bar{x}_\ell.$$

(ii) 右等价记为

$$x \sim_r^\gamma y := x \leftrightarrow_r y.$$

x 的右等价类记作

$$\langle x \rangle_r^\gamma := \bar{x}_r.$$

其次, 我们将向量空间结构加载到 $\mathcal{V}$ 上去.

定义 13.3.6　设 $x \in \mathcal{V}_m \subset \mathcal{V}$, $y \in \mathcal{V}_n \subset \mathcal{V}$, 且 $t = m \vee n$. x 和 y 关于 γ 的左加法定义为

$$x \vec{\boxplus}^\gamma y := \left(x \otimes \gamma_{t/m} \right) + \left(y \otimes \gamma_{t/n} \right). \tag{13.3.17}$$

相应地, 左减法定义为

$$x \vec{\boxminus}^\gamma y := x \vec{\boxplus}^\gamma (-y). \tag{13.3.18}$$

类似地, x 和 y 关于 γ 的右加法定义为

$$x \overset{\gamma}{\boxplus} y := \left(\gamma_{t/m} \otimes x \right) + \left(\gamma_{t/n} \otimes y \right). \tag{13.3.19}$$

相应地, 右减法定义为

$$x \overset{\gamma}{\boxminus} y := x \overset{\gamma}{\boxplus} (-y). \tag{13.3.20}$$

例 13.3.4　设 $\gamma_s := \mathbf{1}_s$, $s \geqslant 1$, 则

$$x \vec{\boxplus}^\gamma y := x \vec{\boxplus} y; \quad x \overset{\gamma}{\boxplus} y := x \overset{}{\boxplus} y. \tag{13.3.21}$$

相应地,

$$x \vec{\boxminus}^\gamma y := x \vec{\boxminus} y; \quad x \overset{\gamma}{\boxminus} y := x \overset{}{\boxminus} y. \tag{13.3.22}$$

数乘 $\cdot : \mathbb{R} \times \mathcal{V} \to \mathcal{V}$ 按普通数乘定义. 于是可得以下结果.

命题 13.3.2 $(\mathcal{V}, \vec{+}^\gamma, \cdot)$ 是一个伪向量空间, 这里, $\vec{+}^\gamma$ 可以是 $\vec{\vdash}^\gamma$ 或 $\vec{\dashv}^\gamma$.

我们最感兴趣的情形是 $\gamma_s = \mathbf{1}_s$, 这时我们有 $\vec{\vdash}^\gamma = \vec{\vdash}$ 及 $\vec{\dashv}^\gamma = \vec{\dashv}$. 在下面的讨论中, 我们假定

A1: $\gamma = \mathbf{1}$, i.e., $\gamma_r = \mathbf{1}_r$, $r \geqslant 1$.

在这个假定下, 下面的定义包括了在第 7 章详细讨论过的相关内积、范数与距离.

定义 13.3.7 (i) (内积) 设 $x, y \in \mathcal{V}$, 其中, $x \in \mathcal{V}_m$, $y \in \mathcal{V}_n$, $t = m \vee n$, 则 x 与 y 的左内积定义为

$$\langle x, y \rangle_\ell := \frac{1}{t} \langle x \otimes \mathbf{1}_{t/m}, y \otimes \mathbf{1}_{t/n} \rangle_F, \qquad (13.3.23)$$

这里 $\langle \cdot, \cdot \rangle_F$ 是普通内积, 也称 Frobenius 内积[66].

x 与 y 的右内积定义为

$$\langle x, y \rangle_r := \frac{1}{t} \langle \mathbf{1}_{t/m} \otimes x, \mathbf{1}_{t/n} \otimes y \rangle_F. \qquad (13.3.24)$$

(ii) (范数) $x \in \mathcal{V}$ 的左范数定义为

$$\|x\|_\ell := \sqrt{\langle x, \ x \rangle_\ell}. \qquad (13.3.25)$$

$x \in \mathcal{V}$ 的左范数定义为

$$\|x\|_r := \sqrt{\langle x, \ x \rangle_r}. \qquad (13.3.26)$$

(iii) (距离) $x, y \in \mathcal{V}$ 的左距离定义为

$$d_\ell(x, y) := \|x \vec{\vdash} y\|_\ell. \qquad (13.3.27)$$

$x, y \in \mathcal{V}$ 的右距离定义为

$$d_r(x, y) := \|x \vec{\dashv} y\|_r. \qquad (13.3.28)$$

根据定义不难检验以下的命题.

命题 13.3.3 $d_\ell(x, y) = 0$, 当且仅当,

$$x \leftrightarrow_\ell y,$$

当且仅当,

$$x \leftrightarrow_r y.$$

注 13.3.2 由命题 13.3.3 可知 $(\mathcal{V}, d_\ell)$ 以及 $(\mathcal{V}, d_r)$ 都不是距离空间. 实际上, 它们都只是伪距离空间.

定义 13.3.8 空间 $\mathcal{V}$ 的左距离拓扑, 记作 $\mathcal{T}_d^\ell$, 是由左距离 d_ℓ 导出的. $\mathcal{V}$ 的右距离拓扑, 记作 $\mathcal{T}_d^r$, 是由右距离 d_r 导出的.

注 13.3.3 容易检验, 在一般情况下

$$d_\ell(x, y) \neq d_r(x, y), \quad x, y \in \mathcal{V}.$$

一个自然的问题是: 左距离导出拓扑与右距离导出拓扑是否等价呢? 下面的例子说明, 答案是否定的.

例 13.3.5 设

$$x^n = \begin{bmatrix} x_1^n \\ x_2^n \\ x_3^n \\ x_4^n \end{bmatrix} = \begin{bmatrix} 0 \\ 0 \\ n \\ n \end{bmatrix} \in \mathbb{R}^4, \quad n = 1, 2, \cdots,$$

且

$$y^n = \begin{bmatrix} y_1^n \\ y_2^n \\ y_3^n \\ y_4^n \\ y_5^n \\ y_6^n \end{bmatrix} = \begin{bmatrix} 1/n \\ 1/n \\ 1/n \\ n \\ n \\ n \end{bmatrix} \in \mathbb{R}^6, \quad n = 1, 2, \cdots.$$

直接计算可知

$$d_\ell(x^n, y^n) = \frac{\sqrt{6}}{12n}.$$

因此,

$$\lim_{n \to \infty} d_\ell(x^n, y^n) = 0.$$

同时,

$$d_r(x^n, y^n) = \frac{\sqrt{6}}{12} \sqrt{n^2 + (1/n)^2 - 1}.$$

因此

$$\lim_{n \to \infty} d_r(x^n, y^n) = \infty.$$

由此可见 $(\mathcal{V}, \mathcal{T}_d^\ell)$ 与 $(\mathcal{V}, \mathcal{T}_d^r)$ 不可能拓扑同胚.

注 13.3.4 因为 d_ℓ (d_r) 是伪距离, 显然, $(\mathcal{V}, \mathcal{T}_d^\ell)$ $((\mathcal{V}, \mathcal{T}_d^r))$ 不是 Hausdorff (T_2) 空间.

下面讨论商空间. 考虑 $\mathcal{V}$ 在等价 $\leftrightarrow$ 下的商空间. 记

$$\Omega^\ell := \mathcal{V}/\leftrightarrow_\ell,$$
$$\Omega^r := \mathcal{V}/\leftrightarrow_r.$$

实际上, $\Omega := \Omega^\ell$ 在前面几章已经讨论过许多, 这里只是回顾一下, 并推广至右等价空间.

定义 13.3.9 (i) (向量空间结构) 设 $\bar{x}_\ell, \bar{y}_\ell \in \Omega^\ell$, 那么, 其加法定义为

$$\bar{x}_\ell \; \vec{\boxplus} \; \bar{y}_\ell := \overline{x \vec{\boxplus} y}_\ell. \tag{13.3.29}$$

数乘定义为

$$c\bar{x}_\ell := \overline{cx}_\ell, \quad c \in \mathbb{R}. \tag{13.3.30}$$

设 $\bar{x}_r, \bar{y}_r \in \Omega^r$. 那么, 其加法定义为

$$\bar{x}_r \; \vec{\boxplus} \; \bar{y}_r := \overline{x \vec{\boxplus} y}_r. \tag{13.3.31}$$

数乘定义为

$$c\bar{x}_r := \overline{cx}_r, \quad c \in \mathbb{R}. \tag{13.3.32}$$

(ii) (距离) 设 $\bar{x}_\ell, \bar{y}_\ell \in \Omega^\ell$, 则其左距离定义为

$$d_\ell\left(\bar{x}_\ell, \bar{y}_\ell\right) := d_\ell(x, y). \tag{13.3.33}$$

设 $\bar{x}_r, \bar{y}_r \in \Omega^r$, 则其右距离定义为

$$d_r\left(\bar{x}_r, \bar{y}_r\right) := d_r(x, y). \tag{13.3.34}$$

命题 13.3.4 (i) (13.3.29)—(13.3.34) 是定义好的, 即它们不依赖于代表元的选择.

(ii) Ω^ℓ 带上由 (13.3.29) 定义的加法 $\vec{\boxplus}$ 以及 (13.3.30) 定义的数乘, 是一个向量空间.

(iii) Ω^r 带上由 (13.3.31) 定义的加法 $\vec{\boxplus}$ 以及 (13.3.32) 定义的数乘, 是一个向量空间.

(iv) Ω^ℓ 带上由 (13.3.33) 定义的距离是一个距离空间, 并且, 在这个距离的导出拓扑下, Ω^ℓ 是第二可数的 Hausdorff 空间.

(v) Ω^r 带上由 (13.3.34) 定义的距离是一个距离空间, 并且, 在这个距离的导出拓扑下, Ω^r 是第二可数的 Hausdorff 空间.

13.4　矩阵半群上的系统

13.4.1　线性动态系统

考察 $\mathcal{M} = \bigcup_{m=1}^{\infty} \bigcup_{n=1}^{\infty} \mathcal{M}_{m \times n}$ 与 $\mathcal{V} = \bigcup_{n=1}^{\infty} \mathbb{R}^n$. 设 Γ 及 γ 为相容的一对矩阵乘子与向量乘子, $\odot$ 和 $\vec{\odot}$ 为由 Γ 及 γ 生成的矩阵-矩阵半张量积和矩阵-向量半张量积. 那么, 由命题 13.2.2 可知 $(\mathcal{M}, \odot)$ 是半群. 再由定理 13.2.1 可知, $(\mathcal{M}, \vec{\odot}, \mathcal{V})$ 是一个半群系统 (S_0 系统). 于是, 可以概括出以下定义.

定义 13.4.1　一个 S_0 系统 (G, φ, X) 称为一个泛维线性系统, 如果存在一对相容的矩阵乘子 Γ 与向量乘子 γ, 由它们生成的矩阵-矩阵半张量积和矩阵-向量半张量积分别为 $\odot$ 和 $\vec{\odot}$, 使得

(i)

$$G = (\mathcal{M}, \odot),$$

这里 $\odot = \odot_\ell$, 为由矩阵乘子 Γ 生成的矩阵-矩阵半张量积.

(ii) 状态空间 X 为

$$X = \mathcal{V};$$

(iii) 群作用为

$$\varphi(g, x) = g \vec{\odot} x, \quad g \in G, \quad x \in X,$$

这里 $\vec{\odot} = \vec{\odot}_\ell$, 是由 Γ 和 γ 生成的矩阵-向量半张量积. 这个泛维线性系统记作 $(\mathcal{M}, \vec{\odot}, \mathcal{V})$.

注 13.4.1　(i) 泛维线性系统记作 $(\mathcal{M}, \vec{\odot}, \mathcal{V})$, 通常也记成

$$x(t+1) = A(t) \vec{\odot} x(t), \quad A(t) \in \mathcal{M}, \quad x(t) \in \mathcal{V}. \tag{13.4.1}$$

(ii) 为避免不必要的烦琐, 此后我们只考虑对应于 "左" 的定义式, 即左等价、矩阵-矩阵的左乘积、矩阵-向量的左乘积等. 并且, 将相应下标略去. 实际上, 在以下讨论中, 所有结论对 "右" 的定义式也都成立. 我们将这种推广留给读者.

(iii) 基于同样的理由, 以下总假定 $\gamma_s = \mathbf{1}_s$, $s \geqslant 1$.

命题 13.4.1　(i) 设 $\vec{\odot}$ 由相容乘子 Γ 和 γ 生成, 那么, $(\mathcal{M}, \vec{\odot}, \mathcal{V})$ 就是一个泛维 S_0 系统.

(ii) 设 $\Gamma_n = I_n$ 以及 $\gamma_s = \mathbf{1}_s$, 那么 $(\mathcal{M}, \vec{\odot}, \mathcal{V}) = (\mathcal{M}, \vec{\ltimes}, \mathcal{V})$ 就是一个泛维 S 系统.

证明　(i) 因为 Γ 与 γ 相容, 则结论直接来自定理 13.2.1.

(ii) 首先因为 $1 \in \mathcal{M}$, 并且 $1 \ltimes A = A \ltimes 1 = A$. 1 是半群 $(\mathcal{M}, \ltimes)$ 的单位元. 其次, 因为

$$1 \vec{\ltimes} x = (1 \otimes I_r) x_r = x_r,$$

结论显见. $\qquad\qquad\qquad\qquad\qquad\qquad\qquad\qquad\qquad\qquad\qquad\qquad\qquad$ □

要将 $\mathcal{V}$ 上的线性 S_0 或 S 系统提升为相应的动态系统, 需要显示对固定的 $A \in \mathcal{M}, \varphi|_A : \mathcal{V} \to \mathcal{V}$ 是连续的. 为此, 我们需要定义 A 的算子模.

定义 13.4.2 设 $A \in \mathcal{M}$, 则 A 作用在 $\mathcal{V}$ 上的算子模定义如下:

$$\|A\|_{\mathcal{V}} := \sup_{0 \neq x \in \mathcal{V}} \frac{\|\varphi(A, x)\|_{\mathcal{V}}}{\|x\|_{\mathcal{V}}}, \tag{13.4.2}$$

这里, $\varphi(A, x) = A \vec{\odot} x$.

注意, 通常

$$\langle x, y \rangle_\ell \neq \langle x, y \rangle_r.$$

但是, 不难证明

$$\|x\|_\ell = \|x\|_r.$$

因此, 在式 (13.4.2) 中,

$$\|x\|_{\mathcal{V}} := \|x\|_{\mathcal{V}}^\ell = \|x\|_{\mathcal{V}}^r.$$

命题 13.4.2 设

$$\Gamma \in \{\{I_n \,|\, n \geqslant 1\}, \{J_n \,|\, n \geqslant 1\}, \{U_n \,|\, n \geqslant 1\}, \{L_n \,|\, n \geqslant 1\}\}, \quad \gamma = \{\mathbf{1}_s \,|\, s \geqslant 1\},$$

那么, $A \in \mathcal{M}_{m \times n}$ 的算子模为

$$\|A\|_{\mathcal{V}} = \sqrt{\frac{n}{m} \sigma_{\max}(A^{\mathrm{T}} A)}. \tag{13.4.3}$$

证明 一方面, 我们有

$$\begin{aligned}
\|A\|_{\mathcal{V}} &\geqslant \|A\|_{\mathcal{V}_n} \\
&= \sup_{0 \neq x \in \mathcal{V}_n} \frac{\|A \vec{\odot} x\|_{\mathcal{V}}}{\|x\|_{\mathcal{V}}} \\
&= \sup_{0 \neq x \in \mathcal{V}_n} \frac{\sqrt{1/m}\|Ax\|}{\sqrt{1/n}\|x\|} \\
&= \sqrt{\frac{n}{m}} \sup_{0 \neq x \in \mathcal{V}_n} \frac{\|Ax\|}{\|x\|}
\end{aligned}$$

$$= \sqrt{\frac{n}{m}}\sqrt{\sigma_{\max}(A^{\mathrm{T}}A)}, \tag{13.4.4}$$

这里, $\|\cdot\|$ 是欧氏空间中标准 L_2 模. 上式的最后一个等式可见文献 [66].

另一方面, 因为 $x \in \mathcal{V}$, 则存在一个 s 使得 $x \in \mathcal{V}_s$, 于是

$$
\begin{aligned}
\frac{\|A\,\vec{\odot}\,x\|_{\mathcal{V}}}{\|x\|_{\mathcal{V}}} &\leqslant \sup_{x \in \mathcal{V}_r} \frac{\|(A \otimes \Gamma_{t/n})(x \otimes \gamma_{t/r})\|_{\mathcal{V}_t}}{\|(x \otimes \gamma_{t/r})\|_{\mathcal{V}_t}} \\
&\leqslant \sup_{x \in \mathcal{V}_t} \frac{\|(A \otimes \Gamma_{t/n})x\|_{\mathcal{V}_t}}{\|x\|_{\mathcal{V}_t}} \\
&= \frac{t}{mt/n}\|A \otimes \Gamma_{t/n}\| \\
&= \frac{n}{m}\|A \otimes \Gamma_{t/n}\|.
\end{aligned}
\tag{13.4.5}
$$

注意到

$$
\begin{aligned}
(A \otimes \Gamma_{t/n})^{\mathrm{T}}(A \otimes \Gamma_{t/n}) &= A^{\mathrm{T}}A \otimes (\Gamma_{t/n}^{\mathrm{T}}\Gamma_{t/n}) \\
&= A^{\mathrm{T}}A \otimes \Gamma_{t/n}.
\end{aligned}
$$

下面两个事实是熟知的.

(i) 对任何两个方阵 P, $Q^{[66]}$,

$$\sigma(P \otimes Q) = \{\mu\lambda \,|\, \mu \in \sigma(P),\ \lambda \in \sigma(Q)\}.$$

于是, 如果假定 P 与 Q 是对称矩阵, 那么,

$$\sigma_{\max}(P \otimes Q) = \sigma_{\max}(P)\sigma_{\max}(Q).$$

(ii) 如果 P 是随机矩阵, 那么, $\sigma_{\max}(P) = 1^{[66]}$.

不难验证, Γ 如果是例 13.2.2 中四种情形之一 (Γ^i, $i = 1,2,3,4$), 则它是一组对称随机矩阵. 利用以上提到的两个事实, 则可得

$$\|A \otimes \Gamma_{t/n}\| = \sqrt{\sigma_{\max}(A^{\mathrm{T}}A)} = \|A\|.$$

由式 (13.4.4) 及 (13.4.5) 可立即推出 (13.4.3). □

类似的讨论即可得到如下结果.

推论 13.4.1　设 $\gamma \in \{\{\delta_r^1\},\ \{d_r^r\}\}$, 那么,

$$\|A\|_{\mathcal{V}} = \sqrt{\sigma_{\max}(A^{\mathrm{T}}A)}. \tag{13.4.6}$$

推论 13.4.2 (i) 对一个给定的 $A \in \mathcal{M}$, $\varphi|_A : \mathcal{V} \to \mathcal{V}$ 是连续的, 这里, $\varphi \in \{\vec{\ltimes}, \vec{\rtimes}, \vec{\circ}_\ell, \vec{\circ}_r\}$.

(ii) $((\mathcal{M}, *), \varphi, \mathcal{V})$ 是一个伪动态 S 系统, 这里, $* \in \{\ltimes, \rtimes\}$, 并且, 相应地, $\varphi \in \{\vec{\ltimes}, \vec{\rtimes}\}$.

(iii) $((\mathcal{M}, *), \varphi, \mathcal{V})$ 是一个伪动态 S_0 系统, 这里, $* \in \{\circ_\ell, \circ_r\}$, 并且, 相应地 $\varphi \in \{\vec{\circ}_\ell, \vec{\circ}_r\}$.

根据推论 13.4.2, 我们可以构造一个离散时间跨维数的线性时不变系统如下:

$$x(t+1) = A * x(t), \quad x(t) \in \mathcal{V}, \quad A \in \mathcal{M}, \tag{13.4.7}$$

这里, $* \in \{\vec{\ltimes}, \vec{\rtimes}, \vec{\circ}_\ell, \vec{\circ}_r\}$.

类似地, 我们也可以构造一个连续时间跨维数的线性时不变系统如下:

$$\dot{x}(t) = A * x(t), \quad x(t) \in \mathcal{V}, \quad A \in \mathcal{M}. \tag{13.4.8}$$

给定 $x_0 \in \mathcal{V}$, (13.4.7) 的轨线很容易计算. 至于 (13.4.8), 则可用泰勒展式

$$\exp(At) = I \oplus tA \oplus \frac{t^2}{2!}A^2 \oplus \cdots, \tag{13.4.9}$$

注意到这里 A 不必是方阵, 因此 (13.4.9) 只是个形式多项式. 这里, 我们不做进一步的讨论. 有兴趣的读者可参考文献 [37], 那里还讨论了此类控制系统.

13.4.2 商空间上的线性半群系统

由于 $\Omega^\ell = \mathcal{V}/\leftrightarrow_\ell$ 或 $\Omega^r = \mathcal{V}/\leftrightarrow_r$ 是向量空间并且是 Hausdorff 空间, 其上的线性系统为动态 S 系统. 因此, 商空间的线性动态系统更具吸引力.

下面考虑一般情形, 即 $\Sigma \in \{\Sigma^\ell, \Sigma^r, \Xi^\ell, \Xi^r\}$ 以及 $\Omega \in \{\Omega^\ell, \Omega^r\}$. 为记号简便, 讨论时约定 $\Sigma := \Sigma^\ell$ 及 $\Omega := \Omega^\ell$. 结果可推广到 $\Sigma := \Sigma^r$ 及 $\Omega := \Omega^r$ 上去.

首先讨论 Σ 在 Ω 上的作用.

定义 13.4.3 设 $\langle A \rangle \in \Sigma$, $\bar{x} \in \Omega$. $\langle A \rangle$ 在 $\bar{x}$ 上的作用定义如下:

$$\langle A \rangle^\Gamma \vec{\odot} \langle x \rangle^\gamma := \langle A \vec{\odot} x \rangle^\gamma, \tag{13.4.10}$$

这里,

$$\left(\langle A \rangle^\Gamma, \vec{\odot}, \langle x \rangle^\gamma \right) \in \left\{ \left(\langle A \rangle_\ell, \vec{\ltimes}, \bar{x}^\ell \right), \left(\langle A \rangle_r, \vec{\rtimes}, \bar{x}^r \right), \right.$$
$$\left. \left(\langle\langle A \rangle\rangle_\ell, \vec{\circ}, \bar{x}^\ell \right), \left(\langle\langle A \rangle\rangle_r, \vec{\circ}, \bar{x}^r \right) \right\}.$$

下面的命题表明上述定义的作用是适当的.

命题 13.4.3 式 (13.4.10) 定义的作用是定义好的.

证明   需要证明式 (13.4.10) 与代表元 $A \in \langle A \rangle$ 及 $x \in \bar{x}$ 的选择无关. 即, 令 $A \approx B$, $x \leftrightarrow y$, 则

$$A \vec{\sigma} x \leftrightarrow B \vec{\sigma} y. \tag{13.4.11}$$

在等价类 $\langle A \rangle$ 中存在最小元 $\Lambda \in \mathcal{M}_{n \times p}$ 使得 $A = \Lambda \otimes \Gamma_s$ 及 $B = \Lambda \otimes \Gamma_\alpha$. 类似地, 存在最小元 $z \in \bar{x} \cap \mathcal{V}_q$ 使得 $x = z \otimes \gamma_t$ 且 $y = z \otimes \gamma_\beta$. 记 $\xi = p \vee q$, $\eta = ps \vee qt$, 以及 $\eta = k\xi$, 则有

$$
\begin{aligned}
A \vec{\sigma} x &= (\Lambda \otimes \Gamma_s) \vec{\sigma} (z \otimes \gamma_t) \\
&= (\Lambda \otimes \Gamma_s \otimes \Gamma_{\eta/ps}) (z \otimes \gamma_t \otimes \gamma_{\eta/qt}) \\
&= (\Lambda \otimes \Gamma_{\xi/p} \otimes \Gamma_k) (z \otimes \gamma_{\xi/q} \otimes \gamma_k) \\
&= \left[(\Lambda \otimes \Gamma_{\xi/p}) (z \otimes \gamma_{\xi/q}) \right] \otimes (\Gamma_k \gamma_k) \\
&= (\Lambda \vec{\sigma} z) \otimes \gamma_k.
\end{aligned}
$$

因此,

$$A \vec{\sigma} x \leftrightarrow \Lambda \vec{\sigma} z.$$

同理, 我们有

$$B \vec{\sigma} y \leftrightarrow \Lambda \vec{\sigma} z.$$

于是, 式 (13.4.11) 成立.   □

定义 13.4.4   (i) (向量空间结构) Ω 上的向量空间结构由下式定义:

$$\bar{x} \overset{v}{\vec{+}} \bar{y} := \overline{x \overset{v}{\vec{+}} y}, \quad \bar{x}, \bar{y} \in \Omega. \tag{13.4.12}$$

(ii) (拓扑结构) Ω 上的距离拓扑由下式决定:

$$d_\gamma(\bar{x}, \bar{y}) := d_\gamma(x, y), \quad \bar{x}, \bar{y} \in \Omega. \tag{13.4.13}$$

类似于命题 13.4.3 的证明可以证明式 (13.4.12) 及 (13.4.13) 是定义好的. 并且, 用类似的, 但略为烦琐的计算可以证明以下结果.

定理 13.4.1

$$\bar{x}(t+1) = \langle A \rangle \vec{\odot} x(t), \quad \bar{x}(t) \in \Omega, \quad \langle A \rangle^\Gamma \in \Sigma \tag{13.4.14}$$

是动态 S 系统.

于是, 一个商空间上恰当定义的连续动态 S 系统为

$$\dot{\bar{x}}(t) = \langle A \rangle \overset{v}{\vec{\ltimes}} x(t), \quad \bar{x}(t) \in \Omega, \quad \langle A \rangle^\Gamma \in \Sigma. \tag{13.4.15}$$

第 14 章 半群系统的动力学分析

本章讨论由矩阵-矩阵半张量积形成的矩阵半群在泛维欧氏空间的半群线性系统的动态特性. 由算子模导出动态系统的拓扑连续性. 进而讨论不变子空间、轨线的计算以及相关动态系统的维数有界性. 最后介绍矩阵生成的形式多项式, 以及由此导出的一般泛维数线性系统.

本章内容主要来自文献 [34, 37].

14.1 泛维欧氏空间上的线性半群系统

考察泛维矩阵空间 $\mathcal{M}$. 其上的乘法为矩阵-矩阵半张量积 $* \in \{\ltimes, \rtimes, \circ_\ell, \circ_r\}$. 为讨论方便, 我们只讨论这四种. 特别地,

$$\bowtie \in \{\ltimes, \rtimes\}, \quad \circ \in \{\circ_\ell, \circ_r\}.$$

于是可知 $(\mathcal{M}, \bowtie)$ 是幺半群, $(\mathcal{M}, \circ)$ 是半群. 设系统的状态空间是混合的欧氏空间 $\mathcal{V} = \mathbb{R}^\infty$. 回忆半群对状态的作用如下.

定义 14.1.1 设 $A \in \mathcal{M}$, $x \in \mathcal{V}$, 令 $A \in \mathcal{M}_{m \times n}$, $x \in \mathcal{V}_r$, 并且 $t = n \vee r$.

(i) 设 $\mathcal{M} := (\mathcal{M}, \ltimes)$, $\mathcal{M}$ 对 $\mathcal{V}$ 的作用定义为

$$A \vec{\ltimes} x := \left(A \otimes I_{t/n}\right) \left(x \otimes \mathbf{1}_{t/r}\right). \tag{14.1.1}$$

生成的系统称为左 MV-1 型系统.

(ii) 设 $\mathcal{M} := (\mathcal{M}, \rtimes)$, $\mathcal{M}$ 对 $\mathcal{V}$ 的作用定义为

$$A \vec{\rtimes} x := \left(I_{t/n} \otimes A\right) \left(\mathbf{1}_{t/r} \otimes x\right). \tag{14.1.2}$$

生成的系统称为右 MV-1 型系统.

(iii) 设 $\mathcal{M} := (\mathcal{M}, \circ_\ell)$, $\mathcal{M}$ 对 $\mathcal{V}$ 的作用定义为

$$A \vec{\circ}_\ell x := \left(A \otimes J_{t/n}\right) \left(x \otimes \mathbf{1}_{t/r}\right). \tag{14.1.3}$$

生成的系统称为左 MV-2 型系统.

(iv) 设 $\mathcal{M} := (\mathcal{M}, \circ_r)$, $\mathcal{M}$ 对 $\mathcal{V}$ 的作用定义为

$$A \vec{\circ}_\ell x := \left(J_{t/n} \otimes A\right) \left(\mathbf{1}_{t/r} \otimes x\right). \tag{14.1.4}$$

生成的系统称为右 MV-2 型系统.

命题 14.1.1   在定义 14.1.1 中,

(i) 相应于作用 (14.1.1), 生成的左 MV-1 型系统为 S 系统.

(ii) 相应于作用 (14.1.2), 生成的右 MV-1 型系统为 S 系统.

(iii) 相应于作用 (14.1.3), 生成的左 MV-2 型系统为 S_0 系统.

(iv) 相应于作用 (14.1.4), 生成的右 MV-2 型系统为 S_0 系统.

它们统称为伪半群系统.

证明   我们只证明 (i). 因为 $\mathcal{M} = (\mathcal{M}, \ltimes)$ 是个么半群, 我们只需证明

(a) 对于单位元 $e = 1 \in \mathcal{M}$, 有

$$e \vec{\ltimes} x = (1 \otimes I_r)x = x.$$

直接计算即可证明这一点.

(b) 作用的半群性质:

$$(A \ltimes B) \vec{\ltimes} x = A \vec{\ltimes} (B \vec{\ltimes} x). \tag{14.1.5}$$

设 $A \in \mathcal{M}_{m \times n}, B \in \mathcal{M}_{p \times q}, x \in \mathbb{R}^r$. 记

$$\operatorname{lcm}(n, p) = nn_1 = pp_1, \qquad \operatorname{lcm}(q, r) = qq_1 = rr_1,$$
$$\operatorname{lcm}(r, qp_1) = rr_2 = qp_1p_2, \quad \operatorname{lcm}(n, pq_1) = nn_2 = pq_1q_2.$$

注意到

$$J_p \otimes J_q = J_{pq}.$$

那么

$$
\begin{aligned}
(A \ltimes B) \vec{\ltimes} x &= ((A \otimes I_{n_1})(B \otimes I_{p_1})) \vec{\ltimes} x \\
&= (((A \otimes I_{n_1})(B \otimes I_{p_1})) \otimes I_{p_2})(x \otimes J_{r_2}) \\
&= (A \otimes I_{n_1 p_2})(B \otimes I_{p_1 p_2})(x \otimes J_{r_2}).
\end{aligned}
$$

$$
\begin{aligned}
A \vec{\ltimes} (B \vec{\ltimes} x) &= A \vec{\ltimes} ((B \otimes I_{q_1})(x \otimes J_{r_1})) \\
&= (A \otimes I_{n_2}) (((B \otimes I_{q_1})(x \otimes J_{r_1})) \otimes J_{q_2}) \\
&= (A \otimes I_{n_2})(B \otimes I_{q_1 q_2})(x \otimes J_{r_1 q_2}).
\end{aligned}
$$

于是, 要证明式 (14.1.5) 只要以下三个关于参数的等式成立就够了.

$$n_1 p_2 = n_2; \tag{14.1.6a}$$

$$p_1 p_2 = q_1 q_2; \tag{14.1.6b}$$

$$r_2 = r_1 q_2. \tag{14.1.6c}$$

利用最小公倍数 (或最大公因数) 的结合律[7]

$$\text{lcm}(i, \text{lcm}(j, k)) = \text{lcm}(\text{lcm}(i, j), k), \quad i, j, k \in \mathbb{N}, \tag{14.1.7}$$

可知

$$\text{lcm}(qn, \text{lcm}(pq, pr)) = \text{lcm}(\text{lcm}(qn, pq), pr). \tag{14.1.8}$$

利用式 (14.1.8) 可得

$$\begin{aligned}
\text{式 (14.1.6b) 左边} &= \text{lcm}(qn, p\text{lcm}(q, r)) \\
&= \text{lcm}(qn, pqq_1) \\
&= q\text{lcm}(n, pq_1) \\
&= qpq_1q_2.
\end{aligned}$$

$$\begin{aligned}
\text{式 (14.1.6b) 右边} &= \text{lcm}(q\text{lcm}(n, p), pr) \\
&= \text{lcm}(qpp_1, pr) \\
&= p\text{lcm}(qp_1, r) \\
&= pqp_1p_2.
\end{aligned}$$

于是, 式 (14.1.6b) 获证.

利用式 (14.1.6b) 可得

$$\begin{aligned}
n_1 p_2 = n_1 \frac{q_1 q_2}{p_1} &= n_1 \frac{q_1 q_2 p}{p_1 p} \\
&= \frac{\text{lcm}(n, p)}{n} \frac{\text{lcm}(n, pq_1)}{pp_1} \\
&= \frac{\text{lcm}(n, pq_1)}{n} = n_2.
\end{aligned}$$

这就证明了式 (14.1.6a).

类似地,

$$\begin{aligned}
r_1 q_2 = r_1 \frac{p_1 p_2}{q_1} &= t_1 \frac{p_1 p_2 q}{q_1 q} \\
&= \frac{\text{lcm}(q, r)}{r} \frac{\text{lcm}(r, qp_1)}{q_1 q} \\
&= \frac{\text{lcm}(r, qp_1)}{r} = r_2.
\end{aligned}$$

这就证明了式 (14.1.6c). □

注 14.1.1　(i) MV-1 (或 MV-2) STP 是矩阵与向量的半张量积, MM-1 (或 MM-2) STP 是矩阵与矩阵的半张量积. 粗略地说, 矩阵与向量的积结果为向量, 它反映矩阵作为线性映射的功能. 矩阵与矩阵的积结果为矩阵, 它反映两个线性映射的复合.

(ii) MV-1 (或 MV-2) STP 很容易推广到两个矩阵 A 和 B 上去. 例如, 设 $A \in \mathcal{M}_{m \times n}, B \in \mathcal{M}_{r \times s}$, 且 $t = n \vee r$, 那么

$$A \vec{\ltimes} B := \left(A \otimes I_{t/n} \right) \left(B \otimes \mathbf{1}_{t/r} \right). \tag{14.1.9}$$

在这个乘积里, 实际上 B 被视为 $\mathcal{V}_r$ 空间里的 s 个向量.

(iii) 矩阵与矩阵的乘法 (即线性映射的复合) 与矩阵与向量的乘法 (即线性映射的实现) 在经典的矩阵乘法下是统一的. 这表现在无论是 MV-1 (或 MV-2) 半张量积或 MM-1 (或 MM-2) 半张量积, 当 A 与 B 的维数满足经典矩阵乘法的要求时, 它们都退化成经典矩阵乘法.

下面定义伪线性半群系统, 它在伪半群系统上添加线性结构.

首先, 我们将线性结构 (即加法) 添加到 $\mathcal{M}$ 上. 然后再把线性结构添加到 $\mathcal{V}$ 上. 于是可得到以下几种伪线性半群系统.

定义 14.1.2　(i) $\left((\mathcal{M}, \ltimes, \boxplus), \vec{\ltimes}, (\mathcal{V}, \vec{\boxplus}) \right)$ 称为左 MV-1 型伪线性半群系统.

(ii) $\left((\mathcal{M}, \rtimes, \boxplus), \vec{\rtimes}, (\mathcal{V}, \vec{\boxplus}) \right)$ 称为右 MV-1 型伪线性半群系统.

(iii) $\left((\mathcal{M}, \circ_\ell, +_\ell), \vec{\mathrm{o}}_\ell, (\mathcal{V}, \vec{\boxplus}) \right)$ 称为左 MV-2 型伪线性半群系统.

(iv) $\left((\mathcal{M}, \circ_r, +_r), \vec{\mathrm{o}}_r, (\mathcal{V}, \vec{\boxplus}) \right)$ 称为右 MV-2 型伪线性半群系统.

首先看看为什么它们称为伪线性系统? 这是由于它们具有以下的线性性. 它们的证明可由定义直接验证.

命题 14.1.2　设 $* \in \{\vec{\ltimes}, \vec{\rtimes}, \vec{\mathrm{o}}_\ell, \vec{\mathrm{o}}_r\}$, 则 $* : \mathcal{M} \times \mathcal{M} \to \mathcal{M}$ 满足分配律. 准确地说, 设 $A, B \in \mathcal{M}_\mu, x \in \mathcal{V}_\alpha, y \in \mathcal{V}_\beta$, 那么

$$(aA \boxplus bB) \vec{\ltimes} x = aA \vec{\ltimes} x \vec{\boxplus} bB \vec{\ltimes} x, \quad a, b \in \mathbb{R}. \tag{14.1.10}$$

$$(aA \boxplus bB) \vec{\rtimes} x = aA \vec{\rtimes} x \vec{\boxplus} bB \vec{\rtimes} x, \quad a, b \in \mathbb{R}. \tag{14.1.11}$$

$$(aA +_\ell bB) \vec{\mathrm{o}}_\ell x = aA \vec{\mathrm{o}}_\ell x \vec{\boxplus} bB \vec{\mathrm{o}}_\ell x, \quad a, b \in \mathbb{R}. \tag{14.1.12}$$

$$(aA +_r bB) \vec{\mathrm{o}}_r x = aA \vec{\mathrm{o}}_r x \vec{\boxplus} bB \vec{\mathrm{o}}_r x, \quad a, b \in \mathbb{R}. \tag{14.1.13}$$

$$A \vec{\ltimes} (ax \vec{\boxplus} by) = aA \vec{\ltimes} x \vec{\boxplus} bA \vec{\ltimes} y, \quad a, b \in \mathbb{R}. \tag{14.1.14}$$

$$A \vec{\rtimes} (ax \vec{\boxplus} by) = aA \vec{\rtimes} x \vec{\boxplus} bA \vec{\rtimes} y, \quad a, b \in \mathbb{R}. \tag{14.1.15}$$

$$A \vec{\mathrm{o}}_\ell (ax \vec{\boxplus} by) = aA \vec{\mathrm{o}}_\ell x \vec{\boxplus} bA \vec{\mathrm{o}}_\ell y, \quad a, b \in \mathbb{R}. \tag{14.1.16}$$

$$A \vec{\mathrm{o}}_r (ax \vec{\boxplus} by) = aA \vec{\mathrm{o}}_r x \vec{\boxplus} bA \vec{\mathrm{o}}_r y, \quad a, b \in \mathbb{R}. \tag{14.1.17}$$

注 14.1.2 由于 $\mathcal{M}_\mu$ 和 $\mathcal{V}$ 均为伪向量空间, 半群系统 $(\mathcal{M}_\mu, \vec{\kappa}, \mathcal{V})$ 称伪线性系统. 而后面在商空间上的相应系统才是真正的线性系统.

14.1.1 矩阵的算子模

先回忆一下 $\mathcal{V}$ 上的距离空间结构. 式 (7.3.1)、(7.3.6) 及 (7.3.10) 分别定义了 $\mathcal{V}$ 上的内积、范数与距离.

为方便, 回顾它们的定义如下. 设 $x, y \in \mathcal{V}$, 具体地说, $x \in \mathcal{V}_m$, $y \in \mathcal{V}_n$, $t = m \vee n$, 那么, 其内积定义为

$$\langle x, y \rangle_\mathcal{V} := \frac{1}{t} \langle x \otimes \mathbf{1}_t n, y \otimes \mathbf{1}_t m \rangle. \tag{14.1.18}$$

利用内积, 定义范数如下:

$$\|x\|_\mathcal{V} := \sqrt{\langle x, x \rangle_\mathcal{V}} = \sqrt{\frac{1}{m} \langle x, x \rangle}. \tag{14.1.19}$$

利用范数, 定义距离如下:

$$d(x, y) := \|x \vec{\vdash} y\|_\mathcal{V}. \tag{14.1.20}$$

注 14.1.3 这里只考虑左内积、左范数与左距离, 它们适用于左半群线性系统. 相应地, 我们也可以定义右内积、右范数与右距离, 它们适用于右半群线性系统. 为方便, 本章其余部分只考虑左半群线性系统. 所有结果可平行推广到右半群线性系统.

一个标准范数应满足以下条件[88]:

(i) $\|x\| \geqslant 0$, 并且 $\|x\| = 0$, 当且仅当, $x = 0$;

(ii) $\|ax\| = |a|\|x\|$;

(iii) $\|x + y\| \leqslant \|x\| + \|y\|$.

检验式 (14.1.19) 定义的范数, 有以下结果.

命题 14.1.3 由式 (14.1.19) 定义的 $\mathcal{V}$ 上的范数满足上述条件 (ii) 和 (iii), 以及如下的 (i′):

(i′) $\|x\| \geqslant 0$ 并且 $\|x\| = 0$, 当且仅当 $x \in \mathbf{0}$.

证明 (i) 因为 $\mathcal{V}$ 是一个伪向量空间, 则零是一个集合. 因此, (i) 必须用 (i′) 代替. (i′) 的检验是显然的.

(ii) 它的检验也是显然的.

(iii) 首先, 有

$$\langle x - ty, x - ty \rangle_\mathcal{V} = \|x\|^2 - 2t \langle x, y \rangle_\mathcal{V} + t^2 \|y\|^2 \geqslant 0, \quad t \in \mathbb{R}. \tag{14.1.21}$$

由于它是 t 的二次形式, 显然非负. 这就导致

$$\langle x,y\rangle_{\mathcal{V}}^2 - \|x\|_{\mathcal{V}}^2\|y\|_{\mathcal{V}}^2 \geqslant 0,$$

即

$$\langle x,y\rangle_{\mathcal{V}} \leqslant \|x\|_{\mathcal{V}}^2\|y\|_{\mathcal{V}}^2. \tag{14.1.22}$$

式 (14.1.22) 称为柯西不等式. 由柯西不等式可得

$$\|x+y\|_{\mathcal{V}}^2 = \|x\|_{\mathcal{V}}^2 + 2\langle x,y\rangle_{\mathcal{V}} + \|y\|_{\mathcal{V}}^2 \leqslant (\|x\|_{\mathcal{V}} + \|y\|_{\mathcal{V}})^2.$$

这就证明了三角不等式.   □

利用这个范数就可定义矩阵 $A \in \mathcal{M}$ 作用在 $\mathcal{V}$ 上的算子范数.

定义 14.1.3   设 $A \in \mathcal{M}_{m\times n} \subset \mathcal{M}$, 则 A 的算子范数定义如下:

$$\|A\|_{\mathcal{V}} := \sup_{0\neq x\in\mathcal{V}} \frac{\|A \ltimes x\|_{\mathcal{V}}}{\|x\|_{\mathcal{V}}}. \tag{14.1.23}$$

作为命题 13.4.2 的特殊情形, 我们有

命题 14.1.4   设 $A \in \mathcal{M}_{m\times n} \subset \mathcal{M}$, 那么,

$$\|A\|_{\mathcal{V}} = \sqrt{\frac{n}{m}}\|A\| = \sqrt{\frac{n}{m}}\sqrt{\sigma_{\max}(A^{\mathrm{T}}A)}. \tag{14.1.24}$$

利用命题 14.1.4, 直接计算可得如下结论.

推论 14.1.1   (i) 对任何 $\mathbf{1}_s, s\in\mathbb{Z}_+$, 有

$$\|x \otimes \mathbf{1}_s\|_{\mathcal{V}} = \|x\|_{\mathcal{V}}. \tag{14.1.25}$$

(ii) 对任何单位阵 $I_s, s\in\mathbb{Z}_+$, 有

$$\|A \otimes I_s\|_{\mathcal{V}} = \|A\|_{\mathcal{V}}. \tag{14.1.26}$$

最后, 我们讨论 $\mathcal{V}$ 上的距离, 它由式 (14.1.20) 定义.

一个自然的问题是: $(\mathcal{V},d)$ 是一个距离空间吗? 一个距离空间满足[88]:

(i) $d(x,y) \geqslant 0$. 并且, $d(x,y) = 0$, 当且仅当, $x=y$;

(ii) $d(x,y) = d(y,x)$;

(iii) $d(x,z) \leqslant d(x,y) + d(y,z)$.

不难验证, $(\mathcal{V},d)$ 满足几乎所有条件, 除了下面这一点: $d(x,y)=0$ 不能推出 $x=y$. 可以证明, $d(x,y)=0$, 当且仅当, 存在 $\mathbf{1}_\alpha$ 和 $\mathbf{1}_\beta$ 使得

$$x \otimes \mathbf{1}_\alpha = y \otimes \mathbf{1}_\beta, \tag{14.1.27}$$

即 $x \leftrightarrow y$. 因此, 我们称 $(\mathcal{V}, d)$ 为伪距离空间.

下面我们证明作用 $A : \mathcal{V} \to \mathcal{V}$ 是连续的.

命题 14.1.5 给定 $A \in \mathcal{M}$, 那么, 映射 $x \mapsto A \vec{\ltimes} x$ 是连续的.

证明 根据 A 的算子模, 即利用 (14.1.23) 可得

$$\|A \vec{\ltimes} x\| \leqslant \|A\|_{\mathcal{V}} \|x\|_{\mathcal{V}}. \tag{14.1.28}$$

注意到, 式 (14.1.24) 表明 $\|A\|_{\mathcal{V}}$ 与 x 的维数无关, 则连续性显见. $\square$

推论 14.1.2 半群系统 (S 系统) $(\mathcal{M}, \vec{\ltimes}, \mathcal{V})$ 是一个伪动态系统.

14.1.2 商空间上的线性半群系统

回到商空间

$$\Sigma = \mathcal{M}/\sim .$$

设 $\langle A \rangle, \langle B \rangle \in \Sigma$, 则一型左矩阵-矩阵半张量积定义为

$$\langle A \rangle \ltimes \langle B \rangle = \langle A \ltimes B \rangle,$$

且 $(\Sigma, \ltimes)$ 是么半群.

同时考虑泛维状态空间的相应商空间 $\Omega = \mathcal{V}/\leftrightarrow_{\ell}$, 这是一个向量空间. 为构造半群系统, 考虑 Σ 在 Ω 上的作用.

要将 $\mathcal{M}$ 在 $\mathcal{V}$ 上的作用推广到商空间, 则下面的命题起着关键作用. 它表明一型矩阵向量半张量积与相应矩阵等价及向量等价都是相容的.

命题 14.1.6 设 $A \sim B$ 及 $x \leftrightarrow y$, 那么,

$$A \vec{\ltimes} x \leftrightarrow B \vec{\ltimes} y. \tag{14.1.29}$$

证明 设 $A = \Lambda \otimes I_s, B = \Lambda \otimes I_\alpha; x = \Gamma \otimes \mathbf{1}_t, y = \Gamma \otimes \mathbf{1}_\beta$, 这里 $\Lambda \in \mathcal{M}_{n \times p}$, $\Gamma \in \mathcal{V}_q$. 记 $\xi = p \vee q, \eta = ps \vee qt$, 且 $\eta = k\xi$, 则有

$$\begin{aligned}
A \vec{\ltimes} x &= (\Lambda \otimes I_s) \vec{\ltimes} (\Gamma \otimes \mathbf{1}_t) \\
&= (\Lambda \otimes I_s \otimes I_{\eta/ps}) (\Gamma \otimes \mathbf{1}_t \otimes \mathbf{1}_{\eta/qt}) \\
&= (\Lambda \otimes I_{\xi/p} \otimes I_k) (\Gamma \otimes \mathbf{1}_{\xi/q} \otimes \mathbf{1}_k) \\
&= [(\Lambda \otimes I_{\xi/p})(\Gamma \otimes \mathbf{1}_{\xi/q})] \otimes [I_k \mathbf{1}_k] \\
&= (\Lambda \vec{\ltimes} \Gamma) \otimes \mathbf{1}_k,
\end{aligned}$$

这里,

$$A \vec{\ltimes} x \leftrightarrow \Lambda \vec{\ltimes} \Gamma.$$

类似地, 我们有

$$B \vec{\ltimes} y \leftrightarrow \Lambda \vec{\ltimes} \Gamma.$$

于是可得等式 (14.1.29).   □

现在, 可以合法地定义 Σ 在 Ω 上的作用 $\vec{\ltimes}$ 如下:

$$\langle A \rangle \vec{\ltimes} \bar{x} := \overline{A \vec{\ltimes} x}. \tag{14.1.30}$$

根据命题 14.1.6 有如下结果.

推论 14.1.3   由式 (14.1.30) 定义的 Σ 在 Ω 上的作用是定义好的.

命题 14.1.7   考察由式 (14.1.30) 定义的一型矩阵-向量半张量积 $\vec{\ltimes}: \Sigma \times \Omega \to \Omega$.

(i) 它对 Ω 是线性的. 准确地说,

$$\langle A \rangle \vec{\ltimes} (a \bar{x} \vec{\dotplus} b \bar{y}) = a(\langle A \rangle \vec{\ltimes} \bar{x}) \vec{\dotplus} b(\langle A \rangle \vec{\ltimes} \bar{y}), \quad a, b \in \mathbb{R}. \tag{14.1.31}$$

(ii) 设 $A, B \in \mathcal{M}_\mu$, 那么, 作用对 Σ 也是线性的. 准确地说,

$$(a \langle A \rangle \dotplus b \langle B \rangle) \vec{\ltimes} \bar{x} = a(\langle A \rangle \vec{\ltimes} \bar{x}) \vec{\dotplus} b(\langle B \rangle \vec{\ltimes} \bar{x}). \tag{14.1.32}$$

下面的命题表明商空间上的半群系统是定义好的.

命题 14.1.8   由式 (14.1.30) 定义的 Σ 在 Ω 上的作用满足半群性质:

$$\langle A \rangle \vec{\ltimes} (\langle B \rangle \vec{\ltimes} \bar{x}) = (\langle A \rangle \ltimes \langle B \rangle) \vec{\ltimes} \bar{x}. \tag{14.1.33}$$

证明
$$\begin{aligned}
\langle A \rangle \vec{\ltimes} (\langle B \rangle \vec{\ltimes} \bar{x}) &= \langle A \rangle \vec{\ltimes} \overline{B \vec{\ltimes} x} = \overline{A \vec{\ltimes} (B \vec{\ltimes} x)} \\
&= \overline{(A \ltimes B) \vec{\ltimes} x} = \langle A \ltimes B \rangle \vec{\ltimes} \bar{x} \\
&= (\langle A \rangle \ltimes \langle B \rangle) \vec{\ltimes} \bar{x}. \qquad\qquad\qquad □
\end{aligned}$$

下面的推论是显然的.

推论 14.1.4 $(\Sigma, \vec{\ltimes}, \Omega)$ 是一个半群系统.

定义 14.1.4   (i) 设 $\bar{x} \in \Omega$. 它的范数定义为

$$\|\bar{x}\|_\nu := \|x\|_\nu. \tag{14.1.34}$$

(ii) 设 $\langle A \rangle \in \Sigma$. 它的范数定义为

$$\|\langle A \rangle\|_\nu := \|A\|_\nu. \tag{14.1.35}$$

我们必须证明 (14.1.34) 和 (14.1.35) 都是定义好的, 即它们不依赖于代表元的选择. 这从推论 14.1.1 可得.

于是可知, 等价类的距离可定义如下:

$$d(\bar{x}, \bar{y}) := \|\bar{x} \overrightarrow{\vdash} \bar{y}\|_\nu. \tag{14.1.36}$$

利用这个距离, Ω 成为一个距离空间. 由此可知, Ω 是一个 Hausdorff 空间. 并且, 因为

$$\| \langle A \rangle \overrightarrow{\ltimes} \bar{x} \|_\nu \leqslant \| \langle A \rangle \|_\nu \|\bar{x}\|_\nu,$$

则作用 $\overrightarrow{\ltimes} : \Sigma \times \Omega \to \Omega$ 对每个 Σ 都是连续映射. 于是有如下结论.

命题 14.1.9 $((\Sigma, \ltimes), \overrightarrow{\ltimes}, \Omega)$ 是一个线性动态系统.

如果考虑一型右矩阵-向量半张量积生成的系统, 则有相间的结论.

命题 14.1.10 $((\Sigma, \circ), \overrightarrow{\sigma}, \Omega)$ 也是一个线性动态系统.

14.2 不变子空间

14.2.1 固定维不变子空间

给定 $A \in \mathcal{M}$, 我们寻找子空间 $S \subset \mathcal{V}$, 它是 A 不变的.

定义 14.2.1 设 $S \subset \mathcal{V}$. S 称为一个 A 不变子空间, 如果

$$A \overrightarrow{\ltimes} S \subset S.$$

如果 $S \subset \mathcal{V}_t$ 为 A 不变子空间, 则称 S 为固定维 (t 维) 不变子空间, 否则, 它称为泛维不变子空间.

注意, 在经典意义下, 只有 $A \in \mathcal{M}_{n \times n}$ 才有不变子空间, 这时, 不变子空间 $S \subset \mathcal{V}_n$ 是固定维的. 本节只考虑固定维不变子空间.

定义 14.2.2 设 $\mu \in \mathbb{Q}_+$ 且 $\mu = \mu_y / \mu_x$, 这里 $\mu_y \wedge \mu_x = 1$, 那么, μ_y 和 μ_x 分别称为 μ 的 y 分量与 x 分量.

命题 14.2.1 设 $A \in \mathcal{M}_\mu$ $S = \mathcal{V}_t$, 那么, S 是 A 不变的, 当且仅当, 以下两条件成立:

(i) $$\mu_y = 1; \tag{14.2.1}$$

(ii) $A \in \mathcal{M}_\mu^i$, 这里, i 满足

$$i\mu_x \vee t = t\mu_x. \tag{14.2.2}$$

证明　(必要性) 设 $\xi = i\mu_x \vee t$, 由定义

$$A \,\vec{\ltimes}\, x = \left(A \otimes I_{\xi/i\mu_x}\right)\left(x \otimes I_{\xi/t}\right) \in \mathcal{V}_t, \quad x \in \mathcal{V}_t.$$

因此有

$$i\mu_y\left(\frac{\xi}{i\mu_x}\right) = t. \tag{14.2.3}$$

由式 (14.2.3) 可知

$$\frac{\xi}{t} = \frac{\mu_x}{\mu_y}. \tag{14.2.4}$$

由于 μ_x 与 μ_y 互质, 且式 (14.2.4) 左边为整数, 故 $\mu_y = 1$. 于是

$$\xi = t\mu_x.$$

(充分性) 设式 (14.2.2) 成立, 则 (14.2.3) 成立, 于是有

$$A \,\vec{\ltimes}\, x \in \mathcal{V}_t, \quad \text{当 } x \in \mathcal{V}_t. \qquad \square$$

设 $A \in \mathcal{M}_\mu$ 且 $S = \mathcal{V}_t$, 一个自然的问题是: 能否找到 A 使得 S 是 A 不变的? 根据命题 14.2.1, 我们知道 $\mu_y = 1$. 设 $k_1, \cdots, k_\ell$ 为 $\mu_x \wedge t$ 的质因数, 那么我们有

$$\mu_x = k_1^{\alpha_1} \cdots k_\ell^{\alpha_\ell} p; \quad t = k_1^{\beta_1} \cdots k_\ell^{\beta_\ell} q, \tag{14.2.5}$$

这里, p, q 互质且 $k_i \nmid p$, $k_i \nmid q$, $\forall i$.

显然, 要满足式 (14.2.2), 其充要条件为

$$i = k_1^{\beta_1} \cdots k_\ell^{\beta_\ell} \lambda, \tag{14.2.6}$$

这里 $\lambda \mid (pq)$.

总结上述讨论可得如下结论.

命题 14.2.2　设 $A \in \mathcal{M}_\mu$, $S = \mathcal{V}_t$. S 是 A 不变的, 当且仅当,

(i) $\mu_y = 1$, 且

(ii) $A \in \mathcal{M}_\mu^i$, 这里 i 满足式 (14.2.6).

注 14.2.1　设 $A \in \mathcal{M}_1$, $S = \mathcal{V}_t$. 利用命题 14.2.2 可知, S 是 A 不变的, 当且仅当, $A \in \mathcal{M}_1^i$, 其中

$$i \in \{\ell \mid \ell \mid t\}.$$

特别是, 当 $i = 1$, 则 $A = a$ 为数. 于是, $A \vec{\ltimes} S$ 变为 S 的数乘, 即对 $V \in S$ 有 $a \vec{\ltimes} V = aV \in S$.

当 $i = t$, 则 $A \in \mathcal{M}_{t \times t}$. 于是有 $A \vec{\ltimes} V = AV \in S$. 这是 $\mathcal{V}_t$ 的经典意义下的线性映射. 我们称这两种情形为标准 A 不变子空间. 下面的例子表示, 有大量非标准 A 不变子空间.

例 14.2.1 (i) 设 $\mu = 0.5$, $t = 6$, 那么, $\mu_y = 1$, $\mu_x = 2$. $\mu_x \wedge t = 2$. 利用式 (14.2.5), $\mu_x = 2 \times 1$, $t = 2 \times 3$. 即, $p = 1$, $q = 3$. 根据式 (14.2.6) $i = 2^{\beta_1} \lambda$, 这里, $\beta_1 = 1$, $\lambda = 1$ 或 $\lambda = 3$. 根据命题 14.2.2, $\mathcal{V}_6$ 是 A 不变的, 当且仅当, $A \in \mathcal{M}_{0.5}^2$ 或 $A \in \mathcal{M}_{0.5}^6$.

(ii) 考察一个例子: 设

$$A = \begin{bmatrix} 1 & -1 & 0 & 0 \\ 0 & 0 & 1 & 0 \end{bmatrix} \in \mathcal{M}_{0.5}^2, \tag{14.2.7}$$

那么, $\mathbb{R}^6$ 是 A 不变子空间.

(iii) 事实上, $\mathcal{V}_t$ 也可以是 $\mathbb{C}^t$ 或别的数域 $\mathbb{F}$ 上的向量空间. 例如, 设

$$X = (1 + i, 2, 1 - i, 0, 0, 0)^{\mathrm{T}} \in \mathbb{C}^6, \tag{14.2.8}$$

那么,

$$A \vec{\ltimes} X = iX. \tag{14.2.9}$$

受式 (14.2.9) 启发, 我们给出下面的定义.

定义 14.2.3 设 $A \in \mathcal{M}$ 且 $X \in \mathcal{V}_n \subset \mathcal{V}$, 这里, $\mathcal{V}_n$, $n = 1, 2, \cdots$ 是域 $\mathbb{F}$ 上的向量空间. 如果

$$A \vec{\ltimes} X = \alpha X, \quad \alpha \in \mathbb{F}, X \neq 0, \tag{14.2.10}$$

那么, α 称为 A 的特征值, 且 X 称为 A 的对应于特征值 α 的特征向量.

例 14.2.2 回忆例 14.2.1. 不难验证, 式 (14.2.7) 中的 A 作为 $\mathbb{R}^6$ 上的线性映射, 有 6 个特征值:

$$\sigma(A) = \{i, -i, 0, 0, 0, 1\}.$$

相应地, 第一个特征向量 X_1 可选定义于式 (14.2.8) 的向量, 即 $X_1 = X$. 相对于其他五个特征值的特征向量可选为

$$\begin{aligned} X_2 &= (1 - i, 2, 1 + i, 0, 0, 0)^{\mathrm{T}}, \\ X_3 &= (1, 1, 1, 0, 0, 0)^{\mathrm{T}}, \\ X_4 &= (0, 0, 0, 0, 1, 0)^{\mathrm{T}}, \quad \text{(这个是根向量)} \\ X_5 &= (0, 0, 0, 0, 0, 1)^{\mathrm{T}}, \\ X_6 &= (0, 0, 0, 1, 1, 1)^{\mathrm{T}}. \end{aligned}$$

设 $S = \mathcal{V}_t$ 是 A 关于 $\vec{\ltimes}$ 的不变子空间, 即

$$A \vec{\ltimes} S \subset S. \tag{14.2.11}$$

则 $A|_S$ 是 S 上的一个线性映射. 于是, 存在一个矩阵, 记作 $A|_t \in M_{t \times t}$, 使得 $A|_S$ 与 $A|_t$ 等价. 于是有如下命题.

命题 14.2.3　设 $A \in M$ 且 $S = \mathcal{V}_t$ 为 A 不变子空间. 则存在子空间 $A|_t \in M_{t \times t}$, 使得 $A|_S$ 与 $A|_t$ 等价, 即

$$A \vec{\ltimes} X = A|_t X, \quad \forall X \in S. \tag{14.2.12}$$

$A|_t$ 称为 A 在 $S = \mathcal{V}_t$ 上的实现.

注 14.2.2　设 $\mathcal{V}_t$ 是 A 不变的, 则不难计算 $A|_t$. 事实上, 不难看出

$$\mathrm{Col}_i (A|_t) = A \vec{\ltimes} \delta_t^i, \quad i = 1, \cdots, t. \tag{14.2.13}$$

例 14.2.3　回忆例 14.2.1. 则

$$\begin{aligned}
\mathrm{Col}_1(A|_6) &= A \vec{\ltimes} \delta_6^1 \\
&= \left[\begin{bmatrix} 1 & -1 & 0 & 0 \\ 0 & 0 & 1 & 0 \end{bmatrix} \otimes I_3 \right] \left[\delta_6^1 \otimes I_2 \right] \\
&= (1, 1, 0, 0, 0, 0)^{\mathrm{T}}.
\end{aligned}$$

类似地, 可算出 $A \vec{\ltimes} \delta_6^i$, $i = 2, 3, 4, 5, 6$. 最后可得

$$A|_6 = \begin{bmatrix} 1 & -1 & 0 & 0 & 0 & 0 \\ 1 & 0 & -1 & 0 & 0 & 0 \\ 0 & 1 & -1 & 0 & 0 & 0 \\ 0 & 0 & 0 & 1 & 0 & 0 \\ 0 & 0 & 0 & 1 & 0 & 0 \\ 0 & 0 & 0 & 0 & 1 & 0 \end{bmatrix}.$$

给定一个 $A \in M_\mu^i$, 我们希望知道它是否有固定维不变子空间 $S = \mathcal{V}_t$.

作为命题 14.2.1 的推论, 不难证明以下结论.

推论 14.2.1　设 $A \in M_\mu^i$, 则 A 至少有一个固定维数不变子空间 $S = \mathcal{V}_t$, 当且仅当,

$$\mu_y = 1. \tag{14.2.14}$$

证明 根据命题 14.2.1, $\mu_y = 1$ 显然是必要的. 我们要证明它也是充分的. 设 i 的质因数分解为

$$i = \prod_{j=1}^{n} i_j^{k_j}. \qquad (14.2.15)$$

同时, μ_x 相应地分解为

$$\mu_x = \prod_{j=1}^{n} i_j^{r_j} p, \qquad (14.2.16)$$

这里 p 与 i 互质. 同样, t 分解为

$$t = \prod_{j=1}^{n} i_j^{t_j} q, \qquad (14.2.17)$$

这里 q 与 i 互质.

再回到命题 14.2.1, 我们只要证明至少有一个 t 满足式 (14.2.2) 即可. 首先, 计算

$$i\mu_x \vee t = \prod_{j=1}^{n} i_j^{\max(r_j + k_j, \, t_j)} (p \vee q);$$

$$\mu_x t = \prod_{j=1}^{n} i_j^{r_j + t_j} pq.$$

要满足式 (14.2.2), 一个必要条件是: p 和 q 互质. 其次, 固定 j, 讨论两种情形:

(i) $t_j > k_j + r_j$: 则在式 (14.2.2) 左边有因子 $i_j^{t_j}$, 在式 (14.2.2) 右边有因子 $i_j^{r_j + t_j}$. 因此, 当 $r_j = 0$ 时, 我们可以选 $t_j > k_j$ 以满足式 (14.2.2).

(ii) $t_j < k_j + r_j$: 则在式 (14.2.2) 左边有因子 $i_j^{k_j + r_j}$, 在式 (14.2.2) 右边有因子 $i_j^{r_j + t_j}$. 因此, 当 $t_j = k_j$ 时, 式 (14.2.2) 成立. □

利用上述记号, 可得如下结论.

推论 14.2.2 设 $\mu_y = 1$. 则 $\mathcal{V}_t$ 是 A 不变的, 当且仅当, (i) 对 $t_j = 0$, 相应的 $r_j \geqslant k_j$; (ii) 当 $t_j > 0$, 相应的 $r_j = k_j$.

例 14.2.4 再回忆例 14.2.1.

(i) 因为在式 (14.2.7) 中定义的 $A \in \mathcal{M}_{0.5}^2$, 则有 $i = 2$, $\mu_y = 1$, $\mu_x = 2 = ip$, 因此, $p = 1$. 根据推论 14.2.2, $S = \mathcal{V}_t$ 是 A 不变的, 当且仅当, $t = iq = 2q$, 并且 q 与 $i = 2$ 互质. 因此,

$$\mathcal{V}_{2(2n+1)}, \quad n = 0, 1, 2, \cdots$$

是固定维的 A 不变子空间.

(ii) 设 $n = 2$. 那么, A 在 $\mathbb{R}^{10}$ 上的表示为

$$A|_{\mathbb{R}^{10}} = A|_{10} = \begin{bmatrix} 1 & 0 & -1 & 0 & 0 & 0 & 0 & 0 & 0 & 0 \\ 1 & 0 & 0 & -1 & 0 & 0 & 0 & 0 & 0 & 0 \\ 0 & 1 & 0 & -1 & 0 & 0 & 0 & 0 & 0 & 0 \\ 0 & 1 & 0 & 0 & -1 & 0 & 0 & 0 & 0 & 0 \\ 0 & 0 & 1 & 0 & -1 & 0 & 0 & 0 & 0 & 0 \\ 0 & 0 & 0 & 0 & 0 & 1 & 0 & 0 & 0 & 0 \\ 0 & 0 & 0 & 0 & 0 & 1 & 0 & 0 & 0 & 0 \\ 0 & 0 & 0 & 0 & 0 & 0 & 1 & 0 & 0 & 0 \\ 0 & 0 & 0 & 0 & 0 & 0 & 1 & 0 & 0 & 0 \\ 0 & 0 & 0 & 0 & 0 & 0 & 0 & 1 & 0 & 0 \end{bmatrix}.$$

则其特征值为

$$\sigma(A|_{\mathbb{R}^{10}}) = \{-1, i, -i, 0, 1, 0, 0, 0, 0, 1\}.$$

相应的特征向量为

$$X_1 = (0, 1, 0, 1, 2, 0, 0, 0, 0, 0)^{\mathrm{T}},$$
$$X_2 = (0.3162 + 0.1054i, 0.5270, 0.4216 - 0.2108i,$$
$$0.3162 - 0.4216i, 0.1054 - 0.3162i, 0, 0, 0, 0, 0)^{\mathrm{T}},$$
$$X_3 = (0.3162 - 0.1054i, 0.5270, 0.4216 + 0.2108i,$$
$$0.3162 + 0.4216i, 0.1054 + 0.3162i, 0, 0, 0, 0, 0)^{\mathrm{T}},$$
$$X_4 = (1, 1, 1, 1, 1, 0, 0, 0, 0, 0)^{\mathrm{T}},$$
$$X_5 = (2, 1, 0, 1, 0, 0, 0, 0, 0, 0)^{\mathrm{T}},$$
$$R_6 = (0, 0, 0, 0, 0, 0, 1, 0, 0, 0)^{\mathrm{T}},$$
$$R_7 = (0, 0, 0, 0, 0, 0, 1, 1, 0, 0)^{\mathrm{T}},$$
$$X_8 = (0, 0, 0, 0, 0, 0, 0, 0, 0, 1)^{\mathrm{T}},$$
$$X_9 = (0, 0, 0, 0, 0, 0, 0, 0, 1, 0)^{\mathrm{T}},$$
$$X_{10} = (0, 0, 0, 0, 0, 1, 1, 1, 1, 1)^{\mathrm{T}}.$$

注意, 其中 R_6, R_7 为根向量, 即

$$A \vec{\ltimes} R_6 = R_7; \quad A \vec{\ltimes} R_7 = X_8.$$

注 14.2.3 事实上, 固定维的 A 不变子空间只依赖于 A 的形状. 因此, 我们可以定义

$$\mathcal{I}_\mu^i := \left\{ \mathcal{V}_t \,|\, \mathcal{V}_t \text{ 为 } A \in \mathcal{M}_\mu^i \text{ 不变} \right\}.$$

我们亦称 $\mathcal{I}_\mu^i$ 为 $\mathcal{M}_\mu^i$ 不变子空间集合.

在结束本小节前我们考虑一般的固定维不变子空间 $S \subset \mathcal{V}_t$. 下面的结果是显见的.

命题 14.2.4 如果 $S \subset \mathcal{V}_t$ 是 A 不变子空间, 则 $\mathcal{V}_t$ 也是 A 不变子空间.

根据命题 14.2.4, 寻找一般 A 的固定维不变子空间 S 变为经典问题. 我们可以先找 A 在 $\mathbb{R}^t$ 上的表示 $A_t \in \mathcal{M}_{t \times t}$, 这里, $A_t = A|_{\mathcal{V}_t}$. 然后再找 A_t 在 $\mathbb{R}^t$ 上的不变子空间.

14.2.2 跨维数不变子空间

记固定维数 A 不变子空间为

$$\mathcal{I}_A := \left\{ \mathcal{V}_s \,\big|\, \mathcal{V}_s \text{ 是 } A \text{ 不变的} \right\}.$$

设 $A \in \mathcal{M}_\mu^i$. 那么, $\mathcal{I}_A = \mathcal{I}_\mu^i$.

为保证 $\mathcal{I}_A \neq \varnothing$, 本小节假定 $\mu_y = 1$. 相关定义如下.

定义 14.2.4 (i) 设 $A \in \mathcal{M}_\mu$. A 称为维数有界算子 (或简称 A 有界), 如果 $\mu_y = 1$.

(ii) 一个空间序列 $\left\{ \mathcal{V}_i \,|\, i = 1, 2, \cdots \right\}$ 称为 A 生成序列, 如果

$$A \vec{\ltimes} \mathcal{V}_i \subset \mathcal{V}_{i+1}, \quad i = 1, 2, \cdots.$$

(iii) 一个有限空间序列 $\left\{ \mathcal{V}_i \,|\, i = 1, 2, \cdots, p \right\}$ 称为 A 生成环, 如果

$$A \vec{\ltimes} \mathcal{V}_i \subset \mathcal{V}_{i+1}, \quad i = 1, 2, \cdots, p-1,$$

$$A \vec{\ltimes} \mathcal{V}_p \subset \mathcal{V}_1.$$

引理 14.2.1 设一个 A 生成环 $\mathcal{V}_p, \mathcal{V}_{q_1}, \cdots, \mathcal{V}_{q_r}, \mathcal{V}_p$ 如下式 (14.2.18) 所示:

$$\mathcal{V}_p \xrightarrow{A} \mathcal{V}_{q_1} \xrightarrow{A} \cdots \xrightarrow{A} \mathcal{V}_{q_r} \xrightarrow{A} \mathcal{V}_p, \tag{14.2.18}$$

那么,

$$q_j = p, \quad j = 1, \cdots, r. \tag{14.2.19}$$

证明　设 $A \in \mathcal{M}_\mu^i$. 首先, 根据定义 14.2.4, 上述空间序列满足如下维数条件:

$$
\begin{aligned}
s_0 &:= i\mu_x \vee p &\Rightarrow\quad q_1 &= \mu s_0; \\
s_1 &:= i\mu_x \vee q_1 &\Rightarrow\quad q_2 &= \mu s_1; \\
&\qquad\qquad\vdots \\
s_{r-1} &:= i\mu_x \vee q_{r-1} &\Rightarrow\quad q_r &= \mu s_{r-1}; \\
s_r &:= i\mu_x \vee q_r &\Rightarrow\quad p &= \mu s_r.
\end{aligned}
\tag{14.2.20}
$$

其次, 我们知道,

$$
\begin{aligned}
\text{设}\quad s_0 &:= t_0 p, &\text{则}\quad q_1 &= \mu t_0 p; \\
\text{设}\quad s_1 &:= t_1 q_1, &\text{则}\quad q_2 &= \mu^2 t_1 t_0 p; \\
&\quad\vdots \\
\text{设}\quad s_{r-1} &:= t_{r-1} q_{r-1}, &\text{则}\quad q_r &= \mu^r t_{r-1} \cdots t_1 t_0 p; \\
\text{设}\quad s_r &:= t_r q_r, &\text{则}\quad p &= \mu^{r+1} t_r \cdots t_1 t_0 p.
\end{aligned}
$$

于是有

$$
\mu^{r+1} t_r t_{r-1} \cdots t_0 = 1.
\tag{14.2.21}
$$

等价地, 我们有

$$
\frac{\mu_x^{r+1}}{\mu_y^{r+1}} = t_r t_{r-1} \cdots t_0.
$$

于是

$$
\mu_y = 1.
$$

定义

$$
s_r = i\mu_x \vee q_r := i\mu_x \xi,
$$

这里 $\xi \in \mathbb{Z}_+$. 那么, 从式 (14.2.20) 的最后一个等式可知

$$
p = i\xi.
\tag{14.2.22}
$$

这就是说,

$$
\mu(i\mu_x \vee q_r) = i\xi.
$$

利用式 (14.2.21) 及表达式

$$
q_r = \mu^r t_{r-1} \cdots t_1 t_0 p
$$

可得

$$\left(\mu_x \vee \frac{\mu_x \xi}{t_r} \right) = \xi \mu_x.$$

由此可知

$$t_r \big| \mu_x; \quad \text{且} \quad \mu_x \wedge \xi = 1. \tag{14.2.23}$$

再利用式 (14.2.20) 的最后两个等式可知

$$\mu \left(i\mu_x \vee \mu(i\mu_x \vee q_{r-1}) \right) = p = i\xi.$$

类似前面的讨论可得

$$\xi \mu_x \left| \left(\mu_x \vee \mu \left(\mu \vee \frac{q_{r-1}}{i} \right) \right) \right..$$

这里,

$$\xi \mu_x \left| \left(\mu_x \vee \mu \left(\mu \vee \frac{\mu_x^2}{t_r t_{r-1}} \xi \right) \right) \right..$$

为满足这个要求, 则必有

$$t_r t_{r-1} \big| \mu_x^2.$$

继续这个推理过程, 最后可得

$$t_r t_{r-1} \cdots t_s \big| \mu_x^{r-s+1}, \quad s = r-1, r-2, \cdots, 0. \tag{14.2.24}$$

结合式 (14.2.21) 与式 (14.2.24) 可得

$$t_s = \mu_x, \quad s = 0, 1, \cdots, r.$$

这就说明, $q_1 = q_2 = \cdots = q_r = p$. □

定理 14.2.1 一个维数有界的子空间序列 $S \subset \mathcal{V}$ 是 A 不变的, 当且仅当, S 有如下结构:

$$S = \oplus_{i=1}^{\ell} S^i, \tag{14.2.25}$$

这里,

$$A \vec{\ltimes} S^i \subset S^{i+1}, \quad i = 1, \cdots, \ell-1, \quad \text{且} \quad A \vec{\ltimes} S^\ell \subset S^\ell.$$

证明 因为 S 中的空间集合的维数有界, 因此, 序列中只有有限多个不同维数的子空间 $\mathcal{V}_{t_i}$, 满足

$$S^j := S \cap \mathcal{V}_{t_j} \neq \{0\}.$$

于是, 对每个初值 $0 \neq X_0 \in S^j \subset \mathcal{V}_{t_j}$ 构造 $X_1 := A \vec{\ltimes} X \in V_{t_r}$, 这里, t_r 确定. 现在 S 是 A 不变的, 如果对所有 $X_0 \in S^j$ 均有 $t_r = t_j$, 那么, 这个 $S^j = S^\ell$ 就是序列的结束元素. 否则, 就存在后续元素 $S^r = S \cap \mathcal{V}_{t_r}$. 继续这个过程, 因为, 序列中只有有限个不同的 S^j, 根据引理 14.2.1, 从任意 $X_0 \in S$ 出发, 这里只有有限多个不同的 S^j, 所以, 这个序列一定会到达一个 A 不变的 S^ℓ. 如果这个序列包含了 S 中所有不同 S^j, 则结论成立. 否则, 选 $X_0 \in S^j$, 这个 S^j 不在上一个 X_0 生成的序列里, 则这个 X_0 生成序列包括了上一次 X_0 生成序列. 经有限次重选 X_0, 则生成序列包括了所有 $S^j \in S$. □

14.2.3　高阶线性映射

定义 14.2.5　设 $A \in \mathcal{M}$. A 的高阶线性映射定义为

$$\begin{cases} A^1 \vec{\ltimes} x := A \vec{\ltimes} x, & x \in \mathcal{V}_t, \\ A^{k+1} \vec{\ltimes} x := A \vec{\ltimes} (A^k \vec{\ltimes} x), & k \geqslant 1. \end{cases} \tag{14.2.26}$$

定义 14.2.6　设 $x \in \mathcal{V}$. x 的 A 轨线定义为 $\{x_i\}$, 这里,

$$\begin{cases} x_0 = x, \\ x_{i+1} = A \vec{\ltimes} x_i, & i = 0, 1, 2, \cdots. \end{cases}$$

利用记号 (14.2.15)—(14.2.17), 则有如下结论.

引理 14.2.2　设 $A \in \mathcal{M}_\mu^i$ 为有界算子. $X \in \mathcal{V}_t$, 这里, $i, \mu = \dfrac{1}{\mu_x}$, 以及 t 由式 (14.2.15)—(14.2.17) 确定. 那么, $A \vec{\ltimes} X \in \mathcal{V}_s \in \mathcal{I}_A$, 当且仅当, 对每个 $0 < j < n$, 以下条件中有一个成立:

(i) $$r_j = 0; \tag{14.2.27}$$

(ii) $$t_j \leqslant k_j + r_j. \tag{14.2.28}$$

证明　因为

$$i\mu_x \vee t = \prod_{j=1}^n i_j^{k_j+r_j} p \vee \prod_{j=1}^n i_j^{t_j} q = \prod_{j=1}^n i_j^{\max(k_j+r_j, t_j)}(p \vee q),$$

所以有

$$s = (i\mu_x \vee t)\mu = \prod_{j=1}^n i_j^{\max(k_j+r_j, t_j)-r_j}(p \vee q)/p.$$

于是可计算

$$i\mu_x \vee s = \prod_{j=1}^n i_j^{\max(k_j+r_j, \max(k_j+r_j, t_j)-r_j)}(p \vee q),$$

并且,

$$\mu_x s = \prod_{j=1}^{n} i_j^{\max(k_j+r_j,t_j)}(p \vee q).$$

注意到 $\mathcal{V}_s \in \mathcal{I}_A$ 是 A 不变的, 利用命题 14.2.1, 则式 (14.2.2) 导致

$$\max\left(k_j + r_j, \max(k_j + r_j, t_j) - r_j\right) = \max\left(k_j + r_j, t_j\right). \qquad (14.2.29)$$

(i) 设 $t_j > k_j + 2r_j$, 则由式 (14.2.29) 可知 $r_j = 0$. 因此有

$$r_j = 0 \text{ 且 } t_j > k_j. \qquad (14.2.30)$$

(ii) 设 $k_j + r_j \leqslant t_j \leqslant k_j + 2r_j$, 则有 $k_j + r_j = t_j$.

(iii) 设 $t_j < k_j + r_j$, 则式 (14.2.29) 显见成立.

结合 (ii) 与 (iii) 可得

$$t_j \leqslant k_j + r_j. \qquad (14.2.31)$$

注意, 当 $r_j = 0$ 时, 如果 $t_j \leqslant k_j$, 则有 (14.2.31). 因此也可得 $t_j \leqslant k_j$. 结论显见. $\qquad \square$

下面这个结论是重要的.

定理 14.2.2 设 $A \in \mathcal{M}_\mu^i$ 是有界算子, 那么对任何 $x \in \mathcal{V}_{t^0}$, x 的 A 不变轨线均将在有限步内进入 $\mathcal{V}_t \in \mathcal{I}_A$.

证明 设 $x_1 := A \ltimes \vec{x} \in \mathcal{V}_{t^1}$. 利用式 (14.2.15)—(14.2.17) 的记号, 不难算得一步之后 t 的第 j 个分量变为

$$t_j^1 = \max\left(k_j + r_j, t_j^0\right) - r_j.$$

设 $r_j = 0$, 那么, 这个分量已经满足引理 14.2.2 的要求. 设对某个 j, $r_j > 0$ 且 $t_j^0 > k_j + r_j$, 那么我们有

$$t_j^1 = t_j^0 - r_j < t_j^0.$$

因此, 经过有限步, 譬如 k 步, 则 x_k 的第 j 个分量, 记作 t_j^k, 满足

$$t_j^k = t_j^0 - kr_j, \qquad (14.2.32)$$

必满足式 (14.2.28), 并且, 只要式 (14.2.28) 成立, 则 $t_j^s = t_j^k$, $\forall s > k$. 因此, 经过有限步, 则式 (14.2.27) 或式 (14.2.28) 至少有一个成立. 那么, 下一步轨线就会进入 $\mathcal{V}_t \in \mathcal{I}_A$. $\qquad \square$

定义 14.2.7 给定一个多项式

$$p(x) = x^n + c_{n-1}x^{n-1} + \cdots + c_1 x + c_0, \tag{14.2.33}$$

一个矩阵 $A \in \mathcal{M}$ 和一个向量 $x \in \mathcal{V}$.

(i) $p(x)$ 称为 x 的 A 化零多项式, 如果

$$p(A)x := A^n \vec{\ltimes} x \vec{\boxplus} c_{n-1}A^{n-1} \vec{\ltimes} x \vec{\boxplus} \cdots \vec{\boxplus} c_1 A \vec{\ltimes} x \vec{\boxplus} c_0 = 0. \tag{14.2.34}$$

(ii) 设 $q(x)$ 为首 1 的 x 的 A 最小阶数的化零多项式, 则 $q(x)$ 为 x 的 A 最小化零多项式.

注 14.2.4 定理 14.2.2 说明为什么 $A \in \mathcal{M}_\mu$, 其中 $\mu_y = 1$, 称为 (维数) 有界算子. 实际上, 它是 A 具有固定维或跨维不变子空间的充要条件. 同时, 我们还知道, 如果 A 具有跨维不变子空间, 则它必定有固定维不变子空间.

如果 $\mu_y \neq 1$, 则 A 称为 (维数) 无界算子.

下面这个结论是显然的.

命题 14.2.5 x 的 A 最小化零多项式可以整除任何一个化零多项式.

作为定理 14.2.2 的一个应用, 有以下结果.

推论 14.2.3 设 A 为有界算子, 则对任何 $x \in \mathcal{V}$ 都存在至少一个 x 的 A 化零多项式.

证明 根据定理 14.2.2, 则存在有限的 k, 使得 $A^k x \in \mathcal{V}_s$, 这里 $\mathcal{V}_s$ 是 A 不变的. 现在, 在 $\mathcal{V}_s$ 上设 x 关于 A^k 的最小化零多项式为 $q(x)$, 那么, $p(x) = x^k q(x)$ 就是 x 关于 A 的化零多项式. $\square$

例 14.2.5 (i) 设 $A \in \mathcal{M}_{2/3}^1$. 因为 $\mu_y = 2 \neq 1$, 则对任意 $x \neq 0$, 不存在它的关于 A 的化零多项式.

设 $x_0 \in \mathcal{V}_k$, 这里 $k = 3^s p$ 且 $3 \wedge p = 1$. 则不难算出 x_0 的 A 轨迹的维数, $\dim(x_i) := d_i$ 如下: $d_1 = 2 \times 3^{s-1}p$, $d_2 = 2^2 \times 3^{s-2}p$, $\cdots$, $d_s = 2^s p$, $d_{s+1} = 2^{s+1}p$, $d_{s+2} = 2^{s+2}p$, $\cdots$. 因此, 它不会收敛到一个 $\mathcal{V}_t \in \mathcal{I}_A$.

(ii) 给定

$$A = \begin{bmatrix} 1 & 0 & 1 & 1 \\ 0 & 1 & 0 & 1 \end{bmatrix}; \quad x = \begin{bmatrix} 1 \\ 0 \\ 0 \end{bmatrix}.$$

我们寻找 x 的关于 A 的最小化零多项式. 记 $x_0 = x$. 不难算出

$$x_1 = A \vec{\ltimes} x_0 \in \mathcal{V}_6 \in \mathcal{I}_A.$$

因此, x 关于 A 的最小化零多项式在 $\mathbb{R}^6$ 上. 计算

$$
x_1 = \begin{bmatrix} 1 \\ 1 \\ 0 \\ 0 \\ 0 \\ 0 \end{bmatrix}, \quad
x_2 = \begin{bmatrix} 1 \\ 1 \\ 1 \\ 1 \\ 0 \\ 0 \end{bmatrix}, \quad
x_3 = \begin{bmatrix} 2 \\ 2 \\ 1 \\ 0 \\ 0 \\ 1 \end{bmatrix},
$$

$$
x_4 = \begin{bmatrix} 2 \\ 1 \\ 1 \\ 2 \\ 1 \\ 1 \end{bmatrix}, \quad
x_5 = \begin{bmatrix} 3 \\ 3 \\ 1 \\ -1 \\ -1 \\ 0 \end{bmatrix}, \quad
x_6 = \begin{bmatrix} 3 \\ 2 \\ 2 \\ 4 \\ 2 \\ 2 \end{bmatrix},
$$

不难验证 x_1, x_2, x_3, x_4, x_5 线性无关. 并且,

$$
x_6 = x_1 + x_2 + x_3 + x_4 - x_5.
$$

则 $x = x_0$ 关于 A 的最小化零多项式为

$$
p(x) = x^6 + x^5 - x^4 - x^3 - x^2 - x.
$$

14.2.4 商向量空间上的不变子空间

本节讨论商向量空间 $\Omega = \mathcal{V}/\leftrightarrow_\ell$ 在商矩阵空间 $\Sigma = \mathcal{M}/\sim_\ell$ 作用下的不变子空间. 由于 Ω 是向量空间, 则其子空间也是向量空间.

定义 14.2.8 设 $\langle A \rangle \in \Sigma$ 且 $\bar{x} \in \Omega$. 定义 $\vec{\ltimes} : \Sigma \times \Omega \to \Omega$ 如下:

$$
\langle A \rangle \vec{\ltimes} \bar{x} := \overline{A \vec{\ltimes} x}. \tag{14.2.35}
$$

由于代表元 $A \in \langle A \rangle$ 和 $x \in \bar{x}$ 都不唯一, 需要证明式 (14.2.35) 是定义好的. 下面的命题证明了这一点.

命题 14.2.6 式 (14.2.35) 与代表元 $A \in \langle A \rangle$ 及 $x \in \bar{x}$ 无关.

证明 设 $A_1 \in \langle A \rangle$ 为最小元, 且 $A_1 \in \mathcal{M}_{m \times n}$; $x_1 \in \bar{x}$ 为最小元, 且 $x_1 \in \mathcal{V}_p$.

则 $A_i = A_1 \otimes I_i$, 并且 $x_j = x_1 \otimes \mathbf{1}_j$. 记 $s = n \vee p, t = ni \vee pj$, 以及 $s\xi = t$. 于是有

$$
\begin{aligned}
\left(A_i \vec{\ltimes} x_j\right) &= \left(A_i \otimes I_{t/ni}\right)\left(x_j \otimes \mathbf{1}_{t/pj}\right) \\
&= \left(A_1 \otimes I_i \otimes I_{t/ni}\right)\left(x_1 \otimes I_t \otimes I_{t/pj}\right) \\
&= \left(A_1 \otimes \otimes I_{t/n}\right)\left(x_1 \otimes \mathbf{1}_{t/p}\right) \\
&= \left(A_1 \vec{\ltimes} x_1\right) \otimes I_\xi \leftrightarrow \left(A_1 \vec{\ltimes} x_1\right). \qquad \square
\end{aligned}
$$

定义 14.2.9　$S \subset \Omega$ 称为 $\langle A \rangle$ 不变子空间, 如果

$$\langle A \rangle \vec{\ltimes} \bar{x} \in S, \quad \forall \bar{x} \in S. \tag{14.2.36}$$

注意, 因为 $\mathcal{V}$ 是伪向量空间, 其 "不变子空间" 也是伪子空间. 而 Ω 是向量空间, 如果 $S \subset \Omega$ 是 $\langle A \rangle$ 不变的, 那么, S 就是真正的不变子空间.

记

$$\Omega_i := \mathcal{V}_i / \leftrightarrow, \quad i \in \mathbb{N}.$$

利用命题 14.2.6, 不难验证以下结论.

命题 14.2.7　$\Omega_i = \mathcal{V}_i / \leftrightarrow_\ell$ 是 $\langle A \rangle$ 不变子空间, 当且仅当, $\mathcal{V}_i$ 是 A 不变子空间.

由于 $\mathcal{V}_i$ 是固定维数的 A 不变子空间, Ω_i 也称为固定维数的 $\langle A \rangle$ 不变子空间.

设 $S = \bigcup_{i=1}^{r} \Omega_{d_i}$ 是 $\langle A \rangle$ 不变子空间, 这里 $r > 1$, 则 S 称为 $\langle A \rangle$ 的跨维不变子空间. 类似于命题 14.2.7, 不难证明如下结论.

命题 14.2.8　$S = \bigcup_{i=1}^{r} \Omega_{d_i}$ 是 $\langle A \rangle$ 不变子空间, 当且仅当, $V_S = \bigcup_{i=1}^{r} \mathcal{V}_{d_i}$ 是 A 不变子空间.

考察半群系统 $(\mathcal{M}, \vec{\ltimes}, \mathcal{V})$, 我们只关心 A 不变子空间 $S = \mathcal{V}_i$, 或 $S = \bigcup_{i=1}^{r} \mathcal{V}_{n_i}$. 这是因为根据命题 14.2.4, 如果 S 为 A 不变子空间, $\{0\} \neq S \subset \mathcal{V}_t$, 则 $\mathcal{V}_t$ 自己也是不变子空间. 那么, 一个自然的问题是, 这个结论对商空间 Ω_i 成立吗? 答案是否定的, 以下是反例.

例 14.2.6　考察 Ω_2 及 $\langle A \rangle$, 这里,

$$A = \begin{bmatrix} a_{11} & 0 & a_{13} \\ a_{21} & 0 & a_{23} \end{bmatrix}.$$

则对 $x = [\alpha, \beta]^{\mathrm{T}} \in \mathcal{V}_2$, 有

$$
\begin{aligned}
\langle A \rangle \vec{\ltimes} \bar{x} &= \overline{A \vec{\ltimes} x} \\
&= \overline{\begin{bmatrix} a_{11} & a_{12} \\ a_{21} & a_{22} \end{bmatrix} \begin{bmatrix} \alpha \\ \beta \end{bmatrix}} \otimes I_2 \in \Omega_2.
\end{aligned}
$$

现在设 x 为

$$\begin{bmatrix} a_{11} & a_{12} \\ a_{21} & a_{22} \end{bmatrix}$$

的一个特征向量, 记 $S = \text{Spn}\{x\}$, 则 $\bar{S} \subset \Omega_2$ 是 $\langle A \rangle$ 不变的.

现在考虑 $A \in \mathcal{M}_{2 \times 3}$. 因为 $\tilde{A} \in \langle A \rangle$ 有 $\mu_y = 2$. 根据推论 14.2.1, $\tilde{A}$ 没有不变子空间. 故 Ω_2 不是 $\langle A \rangle$ 不变的.

14.3 泛维数线性系统

本节只考虑半群系统 $((\mathcal{M}, \ltimes), \vec{\ltimes}, \mathcal{V})$. 其实以上关于不变子空间的讨论, 对其他半群系统, 如 $((\mathcal{M}, \rtimes), \vec{\rtimes}, \mathcal{V})$, $((\mathcal{M}, \circ_\ell), \vec{\circ}_\ell, \mathcal{V})$, $((\mathcal{M}, \circ_r), \vec{\circ}_r, \mathcal{V})$ 等也成立.

14.3.1 离散时间泛维系统

考察离散时间半群系统

$$\begin{aligned} x(t+1) &= A(t) \vec{\ltimes} x(t), \quad x(0) = x_0, \\ x(t) &\in \mathcal{V}, \quad A(t) \in \mathcal{M}. \end{aligned} \tag{14.3.1}$$

首先, 这是一个确定的演化系统. 因为只要初值 x_0 给定了, 相应的轨迹 $\{x(t) \mid t = 0, 1, \cdots\}$ 就是唯一确定好的. 其次, 它是属于 $(\mathcal{M}, \vec{\ltimes}, \mathcal{V})$ 形式的半群系统. 最后, 利用 $\mathcal{V}$ 上的距离拓扑与 $\mathcal{M}$ 的算子范数可得如下结果.

命题 14.3.1 系统 (14.3.1) 是一个离散时间的伪线性动态系统.

证明 我们已知 $\mathcal{V}$ 是一个伪向量空间. 因为

$$\mathcal{M} = \oplus_{\mu \in \mathbb{Q}_+} \mathcal{M}_\mu,$$

不难发现, $\mathcal{M}$ 也是一个伪向量空间. 推论 14.1.2 表明 (14.3.1) 是一个伪动态系统. 最后, 根据定义不难检验它的线性性. $\square$

下面的例子讨论系统 (14.3.1) 的轨线.

例 14.3.1 考察系统 (14.3.1), 设其中

$$A(t) = \begin{bmatrix} \sin\left(\dfrac{\pi t}{2}\right) & 0 & 1 & -\cos(\pi t) \\ -1 & \cos\left(\dfrac{\pi t}{2}\right) & \sin\left(\dfrac{\pi(t+1)}{2}\right) & 1 \end{bmatrix},$$

且 $x_0 = [1, 0, -1]^{\mathrm{T}} \in \mathbb{R}^3$. 则不难算出

$$A(0) = \begin{bmatrix} 0 & 0 & 1 & -1 \\ -1 & 1 & 1 & 1 \end{bmatrix}; \quad A(1) = \begin{bmatrix} 1 & 0 & 1 & 1 \\ -1 & 0 & 0 & 1 \end{bmatrix};$$

$$A(2) = \begin{bmatrix} 0 & 0 & 1 & -1 \\ -1 & -1 & -1 & 1 \end{bmatrix}; \quad A(3) = \begin{bmatrix} -1 & 0 & 1 & 1 \\ -1 & -0 & -0 & 1 \end{bmatrix}.$$

一般地, 有

$$A(k) = A(i), \quad \text{当 } \mathrm{mod}(k,4) = i.$$

于是可得

$$x(1) = A(0) \vec{\ltimes} x_0 = [1,1,0,-1,-2,-3]^{\mathrm{T}}.$$

类似地, 可算得

$$x(2) = [-2,-3,-4,-3,-4,-4]^{\mathrm{T}},$$
$$x(3) = [1,1,0,4,5,7]^{\mathrm{T}},$$
$$x(4) = [8,10,11,4,6,6]^{\mathrm{T}},$$
$$x(5) = [-2,-2,0,12,13,13]^{\mathrm{T}},$$
$$x(6) = [23,23,24,15,15,15]^{\mathrm{T}},$$
$$x(7) = [0,0,0,-46,-47,-47]^{\mathrm{T}},$$
$$x(8) = [-93,-93,-94,-47,-47,-47]^{\mathrm{T}},$$
$$x(9) = [0,0,0,-94,-95,-95]^{\mathrm{T}},$$
$$x(10) = [-189,-189,-190,-95,-95,-95]^{\mathrm{T}}, \cdots.$$

实际上, 可以归结得到

$$B_i := A(i)|_{\mathbb{R}^6}, \quad i = 0,1,\cdots.$$

于是有

$$B_0 = \begin{bmatrix} 0 & 0 & 0 & 1 & -1 & 0 \\ 0 & 0 & 0 & 1 & 0 & -1 \\ 0 & 0 & 0 & 0 & 1 & -1 \\ -1 & 1 & 0 & 1 & 1 & 0 \\ -1 & 0 & 1 & 1 & 0 & 1 \\ 0 & -1 & 1 & 0 & 1 & 1 \end{bmatrix};$$

$$B_1 = \begin{bmatrix} 1 & 0 & 0 & 1 & 1 & 0 \\ 1 & 0 & 0 & 1 & 0 & 1 \\ 0 & 1 & 0 & 0 & 1 & 1 \\ -1 & 0 & 0 & 0 & 1 & 0 \\ -1 & 0 & 0 & 0 & 0 & 1 \\ 0 & -1 & 0 & 0 & 0 & 1 \end{bmatrix};$$

$$B_2 = \begin{bmatrix} 0 & 0 & 0 & 1 & -1 & 0 \\ 0 & 0 & 0 & 1 & 0 & -1 \\ 0 & 0 & 0 & 0 & 1 & -1 \\ -1 & -1 & 0 & -1 & 1 & 0 \\ -1 & 0 & -1 & -1 & 0 & 1 \\ 0 & -1 & -1 & 0 & -1 & 1 \end{bmatrix};$$

$$B_3 = \begin{bmatrix} -1 & 0 & 0 & 1 & 1 & 0 \\ -1 & 0 & 0 & 1 & 0 & 1 \\ 0 & -1 & 0 & 0 & 1 & 1 \\ -1 & 0 & 0 & 0 & 1 & 0 \\ -1 & 0 & 0 & 0 & 0 & 1 \\ 0 & -1 & 0 & 0 & 0 & 1 \end{bmatrix}.$$

一般地, 有

$$B(k) = B_i, \quad \text{当} \ \mathrm{mod}(k,4) = i, \quad k = 0, 1, \cdots,$$

且

$$x(t+1) = B(t)x(t), \quad t \geqslant 1.$$

14.3.2 时不变线性系统

定义 14.3.1 考察系统 (14.3.1). 当 $A(t) = A$, $t \geqslant 0$ 时, 系统变为

$$\begin{aligned} x(t+1) &= A \ltimes x(t), \quad x(0) = x_0, \\ x(t) &\in \mathcal{V}, \quad A \in \mathcal{M}, \end{aligned} \tag{14.3.2}$$

它称为离散时间定常线性伪动态系统.

设 $A \in \mathcal{M}$. 回忆不变子空间的定义: $\mathcal{V}_r$ 是 A 不变的, 如果

$$A \ltimes x \in \mathcal{V}_r, \quad \forall x \in \mathcal{V}_r.$$

定义 14.3.2 A 称为有界算子, 如果对任何 $x(0) = x_0 \in \mathcal{V}_r$, 存在 $N \geqslant 0$ 以及 $r_* > 0$, 使得 $x(t) \in \mathcal{V}_{r_*}$, $t \geqslant N$.

注意, 如果在某个时刻 $N \geqslant 0$ 轨线到达 $\mathcal{V}_{r_*}$, 即 $x(N) \in \mathcal{V}_{r_*}$ 且 $\mathcal{V}_{r_*}$ 是一个 A 不变子空间, 则有 $x(t) \in \mathcal{V}_{r_*}$, $t \geqslant N$. 如果不变子空间存在, 是否每条轨线都要进入某个不变子空间? 还有, 如果初始状态 x_0 和 x_0' 属于同一个向量空间 $\mathcal{V}_r$, 那么, 它们相应的轨线是否会进入同一个 A 不变子空间? 回答是肯定的.

根据推论 14.2.1, A 是有界算子, 当且仅当, $A \in \mathcal{M}_\mu$, 而 $\mu_y = 1$.

下面考虑对一个有界算子 $A \in \mathcal{M}_{k \times k\mu_x}$ 和一个初始点 $x_0 \in \mathcal{V}_{r_0}$, 找出轨线维数及轨线最后进入的不变子空间. 先递推地定义一组自然数 r_i 如下:

$$\xi_0 := \frac{r_0 \vee (k\mu_x)}{k\mu_x},$$

$$\begin{cases} r_i = \xi_{i-1}k, \\ \xi_i = \dfrac{\xi_{i-1} \vee \mu_x}{\mu_x}, \quad i = 1, 2, \cdots. \end{cases} \tag{14.3.3}$$

可以证明, $\dim(x(t)) = r_t, t = 0, 1, \cdots$.

命题 14.3.2　设 $A \in \mathcal{M}_{k \times k\mu_x}$ 为维数有界算子, $x_0 \in \mathcal{V}_{r_0}$, 则

(i)

$$\dim(x(t)) = r_t, \quad t = 0, 1, 2, \cdots, \tag{14.3.4}$$

即 $x(t) \in \mathcal{V}_{r_t}$, 这里, r_t 由式 (14.3.3) 递推计算.

(ii) 存在最小的 $i_* \geqslant 0$, 使得

$$r_i = r_{i_*} := r_*, \quad i \geqslant i_*. \tag{14.3.5}$$

证明　(i) 首先, 根据式 (14.3.3),

$$r_0 \vee k\mu_x = \xi_0 k\mu_x.$$

于是

$$\dim(x(1)) = k\frac{r_0 \vee k\mu_x}{k\mu_x} = k\xi_0 := r_1.$$

其次, 因

$$r_1 \vee k\mu_x = k(\xi_0 \vee \mu_x) = k\xi_1\mu_x,$$

则有

$$\dim(x(2)) := r_2 = k\xi_1.$$

类似地, 可以推得 $\dim(x(k)) = r_k, k \geqslant 1$.

(ii) 根据定义可知

$$\xi_{i+1} \leqslant \xi_i, \quad i \geqslant 1,$$

并且, 只要 $\xi_{i_*+1} = \xi_{i_*}$, 则 $\xi_i = \xi_{i_*}, i > i_*$. i_* 的存在是显然的. □

下面的推论是显见的.

推论 14.3.1 设 $A \in \mathcal{M}_{k \times k\mu_x}$ 为有界算子. $\mathcal{V}_r$ 为 A 不变子空间, 当且仅当,

$$r = \frac{r \vee (k\mu_x)}{\mu_x}. \tag{14.3.6}$$

进而可证明以下结论.

推论 14.3.2 设 A 为有界算子, 则 A 有可数个不变子空间 $\mathcal{V}_r$.

证明 这种固定维数不变子空间的存在由命题 14.3.2 保证. 只要证明它是无穷多个即可. 利用反证法, 设不变子空间只有有限个, 记作 $\mathcal{V}_{r_i}$, $i = 1, 2, \cdots, p$. 记 $r_{\max} = \max\{r_1, r_2, \cdots, r_p\}$. 令 $s > 1$ 且 $s \wedge k\mu_x = 1$ (例如, 选 $s = k\mu_x + 1$). 那么

$$\frac{k\mu_x \vee (sr_{\max})}{\mu_x} = \frac{s(k\mu_x \vee r_{\max})}{\mu_x} = sr_{\max}.$$

根据推论 14.3.1, $\mathcal{V}_{sr_{\max}}$ 是 A 不变的, 这与 $r_{\max}$ 定义矛盾. $\square$

注 14.3.1 设 $A \in \mathcal{M}_{k \times k\mu_x}$ 为一维数有界算子. 根据推论 14.3.2 可知, 不存在最大 A 不变子空间. 但 A 有最小 (非零) 不变子空间. 不难验证, A 的最小不变子空间是 $\mathcal{V}_k$. 记

$$A|_{\mathcal{V}_k} := A_*. \tag{14.3.7}$$

最后, 给出一个计算 A_r 的简单公式.

命题 14.3.3 设 $A \in \mathcal{M}_{k \times k\mu_x}$, $r > 0$ 满足式 (14.3.6), 那么,

$$A_r := A|_{\mathcal{V}_r} = \left(A \otimes I_{r/k} \right) \left(I_r \otimes \mathbf{1}_{\mu_x} \right). \tag{14.3.8}$$

证明 显见, A_r 可计算如下

$$\mathrm{Col}_i(A_r) = A \vec{\ltimes} \delta_r^i, \quad i = 1, 2, \cdots, r. \tag{14.3.9}$$

利用式 (14.3.9) 可得

$$A_r = A \vec{\ltimes} I_r.$$

再利用式 (14.3.6) 可得

$$A \vec{\ltimes} I_r = \left(A \otimes I_{\frac{r \vee k\mu_x}{k\mu_x}} \right) \left(I_r \otimes \mathbf{1}_{\frac{r \vee k\mu_x}{r}} \right)$$
$$= \left(A \otimes I_{\frac{r}{k}} \right) \left(I_r \otimes \mathbf{1}_{\mu_x} \right). \qquad \square$$

14.3.3　离散时间线性系统的轨线

考察离散时间线性系统 (14.3.2) 的轨线. 当 A 不是有界算子时, 从任何 x_0 出发, 则轨线 $x(t)$ 的维数 $r(t)$ 趋于无穷.

命题 14.3.4　考察系统 (14.3.2). 设 A 不是有界算子, 且 $x(0) = x_0 \notin \vec{0}$, $x(t) \in \mathcal{V}_{r_t}$, 那么,

$$\lim_{t \to \infty} r_t = \infty. \tag{14.3.10}$$

证明　设 $A \in \mathcal{M}_\mu$, 这里, $\mu = \mu_y/\mu_x$, $\mu_y \wedge \mu_x = 1$. 根据推论 14.2.1, $\mu_y > 1$. 设 $x_0 \in \mathcal{V}_{r_0}$, 则维数序列

$$\{r_t \,|\, t = 0, 1, \cdots\}$$

与具体 x_0 值无关. 即从任何 $\xi_0 \in \mathcal{V}_{r_0}$ 出发, 维数序列是一样的.

反设 $\{r_t \,|\, t = 0, 1, \cdots\}$ 是有界的. 再利用推论 14.2.1, 这个序列没有不动点. 因此, 至少有一个极限环, 设为

$$(r_p, r_{p+1}, \cdots, r_{p+\ell} = r_p).$$

于是 $\mathcal{V}_{r_p}$ 是 A^ℓ 不变子空间. 另一方面, $A^\ell \in \mathcal{M}_{\mu_y^\ell \times \mu_x^\ell}$ 且 $\mu_y^\ell \neq 1$. 则它没有不变子空间, 矛盾. 故

$$\overline{\lim_{t \to \infty}} r_t = \infty. \tag{14.3.11}$$

注意到

$$r_{t+1} = m \frac{n \vee r_t}{n}.$$

因此, 如果 $r_{t+1} \geqslant r_t$, 那么, $r_{t+2} \geqslant r_{t+1}$. 因此, 当 $r_{t_0+1} \geqslant r_{t_0}$ 时, 则 r_t, $t \geqslant t_0$ 单调不降. 根据式 (14.3.11), 这样的 t_0 存在. 因此, r_t, $t \to \infty$ 存在. 则式 (14.3.11) 可导出式 (14.3.10). □

下面假定 A 为有界算子.

利用不变子空间, 系统 (14.3.2) 的, 从初值 $x_0 \in \mathcal{V}$ 出发的轨线是不难计算的. 下面的例子描述了这个计算过程.

例 14.3.2　考察系统 (14.3.2), 这里,

$$A = \begin{bmatrix} 1 & 2 & -1 & 0 \\ 1 & -2 & 2 & -1 \end{bmatrix}.$$

(i) 设 $x_0 = [1, 2, -1]^{\mathrm{T}}$:

考虑 A 关于 x_0 的最小实现.

不难算出 $r_* = r_1 = 6$. 于是有

$$x(1) = A \vec{\ltimes} x_0 = [1, 3, 6, 4, 2, -4]^{\mathrm{T}}.$$

并且,

$$A_* = A|_{\mathbb{R}^6} = \begin{bmatrix} 1 & 2 & 0 & -1 & 0 & 0 \\ 1 & 0 & 2 & -1 & 0 & 0 \\ 0 & 1 & 2 & 0 & -1 & 0 \\ 1 & -2 & 0 & 2 & -1 & 0 \\ 1 & 0 & -2 & 2 & 0 & -1 \\ 0 & 1 & -2 & 0 & 2 & -1 \end{bmatrix}.$$

则

$$x(t) = A_*^{t-1} x(1), \quad t \geqslant 2.$$

例如, $x(2) = A_* x(1) = [3, 9, 13, 1, 1, -1]^{\mathrm{T}}$, $x(3) = A_* x(2) = [20, 28, 34, -14, -20, -14]^{\mathrm{T}}$, 等等.

(ii) 设 $x_0 = [1, 0, 2, -2, -1, 1, 2, 0]^{\mathrm{T}}$:

则 $r_1 = 4$, $r_2 = r_* = 2$. 于是有

$$x(1) = A \vec{\ltimes} x_0 = [6, -5, -7, 6]^{\mathrm{T}},$$

$$x(2) = A \vec{\ltimes} x(1) = [3, -4]^{\mathrm{T}}.$$

$$A_* = A|_{r_*} = \begin{bmatrix} 3 & -1 \\ -1 & 1 \end{bmatrix}.$$

因此,

$$x(t) = A_*^{t-2} x(2), \quad t \geqslant 3.$$

例如, $x(3) = A_* x(2) = [13, -7]^{\mathrm{T}}$, $x(4) = A_* x(3) = [46, -20]^{\mathrm{T}}$, 等等.

14.3.4 连续时间线性系统的轨线

定义 14.3.3 一个连续时间半群动态系统定义如下:

$$\begin{aligned} \dot{x}(t) &= A(t) \vec{\ltimes} x(t), \quad x(0) = x_0, \\ x(t) &\in \mathcal{V}, \quad A(t) \in \mathcal{M}. \end{aligned} \tag{14.3.12}$$

显然, 系统 (14.3.12) 是经典线性系统的推广, 因为这里 $A(t)$ 可以是任意矩阵. 当 $A(t) = A$ 时系统称为线性时不变系统. 当 $A(t)$ 为时变矩阵时, 轨线的计算是很困难的, 一般找不到解析形式的解. 但它可以用分段定常的解来逼近. 这里只考虑定常的情形.

命题 14.3.5　设 $A(t) = A$, 则系统 (14.3.12) 的解轨线为

$$x(t) = e^{At} \ltimes x_0. \tag{14.3.13}$$

证明　根据定义

$$e^{At} \ltimes x_0 = \vec{\boxplus}_{n=0}^{\infty} \frac{t^n}{n!} [A^n \ltimes x_0], \tag{14.3.14}$$

直接计算可验证该结论.　　　　　　　　　　　　　　　　　　　　□

下面讨论如何具体计算这个轨线.

情形 1: A 不是有界算子. 这时式 (14.3.14) 中的各项维数依项数趋于无穷, 因此, 不可能有有限项的解. 但是, 在 $\mathcal{V}$ 空间范数定义下, 不难看出, 级数 (14.3.14) 依范数收敛. 因此, 一个有效的方法就是用有限截断的方法求得近似解. 实际上, 关于误差估计等许多问题尚不清楚, 这里不做太多讨论.

情形 2: A 是有界算子. 这时我们可以得到解析解. 下面详细讨论.

设 $x_0 \in \mathcal{V}_{r_0}$. 由于 A 是有界算子, 利用式 (14.3.13) 可计算出 $r_s = r_*$, 使得 $\mathcal{V}_{r_*}$ 是 A 不变子空间, 并且, 从 x_0 出发的轨线会在有限步后进入 $\mathcal{V}_{r_*}$. 于是, 轨线可计算如下:

$$\begin{aligned}
e^{At} \ltimes x_0 &= x_0 \vec{\boxplus} tA \ltimes x_0 \vec{\boxplus} \frac{t^2}{2!} A^2 \ltimes x_0 \vec{\boxplus} \cdots \vec{\boxplus} \frac{t^s}{s!} A^s \ltimes x_0 \vec{\boxplus} \cdots \\
&= \left[x_0 \vec{\boxplus} tx_1 \vec{\boxplus} \frac{t^2}{2!} x_2 \vec{\boxplus} \cdots \vec{\boxplus} \frac{t^{s-1}}{(s-1)!} x_{s-1} \right] \\
&\quad \vec{\boxplus} \left[\frac{t^s}{s!} I_{r_*} + \frac{t^{s+1}}{(s+1)!} A_* + \cdots \right] x_s \\
&:= I \vec{\boxplus} II,
\end{aligned} \tag{14.3.15}$$

这里,

$$\begin{aligned}
I &= \left[x_0 \vec{\boxplus} tx_1 \vec{\boxplus} \frac{t^2}{2!} x_2 \vec{\boxplus} \cdots \vec{\boxplus} \frac{t^{s-1}}{(s-1)!} x_{s-1} \right], \\
II &= \left[\frac{t^s}{s!} I_{r_*} + \frac{t^{s+1}}{(s+1)!} A_* + \cdots \right] x_s,
\end{aligned} \tag{14.3.16}$$

并且, $x_j = A^j \ltimes x_0, j = 1, 2, \cdots, s$.

因为 I 是有限项, 故关键是计算 II. 首先, 假定 A_* 可逆. 那么, 我们可以通过添加有限项把 II 变为 e^{A_*t}. 于是有

$$e^{At} \vec{\ltimes} x_0 = \left[x_0 \vec{\boxplus} tx_1 \vec{\boxplus} \frac{t^2}{2!}x_2 \vec{\boxplus} \cdots \vec{\boxplus} \frac{t^{s-1}}{(s-1)!}x_{s-1} \right] \vec{\boxplus} A_*^{-s} e^{A_*t} x_s$$

$$\vec{\boxplus} A_*^{-s} \left[I_{r_*} + tA_* + \frac{t^2}{2!}A_*^2 + \cdots + \frac{t^{s-1}}{(s-1)!}A_*^{s-1} \right] x_s. \tag{14.3.17}$$

其次, 考虑一般情况. 注意到

$$\begin{cases} \dfrac{d^s}{dt^s} II = e^{A_*t} x_s, \\ \dfrac{d^j}{dt^j} II \big|_{t=0} = 0, \quad 0 \leqslant j < s. \end{cases} \tag{14.3.18}$$

故可得到 (14.3.18) 的解如下:

$$II = \left(\int_0^t d\tau_1 \int_0^{\tau_1} d\tau_2 \cdots \int_0^{\tau_{s-1}} e^{A_*\tau_s} d\tau_s \right) x_s. \tag{14.3.19}$$

利用若当标准型[66], 式 (14.3.19) 可以直接计算.

下面用一个数值例子演示如何计算轨线.

例 14.3.3 设

$$A = \begin{bmatrix} 1 & 2 & -1 & 0 \\ 1 & -2 & 2 & -1 \end{bmatrix}. \tag{14.3.20}$$

设 x_0 给定如下, 计算轨线 $x(t)$.

(i) $x_0 = [1, 2, -1]^{\mathrm{T}} \in \mathbb{R}^3$:

因为 $x_0 \in \mathbb{R}^3$, $x_1 = x(1) \in \mathbb{R}^6$, 则 $r_* = r_1 = 6$. 直接计算可得

$$x_1 = [1, 3, 6, 4, 2, -4]^{\mathrm{T}},$$

且

$$A_* = \begin{bmatrix} 1 & 2 & 0 & -1 & 0 & 0 \\ 1 & 0 & 2 & -1 & 0 & 0 \\ 0 & 1 & 2 & 0 & -1 & 0 \\ 1 & -2 & 0 & 2 & -1 & 0 \\ 1 & 0 & -2 & 2 & 0 & -1 \\ 0 & 1 & -2 & 0 & 2 & -1 \end{bmatrix}, \tag{14.3.21}$$

$$A_*^{-1} = \begin{bmatrix} 0.5 & 0.1667 & -0.1667 & 0.5 & -0.1667 & 0.1667 \\ 0.5 & -0.5 & 0.5 & 0.5 & -0.5 & 0.5 \\ 0 & 0 & 0.5 & 0.5 & -0.5 & 0.5 \\ 0.5 & -0.8333 & 0.8333 & 1.5 & -1.1667 & 1.1667 \\ 0.5 & -0.5 & 0.5 & 1.5 & -1.5 & 1.5 \\ 1.5 & -1.5 & 0.5 & 2.5 & -2.5 & 1.5 \end{bmatrix}.$$

最后可得

$$x(t) = x_0 \vec{\mathbb{F}} A_*^{-1} x_1 \vec{\mathbb{H}} A_*^{-1} e^{A_* t} x_1. \tag{14.3.22}$$

(ii) $x_0 = [1, 0, 2, -2, -1, 1, 2, 0]^{\mathrm{T}} \in \mathbb{R}^8$:

不难算得

$$x_1 = A \vec{\ltimes} x_0 = [6, -5, -7, 6]^{\mathrm{T}} \in \mathbb{R}^4;$$

$$x_2 = A \vec{\ltimes} x_1 = [3, -4]^{\mathrm{T}} \in \mathbb{R}^2;$$

$$r_* = r_2;$$

$$A_* = \begin{bmatrix} 3 & -1 \\ -1 & 1 \end{bmatrix}, \quad A_*^{-1} = \frac{1}{2} \begin{bmatrix} 1 & 1 \\ 1 & 3 \end{bmatrix}. \tag{14.3.23}$$

下面用两种方法计算 $x(t)$:

利用公式 (14.3.17), 可得

$$x(t) = x_0 \vec{\mathbb{H}} x_1 t \vec{\mathbb{H}} [A_*^{-2} e^{A_* t} - A_*^{-2} - t A_*^{-1}] x_2, \tag{14.3.24}$$

这里,

$$e^{A_* t} = \frac{1}{2\sqrt{2}} \begin{bmatrix} a & b \\ c & d \end{bmatrix},$$

其中,

$$a = (\sqrt{2} + 1) e^{(2+\sqrt{2})t} + (\sqrt{2} - 1) e^{(2-\sqrt{2})t},$$

$$b = -e^{(2+\sqrt{2})t} + e^{(2-\sqrt{2})t},$$

$$c = -e^{(2+\sqrt{2})t} + e^{(2-\sqrt{2})t},$$

$$d = (-\sqrt{2} + 1) e^{(2+\sqrt{2})t} + (\sqrt{2} + 1) e^{(2-\sqrt{2})t}.$$

• 利用公式 (14.3.19), 可得

$$x(t) = x_0 \,\vec{\boxplus}\, x_1 t \,\vec{\boxplus}\, \int_0^t d\tau_1 \int_0^{\tau_1} e^{A_* \tau_2} d\tau_2 x_2$$

$$= x_0 \,\vec{\boxplus}\, x_1 t \,\vec{\boxplus}\, \int_0^t (A_*^{-1} e^{A_* \tau_1} - A_*^{-1}) d\tau_1 x_2$$

$$= x_0 \,\vec{\boxplus}\, x_1 t \,\vec{\boxplus}\, \left[A_*^{-2} e^{A_* t} - A_*^{-2} - A_*^{-1} t \right] x_2. \tag{14.3.25}$$

式 (14.3.25) 与式 (14.3.24) 是一致的.

14.4 形式多项式

14.4.1 矩阵的直和

本小节讨论不同维数的矩阵的直和, 称为矩阵多项式序列, 然后, 将其视为 $\mathcal{V}$ 上的算子.

定义 14.4.1 (i) 矩阵的多项式序列定义如下:

$$\mathcal{P}_M := \oplus_{m=1}^\infty \oplus_{n=1}^\infty \mathcal{M}_{m \times n}, \tag{14.4.1}$$

这里, $\oplus$ 是形式和.

(ii) 绝对收敛多项式序列定义如下:

$$\mathcal{P}_M^0 := \left\{ p = \oplus_{m=1}^\infty \oplus_{n=1}^\infty A_{m \times n} \in \mathcal{P}_M \;\middle|\; \sum_{m=1}^\infty \sum_{n=1}^\infty \| A_{m \times n} \|_\mathcal{V} < \infty \right\}. \tag{14.4.2}$$

(iii) 形式多项式序列定义如下:

$$\mathcal{P}_M^p := \{ p = \oplus_{i=1}^s A_i \,|\, A_i \in \mathcal{M}, \ i = 1, \cdots, s < \infty \}. \tag{14.4.3}$$

定义 14.4.2 设 $p = \oplus_{m=1}^\infty \oplus_{n=1}^\infty A_{m \times n} \in \mathcal{P}_M$, $q = \oplus_{m=1}^\infty \oplus_{n=1}^\infty B_{m \times n} \in \mathcal{P}_M$. 那么,

$$p \oplus q := \oplus_{m=1}^\infty \oplus_{n=1}^\infty (A_{m \times n} + B_{m \times n}), \tag{14.4.4}$$

$$p \ominus q := \oplus_{m=1}^\infty \oplus_{n=1}^\infty (A_{m \times n} - B_{m \times n}), \tag{14.4.5}$$

$$rp := \oplus_{m=1}^\infty \oplus_{n=1}^\infty (r A_{m \times n}), \quad r \in \mathbb{R}. \tag{14.4.6}$$

命题 14.4.1 (i) $\mathcal{P}_M$ 连同由式 (14.4.4) 定义的 $\oplus$ 及式 (14.4.6) 定义的数乘, 是一个可数维向量空间, 记作 $\aleph_0$;

(ii)

$$\mathcal{P}_M^p \subset \mathcal{P}_M^0 \subset \mathcal{P}_M \tag{14.4.7}$$

为向量子空间.

定义 14.4.3 设 $p := \oplus_{j=1}^s A_j$. 那么, A 的 $\mathcal{V}$ 模定义为

$$\|p\|_{\mathcal{V}} := \sup_{0 \neq x \in \mathcal{V}} \frac{\|A_1 \,\vec{\odot}\, x \Vdash^v A_2 \,\vec{\odot}\, x \Vdash^v \cdots \Vdash^v A_s \,\vec{\odot}\, x\|_{\mathcal{V}}}{\|x\|_{\mathcal{V}}}. \tag{14.4.8}$$

下面估计 p 的模. 我们有以下估计.

命题 14.4.2 令 $p = \sum\limits_{i=1}^n A_i \in \mathcal{P}_M^p$.

(i) p 的一个上界为

$$\|p\|_{\mathcal{V}} \leqslant \sum_{i=1}^n \|A_i\|_{\mathcal{V}} < \infty; \tag{14.4.9}$$

(ii) p 的一个下界为

$$\|p\|_{\mathcal{V}} = \max_{r \geqslant 1} \|p\|_{\mathcal{V}_r} \geqslant \|p\|_{\mathcal{V}_r}, \quad \forall r > 0. \tag{14.4.10}$$

下面给出一个公式计算 $\|p\|_{\mathcal{V}_r}$.

设 $p = \sum\limits_{i=1}^n A_i \in \mathcal{P}_M^p$, 以及 $x \in \mathcal{V}_r$. 先考虑 A_i 在 x 上的作用: 设 $A_i \in \mathcal{M}_{m_i \times n_i}$, 那么,

$$x_i := A_i \,\vec{\ltimes}\, x = \left(A_i \otimes I_{\frac{r \vee x_i}{n_i}} \right) \left(x \otimes 1_{\frac{r \vee n_i}{r}} \right) \in \mathcal{V}_{r_i}, \tag{14.4.11}$$

这里,

$$r_i = \frac{r \vee n_i}{n_i} m_i.$$

令

$$r_* = \bigvee_{i=1}^n r_i. \tag{14.4.12}$$

则有

$$p \vec{\ltimes} x = \overrightarrow{\mathop{\mathrm{H}}}_{i=1}^{n} x_i = \sum_{i=1}^{n} \left(x_i \otimes \mathbf{1}_{\frac{r_*}{r_i}} \right). \tag{14.4.13}$$

不难验证

$$x \otimes \mathbf{1}_s = (I_r \otimes \mathbf{1}_s)\, x, \quad x \in \mathcal{V}_r. \tag{14.4.14}$$

将 (14.4.11) 代入 (14.4.13) 的每一项并利用 (14.4.14), 可得

$$
\begin{aligned}
\left(x_i \otimes \mathbf{1}_{\frac{r_*}{r_i}} \right) &= \left(A_i \otimes I_{\frac{r \vee n_i}{n_i}} \right) \left(x \otimes \mathbf{1}_{\frac{r \vee n_i}{r}} \right) \otimes \mathbf{1}_{\frac{r_*}{r_i}} \\
&= \left(A_i \otimes I_{\frac{r \vee n_i}{n_i}} \right) \left(x \otimes \mathbf{1}_{\frac{r \vee n_i}{r}} \right) \otimes \left(I_{\frac{r_*}{r_i}} \mathbf{1}_{\frac{r_*}{r_i}} \right) \\
&= \left(A_i \otimes I_{\frac{r_*}{m_i}} \right) \left(x \otimes \mathbf{1}_{\frac{r_* n_i}{r m_i}} \right) \\
&= \left(A_i \otimes I_{\frac{r_*}{m_i}} \right) \left(I_r \otimes \mathbf{1}_{\frac{r_* n_i}{r m_i}} \right) x.
\end{aligned}
$$

综合以上的讨论, 可得以下结果.

命题 14.4.3 $p|_{\mathcal{V}_r}$ 的矩阵表示为

$$P_r := \sum_{i=1}^{n} \left(A_i \otimes I_{\frac{r_*}{m_i}} \right) \left(I_r \otimes \mathbf{1}_{\frac{r_* n_i}{r m_i}} \right) I_r \in \mathcal{M}_{r_* \times r}, \tag{14.4.15}$$

这里, r_* 由式 (14.4.12) 定义.

根据命题 14.4.3, 即利用公式 (14.4.15), 即得以下结果.

推论 14.4.1

$$\|p\|_{\mathcal{V}_r} = \sqrt{\frac{r}{r_*}} \sqrt{\sigma_{\max}(P_r^{\mathrm{T}} P_r)}. \tag{14.4.16}$$

下面给出一个计算实例.

例 14.4.1 考虑

$$p = A \oplus B, \tag{14.4.17}$$

这里,

$$A = \begin{bmatrix} 1 & -1 & 2 \\ -1 & 0 & 1 \end{bmatrix}, \quad B = \begin{bmatrix} 1.5 & 2 \\ -1 & 1 \\ -2 & 3 \end{bmatrix}.$$

那么,

$$\|A\|_\nu = \sqrt{\frac{3}{2}\sigma_{\max}(A^{\mathrm{T}}A)} \approx 3.0584,$$

$$\|B\|_\nu = \sqrt{\frac{2}{3}\sigma_{\max}(B^{\mathrm{T}}B)} \approx 3.2515.$$

于是可得上界 $\|p\|_\nu$ 如下:

$$\|p\|_\nu \leqslant \|A\|_\nu + \|B\|_\nu \approx 6.3100. \tag{14.4.18}$$

下面考虑 $\|p\|_{\nu_s}$.

(i) $s = 2$: 那么,

$$s_1 = 4, \quad s_2 = 3, \quad s_* = 12,$$

$$P_2 = (A \otimes I_6)(I_2 \otimes \mathbf{1}_9) + (B \otimes I_4)(I_2 \otimes \mathbf{1}_4)$$

$$= \begin{bmatrix} 1.5 & 4 \\ 1.5 & 4 \\ 1.5 & 4 \\ 2.5 & 3 \\ 0 & 2 \\ 0 & 2 \\ -2 & 2 \\ -2 & 2 \\ -3 & 4 \\ -3 & 4 \\ -3 & 4 \\ -3 & 4 \end{bmatrix}.$$

于是可得

$$\|P_2\|_\nu = \sqrt{\frac{2}{12}\sigma_{\max}(P_2^{\mathrm{T}}P_2)} \approx 3.5036.$$

(ii) $s = 3$: 那么,

$$s_1 = 2, \quad s_2 = 9, \quad s_* = 18,$$

$$P_3 = (A \otimes I_9)(I_3 \otimes \mathbf{1}_9) + (B \otimes I_6)(I_3 \otimes \mathbf{1}_4)$$

$$= \begin{bmatrix} 2.5 & 1 & 2 \\ 2.5 & 1 & 2 \\ 2.5 & -1 & 4 \\ 2.5 & -1 & 4 \\ 1 & 0.5 & 4 \\ 1 & 0.5 & 4 \\ 0 & 0 & 2 \\ 0 & 0 & 2 \\ 0 & -1 & 3 \\ -2 & 0 & 2 \\ -1 & -1 & 2 \\ -1 & -1 & 2 \\ -3 & 3 & 1 \\ -3 & 3 & 1 \\ -3 & 0 & 4 \\ -3 & 0 & 4 \\ -1 & -2 & 4 \\ -1 & -2 & 4 \end{bmatrix}.$$

于是可得

$$\|P_3\|_{\mathcal{V}} = \sqrt{\frac{3}{18} \sigma_{\max}(P_3^{\mathrm{T}} P_3)} \approx 4.6040.$$

(iii) $r = 4$:

下面省去计算细节, 直接给出结果.

$$\|P_4\|_{\mathcal{V}} \approx 5.3176.$$

于是, 可以得到一个估计

$$5.3178 \leqslant \|p\|_{\mathcal{V}} \leqslant 6.3100.$$

14.4.2 形式多项式空间的距离拓扑

$\mathcal{M}$ 上的自然拓扑由定义 13.3.3 指定, 在这个拓扑下不同维数的矩阵是不相干的. 本节对 $\mathcal{P}_M^0$ 赋予距离拓扑, 在这个拓扑下, $\mathcal{P}_M^0$ 为道路连通的距离拓扑.

定义 14.4.4 设 $p, q \in \mathcal{P}_M^p$. 那么

(i) $\mathcal{P}_M^p$ 的距离定义为

$$d(p,\ q) := \|p \ominus q\|_\nu; \qquad (14.4.19)$$

(ii) 由上述距离定义的距离拓扑记作 $\mathcal{T}_d$.

命题 14.4.4 $(\mathcal{P}_M^p, \mathcal{T}_d)$ 是道路连通的.

证明　首先, 设 $p = \oplus_{i=1}^m A_i \in \mathcal{P}_M^p$ 及 $q = \oplus_{j=1}^n B_j \in \mathcal{P}_M^p$. 设 $\pi : [0,1] \to \mathcal{P}_M^p$ 为 $\pi(t) = tp \oplus (1-t)q$, 不难验证 π 是连续的. 令 $t_n \to t_0$, 则

$$\|\pi(t_n) \ominus \pi(t_0)\|_\nu \leqslant |t_n - t_0| (\|p\|_\nu + \|q\|_\nu) \to 0. \qquad \square$$

事实上, 上述证明表明 $(\mathcal{P}_M^p, \mathcal{T}_d)$ 是凸空间.

其次, 显然 $(\mathcal{P}_M^p, \mathcal{T}_d)$ 不是完备空间. 为证明这一点, 设 $A \in \mathcal{M}_{m \times n}$, 这里 $m \neq n$, 那么,

$$\exp(A) := \oplus_{n=0}^\infty \frac{1}{n!} A^i.$$

不难看出, $\exp(A) \in \mathcal{P}_M^0 \backslash \mathcal{P}_M^p$. $\exp(A)$ 对跨维线性系统的讨论十分重要[34].

根据定义可知

$$\mathcal{P}_M^0 = \overline{\mathcal{P}_M^p},$$

即 $\mathcal{P}_M^0$ 是 $\mathcal{P}_M^p$ 的闭包. 严格地说, 对 $p_0 \in \mathcal{P}_M^0$, 存在序列 $p_n \in \mathcal{P}_M^p$, $n = 1, 2, \cdots$, 使得

$$\lim_{n \to \infty} d(p_n, p_0) = 0.$$

于是, p_0 与 $x \in \mathcal{P}_M^p$ 的距离定义为

$$d(p_0, x) = \lim_{n \to \infty} d(p_n, x). \qquad (14.4.20)$$

如果 $p_0,\ q_0 \in \mathcal{P}_M^0 \backslash \mathcal{P}_M^p$, 则存在序列 $p_n \to p_0$ 及 $q_n \to q_0$. 然后, $p_0,\ q_0$ 的距离定义为

$$d(p_0, q_0) = \lim_{n \to \infty} d(p_n, q_n). \qquad (14.4.21)$$

不难检验以下结果.

命题 14.4.5 $(\mathcal{P}_M^0, \mathcal{T}_d)$ 是道路连通的 Hausdorff 空间.

14.4.3 商空间的形式多项式

定义 14.4.5 Σ 上的商形式多项式

$$\mathcal{P}_\Sigma := \oplus_{\mu \in \mathbb{Q}_+} \Sigma_\mu = \mathcal{P}_M / \sim . \tag{14.4.22}$$

我们主要对有界商形式多项式有兴趣. 有界商形式多项式定义如下:

$$\mathcal{P}_\Sigma^0 := \mathcal{P}_M^0 / \sim; \tag{14.4.23}$$

以及商形式多项式定义如下:

$$\mathcal{P}_\Sigma^p := \mathcal{P}_M^p / \sim . \tag{14.4.24}$$

不难检验以下断言.

命题 14.4.6 (i) $\mathcal{P}_\Sigma$ 为一向量空间;

(ii) $\mathcal{P}_\Sigma^0 \subset \mathcal{P}_\Sigma$ 为一向量子空间;

(iii) $\mathcal{P}_\Sigma^p \subset \mathcal{P}_\Sigma^0$ 为一向量子空间.

定义 14.4.6 设 $\langle \xi \rangle = \oplus_{\mu \in \mathbb{Q}_+} \langle A \rangle_\mu z^\mu \in \mathcal{P}_\Sigma^0$ 且 $\bar{x} \in \Omega$, 则 $\mathcal{P}_\Sigma^0$ 在 Ω 上的作用定义为

$$\langle \xi \rangle \vec{\odot} \bar{x} := \overline{\xi \vec{\odot} x}. \tag{14.4.25}$$

由 (15.2.8) 可知 (14.4.25) 是定义好的.

定义 14.4.7 (i) 设 $\langle \xi \rangle \in \mathcal{P}_\Sigma^0$, 则其范数定义为

$$\| \langle \xi \rangle \|_\mathcal{V} := \| \xi \|_\mathcal{V}; \tag{14.4.26}$$

(ii) 设 $\langle \xi \rangle, \langle \eta \rangle \in \mathcal{P}_\Sigma^0$, 则它们的距离定义为

$$\| \langle \xi \rangle \ominus \langle \eta \rangle \|_\mathcal{V} := \| \xi \ominus \eta \|_\mathcal{V}. \tag{14.4.27}$$

定理 14.4.1 设 $\Gamma = \{I_n\}$ 且 $\gamma = \{\mathbf{1}_n\}$, 则对 $\langle p \rangle \in \mathcal{P}_\Sigma^0$, 其由 (14.4.26) 定义的范数是定义好的.

为证明定理 14.4.1, 我们需要一个引理. 为此, 先引进一个记号.

设 $\xi = \oplus_{\mu \in \mathbb{Q}_+} A_\mu$, 这里, $A_\mu \in \mathcal{M}_\mu$. 那么, 令

$$\xi \otimes I_s := \oplus_{\mu \in \mathbb{Q}_+} (A_\mu \otimes I_s). \tag{14.4.28}$$

引理 14.4.1 设 $\xi \in \mathcal{P}_M^0$, 则对任意 $x \in \mathcal{V}$,

$$\| (\xi \otimes I_s) \vec{\ltimes} x \|_\mathcal{V} = \| \xi \vec{\ltimes} x \|_\mathcal{V}. \tag{14.4.29}$$

证明   我们先考虑 $\xi \in \mathcal{P}_M^p$, 则 ξ 只有有限项. 不失一般性, 可假定

$$\xi = A \oplus B, \quad \text{这里} \quad A \in \mathcal{M}_{m \times n}, \ B \in \mathcal{M}_{p \times q}.$$

记 $x \in \mathcal{V}_r$, 则

$$\xi \vec{\ltimes} x = \left(A \otimes I_{\frac{n \vee r}{n}}\right)\left(x \otimes \mathbf{1}_{\frac{n \vee r}{r}}\right) \vec{\boxplus} \left(B \otimes I_{\frac{q \vee r}{q}}\right)\left(x \otimes \mathbf{1}_{\frac{q \vee r}{r}}\right).$$

定义

$$r_* := \left(m \frac{n \vee r}{n}\right) \vee \left(p \frac{q \vee r}{r}\right),$$

则可得

$$\begin{aligned}
\xi \vec{\ltimes} x &= \left[\left(A \otimes I_{\frac{n \vee r}{n}}\right)\left(x \otimes \mathbf{1}_{\frac{n \vee r}{r}}\right)\right] \otimes \mathbf{1}_{r_*/\frac{m(n \vee r)}{n}} \\
&\quad + \left[\left(B \otimes I_{\frac{q \vee r}{q}}\right)\left(x \otimes \mathbf{1}_{\frac{q \vee r}{r}}\right)\right] \otimes \mathbf{1}_{r_*/\frac{p(q \vee r)}{q}} \\
&= \left(A \otimes I_{\frac{r_*}{m}}\right)\left(x \otimes \mathbf{1}_{\frac{n r_*}{mr}}\right) + \left(B \otimes I_{\frac{r_*}{p}}\right)\left(x \otimes \mathbf{1}_{\frac{q r_*}{pr}}\right).
\end{aligned}$$

类似地, 有

$$(\xi \otimes I_s) \vec{\ltimes} x = \left(A \otimes I_{\frac{sn \vee r}{sn}}\right)\left(x \otimes \mathbf{1}_{\frac{sn \vee r}{r}}\right) \vec{\boxplus} \left(B \otimes I_{\frac{sq \vee r}{sq}}\right)\left(x \otimes \mathbf{1}_{\frac{sq \vee r}{r}}\right).$$

定义

$$r^* := \left(m \frac{sn \vee r}{n}\right) \vee \left(p \frac{sq \vee r}{r}\right).$$

则可得

$$\begin{aligned}
(\xi \otimes I_s) \vec{\ltimes} x &= \left[\left(A \otimes I_{\frac{sn \vee r}{sn}}\right)\left(x \otimes \mathbf{1}_{\frac{sn \vee r}{r}}\right)\right] \otimes \mathbf{1}_{r_*/\frac{m(sn \vee r)}{n}} \\
&\quad + \left[\left(B \otimes I_{\frac{sq \vee r}{sq}}\right)\left(x \otimes \mathbf{1}_{\frac{sq \vee r}{r}}\right)\right] \otimes \mathbf{1}_{r_*/\frac{p(sq \vee r)}{q}} \\
&= \left(A \otimes I_{\frac{r_*}{sm}}\right)\left(x \otimes \mathbf{1}_{\frac{n r_*}{mr}}\right) + \left(B \otimes I_{\frac{r_*}{sp}}\right)\left(x \otimes \mathbf{1}_{\frac{q r_*}{pr}}\right).
\end{aligned}$$

利用上式表达式, 直接计算可得

$$(\xi \vec{\ltimes} x) \otimes \mathbf{1}_{r^*} = \left[(\xi \otimes I_s) \vec{\ltimes} x\right] \otimes \mathbf{1}_{sr_*}.$$

利用定义的有效性, 则有

$$\|\xi \vec{\ltimes} x\|_{\mathcal{V}} = \|(\xi \otimes I_s) \vec{\ltimes} x\|_{\mathcal{V}}.$$

因为 x 是任意的, 结论显见. $\square$

现在可证明定理 14.4.1 了.

定理 14.4.1 的证明 不失一般性, 设 $\langle p \rangle = \langle A \rangle \oplus \langle B \rangle$, 并令 A, $A' \in \langle A \rangle$ 及 B, $B' \in \langle B \rangle$. 因为 $A \sim A'$ 及 $B \sim B'$, 根据命题 11.1.1, 则存在 Λ 及 Γ, 使得

$$A = \Lambda \otimes I_\alpha, \quad A' = \Lambda \otimes I_\beta,$$
$$B = \Gamma \otimes I_s, \quad B' = \Gamma \otimes I_t.$$

设 $\Lambda \in \mathcal{M}_{m \times n}$, $\Gamma \in \mathcal{M}_{p \times q}$, 以及 $x \in \mathcal{V}_r$, 则有

$$A \vec{\ltimes} x = \left(A \otimes I_{\frac{r \vee n\alpha}{n\alpha}} \right) \left(x \otimes \mathbf{1}_{\frac{r \vee n\alpha}{r}} \right)$$

$$= \left(\Lambda \otimes I_{\frac{r \vee n\alpha}{n}} \right) \left(x \otimes \mathbf{1}_{\frac{r \vee n\alpha}{r}} \right) \in \mathcal{V}_{\frac{m(r \vee n\alpha)}{m}},$$

$$B \vec{\ltimes} x = \left(\Gamma \otimes I_{\frac{r \vee qs}{q}} \right) \left(x \otimes \mathbf{1}_{\frac{r \vee qs}{r}} \right) \in \mathcal{V}_{\frac{p(r \vee qs)}{q}},$$

$$A' \vec{\ltimes} x = \left(\Lambda \otimes I_{\frac{r \vee n\beta}{n}} \right) \left(x \otimes \mathbf{1}_{\frac{r \vee n\beta}{r}} \right) \in \mathcal{V}_{\frac{m(r \vee n\beta)}{m}},$$

$$B' \vec{\ltimes} x = \left(\Gamma \otimes I_{\frac{r \vee qt}{q}} \right) \left(x \otimes \mathbf{1}_{\frac{r \vee qt}{r}} \right) \in \mathcal{V}_{\frac{p(r \vee qt)}{q}}.$$

设

$$L := \left(\frac{m(r \vee n\alpha)}{n} \right) \vee \left(\frac{p(r \vee qs)}{q} \right),$$

$$H := \left(\frac{m(r \vee n\beta)}{n} \right) \vee \left(\frac{p(r \vee qt)}{q} \right),$$

则可得

$$(A \oplus B) \vec{\ltimes} x = \left(\Lambda \otimes I_{\frac{L}{m}} \right) \left(x \otimes \mathbf{1}_{\frac{Ln}{mr}} \right) + \left(\Gamma \otimes I_{\frac{L}{p}} \right) \left(x \otimes \mathbf{1}_{\frac{Lq}{pr}} \right),$$

$$(A' \oplus B') \vec{\ltimes} x = \left(\Lambda \otimes I_{\frac{H}{m}} \right) \left(x \otimes \mathbf{1}_{\frac{Hn}{mr}} \right) + \left(\Gamma \otimes I_{\frac{H}{p}} \right) \left(x \otimes \mathbf{1}_{\frac{Hq}{pr}} \right).$$

于是显见

$$\left[(A \oplus B) \vec{\ltimes} x \right] \otimes \mathbf{1}_H = \left[(A' \oplus B') \vec{\ltimes} x \right] \otimes \mathbf{1}_L.$$

根据定义的有效性可得

$$\| (A \oplus B) \vec{\ltimes} x \|_{\mathcal{V}} = \| (A' \oplus B') \vec{\ltimes} x \|_{\mathcal{V}}.$$

因为 $x \in \mathcal{V}$ 是任意的, 定理 14.4.1 的证明对于 $\langle p \rangle \in \mathcal{P}_\Sigma^p$ 是对的. 最后, 由连续性可知, 定理 14.4.1 对于 $\langle p \rangle \in \mathcal{P}_\Sigma^0$ 也成立. □

类似的讨论可知, 当矩阵乘子 $\{I_n\}$ 用 $\{J_n\}$ 代替时, 定理 14.4.1 依然成立.

推论 14.4.2 在定理 14.4.1 中, 若 $\Gamma = \{J_n\}$, 则结论依然成立.

14.4.4 基于多项式的代数结构

考察基于 $\mathcal{P}_M$ 的李代数.

定义 14.4.8 设 g 为伪向量空间, 二元算子 $[\cdot,\cdot]:\ g\times g\to g$, 满足

(i) $$[X,Y]=-[Y,X],\quad X,Y\in g;\tag{14.4.30}$$

(ii) $[aX+bY,cZ]=ac[X,Z]+bc[Y,Z],\quad a,b,c\in\mathbb{R},\ X,Y,Z\in g;\tag{14.4.31}$

(iii) $[X,[Y,Z]]+[Y,[Z,X]]+[Z,[X,Y]]=0,\quad X,Y,Z\in g,\tag{14.4.32}$

则称 g 为伪李代数.

考察 $\mathcal{P}_M$. 根据命题 14.4.1 可知 $\mathcal{P}_M$ 是一个伪向量空间. 在其上定义李括号 $[\cdot,\cdot]$ 如下:

$$[p,q]:=p\ltimes q\ominus q\ltimes p,\quad p,q\in\mathcal{P}_M.\tag{14.4.33}$$

不难验证 $(\mathcal{P}_M,[\cdot,\cdot])$ 满足 (14.4.30)—(14.4.32).

命题 14.4.7 考察 $(\mathcal{P}_M,[\cdot,\cdot])$, 其中, 李括号由 (14.4.33) 定义, 则 $(\mathcal{P}_M,[\cdot,\cdot])$ 为一伪李代数.

考察

$$\mathcal{M}^\mu:=\oplus_{i=0}^\infty\mathcal{M}_{\mu^i}.$$

由于 $\mathcal{M}^\mu$ 关于上述李括号是封闭的, 则可得如下结论.

命题 14.4.8 $\mathcal{M}^\mu\subset\mathcal{P}_M$ 是伪李子代数.

类似地, 可得

命题 14.4.9 (i) $\mathcal{P}_M^0\subset\mathcal{P}_M$ 是伪李子代数;

(ii) $\mathcal{P}_M^p\subset\mathcal{P}_M^0$ 是伪李子代数.

设 $\langle p\rangle^\Gamma,\langle q\rangle^\Gamma\in\mathcal{P}_\Sigma$. 定义

$$[\langle p\rangle^\Gamma,\langle q\rangle^\Gamma]:=\langle[p,q]\rangle^\Gamma.\tag{14.4.34}$$

可得

命题 14.4.10 由式 (14.4.34) 定义的李括号是定义好的. 并且,

(i) $\mathcal{P}_\Sigma$ 赋予由式 (14.4.34) 定义的李括号为一李代数;

(ii) $\mathcal{P}_\Sigma^0\subset\mathcal{P}_\Sigma$ 为李子代数;

(iii) $\mathcal{P}_\Sigma^p\subset\mathcal{P}_\Sigma^0$ 为李子代数.

下面考虑在 $\mathcal{P}_M$ 上的动态系统.

设 $\xi\in\mathcal{P}_M^0$. 定义动态系统如下:

$$x(t+1)=\xi\ \vec{\odot}\ x(t),\quad x(t)\in\mathcal{V}.\tag{14.4.35}$$

亦可定义其上的控制系统如下:

$$
\begin{cases}
x(t+1) = \xi \,\vec{\odot}\, x(t) \Vdash^v \eta u, & x(t) \in \mathcal{V}, \\
y(t) = h \,\vec{\odot}\, x(t),
\end{cases} \tag{14.4.36}
$$

这里, $p,\ q,\ r \in \mathcal{P}_M^0$.

并且, 可以定义与 (14.4.35) 对应的连续时间动态系统, 以及对应于 (14.4.36) 的连续时间控制系统.

所有关于单项式下的线性 (控制) 系统, 即 $\xi = A$, $\eta = B$, 以及 $h = C$ 下的讨论均可推广到一般 (或曰多项式下) 的线性 (控制) 系统.

第 15 章　线性控制半群系统

本章首先讨论泛维数时不变线性控制系统, 包括离散时间与连续时间. 在讨论建模与轨线的计算之后, 研究系统的能控性与能观性. 然后讨论相应控制系统在商空间上的表示. 最后讨论泛维控制系统在纤维丛结构下的投影与提升关系, 即从叶 (具体的欧氏空间 $\mathbb{R}^n$) 到基底空间 (即商空间) 的投影, 以及从商空间到某个欧氏空间 $\mathbb{R}^n$ 的提升.

本章部分内容可参见文献 [34, 37].

15.1　线性控制半群系统的模型与分析

15.1.1　离散时间线性控制系统

考察如下线性控制系统:

$$\begin{cases} x(t+1) = A(t) \vec{\ltimes} x(t) \,\vec{\boxplus}\, B(t) \ltimes u(t), \\ y(t) = C(t) \vec{\ltimes} x(t), \end{cases} \tag{15.1.1}$$

这里, $A(t) \in \mathcal{M}_{m \times n}$, $B(t) \in \mathcal{M}_{m \times p}$, $C(t) \in \mathcal{M}_{q \times m}$. 系统 (15.1.1) 称为离散时间泛维数线性控制系统.

当系数矩阵 A, B 及 C 为定常矩阵时, 系统称为离散时间泛维数线性定常控制系统.

为方便, 本节只讨论定常系统, 因此, 此后总假定在系统 (15.1.1) 中 $A(t) = A$, $B(t) = B$, 以及 $C(t) = C$.

首先考虑能控性.

定义 15.1.1　考察系统 (15.1.1).

(i) 称系统从 x_0 到 x_d 能控, 这里, x_0, $x_d \in \mathcal{V}$, 如果存在一个 $T > 0$ 以及一个控制序列 $u_0, u_1, \cdots, u_{T-1}$, 使受控系统的轨线从 $x(0) = x_0$ 到达 $x(T) = x_d$;

(ii) 称系统从 $\mathcal{V}_i$ 到 $\mathcal{V}_j$ 能控, 如果它可以从任何 $x_0 \in \mathcal{V}_i$ 控制到任何 $x_d \in \mathcal{V}_j$.

为叙述方便, 上述定义中第 (i) 型与第 (ii) 型能控性分别称为点能控性与子空间能控性. 我们更关心子空间能控性. 因为后面将证明, 能控性不依赖于具体的出发点与到达点, 这与经典线性系统类似.

设 A 为有界算子, 那么, 从任何 $x_0 \in \mathcal{V}$ 出发, 譬如, 设 $x_0 \in \mathcal{V}_{r_0}$, 则存在唯一 A 不变子空间 $\mathcal{V}_{r_*}$, 它只依赖于 r_0. 假定 $r_* = r_s$. 则系统 (15.1.1) 限制在 $\mathcal{V}_{r_*}$ 上, 记为

$$\begin{cases} x(t+1) = A_s x(t) + B_s u(t), \\ y(t) = C_s x(t), \end{cases} \tag{15.1.2}$$

这里

$$A_s = A_*, \quad B_s = (B \otimes \mathbf{1}_{r_*/m}), \quad C_s = \left(C \otimes I_{r_*/m}\right).$$

系统 (15.1.2) 是经典的线性控制系统, 它称为系统 (15.1.1) 的稳态实现. 注意, 稳态实现依赖于初值所在空间 $x_0 \in \mathcal{V}_{r_0}$.

回到能控性, 我们有如下结论.

定理 15.1.1　1) 系统 (15.1.1) 从 $\mathcal{V}_i$ 到 $\mathcal{V}_j$ 能控, 如果

(i) A 是有界算子.

(ii) $r_0 := \dim(\mathcal{V}_i)$ 及 $r_* := \dim(\mathcal{V}_j)$ 满足式 (14.3.3). 准确地说, 从 r_0 开始, 算法 (14.3.3) 终结于 r_*.

(iii) 稳态实现 (15.1.2) 是能控的.

2) 如果 (i)—(ii) 成立, 则条件 (iii) 也是必要的.

证明　1) 我们证明限制是定义好的. 注意到, 因为 $A \in \mathcal{M}_{m \times n}$, 且 A 是有界的, 则有 $n = m\mu_x$. 由式 (14.3.6) 可知 $m | r_*$. 那么, 系统 (15.1.1) 在 $\mathcal{V}_{r_*}$ 上的限制变为 (15.1.2), 后者是经典线性系统. 因此, (15.1.1) 的能控性依赖于轨线进入空间 $\mathcal{V}_{r_*}$ 的位置. 于是, 空间能控性显见.

2) 由于稳态实现 (15.1.2) 是经典控制系统, 它的轨线与系统 (15.1.1) 到达 $\mathcal{V}_{r_*}$ 后的轨线重合. 于是结论获证.　　　　　　　　　　　　　　　□

我们知道, 从 $\mathcal{V}_{r_0}$ 出发的轨道都要进入 $\mathcal{V}_\ell$, 这里, $\ell \in \{r_0, r_1, \cdots, r_{s-1}\}$ ($r_s = r_*$ 且 $\mathcal{V}_{r_*}$ 是 A 不变的). 那么, 一个自然的问题是: 是否系统 (15.1.1) 能从 $\mathcal{V}_{r_0}$ 控制到 $\mathcal{V}_{r_\ell}$?

设 $\ell | s$, 譬如 $s = \ell j$. 那么我们定义一个嵌入映射 $\mathrm{bd} : \mathcal{V}_\ell \to \mathcal{V}_s$ 如下:

$$\mathrm{bd}_j(x) = x \otimes \mathbf{1}_j.$$

则有如下结果.

命题 15.1.1　考察 $\mathcal{V}_{r_k}$, 这里, $0 < k < s$ 且 $r_s = r_*$, 那么, 能控子空间 C_{r_k} 为

$$C_{r_k} = \mathrm{bd}_j \left(\mathrm{span}\{B, A \vec{\ltimes} B, \cdots, A^{k-1} \vec{\ltimes} B\} \right), \tag{15.1.3}$$

这里, $j = \dfrac{r_k}{m}$.

证明　首先, 我们断言: 轨线会准确地通过 $\mathcal{V}_\ell$ 一次, 这里 $\ell = r_k$. 设轨线不止一次经过 $\mathcal{V}_\ell$, 则会有一个可达的空间序列环

$$\mathcal{V}_\ell \to \mathcal{V}_{\ell+1} \to \cdots \to \mathcal{V}_{\ell+T} = \mathcal{V}_\ell.$$

于是轨线永远不会到达 $\mathcal{V}_{r_*}$, 矛盾.

计算可达集可得

$$R_k = \left\{ A^k x_0 \,\vec{\boxplus}\, B u_{k-1} \,\vec{\boxplus}\, A \,\vec{\ltimes}\, B u_{k-2} \,\vec{\boxplus}\, \cdots \,\vec{\boxplus}\, A^{k-1} \,\vec{\ltimes}\, B u_0 \right\},$$

注意, $\mathrm{span}\{A\} \,\vec{\boxplus}\, \mathrm{span}\{B\} \subset \mathcal{V}_m$, 则结论显见.　　　　　□

例 15.1.1　考察系统 (15.1.1), 这里

$$A = \begin{bmatrix} 1 & 2 & -1 & 0 \\ 1 & -2 & 2 & -1 \end{bmatrix},$$

$B = [1, 0]^{\mathrm{T}}$.

(i) 系统能否从 $\mathbb{R}^3$ 控制到 $\mathbb{R}^6$?

注意到, 稳态实现为

$$x(t+1) = A_* x(t) + B_s u, \tag{15.1.4}$$

这里, A_* 见式 (14.3.21), 且

$$B_s = \begin{bmatrix} 1 \\ 0 \end{bmatrix} \otimes \mathbf{1}_3.$$

于是, 不难验证系统 (15.1.4) 是不能控的. 根据定理 15.1.1, 系统 (15.1.1) 不能从 $\mathbb{R}^3$ 控制到 $\mathbb{R}^6$.

(ii) 系统能否从 $\mathbb{R}^8$ 控制到 $\mathbb{R}^2$?

我们同样有稳态实现 (15.1.4), 其中, A_* 见式 (14.3.23), 且 $B_s = B$. 那么, 容易验证, 这个稳态实现是完全能控的. 也就是说, 系统 (15.1.1) 从 $\mathbb{R}^8$ 到 $\mathbb{R}^2$ 完全能控.

(iii) 寻找从 $\mathbb{R}^8$ 到 $\mathbb{R}^4$ 的不变子空间?

利用式 (15.1.3), 不变子空间为

$$C_{r_1} = \mathrm{bd}_2\left(\mathrm{span}\{B\}\right) = \mathrm{span}\left\{[1, 1, 0, 0]^{\mathrm{T}}\right\}.$$

考虑系统 (15.1.1) 的能观性. 设 A 是有界算子.

定义 15.1.2 考察系统 (15.1.1). 该系统从 $\mathbb{R}^{r_o}$ 出发是能观的, 如果对任意 $x(0) \in \mathbb{R}^{r_o}$, 存在 $T > 0$ 使得 $x(T)$ 能由 $y(t)$, $t \geqslant 0$ 唯一确定.

下面的结果直接来自定义.

定理 15.1.2 考察系统 (15.1.1), 并设 A 为有界算子. 系统 (15.1.1) 能观, 当且仅当, 它的稳态实现 (15.1.2) 能观.

例 15.1.2 考察系统 (15.1.1), 其中 A 和 B 同例 15.1.1, $C = [0, 1]$.

(i) 设 $x_0 \in \mathbb{R}^3$, 则 A 不变子空间为 $\mathbb{R}^6$. 系统在 $\mathbb{R}^6$ 上的稳态实现中的 A_s 及 B_s 见例 15.1.1 (i). 并且,

$$C_s = C \otimes I_3.$$

不难检验, 它的稳态实现是能观的.

(ii) 设 $x_0 \in \mathbb{R}^8$, 则 A 不变子空间为 $\mathbb{R}^2$. 系统在 $\mathbb{R}^2$ 上的稳态实现中的 A_s 及 B_s 见例 15.1.1 (ii). 并且, $C_s = C$. 它也是能观的.

15.1.2 连续时间线性控制系统

考察如下线性控制系统:

$$\begin{cases} \dot{x}(t) = A(t) \vec{\ltimes} x(t) \vec{\boxplus} B(t)u(t), \\ y(t) = C(t) \vec{\ltimes} x(t), \end{cases} \tag{15.1.5}$$

这里, $A(t) \in \mathcal{M}_{m \times n}$, $B(t) \in \mathcal{M}_{m \times p}$, $C(t) \in \mathcal{M}_{q \times m}$.

系统 (15.1.5) 称为连续时间泛维数线性控制系统. 当系数矩阵为定常 A, B, C 时, 系统 (15.1.5) 称为连续时间泛维数线性定常控制系统. 为方便, 本节只讨论定常系统.

先计算系统 (15.1.5) 的轨线. 直接计算可得

$$A \vec{\ltimes} (Bu) = (A \vec{\ltimes} B)u = \sum_{j=1}^{p} u_j \left(A \vec{\ltimes} \mathrm{Col}_j(B) \right). \tag{15.1.6}$$

于是, 系统 (15.1.5) 的轨线可表示如下:

$$x(t) = e^{At} \vec{\ltimes} x_0 \vec{\boxplus} \int_0^t e^{A(t-\tau)} \vec{\ltimes} Bu(\tau)d\tau. \tag{15.1.7}$$

式 (15.1.7) 可直接计算验证.

在第 14 章我们讨论过如何计算式 (15.1.7) 中的漂移项. 下面计算积分部分. 类似于式 (14.3.15), 可得

$$e^{A(t-\tau)} \vec{\ltimes} Bu(\tau)$$

$$= Bu_0 \vec{\boxplus} (t-\tau)A \vec{\ltimes} Bu(\tau) \vec{\boxplus} \frac{(t-\tau)^2}{2!} A^2 \vec{\ltimes} Bu(\tau) \vec{\boxplus} \cdots$$

$$\vec{\boxplus} \frac{(t-\tau)^s}{s!} A^s \vec{\ltimes} Bu(\tau) \vec{\boxplus} \cdots$$

$$= \left[Bu(\tau) \vec{\boxplus} (t-\tau)A \vec{\ltimes} Bu(\tau) \vec{\boxplus} \frac{(t-\tau)^2}{2!} A^2 \vec{\ltimes} Bu(\tau) \vec{\boxplus} \cdots \right.$$

$$\left. \vec{\boxplus} \frac{(t-\tau)^{s-1}}{(s-1)!} A^{s-1} \vec{\ltimes} Bu(\tau) \right] \vec{\boxplus} \left[\frac{(t-\tau)^s}{s!} I_{r_*} + \frac{t^{s+1}}{(s+1)!} A_* + \cdots \right] Bu(\tau)$$

$$:= I \vec{\boxplus} II, \tag{15.1.8}$$

这里,

$$I = \left[Bu(\tau) \vec{\boxplus} (t-\tau)A \vec{\ltimes} Bu(\tau) \vec{\boxplus} \frac{(t-\tau)^2}{2!} A^2 \vec{\ltimes} Bu(\tau) \right.$$

$$\left. \vec{\boxplus} \cdots \vec{\boxplus} \frac{(t-\tau)^{s-1}}{(s-1)!} A^{s-1} \vec{\ltimes} Bu(\tau) \right], \tag{15.1.9}$$

$$II = \left[\frac{(t-\tau)^s}{s!} I_{r_*} + \frac{t^{s+1}}{(s+1)!} A_* + \cdots \right] B_s, \tag{15.1.10 as shown}$$

其中,

$$B_s = A^s \vec{\ltimes} Bu(\tau).$$

如果 A_* 可逆, 类似于式 (14.3.17) 可得

$$II = A_*^{-s} \left(e^{A_* t} \vec{\boxminus} \left[I_{r_*} + (t-\tau)A_* + \frac{t^2}{2!} A_*^2 + \cdots + \frac{(t-\tau)^{s-1}}{(s-1)!} A_*^{s-1} \right] \right) B_s. \tag{15.1.10}$$

否则, 类似于式 (14.3.19) 可得

$$II = \left(\int_0^t d\tau_1 \int_0^{\tau_1} d\tau_2 \cdots \int_0^{\tau_{s-1}} e^{A_*(\tau_s-\tau)} d\tau_s \right) B_s. \tag{15.1.11}$$

最后,

$$\int_0^t e^{A(t-\tau)} \vec{\ltimes} Bu(\tau)d\tau = \int_0^t (I + II)d\tau, \tag{15.1.12}$$

这是一个普通的积分.

下面给出一个数值例子.

例 15.1.3 考察如下系统:

$$\dot{x}(t) = \begin{bmatrix} 1 & 0 & -1 & 0 \\ 0 & -1 & 0 & 1 \end{bmatrix} \vec{\ltimes} x(t) \vec{\Vdash} \begin{bmatrix} 1 \\ 0 \end{bmatrix} u. \tag{15.1.13}$$

设 $x(0) = x_0 = [1, 0, 1, -1]^{\mathrm{T}}$.

不难计算 $r_* = r_1 = 2$, $A \vec{\ltimes} x(0) = [0, -1]^{\mathrm{T}}$, 并且,

$$A_0 = A_* = \begin{bmatrix} 1 & -1 \\ -1 & 1 \end{bmatrix}.$$

计算 A_* 的若尔当标准型

$$\tilde{A}_* := P^{-1}A_*P = \begin{bmatrix} 0 & 0 \\ 0 & 2 \end{bmatrix},$$

这里,

$$P = \begin{bmatrix} 1 & 1 \\ 1 & -1 \end{bmatrix}.$$

利用公式 (14.3.19) 可算得

$$e^{At}x_0 = x_0 \vec{\Vdash} \int_0^t e^{A_*\tau}d\tau (A \vec{\ltimes} x_0)$$

$$= x_0 \vec{\Vdash} P \int_0^t e^{\tilde{A}_*} P^{-1} \begin{bmatrix} 0 \\ -1 \end{bmatrix}$$

$$= x_0 \vec{\Vdash} \frac{1}{2} \begin{bmatrix} t + \dfrac{1}{2}(e^{2t}-1) & t - \dfrac{1}{2}(e^{2t}-1) \\[2mm] t - \dfrac{1}{2}(e^{2t}-1) & t + \dfrac{1}{2}(e^{2t}-1) \end{bmatrix} \begin{bmatrix} 0 \\ -1 \end{bmatrix}$$

$$= x_0 \vdash \frac{1}{2} \begin{bmatrix} t - \dfrac{1}{2}(e^{2t}-1) \\[2mm] t + \dfrac{1}{2}(e^{2t}-1) \end{bmatrix}.$$

因为 $\mathcal{V}_{r_*} = \mathbb{R}^2$, 则有

$$e^{A(t-\tau)} \vec{\ltimes} Bu(\tau)$$

$$= Bu(\tau) \vdash \frac{1}{2} \begin{bmatrix} (t-\tau) + \frac{1}{2}(e^{2(t-\tau)}-1) & (t-\tau) - \frac{1}{2}(e^{2(t-\tau)}-1) \\ (t-\tau) - \frac{1}{2}(e^{2(t-\tau)}-1) & (t-\tau) + \frac{1}{2}(e^{2(t-\tau)}-1) \end{bmatrix} \ltimes A \vec{\ltimes} Bu(\tau)$$

$$= \left[B + \frac{1}{2} \begin{bmatrix} e^{2(t-\tau)}-1 \\ -e^{2(t-\tau)}-1 \end{bmatrix} \right] u(\tau).$$

最后可得, 系统 (15.1.13) 从 x_0 出发的轨线为

$$x(t) = x_0 \vdash \frac{1}{2} \begin{bmatrix} t - \frac{1}{2}(e^{2t}-1) \\ t + \frac{1}{2}(e^{2t}-1) \end{bmatrix} \vdash \int_0^t \left[B + \frac{1}{2} \begin{bmatrix} e^{2(t-\tau)}-1 \\ -e^{2(t-\tau)}-1 \end{bmatrix} \right] u(\tau)d\tau. \quad (15.1.14)$$

对于连续时间定常线性系统, 其能控能观性不能像离散时间定常线性系统那样定义. 我们直接考虑它的稳态实现.

命题 15.1.2　考察系统 (15.1.5) 并设 A 为有界算子, 那么, 对任何 $x_0 \in \mathcal{V}$ 均有其相应的稳态实现如下:

$$\begin{cases} \dot{x}(t) = A_s x(t) + B_s u, \\ y(t) = C_s x(t), \end{cases} \quad (15.1.15)$$

这里,

$$A_s = A_*, \quad B_s = \left(B \otimes \mathbf{1}_{r_*/m} \right), \quad C_s = \left(C \otimes I_{r_*/m} \right).$$

证明　由于 A 是有界算子, 则必有不变子空间 $\mathcal{V}_{r_*}$. 由计算轨线可知, 系统必将最后达到这个不变子空间. 当然, 不变子空间 $\mathcal{V}_{r_*}$ 依赖于初值 x_0. 然后, 直接计算可知, 系统限制在这个不变子空间上时变为 (15.1.15), 这就是稳态实现.　□

根据定理 15.1.1 和定理 15.1.2, 系统 (15.1.5) 的能控性与能观性可合理地定义如下.

定义 15.1.3　(i) 连续时间线性系统 (15.1.5) 称为能控的, 如果它的稳态实现 (15.1.15) 是能控的.

(ii) 连续时间线性系统 (15.1.5) 称为能观的, 如果它的稳态实现 (15.1.15) 是能观的.

例 15.1.4 考察下列系统

$$\begin{cases} \dot{x}(t) = [1, 2, -1] \ltimes x(t) + 2u(t), \\ y(t) = -x(t). \end{cases} \tag{15.1.16}$$

设 $x_0 = [1, -1]^{\mathrm{T}}$. 检验该系统在 $x(0) = x_0$ 是否能控? 是否能观?

不难计算 $r_* = r_0 = 2$, 于是

$$A_* = \begin{bmatrix} 3 & -1 \\ 1 & 1 \end{bmatrix},$$

$$B_s = B \otimes \mathbf{1}_2 = [2, 2]^{\mathrm{T}},$$

并且,

$$C_s = C \otimes I_2 = -I_2.$$

系统 (15.1.16) 在该初值下的稳态实现为

$$\begin{cases} \dot{x}(t) = \begin{bmatrix} 3 & -1 \\ 1 & 1 \end{bmatrix} x(t) + \begin{bmatrix} 2 \\ 2 \end{bmatrix} u(t), \\ \\ y(t) = \begin{bmatrix} -1 & 0 \\ 0 & -1 \end{bmatrix} x(t). \end{cases} \tag{15.1.17}$$

它不完全能控, 但完全能观.

15.2 商空间上的半群线性系统

15.2.1 商向量空间、商矩阵空间及其半群系统

先回顾一下商向量空间

$$\Omega = \mathcal{V} / \leftrightarrow .$$

这里只考虑 $\Omega = \Omega_\ell = \mathcal{V} / \leftrightarrow_\ell$. Ω 上的加法定义为

$$\bar{x} \boxplus \bar{y} := \overline{x \vec{\boxplus} y}, \quad \bar{x}, \ \bar{y} \in \Omega. \tag{15.2.1}$$

相应地, 减法为

$$\bar{x} \vec{\boxminus} \bar{y} := \bar{x} \boxplus (-\bar{y}), \quad \bar{x}, \bar{y} \in \Omega. \tag{15.2.2}$$

数乘为

$$a \cdot \bar{x} := \overline{a \bar{x}}, \quad a \in \mathbb{R}, \quad \bar{x} \in \Omega. \tag{15.2.3}$$

定理 15.2.1　Ω 及由式 (15.2.1) 定义的加法 $\vec{\Vdash}$ 和由式 (15.2.3) 定义的数乘 ·构成一个向量空间.

再回忆一下矩阵商空间

$$\Sigma = \mathcal{M}/\sim,$$

这里, 只考虑 $\Sigma = \Sigma_\ell = \mathcal{M}/\sim_\ell$.

其上的乘法 $\ltimes : \Sigma \times \Sigma \to \Sigma$ 定义为

$$\langle A \rangle \ltimes \langle B \rangle := \langle A \ltimes B \rangle. \tag{15.2.4}$$

命题 15.2.1　$(\Sigma, \ltimes)$ 是一个幺半群.

考察 $\mathcal{M}_\mu$, 这里, $\mu \in \mathbb{Q}_+$. 定义

$$\Sigma_\mu := \mathcal{M}_\mu/\sim.$$

那么, 在 $\mathcal{M}_\mu$ 上定义加 (减) 法如下.

定义 15.2.1　(i) 设 $A \in \mathcal{M}_{m \times n} \subset \mathcal{M}_\mu$, $B \in \mathcal{M}_{p \times q} \subset \mathcal{M}_\mu$, 则

$$\langle A \rangle \Vdash \langle B \rangle := \langle A \Vdash B \rangle; \tag{15.2.5}$$

$$\langle A \rangle \vdash \langle B \rangle := \langle A \vdash B \rangle. \tag{15.2.6}$$

(ii)　　　　　　$a \langle A \rangle := \langle aA \rangle, \quad a \in \mathbb{R}, \quad A \in \mathcal{M}. \tag{15.2.7}$

命题 15.2.2　Σ_μ 带上由式 (15.2.5) 定义的加法 $\Vdash$ 以及由式 (15.2.7) 定义的数乘是一个向量空间, 记作 $(\Sigma_\mu, \Vdash, \cdot)$.

回顾 Σ 在 Ω 上的作用, 根据定义 14.2.8 有

$$\langle A \rangle \vec{\ltimes} \, \bar{x} := \overline{A \vec{\ltimes} x}. \tag{15.2.8}$$

这个作用生成半群系统.

命题 15.2.3　$(\Sigma, \vec{\ltimes}, \Omega)$ 是一个半群系统.

定义

$$\|\bar{x}\|_\nu := \|x\|_\nu, \quad \bar{x} \in \Omega; \tag{15.2.9}$$

$$\|\langle A \rangle\|_\nu := \|A\|_\nu, \quad \langle A \rangle \in \Sigma. \tag{15.2.10}$$

定理 15.2.2　设 $\langle A \rangle \in \Sigma$, $\bar{x} \in \Omega$, 则 $(\langle A \rangle, \vec{\ltimes}, \bar{x})$ 是一个线性动态系统.

15.2.2 商形式多项式

定义商形式多项式如下:

$$\mathcal{P}_\Sigma := \oplus_{\mu \in \mathbb{Q}_+} \Sigma_\mu. \tag{15.2.11}$$

我们已知 Σ_μ, $\mu \in \mathbb{Q}_+$ 是向量空间. 作为向量空间的直和, $\mathcal{P}_\Sigma$ 也是一个向量空间.

设 $\bar{p} \in \mathcal{P}_\Sigma$, 则 $\bar{p}$ 可表示成如下的形式多项式:

$$\bar{p} = \sum_{\mu \in \mathbb{Q}_+} \langle A \rangle_\mu z^\mu, \tag{15.2.12}$$

这里, $\langle A \rangle_\mu \in \Sigma_\mu$.

$p \in \mathcal{P}_M$ 称为 $\bar{p}$ 的一个表示, 如果

$$p = \sum_{\mu \in \mathbb{Q}_+} A_\mu z^\mu, \quad A_\mu \in \langle A \rangle_\mu. \tag{15.2.13}$$

与 $\mathcal{P}_M$ 一样, 对 $\mathcal{P}_\Sigma$, 我们也需要范数有界的假定. 记

$$\mathcal{P}_\Sigma^0 := \left\{ \bar{p} \in \mathcal{P}_\Sigma \,\middle|\, \sum_{\mu \in \mathbb{Q}_+} \| \langle A \rangle_\mu \|_\nu < \infty \right\}.$$

由于 $\| \langle A \rangle \|_\nu = \| A \|_\nu$, 可知

$$\mathcal{P}_\Sigma^0 := \left\{ \bar{p} \,|\, p \in \mathcal{P}_M^0 \right\}. \tag{15.2.14}$$

定义 15.2.2 (i) 设 $\bar{p} \in \mathcal{P}_\Sigma$ 由式 (15.2.12) 定义, 则 $\mathcal{P}_\Sigma$ 在 Ω 上的作用定义为

$$\bar{p} \vec{\ltimes} \bar{x} := \sum_{\mu \in \mathbb{Q}_+} \langle A \rangle_\mu \vec{\ltimes} \bar{x}, \quad \bar{x} \in \Omega. \tag{15.2.15}$$

(ii) $\mathcal{P}_\Sigma$ 上的乘法定义为

$$\bar{p} \ltimes \bar{q} := \overline{p \ltimes q}, \quad p \in \bar{p}, \quad q \in \bar{q}. \tag{15.2.16}$$

下面的结果是定义的直接推论.

命题 15.2.4 (i) 设 $\bar{p} \in \mathcal{P}_\Sigma^0$, 那么, $\bar{p}$ 是一个 Ω 上的有界算子.

(ii) 设 $\bar{p} \in \mathcal{P}_\Sigma^0$ 以及 $\bar{q} \in \mathcal{P}_\Sigma^0$, 则 $\bar{p} \ltimes \bar{q} \in \mathcal{P}_\Sigma^0$.

此后, 我们只考虑 $\bar{p} \in \mathcal{P}_\Sigma^0$. 根据定理 15.2.2 可得以下结论.

推论 15.2.1 $\left(\mathcal{P}_\Sigma^0, \vec{\ltimes}, \Omega \right)$ 是一个线性动态系统.

对应于 $\mathcal{P}_{M^\mu} \subset \mathcal{P}_M$, $\mathcal{P}_{\Sigma^\mu} \subset \mathcal{P}_\Sigma$ 由于其可加性而具有特殊的重要性.

$$\mathcal{P}_{\Sigma^\mu} = \oplus_{n=0}^\infty \mathcal{P}_{\Sigma_{\mu^n}}.$$

$\bar{p} \in \mathcal{P}_{\Sigma^\mu}$ 可以表示成如下形式多项式的形式:

$$\bar{p} = \sum_{n=0}^\infty \langle A \rangle_n z^n, \tag{15.2.17}$$

这里, $\langle A \rangle_n \in \Sigma_{\mu^n}$.

特别地, 设 $f(x)$ 为一解析函数且其泰勒展式为

$$f(x) = \sum_{n=0}^\infty c_n x^n, \tag{15.2.18}$$

那么,

$$f(\langle A \rangle) := \sum_{n=0}^\infty c_n \langle A \rangle^n z^n,$$

并且,

$$f(\langle A \rangle) \vec{\ltimes} \bar{x} = \sum_{n=0}^\infty c_n \overline{A^n \vec{\ltimes} x}.$$

最后, 关于这种类型的形式多项式可总结如下: 如果 $\langle A \rangle_i = c_i \langle A^i \rangle$, $i = 0, 1, \cdots$, 这里, A 是固定的, 那么, 它可以写成

$$\mathcal{P}_\Sigma(A) := \left\{ \sum_{i=0}^\infty c_i \langle A^i \rangle z^i \;\middle|\; c_i \in \mathbb{R} \right\}. \tag{15.2.19}$$

$p \in \mathcal{P}_\Sigma(A)$ 称为主商多项式 (principle quotient polynomial, PQP). 后面将看到, 主商多项式在讨论定常线性系统里特别有用.

15.2.3 商空间上的线性系统

商空间上的线性半群系统与线性半群控制系统定义如下.

(i) 离散时间商线性系统:

$$\bar{x}(t+1) = \langle A \rangle (t) \vec{\ltimes} \bar{x}(t), \quad \bar{x}(0) = \overline{x_0}, \qquad \bar{x}(t) \in \Omega, \quad \langle A \rangle (t) \in \Sigma. \tag{15.2.20}$$

(ii) 连续时间商线性系统:

$$\dot{\bar{x}}(t) = \langle A \rangle (t) \vec{\ltimes} \bar{x}(t), \quad \bar{x}(0) = \overline{x_0}, \qquad \bar{x}(t) \in \Omega, \quad \langle A \rangle (t) \in \Sigma. \tag{15.2.21}$$

(iii) 离散时间商线性控制系统:

$$
\begin{cases}
\bar{x}(t+1) = \langle A \rangle\,(t)\ \vec{\ltimes}\ \bar{x}(t)\ \vec{\boxplus}\ \bar{B}u(t), & \bar{x}(0) = \overline{x_0}, \\
\bar{y} = \langle C \rangle\ \vec{\ltimes}\ \bar{x},
\end{cases}
\tag{15.2.22}
$$

这里, $A \in \mathcal{M}_{m \times n}$, $B \in \mathcal{M}_{m \times q}$, $C \in \mathcal{M}_{q \times m}$, $\bar{x}(t) \in \Omega$, $\langle A \rangle\,(t) \in \Sigma$.

(iv) 连续时间商线性控制系统:

$$
\begin{cases}
\dot{\bar{x}}(t) = \langle A \rangle\,(t)\ \vec{\ltimes}\ \bar{x}(t)\ \vec{\boxplus}\ \bar{B}u(t), & \bar{x}(0) = \overline{x_0}, \\
\bar{y} = \langle C \rangle\ \vec{\ltimes}\ \bar{x},
\end{cases}
\tag{15.2.23}
$$

这里, $A \in \mathcal{M}_{m \times n}$, $B \in \mathcal{M}_{m \times q}$, $C \in \mathcal{M}_{q \times m}$, $\bar{x}(t) \in \Omega$, $\langle A \rangle\,(t) \in \Sigma$.

然后, 我们构造在原空间 (欧氏空间) 上用代表元表示的相应系统.

(i) 离散时间线性系统:

$$
\begin{aligned}
x(t+1) = A(t)\ \vec{\ltimes}\ x(t), & \quad x(0) = x_0, \\
x(t) \in \mathcal{V}, & \quad A(t) \in \mathcal{M}.
\end{aligned}
\tag{15.2.24}
$$

(ii) 连续时间线性系统:

$$
\begin{aligned}
\dot{x}(t) = A(t)\ \vec{\ltimes}\ x(t), & \quad x(0) = x_0, \\
x(t) \in \mathcal{V}, & \quad A(t) \in \mathcal{M}.
\end{aligned}
\tag{15.2.25}
$$

(iii) 离散时间线性控制系统:

$$
\begin{cases}
x(t+1) = A(t)\ \vec{\ltimes}\ x(t)\ \vec{\boxplus}\ Bu(t), & x(0) = x_0, \\
y(t) = C\ \vec{\ltimes}\ x(t),
\end{cases}
\tag{15.2.26}
$$

这里, $A(t) \in \mathcal{M}_{m \times n}$, $B \in \mathcal{M}_{m \times q}$, $C \in \mathcal{M}_{q \times m}$, $x(t) \in \mathcal{V}$.

(iv) 连续时间线性控制系统:

$$
\begin{cases}
\dot{x}(t) = A(t)\ \vec{\ltimes}\ x(t)\ \vec{\boxplus}\ Bu(t), & x(0) = x_0, \\
y = C\ \vec{\ltimes}\ x,
\end{cases}
\tag{15.2.27}
$$

这里, $A \in \mathcal{M}_{m \times n}$, $B \in \mathcal{M}_{m \times q}$, $C \in \mathcal{M}_{q \times m}$, $x(t) \in \mathcal{V}$.

定义 15.2.3 设 $A(t) \in \langle A \rangle\,(t)$, $B(t) \in \bar{B}(t)$, $C(t) \in \langle C \rangle\,(t)$, 以及 $x_0 \in \overline{x_0}$, 则系统 (15.2.24)—(15.2.27) 称为相应商系统 (15.2.20)—(15.2.23) 的提升系统.

下面的结果来自由式 (15.2.8) 定义的半群的作用.

命题 15.2.5　设系统 (15.2.20) (或 (15.2.21), (15.2.22), 以及 (15.2.23)) 的提升系统为 (15.2.24) (对应地, (15.2.25), (15.2.26), 以及 (15.2.27)), 并且 (15.2.24) (或 (15.2.25), (15.2.26), 以及 (15.2.27)) 的对应初值 $x(0) = x_0$ 的轨线为 $x(t)$. 那么, $\bar{x}(t) = \overline{x(t)}$ 就是 (15.2.20) (对应地, (15.2.21), (15.2.22), 以及 (15.2.23)) 以 $\bar{x}(0) = \overline{x_0}$ 为初值的轨线 (对于控制系统, 则为在相同控制下的轨线).

根据命题 15.2.5, 只要找到商空间线性系统的相关轨线即可. 因此, 寻找伪线性空间上的半群系统 $(\mathcal{M}, \vec{\ltimes}, \mathcal{V})$ 的轨线的方法就可直接用于计算商空间上相关系统 $(\Sigma, \vec{\ltimes}, \Omega)$ 的轨线.

注 15.2.1　直观地说, 提升系统 (15.2.24)—(15.2.27) 比其原始的商系统 (15.2.20)—(15.2.23) 更 "真实", 因为它们在 "真实" 的欧氏空间 $\mathcal{V} = \mathbb{R}^\infty$ 上演化. 但其实提升系统也有它们自己的弱点, 因为它们的演化模型 $(\mathcal{M}, \vec{\ltimes}, \mathcal{V})$ 建立在一个伪向量空间 $\mathcal{V}$ 上. 而商系统 $(\Sigma, \vec{\ltimes}, \Omega)$ 是一个真正的动态系统, 它所依赖的 Σ 和 Ω 都是向量空间.

为进一步探讨商系统的实现, 需要引入一些新概念.

定义

$$\Omega_r := \{\bar{x} \,|\, x \in \mathcal{V}_r\}.$$

定义 15.2.4　Ω_r 称为 $\langle A \rangle$ 不变子空间, 如果

$$\langle A \rangle \vec{\ltimes} \Omega_r \subset \Omega_r. \tag{15.2.28}$$

从式 (15.2.8) 可直接得出如下结果.

命题 15.2.6　如果 $\mathcal{V}_r$ 是 A 不变子空间, 则 Ω_r 是 $\langle A \rangle$ 不变子空间.

15.2.4　商空间上的稳态实现

设 $\mathcal{S}_r \subset \mathcal{V}_r$ 为一子空间, 定义

$$\overline{\mathcal{S}}_r := \{y \,|\, \text{存在 } x \in \mathcal{S}_r, \text{ 使得 } y \leftrightarrow x\}.$$

定义 15.2.5　设 $\mathcal{S}_r \subset \mathcal{V}_r$ 为一子空间. $\overline{\mathcal{S}}_r$ 称为 $\langle A \rangle$ 不变子空间, 如果

$$\langle A \rangle \vec{\ltimes} \overline{\mathcal{S}}_r \subset \overline{\mathcal{S}}_r. \tag{15.2.29}$$

如前所述, 如果存在 $0 \neq x \in \mathcal{V}_r$ 并且 $A \vec{\ltimes} x \in \mathcal{V}_r$, 那么, $\mathcal{V}_r$ 即为 A 不变子空间. 故当 $\mathcal{S}_r \subset \mathcal{V}_r$ 为 A 不变子空间时, 则整个 $\mathcal{V}_r$ 就是 A 不变的. 因此, A 不变子空间 $\mathcal{S}_r$ 当它不是整个 $\mathbb{R}^r$ 时没有意义. 下面例子说明 $\langle A \rangle$ 不变子空间 $\overline{\mathcal{S}}_r$ 对 $\mathcal{S}_r \subsetneqq \mathcal{V}_r$ 的情形有意义.

例 15.2.1　设

$$A = \begin{bmatrix} a_{11} & a_{12} \\ a_{21} & a_{22} \\ a_{31} & a_{32} \end{bmatrix}, \quad S_3 = \mathrm{span}\{\mathbf{1}_3\} \in \mathcal{V}_3,$$

那么, 不难检验, 当

$$a_{11} + a_{12} = a_{21} + a_{22} = a_{31} + a_{32}$$

时, $\bar{S}_3$ 是 $\langle A \rangle$ 不变子空间. 但因 $\mu_y = 3$, A 没有不变子空间.

考察一个动态系统

$$\bar{x}(t+1) = \langle A \rangle \vec{\ltimes} \bar{x}(t), \quad \bar{x}_0 = \overline{x_0}. \tag{15.2.30}$$

设 $\bar{x}_0 \in \overline{\mathcal{V}}_r$ (或者 $\bar{x}_0 \in \overline{\mathcal{S}}_r \subset \overline{\mathcal{V}}_r$), 并且, $\overline{\mathcal{V}}_r$ (相应地, $\overline{\mathcal{S}}_r$) 是 $\langle A \rangle$ 不变子空间.

而且, (15.2.30) 的初值为 $\bar{x}(0) = \bar{x}_0$ 的轨线是 $\bar{x}(t) \in \overline{\mathcal{V}}_r$ (或 $\bar{x}(t) \in \overline{\mathcal{S}}_r$).

那么, 存在唯一 $x(t) \in \mathcal{V}_r$, 使得

$$x(t) \in \bar{x}(t). \tag{15.2.31}$$

定义一个投影

$$\mathrm{Pr}_r(\bar{x}(t)) := x(t), \quad x(t) \in \mathcal{V}_r \cap \bar{x}(t).$$

定义 15.2.6　系统

$$x(t+1) = A_* \vec{\ltimes} x(t), \quad x(0) = \mathrm{Pr}_r(\bar{x}_0) \tag{15.2.32}$$

称为 (15.2.30) 的投影提升系统, 如果

$$x(t) = \mathrm{Pr}_r(\bar{x}(t)), \quad t = 1, 2, \cdots. \tag{15.2.33}$$

可直接检验如下结论.

命题 15.2.7　设 $\bar{x}(t)$ 是系统 (15.2.30) 的初值为 $\bar{x}_0 = \overline{x_0}$ 的轨线. s_0 是最小的 $s > 0$ 且满足 $\bar{x}(s) \in \overline{\mathcal{V}}_r$ 的值, 并且, (15.2.32) 是 (15.2.30) 的以 $x_0 = \mathrm{Pr}_r(\bar{x}_{s_0})$ 为初值的投影提升系统. 那么, 在 s_0 之后, 我们有

$$\mathrm{Pr}(\bar{x}(s_0 + i)) = x(i), \quad i = 0, 1, 2, \cdots. \tag{15.2.34}$$

一个商空间动态系统可能没有提升系统但有投影提升系统. 下面给出一个这样的例子.

例 15.2.2　(i) 考察一个离散时间线性动态系统

$$\bar{x}(t+1) = \langle A \rangle \vec{\ltimes} \bar{x}(t), \quad \bar{x}_0 = \overline{x_0}, \tag{15.2.35}$$

这里,

$$A = \begin{bmatrix} 1 & 2 \\ 1 & 2 \\ -1 & 1 \\ -1 & 1 \end{bmatrix}; \quad x_0 = \begin{bmatrix} -1 \\ 1 \end{bmatrix}.$$

不难验证 Ω_2 是一个不变子空间. 因为设 $x = (\alpha, \beta)^{\mathrm{T}} \in \Omega_2$, 那么,

$$A \vec{\ltimes} x = \begin{bmatrix} \alpha + 2\beta \\ \alpha + 2\beta \\ \beta - \alpha \\ \beta - \alpha \end{bmatrix} = \begin{bmatrix} \alpha + 2\beta \\ \beta - \alpha \end{bmatrix} \otimes \mathbf{1}_2 \in \overline{\mathcal{V}}_2.$$

于是系统 (15.2.35) 具有投影提升系统

$$x(t+1) = A_* \vec{\ltimes} x(t) = \begin{bmatrix} 1 & 2 \\ -1 & 1 \end{bmatrix} \vec{\ltimes} x(t).$$

因此, 系统 (15.2.35) 的轨道为

$$\bar{x}(t) = \langle A_* \rangle \vec{\ltimes} \bar{x}_0$$

$$= \overline{\begin{bmatrix} 1 & 2 \\ -1 & 1 \end{bmatrix}^t x_0}.$$

(ii) 考察一个连续时间线性动态系统

$$\dot{\bar{x}}(t) = \langle A \rangle \vec{\ltimes} \bar{x}(t), \quad \bar{x}_0 = \overline{x_0}, \tag{15.2.36}$$

这里, A 和 x_0 均同 (i).

则不难算出其轨道为

$$\bar{x}(t) = \overline{e^{A_* t} x_0}.$$

与 (i) 类似, 可得

$$A_* = \begin{bmatrix} 1 & 2 \\ -1 & 1 \end{bmatrix}.$$

(iii) 考察连续时间线性控制系统

$$\begin{cases} \dot{\bar{x}}(t) = \langle A \rangle \; \vec{\ltimes} \; \bar{x}(t) \; \vec{\boxplus} \; \bar{B}u, \\ \bar{y}(t) = \langle C \rangle \; \vec{\ltimes} \; \bar{x}(t), \end{cases} \tag{15.2.37}$$

这里, $\bar{x}_0 = \overline{x_0}$, A 如前,

$$B = \begin{bmatrix} 1 \\ 2 \end{bmatrix}, \quad C = [1, 0].$$

直接计算轨道为

$$\bar{x}(t) = \overline{e^{A_* t} x_0 + \int_0^t e^{A_*(t-\tau)} B u(\tau) d\tau}.$$

输出为

$$\bar{y}(t) = \overline{C \; \vec{\ltimes} \; x(t)}.$$

不难检验, 系统 (15.2.37) 是能控且能观的.

下面考虑其他类型的商空间.

首先考虑状态空间, 本节前面讨论的均为

$$\Omega = \Omega_\ell = \mathcal{V} / \leftrightarrow_\ell . \tag{15.2.38}$$

在上述讨论中, 自然可以将状态空间更替为

$$\Omega := \Omega_r = \mathcal{V} / \leftrightarrow_r . \tag{15.2.39}$$

需要注意的是, 当状态空间取右等价空间时, 等价的矩阵类也应取右等价. 这是基于矩阵半群对空间作用的定义及其在商空间的推广. 譬如, 矩阵左等价类对向量空间右等价类的作用是难以定义的.

基于这种考虑, 除本节已经讨论过的矩阵商半群

$$\Sigma := \Sigma_\ell = \mathcal{M} / \sim_\ell, \tag{15.2.40}$$

作用在商向量空间 Ω_ℓ 得到的半群系统 $(\Sigma_\ell, \vec{\ltimes}, \Omega_\ell)$ 之外, 我们还有以下半群:

$$\Sigma_r = \mathcal{M} / \sim_r; \tag{15.2.41}$$

$$\Sigma_{\circ_\ell} = \mathcal{M} / \approx_\ell; \tag{15.2.42}$$

$$\Sigma_{\circ_r} = \mathcal{M} / \approx_r . \tag{15.2.43}$$

这些半群作用在相匹配的商向量空间上, 则可得到相应的半群系统.

命题 15.2.8　(i) $(\Sigma_r, \vec{\bowtie}, \Omega_r)$ 是一个动态 S 系统;

(ii) $(\Sigma_{\circ_\ell}, \vec{\sigma}_\ell, \Omega_\ell)$ 是一个动态 S_0 系统;

(iii) $(\Sigma_{\circ_r}, \vec{\sigma}_r, \Omega_r)$ 是一个动态 S_0 系统.

下面考虑当 A 不是有界算子时的轨线. 以最简单的动态系统

$$\dot{x} = Ax(t)$$

为例, 当 A 不是有界算子时, 记其轨道为

$$x(t) = e^{At} x_0 = x_0 \,\vec{\boxplus}\, tA \,\vec{\ltimes}\, x_0 \,\vec{\boxplus}\, \frac{t^2}{2!} A^2 \,\vec{\ltimes}\, x_0 \,\vec{\boxplus}\, \cdots, \tag{15.2.44}$$

不难看出, 此时 $x(t) \notin \mathcal{V}$.

注意到 $\mathcal{V}$ 是伪距离空间, 利用距离拓扑 $\mathcal{T}_d$, 可以将 $\mathcal{V}$ 完备化. 即将所有柯西列加入 $\mathcal{V}$. 记完备化后的状态空间为 $\overline{\mathcal{V}}$.

命题 15.2.9　由式 (15.2.44) 定义的解轨线

$$x(t) \in \overline{\mathcal{V}}.$$

证明　考察

$$x_n(t) = x_0 \,\vec{\boxplus}\, tA \,\vec{\ltimes}\, x_0 \,\vec{\boxplus}\, \frac{t^2}{2!} A^2 \,\vec{\ltimes}\, x_0 \,\vec{\boxplus}\, \cdots \,\vec{\boxplus}\, \frac{t^n}{n!} A^n \,\vec{\ltimes}\, x_0.$$

不难检验 $\{x_n \,|\, n = 1, 2, \cdots\}$ 是一个柯西序列. 并且,

$$\lim_{n \to \infty} x_n(t) = x(t).$$

因此, $x(t) \in \overline{\mathcal{V}}$.　　　　　　　　　　　　　　　　　　　　　□

因此, 当我们考虑一个一般的连续时间线性系统时, 其状态空间应为 $\overline{\mathcal{V}}$.

类似地, 当我们考察一个商空间上一般的连续时间线性系统时, 状态空间也应当是

$$\overline{\Sigma} := \overline{\mathcal{V}} / \leftrightarrow . \tag{15.2.45}$$

不难检验

命题 15.2.10　(i) $\overline{\Sigma}$ 是一个向量空间;

(ii) $\overline{\Sigma}$ 是一个完备赋范空间, 即 Banach 空间.

15.3 有穷维投影实现

15.3.1 离散时间系统的投影实现

考察一个离散时间伪线性系统

$$x(t+1) = A(t) \vec{\ltimes} x(t), \quad x(t) \in \mathcal{V}, \quad x(0) = x_0 \in \mathcal{V}_r, \tag{15.3.1}$$

这里, $A(t) \in \mathcal{M}_{m(t) \times n(t)}$. 当 $A(t) = A$ 时, 它称为定常伪线性系统. 我们只考虑这种系统.

考虑 $A(t) = A \in \mathcal{M}_\mu$ 且 $\mu_y > 1$, 即 A 是无界算子. 根据命题 14.3.4 及其证明, 可以得到如下关于 $x(t)$ 的维数的结果.

推论 15.3.1 考察系统 (15.3.1), 这里, $A(t) = A \in \mathcal{M}_\mu$ 且 $\mu_y > 1$. 记 $d_t = \dim(x(t))$, $t = 0, 1, 2, \cdots$. 则

(i) $r_0 = r$, 则存在一个最小的 t_* 使得 $r_{t_*+1} > r_{t_*}$;

(ii) 对任何 $s > t_*$,

$$r_{s+1} > r_s > r_{t_*}, \quad s > t_*. \tag{15.3.2}$$

定义 15.3.1 考察系统 (15.3.1), 设 A 是无界的. 则定义其最小维投影系统如下:

$$\begin{cases} x_p(t+1) = x(t+1) = A \vec{\ltimes} x(t), & t < t_*, \\ x_p(t+1) = A_* x_p(t), & t \geqslant t_*. \end{cases} \tag{15.3.3}$$

这里, r_* 是满足式 (15.3.2) 的最小非负整数,

$$A_* = \Pi_{r_*}^{m \frac{n \vee r_*}{n}} \left(A \otimes I_{\frac{n \vee r_*}{n}} \right) \Big|_{\mathcal{V}_{r_*}}, \tag{15.3.4}$$

这里, Π_b^s 是投影算子.

系统

$$x_p(t+1) = A_* x_p(t) \tag{15.3.5}$$

称为系统 (15.3.1) 的最小维投影实现.

例 15.3.1 考察系统

$$x(t+1) = \begin{bmatrix} 1, 0, -1 \\ 0, -1, 1 \end{bmatrix} \vec{\ltimes} x(t), \tag{15.3.6}$$

并且,
$$x_0 = [1, 0, -1, 0, 1, -1, -1, 1, 0]^{\mathrm{T}} \in \mathbb{R}^9.$$
寻找它的最小维投影实现.

因为 A 是无界算子, 首先计算其维数序列 $r_t = \dim(x(t))$, $t = 0, 1, 2, \cdots$. 根据定义, 则有
$$r_{t+1} = m\frac{r_t \vee n}{n}, \tag{15.3.7}$$
由于 $r_0 = 9$, 则可算得 $r_1 = 6$, $r_2 = 4$, $r_3 = 8$, $\cdots$. 因此,
$$t_* = 2, \quad r_{t_*} = 4.$$
于是, 系统 (15.3.6) 关于 x_0 的最小维投影实现
$$x(t+1) = \begin{cases} A \vec{\ltimes} x(t), & t < 2, \\ A_* x(t), & t \geqslant 2, \end{cases} \tag{15.3.8}$$
这里, A_* 可计算如下: 因为 $r_{t_*} = 4$, $r_{t_*+1} = 8$, 投影算子
$$\Pi_4^8 = \frac{1}{2}\left(I_4 \otimes \mathbf{1}_2^{\mathrm{T}}\right) I_8 = \begin{bmatrix} 1 & 1 & 0 & 0 & 0 & 0 & 0 & 0 \\ 0 & 0 & 1 & 1 & 0 & 0 & 0 & 0 \\ 0 & 0 & 0 & 0 & 1 & 1 & 0 & 0 \\ 0 & 0 & 0 & 0 & 0 & 0 & 1 & 1 \end{bmatrix}.$$

其次, 我们计算
$$x(1) = A \vec{\ltimes} x_0 = [2, -1, -1, 4, -1, -3]^{\mathrm{T}};$$
$$x(2) = A \vec{\ltimes} x(1) = [3, 2, 5, 8]^{\mathrm{T}}.$$

利用式 (15.3.4) 可得
$$A_* = \Pi_4^8 (A \otimes I_4)(I_4 \otimes \mathbf{1}_3) = \begin{bmatrix} 2 & 0 & -1 & -1 \\ 1 & 1 & 0 & -2 \\ 4 & 2 & -2 & -2 \\ 2 & 2 & 2 & -4 \end{bmatrix}. \tag{15.3.9}$$
于是有
$$x(t) = A_*^{t-2} x_2, \quad t > 2.$$
例如,
$$x(3) = A_* x(2) = [-7, -11, -10, -12]^{\mathrm{T}}, \quad \cdots.$$

注 15.3.1 (i) 最小维投影实现的维数 r_* 依赖于其初值 $x(0) = x_0$ 的维数.

(ii) 实际上, 我们可以用任意 $\tilde{t} > t_*$ 代替 t_* 构造投影实现和投影最小实现. $\tilde{t}$ 越大, 则对应的投影实现系统维数越高. 显然, $\tilde{t}$ 越大, 则相应的近似系统逼近精度越高.

15.3.2 离散时间控制系统的投影实现

考察离散时间线性控制系统

$$\begin{cases} x(t+1) = A \ltimes x(t) + Bu(t), & x(0) = x_0 \in \mathcal{V}_r, \\ y(t) = C \ltimes x(t), \end{cases} \tag{15.3.10}$$

这里, $A \in \mathcal{M}_{m \times n}$, $B \in \mathcal{M}_{m \times s}$, $C \in \mathcal{M}_{p \times m}$. 记 $m/n = \mu = \mu_y/\mu_x$, 这里 $\mu_y \wedge \mu_x = 1$.

当 $\mu_y = 1$ 时, A 是有界算子, 这在第 14 章已经讨论过. 下面设 $\mu_y > 1$. 则对任意 $x_0 \in \mathcal{V}_r$, 可以找到 t_* 和 $r_* = r(t_*)$, 使得 A_* 可由式 (15.3.4) 计算.

利用第 14 章中发展出的方法, 可得到投影最小实现如下:

$$\begin{cases} x_p(t+1) = A_p \ltimes x_p(t) + B_p u(t), & x(0) = x_0 \in \mathcal{V}_r, \\ y(t) = C_p \ltimes x(t), \end{cases} \tag{15.3.11}$$

这里, $A_p = A_*$ 可由式 (15.3.4) 算得, $B_p = B \otimes \mathbf{1}_{r_*/m}$, 以及 $C_p = C \otimes I_{r_*/m}$.

例 15.3.2 考察泛维数线性动态系统

$$x(t+1) = \begin{bmatrix} 1, 0, -1 \\ 0, -1, 1 \end{bmatrix} \ltimes x(t) \vec{\Vdash} \begin{bmatrix} 2 \\ -1 \end{bmatrix} u(t), \quad x_0 \in \mathbb{R}^9, \tag{15.3.12}$$

$$y(t) = [3, -2] \ltimes x(t),$$

寻找其投影最小实现.

设其投影最小实现形同式 (15.3.11). 则由例 15.3.1 可得 $A_p = A_*$, 如式 (15.3.9) 所示. 根据式 (15.3.11), 则 B_p 与 C_p 可计算如下:

$$B_p = B \otimes \mathbf{1}_2 = [2, 2, -1, -1]^{\mathrm{T}}; \quad C_p = C \otimes I_2 = \begin{bmatrix} 3 & 0 & -2 & 0 \\ 0 & 3 & 0 & -2 \end{bmatrix}.$$

15.3.3 连续时间系统

考察泛维连续时间线性系统

$$\dot{x}(t) = A \ltimes x(t), \quad x(0) = x_0 \in \mathcal{V}_r. \tag{15.3.13}$$

设 A 是无界的, 则其最小维投影稳态实现为

$$\dot{x}_p(t+1) = A_* x_p(t), \quad x_p(t) \in \mathbb{R}^{r_{t_*}}, \quad x_p(0) = \Pi_{r_{t_*}}^r x_0, \tag{15.3.14}$$

这里, A_* 如式 (15.3.4) 所示.

考察一个泛维连续时间线性控制系统

$$\begin{cases} \dot{x}(t) = A \vec{\ltimes} x(t) + Bu(t), \quad x_p(t) \in \mathbb{R}^{r_{t_*}}, \quad x(0) = x_0 \in \mathcal{V}_r, \\ y(t) = C \vec{\ltimes} x(t), \end{cases} \tag{15.3.15}$$

这里 A 是维数无界的. $A \in \mathcal{M}_{m \times n}$, $B \in \mathcal{M}_{m \times s}$, $C \in \mathcal{M}_{q \times m}$. 记 $m/n = \mu = \mu_y/\mu_x$, 这里, $\mu_y \wedge \mu_x = 1$. 则其最小维投影稳态实现为

$$\begin{cases} \dot{x}_p(t) = A_p \vec{\ltimes} x_p(t) + B_p u(t), \quad x_p(0) = \Pi_{r_{t_*}}^r x_0, \\ y(t) = C_p \vec{\ltimes} x(t), \end{cases} \tag{15.3.16}$$

这里, $A_p = A_*$ 由式 (15.3.4) 决定, $B_p = B \otimes \mathbf{1}_{r_*/m}$, 以及 $C_p = C \otimes I_{r_*/m}$.

第 16 章 泛维李代数与李群

本章首先将一般线性代数 $\mathrm{gl}(n, \mathbb{R})$ 推广到泛维向量空间 Σ_1, 记作 $\mathrm{gl}(\mathbb{R})$. $\mathrm{gl}(\mathbb{R})$ 虽然是无穷维李代数, 却具有有穷维李代数的许多重要性质. 这些性质可见文献 [12]. 类似于李代数的推广, 一般线性群 $\mathrm{GL}(n, \mathbb{R})$ 也可推广到泛维向量空间 Σ_1 上, 记作 $\mathrm{GL}(\mathbb{R})$. 关于李群的基本概念与性质可参见文献 [19]. 最后, 本章讨论泛维李群与泛维李代数之间的关系, 它也是经典李群与李代数关系的推广, 原始关系可参见文献 [61, 105].

本章主要工作来自文献 [34, 37].

16.1 商矩阵空间上的李代数

16.1.1 丛结构下的李代数

定义 16.1.1 [61] 设 g 为一个实向量空间 (或任意域 $\mathbb{F}$ 上的向量空间), g 称为一个李代数, 如果其上有一个二元算子 $[\cdot, \cdot]: g \times g \to g$, 称为李括号, 满足以下三个条件:

(i) 线性性:

$$
\begin{aligned}
[\alpha A + \beta B, C] &= \alpha[A, C] + \beta[B, C], \\
[C, \alpha A + \beta B] &= \alpha[C, A] + \beta[C, B],
\end{aligned}
\tag{16.1.1}
$$

这里 $A, B, C \in g$, $\alpha, \beta \in \mathbb{R}$.

(ii) 反对称性:

$$
[A, B] = -[B, A], \quad A, B \in g.
\tag{16.1.2}
$$

(iii) Jacobi 等式:

$$
[A, [B, C]] + [B, [C, A]] + [C, [A, B]] = 0, \quad \forall A, B, C \in g.
\tag{16.1.3}
$$

定义 16.1.2 在定义 16.1.1 中, 如果 g 只是一个伪向量空间, 则称其为伪李代数.

例 16.1.1 考虑方阵集合 $\mathcal{M}_1$. 定义其上的李括号为

$$
[A, B] := A \ltimes B - B \ltimes A, \quad A, B \in \mathcal{M}_1.
\tag{16.1.4}
$$

容易验证, 定义 16.1.1 中的三个条件均满足. 因此, $\mathcal{M}_1$ 带上由式 (16.1.4) 定义的李括号为一个伪李代数.

特别是, 当把这个伪李代数限制到 $\mathcal{M}_1^n = \mathcal{M}_{n\times n}$ 上时, 它就退化成为一般线性代数 $\mathrm{gl}(n,\mathbb{R})$.

考虑矩阵等价类下的商空间, $\Sigma_1 := \mathcal{M}_1/\sim_\ell$, 则有如下的纤维丛结构:

$$(\mathcal{M}_1, \mathrm{Pr}, \Sigma_1). \tag{16.1.5}$$

现在, 在每一片叶 $\mathcal{M}_{n\times n} = \mathcal{M}_1^n$ 上, 都有一个李代数结构 $\mathrm{gl}(n,\mathbb{R})$. 于是, 很自然地在商空间 Σ_1 上定义李括号如下:

$$[\langle A\rangle, \langle B\rangle] := \langle A\rangle \ltimes \langle B\rangle \vdash \langle B\rangle \ltimes \langle A\rangle, \quad \langle A\rangle, \langle B\rangle \in \Sigma_1. \tag{16.1.6}$$

直接计算可验证, 等价类的李括号满足以下关系.

命题 16.1.1　设 $\langle A\rangle$, $\langle B\rangle \in \Sigma_1$, 则

$$[\langle A\rangle, \langle B\rangle] = \langle [A,\ B]\rangle. \tag{16.1.7}$$

后面将证明, Σ 带上由式 (16.1.6) 定义的李括号是一个李代数. 这个李代数记作 $\mathrm{gl}(\mathbb{R})$.

回到丛结构 (16.1.5) 上, 当每一片叶 $\mathbb{R}^n$, $n=1,2,\cdots$ 都带上李括号, 而基底空间 Σ 也看作一个李代数时, 则 $\mathrm{Pr}|_{\mathbb{R}^n} : \mathrm{gl}(n,\mathbb{R}) \to (\Sigma, [\cdot,\cdot])$ 就变为一个李代数同态. 我们把这样一个丛称为李代数丛.

定义一般李代数丛如下.

定义 16.1.3　设 (E, Pr, B) 是一个离散丛, 其中, 每个叶记作 $E_i, i=1,2,\cdots$. 如果

(i) $(B, \oplus, \otimes, [\cdot,\cdot])$ 是一个李代数;

(ii) 每一片叶 $(E_i, +, \times, [\cdot,\cdot])$ 也是一个 (伪) 李代数, $i=1,2,\cdots$;

(iii) $\mathrm{Pr}|_{E_i} : (E_i, +, \times, [\cdot,\cdot]) \to (B, \oplus, \otimes, [\cdot,\cdot])$ 是一个李代数同态, $i=1,2,\cdots$, 则 (E, Pr, B) 称为一个李代数丛. (简称 B 为一个李代数丛.)

定理 16.1.1　考察丛 $(\mathcal{M}_1, \mathrm{Pr}, \Sigma_1)$, 它是一个离散丛. 设向量空间 Σ_1 及其上由式 (16.1.6) 定义的李括号 $[\cdot,\cdot]$, 记作 $\mathrm{gl}(\mathbb{R})$, 是一个李代数丛. 其上的叶为 $\mathrm{gl}(n,\mathbb{R})$, $n=1,2,\cdots$.

证明　注意到 $\mathcal{M}_1 = \bigcup_{n=1}^\infty \mathcal{M}_{n\times n}$. 则显然 $(\mathcal{M}_1, \mathrm{Pr}, \Sigma_1)$ 是一个离散丛.

下面证明 $(\Sigma_1, \vdash, [\cdot,\cdot])$ 是一个李代数. 等式 (16.1.1) 及 (16.1.2) 显见. 我们只证 (16.1.3).

设 $A_1 \in \langle A \rangle$, $B_1 \in \langle B \rangle$, 以及 $C_1 \in \langle C \rangle$ 均为相应等价类中的最小元, 并设 $A_1 \in \mathcal{M}_{m \times m}$, $B_1 \in \mathcal{M}_{n \times n}$, $C_1 \in \mathcal{M}_{r \times r}$. 令 $t = \mathrm{lcm}(n, m, r)$. 则不难检验

$$[\langle A \rangle, [\langle B \rangle, \langle C \rangle]] = \left\langle \left[(A_1 \otimes I_{t/m}), [(B_1 \otimes I_{t/n}), (C_1 \otimes I_{t/r})] \right] \right\rangle. \tag{16.1.8}$$

类似地, 有

$$[\langle B \rangle, [\langle C \rangle, \langle A \rangle]] = \left\langle \left[(B_1 \otimes I_{t/n}), [(C_1 \otimes I_{t/r}), (A_1 \otimes I_{t/m})] \right] \right\rangle. \tag{16.1.9}$$

$$[\langle C \rangle, [\langle A \rangle, \langle B \rangle]] = \left\langle \left[(C_1 \otimes I_{t/r}), [(A_1 \otimes I_{t/m}), (B_1 \otimes I_{t/n})] \right] \right\rangle. \tag{16.1.10}$$

由于式 (16.1.3) 对任何 $A, B, C \in \mathrm{gl}(t, \mathbb{R})$ 均成立, 则它对 $A = A_1 \otimes I_{t/m}$, $B = B_1 \otimes I_{t/n}$, 以及 $C = C_1 \otimes I_{t/r}$ 也成立. 利用这个事实和等式 (16.1.8)—(16.1.10), 可得

$$[\langle A \rangle, [\langle B \rangle, \langle C \rangle]] \Vdash [\langle B \rangle, [\langle C \rangle, \langle A \rangle]] \Vdash [\langle C \rangle, [\langle A \rangle, \langle B \rangle]]$$

$$= \Big\langle \left[(A_1 \otimes I_{t/m}), [(B_1 \otimes I_{t/n}), (C_1 \otimes I_{t/r})] \right]$$

$$+ \left[(B_1 \otimes I_{t/n}), [(C_1 \otimes I_{t/r}), (A_1 \otimes I_{t/m})] \right]$$

$$+ \left[(C_1 \otimes I_{t/r}), [(A_1 \otimes I_{t/m}), (B_1 \otimes I_{t/n})] \right] \Big\rangle$$

$$= \langle 0 \rangle = 0.$$

令 $\mathcal{M}_{n \times n}$ 上的李代数结构为 $\mathrm{gl}(n, \mathbb{R})$. 因为 $\Vdash$ 与 $\ltimes$ 相容, 则可直接验证 $\mathrm{Pr} : \mathrm{gl}(n, \mathbb{R}) \to \mathrm{gl}(\mathbb{R})$ 是李代数同态. $\square$

16.1.2 李子代数丛

本小节考虑作为李代数丛 $\mathrm{gl}(\mathbb{R})$ 的子代数的李子代数丛.

设 g 为一个经典李代数, $h \subset g$ 为一个向量子空间. 如果对 g 上的李括号运算 h 是封闭的, 即 h 满足

$$[x, y] \in h, \quad \forall x, y \in h, \tag{16.1.11}$$

则 h 称为 g 的李子代数. 下面将这个概念推广到李代数丛.

定义 16.1.4 设 (E, Pr, B) 是定义 16.1.3 规定的李代数丛. 如果

(i) $(H, \oplus, \otimes)$ 是 $(B, \oplus, \otimes)$ 的李子代数;

(ii) $(F_i, +, \times)$ 是 $(E_i, +, \times)$ 的李子代数, $i = 1, 2, \cdots$;

(iii) 将投影限制在 F_i 上, 则 $\mathrm{Pr}|_{F_i} : (F_i, +, \times) \to (H, \oplus, \otimes)$ 是李代数同态, $i = 1, 2, \cdots$,

则 (F, Pr, H) 称为李代数丛 (E, Pr, B) 的李子代数丛.

熟知, 一般线性代数 $\mathrm{gl}(n, \mathbb{R})$ 有一些十分有用的李子代数. 当 $\mathrm{gl}(n, \mathbb{R})$, $\forall n$, 被推广到 Σ_1 上的李代数丛 $\mathrm{gl}(\mathbb{R})$ 时, 那些李子代数自然也可以推广到相应的李子代数丛了.

- **正交李子代数丛**

定义 16.1.5 $\langle A \rangle \in \Sigma$ 称为对称的 (反对称的), 如果 $A^{\mathrm{T}} = A$ (对应地, $A^{\mathrm{T}} = -A$), $\forall A \in \langle A \rangle$.

$\langle A \rangle$ 的对称性 (反对称性) 是定义好的. 因为如果 $A \sim B$ 并且 $A^{\mathrm{T}} = A$ ($A^{\mathrm{T}} = -A$), 那么, $B^{\mathrm{T}} = B$ (对应地, $B^{\mathrm{T}} = -B$).

命题 16.1.2 如果 $\langle A \rangle$ 和 $\langle B \rangle$ 均为对称的 (反对称的), 那么, $[\langle A \rangle, \langle B \rangle]$ 也是对称的 (对应地, 反对称的).

下面定义相应的李子代数丛.

定义 16.1.6

$$\mathrm{o}(\mathbb{R}) := \left\{ \langle A \rangle \in \mathrm{gl}(\mathbb{R}) \,\middle|\, \langle A \rangle^{\mathrm{T}} = - \langle A \rangle \right\}$$

称为正交李子代数丛.

- **特殊线性李子代数丛**

定义 16.1.7

$$\mathrm{sl}(\mathbb{R}) := \{ \langle A \rangle \in \mathrm{gl}(\mathbb{R}) \,|\, \mathrm{Tr}(\langle A \rangle) = 0 \}$$

称为特殊线性李子代数丛.

类似于正交线性李子代数丛, 不难证明, $\mathrm{sl}(\mathbb{R})$ 是 $\mathrm{gl}(\mathbb{R})$ 的李子代数丛.

- **上三角李子代数丛**

定义 16.1.8

$$\mathrm{t}(\mathbb{R}) := \{ \langle A \rangle \in \mathrm{gl}(\mathbb{R}) \,|\, \langle A \rangle \text{ 为上三角矩阵} \}$$

称为上三角李子代数丛.

类此可定义严上三角李子代数丛.

- **严上三角李子代数丛**

定义 16.1.9

$$\mathrm{n}(\mathbb{R}) := \{ \langle A \rangle \in \mathrm{gl}(\mathbb{R}) \,|\, \langle A \rangle \text{ 是严上三角的} \}$$

称为严上三角李子代数丛.

- **对角李子代数丛**

定义 16.1.10

$$\mathrm{d}(\mathbb{R}) := \left\{ \langle A \rangle \in \mathrm{gl}(\mathbb{R}) \,\middle|\, \langle A \rangle \text{ 为对角矩阵} \right\}$$

称为对角李子代数丛.

- **辛子代数丛**

定义 16.1.11

$$\mathrm{sp}(\mathbb{R}) := \{ \langle A \rangle \in \mathrm{gl}(\mathbb{R}) \,|\, \langle A \rangle \text{ 满足 (16.1.12) 且 } A_1 \in \mathcal{M}_{2n \times 2n}, \, n \in \mathbb{Z}_+ \}$$

称为辛子代数丛.

$$\langle J \rangle \ltimes \langle A \rangle \Vdash \langle A \rangle^{\mathrm{T}} \ltimes \langle J \rangle = 0, \qquad (16.1.12)$$

这里,

$$J = \begin{bmatrix} 0 & 1 \\ -1 & 0 \end{bmatrix}.$$

定义 16.1.12 一个李子代数 $\mathcal{J} \subset \mathcal{G}$ 称为理想, 如果

$$[g, \mathcal{J}] \in \mathcal{J}. \qquad (16.1.13)$$

例 16.1.2 $\mathrm{sl}(\mathbb{R})$ 是 $\mathrm{gl}(\mathbb{R})$ 的理想. 因为

$$\mathrm{Tr}[g, h] = \mathrm{Tr}(g \ltimes h \vdash h \ltimes g) = 0, \quad \forall\, g \in \mathrm{gl}(\mathbb{R}), \quad \forall\, h \in \mathrm{sl}(\mathbb{R}),$$

故 $[\mathrm{gl}(\mathbb{R}), \mathrm{sl}(\mathbb{R})] \subset \mathrm{sl}(\mathbb{R})$.

一般线性代数 $\mathrm{gl}(n, \mathbb{R})$ 的子代数的许多性质可以推广到李代数丛 $\mathrm{gl}(\mathbb{R})$ 的李子代数丛上去. 下面的性质就是这样的例子.

命题 16.1.3

$$\mathrm{gl}(\mathbb{R}) = \mathrm{sl}(\mathbb{R}) \Vdash r \langle 1 \rangle, \quad r \in \mathbb{R}. \qquad (16.1.14)$$

证明 显然,

$$\langle A \rangle = (\langle A \rangle \vdash \mathrm{Tr}(\langle A \rangle)) \Vdash \mathrm{Tr}(\langle A \rangle) \langle 1 \rangle.$$

由于 $\mathrm{Tr}\left(\langle A \rangle \vdash \mathrm{Tr}(\langle A \rangle)\right) = 0$, 则

$$\langle A \rangle \vdash \mathrm{Tr}(\langle A \rangle) \in \mathrm{sl}(\mathbb{R}).$$

结论显见.   □

下面考虑几个例子.

例 16.1.3   (i) 记

$$\mathrm{gl}(\langle A \rangle, \mathbb{R}) := \left\{ \langle X \rangle \mid \langle X \rangle \langle A \rangle \Vdash \langle A \rangle \langle X^{\mathrm{T}} \rangle = 0 \right\}. \tag{16.1.15}$$

显然 $\mathrm{gl}(\langle A \rangle, \mathbb{R})$ 是向量空间 $\mathrm{gl}(\mathbb{R})$ 的子空间. 设 $\langle X \rangle, \langle Y \rangle \in \mathrm{gl}(\langle A \rangle, \mathbb{R})$, 则

$$[\langle X \rangle, \langle Y \rangle] \langle A \rangle \Vdash \langle A \rangle [\langle X \rangle, \langle Y \rangle]^{\mathrm{T}}$$

$$= \langle X \rangle \langle Y \rangle \langle A \rangle \vdash \langle Y \rangle \langle X \rangle \langle A \rangle \Vdash \langle A \rangle \langle Y^{\mathrm{T}} \rangle \langle X^{\mathrm{T}} \rangle \vdash \langle X^{\mathrm{T}} \rangle \langle Y^{\mathrm{T}} \rangle \langle A \rangle$$

$$= \langle X \rangle \langle A \rangle \langle Y^{\mathrm{T}} \rangle \vdash \langle Y \rangle \langle A \rangle \langle X^{\mathrm{T}} \rangle \Vdash \langle Y \rangle \langle A \rangle \langle X^{\mathrm{T}} \rangle \vdash \langle X \rangle \langle A \rangle \langle Y^{\mathrm{T}} \rangle$$

$$= 0.$$

于是 $\mathrm{gl}(\langle A \rangle, \mathbb{R}) \subset \mathrm{gl}(\mathbb{R})$ 是一个李子代数丛.

(ii) 设 $\langle A \rangle$ 和 $\langle B \rangle$ 是合同的 (congruent), 即存在非奇异 $\langle P \rangle$ 使得

$$\langle A \rangle = \langle P^{\mathrm{T}} \rangle \langle B \rangle \langle P \rangle.$$

那么, 不难验证, $\pi\colon \mathrm{gl}(\langle A \rangle, \mathbb{R}) \to \mathrm{gl}(\langle B \rangle, \mathbb{R})$ 是一个李代数同构, 这里

$$\pi(\langle X \rangle) = \langle P^{-T} \rangle \langle X \rangle \langle P \rangle.$$

16.1.3 李代数丛的性质

定义 16.1.13   设 $p \in \mathbb{Z}_+$.

(i) p 截断矩阵等价类定义为

$$\langle A \rangle^{[\cdot, p]} := \left\{ A_n \in \langle A \rangle \mid n \mid p \right\}. \tag{16.1.16}$$

从格结构角度看, $\langle A \rangle^{[\cdot, p]}$ 是 $\langle A \rangle$ 的一个理想.

(ii) p 截断方阵定义为

$$\mathcal{M}^{[\cdot, p]} := \left\{ A \in \mathcal{M}_{n \times n} \mid n \mid p \right\}. \tag{16.1.17}$$

从格结构角度看, $\mathcal{M}^{[\cdot, p]}$ 是 $\mathcal{M}_1$ 的一个理想.

(iii) p 截断矩阵等价空间定义为

$$\Sigma^{[\cdot, p]} := \mathcal{M}^{[\cdot, p]} / \sim. \tag{16.1.18}$$

从格结构角度看, $\Sigma^{[\cdot, p]}$ 是 Σ 的一个理想.

注 16.1.1 (i) 如果 $A_1 \in \langle A \rangle$ 为最小元, $A_1 \in \mathcal{M}_{n \times n}$, 并且 n 不是 p 的因子, 那么, $\langle A \rangle^{[\cdot, p]} = \varnothing$.

(ii) 显然, $\left(\mathcal{M}^{[\cdot, p]}, \mathrm{Pr}, \Sigma^{[\cdot, p]} \right)$ 是一个离散丛, 它是 $(\mathcal{M}, \mathrm{Pr}, \Sigma)$ 的子丛. 即, 图 16.1.1 可交换. 这里, π 和 π' 为嵌入映射.

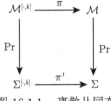

图 16.1.1   离散丛同态

(iii) 直接验证可知 $\Sigma^{[\cdot, p]}$ 对于运算 $\boxplus$ 和式 (16.1.6) 定义的 $[\cdot, \cdot]$ 均封闭, 因此, 嵌入映射 $\pi' : \Sigma^{[\cdot, p]} \to \Sigma$ 是李代数同态. 将 $\langle A \rangle^{[\cdot, p]}$ 等同它的投影 $\langle A \rangle = \pi' \left(\langle A \rangle^{[\cdot, p]} \right)$, 那么, $\Sigma^{[\cdot, p]}$ 成为 $\mathrm{gl}(\mathbb{R})$ 的李子代数丛. 记它为

$$\mathrm{gl}^{[\cdot, p]}(\mathbb{R}) := \left(\Sigma^{[\cdot, p]}, \boxplus, [\cdot, \cdot] \right), \tag{16.1.19}$$

并称 $\mathrm{gl}^{[\cdot, p]}(\mathbb{R})$ 为 $\mathrm{gl}(\mathbb{R})$ 的 p 截断李子代数丛.

(iv) 设 $\Gamma \subset \mathrm{gl}(\mathbb{R})$ 为一李子代数丛, 则它的 p 截断李子代数丛 $\Gamma^{[\cdot, p]}$ 可类似 $\mathrm{gl}^{[\cdot, p]}$ 定义. 另外, 它也可看作

$$\Gamma^{[\cdot, p]} := \Gamma \cap \Sigma^{[\cdot, p]}. \tag{16.1.20}$$

定义 16.1.14[68]   设 g 为一李代数.

(i) 其导出列定义为 $\mathcal{D}(g) := [g, g]$, 并且

$$\mathcal{D}^{(k+1)}(g) := \mathcal{D} \left(\mathcal{D}^k(g) \right), \quad k = 1, 2, \cdots.$$

g 称为可解李代数, 如果存在一个 $n \in \mathbb{Z}_+$ 使得 $\mathcal{D}^{(n)}(g) = \{0\}$.

(ii) 定义递减中心序列 $\mathcal{C}(g) := [g, g]$, 并且

$$\mathcal{C}^{(k+1)}(g) := \left[g, \mathcal{C}^{(k)}(g) \right], \quad k = 1, 2, \cdots.$$

g 称为幂零李代数, 如果存在一个 $n \in \mathbb{Z}_+$ 使得 $\mathcal{C}^{(n)}(g) = \{0\}$.

定义 16.1.15   设 $\Gamma \subset \mathrm{gl}(\mathbb{R})$ 为 $\mathrm{gl}(\mathbb{R})$ 的一个李子代数丛.

(i) Γ 称为可解李子代数丛, 如果对任意 $p \in \mathbb{Z}_+$, p 截断李子代数 $\Gamma^{[\cdot, p]}$ 是可解的.

(ii) Γ 称为幂零李子代数丛, 如果对任意 $p \in \mathbb{Z}_+$, p 截断李子代数 $\Gamma^{[\cdot, p]}$ 是幂零的.

定义 16.1.16[68]   设 g 为一李代数.

(i) g 称为单代数, 如果它没有非平凡理想. 即, 除平凡理想 $\{0\}$ 和 g 之外, g 没有其他理想.

(ii) g 称为半单代数, 如果它没有除 $\{0\}$ 以外的可解理想.

注意, 上述定义中的理想是李代数的理想, 与格结构中的理想无关.

下面是一些简单而又基本的性质.

命题 16.1.4   李代数 $\mathrm{gl}^{[\cdot,p]}(\mathbb{R})$ 同构于经典李代数 $\mathrm{gl}(p,\mathbb{R})$.

证明   首先, 构造一个映射 $\pi : \mathrm{gl}^{[\cdot,p]}(\mathbb{R}) \to \mathrm{gl}(p,\mathbb{R})$ 如下: 设 $\langle A \rangle \in \mathrm{gl}^{[\cdot,p]}(\mathbb{R})$ 且 $A_1 \in \langle A \rangle$ 为最小元, 并且, $A_1 \in \mathcal{M}_{n\times n}$, 根据定义, $n|p$. 设 $s = p/n$, 定义

$$\pi(\langle A \rangle) := A_1 \otimes I_s \in \mathrm{gl}(p,\mathbb{R}).$$

设 $\pi' : \mathrm{gl}(p,\mathbb{R}) \to \mathrm{gl}^{[\cdot,p]}(\mathbb{R})$ 定义如下:

$$\pi'(B) := \langle B \rangle \in \mathrm{gl}^{[\cdot,p]}(\mathbb{R}),$$

则不难验证, π 是一一映上的, 且 $\pi^{-1} = \pi'$.

根据 $\vdash$ 与 $[\cdot,\cdot]$ 的定义, 显然 π 是一个李代数同构.   □

下面列举的是关于经典一般线性代数 $\mathrm{gl}(n,\mathbb{R})$ 熟知的一些性质[12,68]. 根据命题 16.1.4, 不难验证它们对 $\mathrm{gl}(\mathbb{R})$ 也成立.

命题 16.1.5   设 $g \subset \mathrm{gl}(\mathbb{R})$ 为李子代数.

(i) 如果 g 是幂零的, 则它是可解的;

(ii) 如果 g 是可解的, 则它的任意子代数可解;

(iii) 如果 $h \subset g$ 是 g 的理想, 并且 h 和 g/h 可解, 则 g 也可解.

定义 16.1.17   设 $\langle A \rangle \in \mathrm{gl}(\mathbb{R})$, 则其伴随表示 (adjoint representation) $\mathrm{ad}_{\langle A \rangle} : \mathrm{gl}(\mathbb{R}) \to \mathrm{gl}(\mathbb{R})$ 定义为

$$\mathrm{ad}_{\langle A \rangle} \langle B \rangle = [\langle A \rangle, \langle B \rangle]. \tag{16.1.21}$$

要断言 (16.1.21) 是定义好的, 必须证明

$$\mathrm{ad}_{\langle A \rangle} \langle B \rangle = \langle \mathrm{ad}_A B \rangle, \quad A \in \langle A \rangle, \quad \langle B \rangle \in \langle B \rangle. \tag{16.1.22}$$

这可以由 $\ltimes$ 和 $\vdash$ ($\vdash$) 与 $\sim_\ell$ 的相容性得到.

例 16.1.4   考虑 $\langle A \rangle \in \Sigma_1$. 设 $\langle A \rangle$ 是幂零的, 即存在一个 $k > 0$ 使得 $\langle A \rangle^k = 0$. 于是, $\mathrm{ad}_{\langle A \rangle}$ 也是幂零的.

注意到 $A^k = 0$, 当且仅当, $(A \otimes I_s)^k = 0$. 类似地, $\mathrm{ad}_A^k = 0$, 当且仅当, $\mathrm{ad}_{A \otimes I_s}^k = 0$. 因此, 我们只需证明, ad_A 对任何 $A \in \langle A \rangle$ 都是幂零的. 选择

$A_s \in \langle A \rangle$ 以及 $B_t \in \langle B \rangle$, 使得 A_s 和 B_t 的维数为 $A_s, B_t \in \mathcal{M}_{n \times n}$. 那么,

$$\mathrm{ad}_{A_s} B_t = A_s B_t - B_t A_s.$$

直接计算可知

$$\mathrm{ad}_{A_s}^m B_t = \sum_{i=0}^{m} (-1)^i \binom{m}{i} A_s^{m-i} B_t A_s^i, \quad \forall A_s, B_t \in \mathcal{M}_{n \times n}.$$

当 $m = 2k-1$ 时, 显然可知 $\mathrm{ad}_{A_s}^m B_t = 0, \forall B_t \in \mathcal{M}_{n \times n}$. 于是可得

$$\mathrm{ad}_{A_s}^{2k-1} = 0,$$

即

$$\mathrm{ad}_{\langle A \rangle}^{2k-1} = 0.$$

Killing 形式对有穷维李代数是一个非常有用的结构. 下面将其推广到 $\mathrm{gl}(\mathbb{R})$. 先给出经典定义. 为了我们应用的需要, 它被做了一点非本质的修改. 原始定义可见文献 [68].

定义 16.1.18 (i) 设 $A, B \in \mathrm{gl}(n, \mathbb{R})$, 则 Killing 形式 $(\cdot, \cdot)_K : \mathrm{gl}(n, \mathbb{R}) \times \mathrm{gl}(n, \mathbb{R}) \to \mathbb{R}$ 定义为

$$(A, B)_K := \mathrm{Tr}(\mathrm{ad}_A \, \mathrm{ad}_B). \tag{16.1.23}$$

(ii) 设 $\langle A \rangle, \langle B \rangle \in \mathrm{gl}(\mathbb{R})$, 则 Killing 形式 $(\cdot, \cdot)_K : \mathrm{gl}(\mathbb{R}) \times \mathrm{gl}(\mathbb{R}) \to \mathbb{R}$ 定义为

$$(\langle A \rangle, \langle B \rangle)_K := \mathrm{Tr}\left(\mathrm{ad}_{\langle A \rangle} \ltimes \mathrm{ad}_{\langle B \rangle}\right). \tag{16.1.24}$$

为断言这里的 Killing 形式是定义好的, 需要证明

$$(\langle A \rangle, \langle B \rangle)_K = (A, B)_K, \quad A \in \langle A \rangle, \quad B \in \langle B \rangle. \tag{16.1.25}$$

类似于式 (16.1.22), 式 (16.1.25) 可由直接计算来检验.

根据等式 (16.1.22) 与 (16.1.25), 下面的关于有穷维李代数的性质[12] 可以很容易地推广到 $\mathrm{gl}(\mathbb{R})$.

命题 16.1.6 考察 $g = \mathrm{gl}(\mathbb{R})$. 设 $\langle A \rangle, \langle A \rangle_1, \langle A \rangle_2, \langle B \rangle, \langle E \rangle \in g, c_1, c_2 \in \mathbb{R}$. 则

(i)
$$(\langle A \rangle, \langle B \rangle)_K = (\langle B \rangle, \langle A \rangle)_K. \tag{16.1.26}$$

(ii) $(c_1 \langle A \rangle_1 \Vdash c_2 \langle A \rangle_2, \langle B \rangle)_K = c_1 (\langle A \rangle_1, \langle B \rangle)_K \Vdash c_2 (\langle A \rangle_2, B)_K. \tag{16.1.27}$

(iii) $$\left(\mathrm{ad}_{\langle A\rangle}\langle B\rangle, \langle E\rangle\right)_K \Vdash \left(\langle B\rangle, \mathrm{ad}_{\langle A\rangle}\langle E\rangle\right)_K = 0. \qquad (16.1.28)$$

(iv) 设 $h \subset g$ 为 g 的一个理想, $\langle A\rangle$, $\langle B\rangle \in h$, 那么,

$$(\langle A\rangle, \langle B\rangle)_K = (\langle A\rangle, \langle B\rangle)_K^h. \qquad (16.1.29)$$

式 (16.1.29) 的右边是局限于理想 h 上的 Killing 形式.

(v) 子代数 $\xi \subset g$ 是半简李代数, 当且仅当, 它的 Killing 形式非退化.

Engel 定理[12] 也可以推广到 $\mathrm{gl}(\mathbb{R})$ 上.

定理 16.1.2 (Engel 定理) 设 $\{0\} \neq g \subset \mathrm{gl}(\mathbb{R})$ 为一李子代数丛. 并且, 每一个 $\langle A\rangle \in g$ 都是幂零的 (即, 对每一个 $\langle A\rangle \in g$ 都存在一个 $k > 0$ 使得 $\langle A\rangle^k = \langle A^k\rangle = 0$). 那么

(i) 如果 g 是有限生成的, 则存在一个适当维数的向量 $X \neq 0$ 使得

$$G \ltimes X = 0, \quad \forall G \in g;$$

(ii) g 是幂零的.

定义 16.1.19[68] 设 V 是一个 n 维向量空间. 一个 V 的标志 (flag) 是一个子空间序列

$$0 = V_0 \subset V_1 \subset V_2 \subset \cdots \subset V_n = V,$$

这里, $\dim(V_i) = i$. 设 $A \in \mathrm{End}(V)$ 为 V 的自同态. A 称可镇定这个标志, 如果

$$AV_i \subset V_i, \quad i = 1, \cdots, n.$$

李定理[12] 可推广到 $\mathrm{gl}(\mathbb{R})$ 如下.

定理 16.1.3 设 $g \subset \mathrm{gl}(\mathbb{R})$ 为一可解李代数, 则对任何 $p > 0$ 存在一个由理想组成的标志 $0 = \mathcal{I}_0 \subset \mathcal{I}_1 \subset \cdots \subset \mathcal{I}_p$, 使得截断 $g^{[\cdot, p]}$ 可镇定这个标志.

推论 16.1.1 设 $g \subset \mathrm{gl}(\mathbb{R})$ 为一李子代数丛. g 可解, 当且仅当, $\mathcal{D}(g)$ 是幂零的.

例 16.1.5 考察李子代数丛 $\mathrm{t}(\mathbb{R})$ 和 $\mathrm{n}(\mathbb{R})$. 则不难检验以下结论:

(i) $\mathrm{t}(\mathbb{R})$ 是可解的;

(ii) $\mathrm{n}(\mathbb{R})$ 是幂零的.

虽然 $\mathrm{gl}(\mathbb{R})$ 是无穷维李代数, 但它却有有穷维李代数的几乎所有性质. 这一点可以通过逐条检验查证. 其原理在于: $\mathrm{gl}(\mathbb{R})$ 本质上是有穷维李代数的并.

16.2 矩阵商空间上的李群

16.2.1 线性李群丛

考察 Σ_1, 我们定义一个子集

$$\mathrm{GL}(\mathbb{R}) := \{\langle A \rangle \in \Sigma_1 \,|\, \mathrm{Dt}(\langle A \rangle) \neq 0\}. \tag{16.2.1}$$

必须强调的一点是, 在距离拓扑 $\mathcal{T}_d$ 下 $\mathrm{GL}(\mathbb{R})$ 是 Σ_1 的一个开子集. 流形丛的一个开子集有如下性质.

命题 16.2.1 设 M 是一个流形丛, N 为 M 的一个开子集, 则 N 也是一个流形丛.

证明 只要能够构造 N 的一个坐标邻域开覆盖就够了. 设 M 的一个开覆盖为

$$\mathcal{C} = \{U_\lambda \,|\, \lambda \in \Lambda\},$$

则可构造

$$\mathcal{C}_N := \{U_\lambda \cap N \,|\, U_\lambda \in \mathcal{C}, \; \lambda \in \Lambda\}.$$

于是, 不难看出, 如果 $\mathcal{C}$ 是 C^r (C^∞ 或 C^ω) 可比较, 则 $\mathcal{C}_N$ 也是 C^r (相应地, C^∞ 或 C^ω) 可比较. 流形丛的其他各条件显见满足. □

推论 16.2.1 $\mathrm{GL}(\mathbb{R})$ 是一个流形丛.

注意, 根据 $\ltimes : \mathrm{GL}(\mathbb{R}) \times \mathrm{GL}(\mathbb{R}) \to \mathrm{GL}(\mathbb{R})$ 的定义,

$$\langle A \rangle \ltimes \langle B \rangle := \langle A \ltimes B \rangle \in \mathrm{GL}(\mathbb{R}), \tag{16.2.2}$$

因为 $A \ltimes B$ 可逆.

定义 16.2.1 一个拓扑空间 G 称为一个李群丛, 如果

(i) 它是一个解析流形丛;

(ii) 它是一个群;

(iii) 乘法 $A \times B \to AB$ 及逆 $A \to A^{-1}$ 均为解析映射.

下面的结论是定义的直接结果.

定理 16.2.1 $\mathrm{GL}(\mathbb{R})$ 是一个李代数丛.

证明 我们已经证明 $\mathrm{GL}(\mathbb{R})$ 是一个解析流形丛. 下面证明 $(\mathrm{GL}(\mathbb{R}), \ltimes)$ 是一个群. 显然, $\langle 1 \rangle$ 是单位元. 并且, $\langle A \rangle^{-1} = \langle A^{-1} \rangle$. 结论显见.

利用简单坐标邻域 (确定维数空间下的邻域), 不难证明这两个映射的解析性. 根据定义, 它在一般邻域下也对. □

16.2.2　李群丛及其李代数丛

定义

$$\mathcal{W} := \{A \in \mathcal{M}_1 \mid \det(A) \neq 0\},$$

并且

$$\mathcal{W}_s := \mathcal{W} \cap \mathcal{M}_{s \times s}, \quad s = 1, 2, \cdots.$$

考察丛 $(\mathcal{M}_1, \mathrm{Pr}, \Sigma)$, 这里, 映射 $\mathrm{Pr} : A \mapsto \langle A \rangle$ 为自然投影. 于是, 通过如下丛同态 (16.2.3) 可知 $(\mathcal{W}, \mathrm{Pr}, \mathrm{GL}(\mathbb{R}))$ 是 $(\mathcal{M}_1, \mathrm{Pr}, \Sigma)$ 的一个子丛.

$$
\begin{array}{ccc}
\mathcal{W} & \xrightarrow{\ \pi\ } & \mathcal{M}_1 \\
\mathrm{Pr}\downarrow & & \mathrm{Pr}\downarrow \\
\mathrm{GL}(\mathbb{R}) & \xrightarrow{\ \pi'\ } & \Sigma
\end{array}
\qquad (16.2.3)
$$

这里, π 和 π' 为嵌入映射.

实际上, 投影可得到李群同态.

定理 16.2.2　(i) 依普通矩阵乘法而得到的自然的群结构以及微分结构, $\mathcal{W}_s = \mathrm{GL}(s, \mathbb{R})$ 是一个李群.

(ii) 将投影 Pr 限制在每片叶上, 则得

$$\mathrm{Pr}\big|_{\mathcal{W}_s} : \mathrm{GL}(s, \mathbb{R}) \to \mathrm{GL}(\mathbb{R}). \qquad (16.2.4)$$

这个映射 $\mathrm{Pr}\big|_{\mathcal{W}_s}$ 是一个李群的同态.

(iii) 记投影的象集为 $\mathrm{Pr}(\mathrm{GL}(s, \mathbb{R})) := \Psi_s$, 则 $\Psi_s < \mathrm{GL}(\mathbb{R})$ 为一李子群. 并且,

$$\mathrm{Pr}\big|_{\mathcal{W}_s} : \ \mathrm{GL}(s, \mathbb{R}) \to \Psi_s \qquad (16.2.5)$$

是李群的同构.

定义 16.2.2　一个向量场 $\langle \xi \rangle \in V(\mathrm{GL}(\mathbb{R}))$ (这里, 对每一点 $P \in \mathrm{GL}(\mathbb{R})$, $\langle \xi(P) \rangle \in T_P(\mathrm{GL}(\mathbb{R}))$), 称为左不变向量场, 如果对每个 $\langle A \rangle \in \mathrm{GL}(\mathbb{R})$,

$$\left(L_{\langle A \rangle}\right)_* \left(\langle \xi \rangle (P)\right) := \langle (L_A)_* (\xi(P)) \rangle = \langle \xi(AP) \rangle = \langle \xi \rangle (AP).$$

不难验证以下李群 $\mathrm{GL}(\mathbb{R})$ 与李代数 $\mathrm{gl}(\mathbb{R})$ 的关系.

定理 16.2.3　李群丛 $\mathrm{GL}(\mathbb{R})$ 与李代数丛 $\mathrm{gl}(\mathbb{R})$ 的关系如下:

$$\mathrm{gl}(\mathbb{R}) \simeq T_{\langle 1 \rangle}(\mathrm{GL}(\mathbb{R})) \xrightarrow{\ \left(L_{\langle A \rangle}\right)_*\ } T_{\langle A \rangle}(\mathrm{GL}(\mathbb{R})).$$

即李代数丛 $\mathrm{gl}(\mathbb{R})$ 同构于李群丛 $\mathrm{GL}(\mathbb{R})$ 在单位元 $\langle 1 \rangle$ 处切空间上的向量生成的左不变向量所构成的李代数丛.

设 $\mathrm{Pr} : \mathcal{M}_{n \times n} \to \Sigma$ 为 $A \mapsto \langle A \rangle$ 的自然投影. 则有如下的交换图:

$$
\begin{array}{ccc}
\mathrm{gl}(n, \mathbb{R}) & \xrightarrow{\exp} & \mathrm{GL}(n, \mathbb{R}) \\
\mathrm{Pr} \downarrow & & \mathrm{Pr} \downarrow \\
\mathrm{gl}(\mathbb{R}) & \xrightarrow{\exp} & \mathrm{GL}(\mathbb{R})
\end{array}
\qquad (16.2.6)
$$

这里, $n = 1, 2, \cdots$. 回忆式 (11.2.12), 我们知道, 指数映射 $\exp$ 对所有的 $\langle X \rangle \in \mathrm{gl}(\mathbb{R})$ 均是定义好的.

交换图 (16.2.6) 说明了李代数丛 $\mathrm{gl}(\mathbb{R})$ 与李群丛 $\mathrm{GL}(\mathbb{R})$ 的关系, 它是一般线性代数 $\mathrm{gl}(n, \mathbb{R})$ 与一般线性群 $\mathrm{GL}(n, \mathbb{R})$ 关系的推广.

16.2.3 李子群丛

前面曾讨论过, 李代数丛 $\mathrm{gl}(\mathbb{R})$ 有一些有用的李子代数丛. 对应于这些李子代数丛, 李群丛 $\mathrm{GL}(\mathbb{R})$ 也有相应的李子群丛, 详细列举如下.

- **正交子李群丛**

定义 16.2.3 $\langle A \rangle \in \mathrm{GL}(\mathbb{R})$ 称为正交的, 如果 $A^{\mathrm{T}} = A^{-1}$.

不难验证如下结论.

命题 16.2.2 设 $\langle A \rangle$ 和 $\langle B \rangle$ 是正交的, 那么, $\langle A \rangle \ltimes \langle B \rangle$ 也是正交的.

因此, 可定义 $\mathrm{GL}(\mathbb{R})$ 的正交子丛如下.

定义 16.2.4

$$
\mathrm{O}(\mathbb{R}) := \left\{ \langle A \rangle \in \mathrm{GL}(\mathbb{R}) \ \middle| \ \langle A \rangle^{\mathrm{T}} = \langle A \rangle^{-1} \right\}
$$

称为 $\mathrm{GL}(\mathbb{R})$ 的正交子丛.

不难验证以下性质.

命题 16.2.3 考察正交子丛 $\mathrm{O}(\mathbb{R})$.

· $\mathrm{O}(\mathbb{R})$ 是 $\mathrm{GL}(\mathbb{R})$ 的子群, 即, $\mathrm{O}(\mathbb{R}) < \mathrm{GL}(\mathbb{R})$.

· 令

$$
\mathrm{SO}(\mathbb{R}) := \left\{ \langle A \rangle \in \mathrm{O}(\mathbb{R}) \ \middle| \ \det(\langle A \rangle) = 1 \right\},
$$

则 $\mathrm{SO}(\mathbb{R}) < \mathrm{O}(\mathbb{R}) < \mathrm{GL}(\mathbb{R})$.

· $\mathrm{O}(\mathbb{R})$ 与 $\mathrm{SO}(\mathbb{R})$ 的李代数丛均为 $\mathrm{o}(\mathbb{R})$.

- **特殊线性子丛**

定义 16.2.5

$$
\mathrm{SL}(\mathbb{R}) := \left\{ \langle A \rangle \in \mathrm{GL}(\mathbb{R}) \ \middle| \ \det(\langle A \rangle) = 1 \right\}
$$

称为 $\mathrm{GL}(\mathbb{R})$ 的特殊线性子丛.

类似于正交子丛, 不难验证

命题 16.2.4　考察特殊线性子丛.

· $\mathrm{SL}(\mathbb{R})$ 是 $\mathrm{GL}(\mathbb{R})$ 的子群, 即 $\mathrm{SL}(\mathbb{R}) < \mathrm{GL}(\mathbb{R})$.

· $\mathrm{SL}(\mathbb{R})$ 的李代数丛为 $\mathrm{sl}(\mathbb{R})$.

- **上三角子丛**

定义 16.2.6

$$\mathrm{T}(\mathbb{R}) := \left\{ \langle A\rangle \in \mathrm{GL}(\mathbb{R}) \,\middle|\, \langle A\rangle \text{ 为上三角} \right\}$$

称为 $\mathrm{GL}(\mathbb{R})$ 的上三角子丛.

命题 16.2.5　考察上三角子丛.

· $\mathrm{T}(\mathbb{R})$ 是 $\mathrm{GL}(\mathbb{R})$ 的子群, 即 $\mathrm{T}(\mathbb{R}) < \mathrm{GL}(\mathbb{R})$.

· $\mathrm{T}(\mathbb{R})$ 的李代数丛为 $\mathrm{t}(\mathbb{R})$.

- **特殊上三角丛**

定义 16.2.7

$$\mathrm{N}(\mathbb{R}) := \left\{ \langle A\rangle \in \mathrm{T}(\mathbb{R}) \,\middle|\, \det(\langle A\rangle) = 1 \right\}$$

称为 $\mathrm{GL}(\mathbb{R})$ 的特殊上三角子丛.

命题 16.2.6　考察特殊上三角子丛.

· $\mathrm{N}(\mathbb{R})$ 是 $\mathrm{T}(\mathbb{R})$ 的子群, 即 $\mathrm{N}(\mathbb{R}) < \mathrm{T}(\mathbb{R}) < \mathrm{GL}(\mathbb{R})$.

· $\mathrm{N}(\mathbb{R})$ 的李代数丛为 $\mathrm{n}(\mathbb{R})$.

- **辛子丛**

定义 16.2.8

$$\mathrm{SP}(\mathbb{R}) := \left\{ \langle A\rangle \in \mathrm{GL}(\mathbb{R}) \,\middle|\, A_1 \in \mathcal{M}_{2n}\text{满足式 (16.2.7)}, n \in \mathbb{N} \right\}$$

称为 $\mathrm{GL}(\mathbb{R})$ 的辛子丛.

$$\langle A\rangle^{\mathrm{T}} \langle J\rangle \langle A\rangle = \langle J\rangle, \tag{16.2.7}$$

这里

$$J = \begin{bmatrix} 0 & 1 \\ -1 & 0 \end{bmatrix}.$$

命题 16.2.7　考察辛子丛.

· $\mathrm{SP}(\mathbb{R})$ 是 $\mathrm{GL}(\mathbb{R})$ 的子群, 即 $\mathrm{SP}(\mathbb{R}) < \mathrm{GL}(\mathbb{R})$.

· $\mathrm{SP}(\mathbb{R})$ 的李代数丛为 $\mathrm{sp}(\mathbb{R})$.

16.2.4 对称群

记 $\mathbf{S}_k$ 为 k 阶对称群, $k = 1, 2, \cdots$. 记

$$\mathbf{S} := \bigcup_{k=1}^{\infty} \mathbf{S}_k.$$

定义 16.2.9 矩阵 $A \in \mathcal{M}_k$ 称为 k 阶置换矩阵, 如果 $A \in \mathcal{L}_{k \times k}$ 且可逆. k 阶置换矩阵集合记作 $\mathcal{S}_k$.

命题 16.2.8 考察置换矩阵集.

(i) 如果 $P \in \mathcal{S}_k$, 则

$$P^{\mathrm{T}} = P^{-1}. \tag{16.2.8}$$

(ii)

$$\mathcal{P}_k < \mathrm{O}(k, \mathbb{R}) < \mathrm{GL}(k, \mathbb{R}).$$

设 $\sigma \in \mathbf{S}_k$. 定义其对应的置换矩阵 $M_\sigma \in \mathcal{S}_k$ 为 $M_\sigma := [m_{i,j}]$, 这里,

$$m_{i,j} = \begin{cases} 1, & \sigma(j) = i, \\ 0, & \text{其他}. \end{cases} \tag{16.2.9}$$

则可检验如下性质.

命题 16.2.9 令 $\pi : \mathbf{S}_k \to \mathcal{S}_k$, 这里, $\pi(\sigma) := M_\sigma \in \mathcal{S}_k$ 依式 (16.2.9) 定义, 则 π 为一群同构.

首先, 设 $\sigma, \lambda \in \mathbf{S}_k$. 根据命题 16.2.9 可知

$$M_{\sigma \circ \lambda} = M_\sigma M_\lambda. \tag{16.2.10}$$

其次, 设 $\sigma \in \mathbf{S}_m, \lambda \in \mathbf{S}_n$, 我们可以推广关系式 (16.2.10).

定义 16.2.10 设 $\sigma \in \mathbf{S}_m, \lambda \in \mathbf{S}_n$, 则矩阵半张量积 σ 与 λ 的矩阵半张量积可通过其对应的置换矩阵来定义:

$$M_{\sigma \ltimes \lambda} = M_\sigma \ltimes M_\lambda \in \mathcal{S}_t, \tag{16.2.11}$$

这里, $t = \mathrm{lcm}(m, n)$. 则可定义

$$\sigma \ltimes \lambda := \pi^{-1} \left(M_\sigma \ltimes M_\lambda \right) \in \mathbf{S}_t. \tag{16.2.12}$$

类似地, 我们也可定义 σ 与 λ 的右半张量积.

于是可知 $(S, \ltimes) \preceq (\mathcal{M}_1, \ltimes)$ 是一个子幺半群. 要得到子丛结构, 考虑商空间

$$\mathcal{P} := (\mathbf{S}, \ltimes) / \sim_\ell.$$

则可得

定理 16.2.4　$\mathcal{P}$ 是 $\mathrm{GL}(\mathbb{R})$ 的李子丛.

$\mathcal{P}$ 可用于表示不确定的有限元素的置换.

16.2.5　形式商多项式的李代数

观察商空间上的形式多项式 $\mathcal{P}_\Sigma$. 不难发现以下的事实:

(i) $\mathcal{P}_\Sigma$ 以及其上的运算 (加法) $\oplus$ 构成向量空间;

(ii) $\mathcal{P}_\Sigma$ 以及其上的运算 (乘法) $\ltimes$ 构成么半群.

那么, 我们能否在其上加上李代数结构呢? 答案是 "可以"!

命题 16.2.10　设 $\bar{p},\bar{q} \in \mathcal{P}_\Sigma$. 定义 $\mathcal{P}_\Sigma$ 上的李代数结构如下:

$$[\bar{p},\ \bar{q}] := \bar{p} \ltimes \bar{q} \ominus \bar{q} \ltimes \bar{p}, \tag{16.2.13}$$

则 $\mathcal{P}_\Sigma$ 是一个李代数, 即

(1) 线性性:

$$[\bar{p}_1 \oplus \bar{p}_2, \bar{q}] = [\bar{p}_1, \bar{q}] \oplus [\bar{p}_2, \bar{q}]; \tag{16.2.14}$$

(2) 反对称:

$$[\bar{p}, \bar{q}] = -[\bar{q}, \bar{p}]; \tag{16.2.15}$$

(3) Jacobi 等式:

$$[\bar{p}, [\bar{q}, \bar{r}]] \oplus [\bar{q}, [\bar{r}, \bar{p}]] \oplus [\bar{r}, [\bar{p}, \bar{q}]] = \bar{0}, \tag{16.2.16}$$

这里, $\bar{0}$ 是 $\mathcal{P}_\Sigma$ 中的零元素.

设

$$\mathcal{P}_\Lambda := \{\bar{p}_\lambda \,|\, \lambda \in \Lambda\} \subset \mathcal{P}_\Sigma.$$

然后, 定义李代数 $\mathcal{P}_\Lambda^{LA}$, 为 $\mathcal{P}_\Sigma$ 的包含 $\mathcal{P}_\Lambda$ 的最小李代数.

例 16.2.1　(i) $\mathcal{P}_\mu$ 是由 Σ_μ 生成的最小李代数, 即

$$\mathcal{P}_\mu = \mathcal{P}_{\Sigma_\mu}^{LA}.$$

(ii) $\mathcal{P}_\Sigma(\langle A \rangle)$ 是由 $\langle A \rangle$ 生成的最小李代数. 不难证明

$$\mathcal{P}_\Sigma(\langle A \rangle)^{LA} = \mathcal{P}_\Sigma(\langle A \rangle).$$

即, $\mathcal{P}_\Sigma(\langle A \rangle)$ 本身是一个李代数.

注 16.2.1　$\mathcal{P}_\Sigma$ 的最重要的李子代数是 $\mathcal{P}_1$, 即 $\{\langle A \rangle \,|\, A$ 为方阵$\}$. 这个李子代数具有很好的性质. 有兴趣的读者可参考文献 [37]. 回顾 $\mathrm{gl}(\mathbb{R})$, 不难看出

$$\mathcal{P}_1 = \mathrm{gl}(\mathbb{R})/ \leftrightarrow .$$

参 考 文 献

[1] 程代展, 齐洪胜. 矩阵的半张量积——理论与应用. 北京: 科学出版社, 2007.

[2] 程代展, 齐洪胜, 贺风华. 有限集上的映射与动态过程——矩阵半张量积方法. 北京: 科学出版社, 2016.

[3] 程代展, 夏元清, 马宏宾, 等. 矩阵代数、控制与博弈. 北京: 北京理工大学出版社, 2016.

[4] 方捷. 格论导引. 北京: 高等教育出版社, 2014.

[5] 葛爱冬, 王玉振, 魏爱荣, 等. 多变量模糊系统控制设计及其在并行混合电动汽车中的应用. 控制理论与应用, 2013, 30(8): 998-1004.

[6] 郭雷, 程代展, 冯德兴. 控制理论导论——从基本概念到研究前沿. 北京: 科学出版社, 2005.

[7] 华罗庚. 数论导引. 北京: 科学出版社, 1957.

[8] 李文林. 数学史教程. 北京: 高等教育出版社, 2000.

[9] 刘仲奎, 乔虎生. 半群的 S-系理论. 2 版. 北京: 科学出版社, 2008.

[10] 梅生伟, 刘锋, 薛安成. 电力系统暂态分析中的半张量积方法. 北京: 清华大学出版社, 2010.

[11] 欧阳城添, 江建慧. 基于概率转移矩阵的时序电路可靠度估计方法. 电子学报, 2013, 41(1): 171-177.

[12] 万哲先. 李代数. 2 版. 北京: 高等教育出版社, 2013.

[13] Abraham R, Marden J E. Foundations of Mechanics. 2nd ed. London: Benjamin/Cummings Pub., 1978.

[14] Abramov V. Noncommutative Galois extension and graded q-differential algebra. Adv. in Appl. Clifford Alg., 2016, 26: 1-11.

[15] Ahsan J. Monoids characterized by their quasi-injective S-systems. Semigroup Forum, 1987, 36(1): 285-292.

[16] Alam S. Comparative study of mixed product and quaternion product. Adv. in Appl. Clifford Alg., 2002, 12(2): 189-194.

[17] Boothby W M. An Introduction to Differential Manifold and Riemannian Geometry. Orlando: Academic Press, 1986.

[18] Brzezniak Z, Zastawniak T. Basic Stochastic Processes. New York: Springer-Verlag, 1999.

[19] Bump D. Lie Groups. New York: Springer, 2004.

[20] Burris S, Sankappanavar H P. A Course in Universal Algebra. New York: Springer, 1981.

[21] Castro F Z, Valle M E. A broad class of discrete-time hypercomplex-valued Hopfield neural networks. arXiv: 1902.05478, 2019.

[22] Cheng D, Qi H. Controllability and observability of Boolean control networks. Automatica, 2009, 45: 1659-1667.

[23] Cheng D, Li Z, Qi H. Realization of Boolean control networks. Automatica, 2010, 46(1): 62-69.

[24] Cheng D, Qi H, Li Z. Analysis and Control of Boolean Networks: A Semi-tensor Product Approach. London: Springer, 2011.

[25] Cheng D, Qi H, Zhao Y. An Introduction to Semi-tensor Product of Matrices and Its Applications. Singapore: World Scientific, 2012.

[26] Cheng D, Feng J, Lv H. Solving fuzzy relational equations via semi-tensor product. IEEE Trans. Fuzzy Systems, 2012, 20(2): 390-396.

[27] Cheng D, Xu X. Bi-decomposition of multi-valued logical functions and its applications. Automatica, 2003, 49(7): 1979-1985.

[28] Cheng D, Xu T, Qi H. Evolutionarily stable strategy of networked evolutionary games. IEEE Trans. Neur. Netw. Learn. Sys., 2014, 25(7): 1335-1345.

[29] Cheng D. On finite potential games. Automatica, 2014, 50(7): 1793-1801.

[30] Cheng D, He F, Qi H, et al. Modeling, analysis and control of networked evolutionary games. IEEE Trans. Aut. Contr., 2015, 60(9): 2402-2415.

[31] Cheng D, Zhao Y, Xu T. Receding horizon based feedback optimization for mix-valued logical networks. IEEE Trans. Aut. Contr., 2015, 60(12): 3362-3366.

[32] Cheng D, Liu T, Zhang K, et al. On decomposition subspaces of finite games. IEEE Trans. Aut. Contr., 2016, 61(11): 3651-3656.

[33] Cheng D, Li C, He F. Observability of Boolean networks via set controllability. Sys. Contr. Lett., 2018, 155: 22-25.

[34] Cheng D. From Dimension-Free Matrix Theory to Cross-Dimensional Dynamic Systems. London: Elsevier, 2019.

[35] Cheng D, Liu Z. A new semi-tensor product of matrices. Contr. Theory Tech., 2019, 17(1): 14-22.

[36] Cheng D, Liu Z. Topologies on quotient space of matrices, via semi-tensor product. Asian J. Contr., 2019, 21: 2614-2623.

[37] Cheng D. On equivalence of matrices. Asian J. Math., 2019, 23(2): 257-348.

[38] Cheng D, Liu Z, Qi H. Completeness and normal form of multi-valued logical functions. J. Franklin Institute, 2020, 357: 9871-9884.

[39] Cheng D, Xu Z, Shen T. Equivalence-based model of dimension-varying linear systems. IEEE Trans. Aut. Contr., 2020, 65(12): 5444-5449.

[40] Cheng D, Feng J, Zhao J, et al. On Adequate sets of multi-valued logic. J. Franklin Institute, 2021, 358: 6705-6722.

[41] Cheng D, Feng J, Zhao J, et al. A minimum adequate set of multi-valued logic. J. Contr. Theory Appl., 2021, 4: 425-429.

[42] Cheng d, Li Y, Feng J, et al. On numerical/non-numerical algebra via semi-tensor product method. Math. Model. Contr., 2021, 1(1): 1-11.

[43] Cheng D, Ji Z, Feng J, et al. Perfect hypercomplex algebras: Semi-tensor product approach. Math. Model. Contr., 2021, 1(4): 177-187.

[44] Cheng D, Wu Y, Zhao G, et al. A comprehensive survey on STP approach to finite Games. J. Sys. Sci. Compl., 2021, 34(5): 1666-1680.

[45] Cheng D, Zhang L, Bi D. Invariant subspace approach to Booleam (control) networks. IEEE Trans. Aut. Contr., 2022, DOI: 10.1109/TAC.2022.3175248.

[46] Cheng D, Ji Z. Networks over finite rings. J. Franklin Institute. arXiv: 2110.06724, 2022.

[47] Conway J. A Course in Functional Analysis. New York: Springer-Verlag, 1985.

[48] Crilly T. 你不可不知的 50 个数学知识. 王悦, 译. 北京: 人民邮电出版社, 2010.

[49] Dieudonne J. Foundation of Modern Analysis. New York: Academic Press, 1969.

[50] Dubrova E, Jiang Y, Brayton R. Minimization of multiple-valued functions in Post algebra. Proc. of the Intl. Workshop on Logic Synthesis., 2002: 1-5.

[51] Dugundji J. Topology. Boston: Allyn Bacon Inc, 1966.

[52] Epstein G. The lattice theory of Post algebras. Trans. Am. Soc., 1960, 95: 300-317.

[53] Feng J, Lv H, Cheng D. Multiple fuzzy relation and its application to coupled fuzzy control. Asian J. Contr., 2013, 15(5): 1313-1324.

[54] Fornasini E, Valcher M E. Observability, reconstructibility and state observers of Boolean control networks. IEEE Trans. Aut. Contr., 2013, 58(6): 1390-1401.

[55] Fu S, Cheng D, Feng J, et al. Matrix expression of finite Boolean-type algebras. Applied Math. Comp., 2021, 395: 125880.

[56] Gao B, Li L, peng H, et al. Principle for performing attractor transits with single control in Boolean networks. Physical Review E, 2013, 88(6): 062706.

[57] Gao B, peng H, Zhao D, et al. Attractor transformation by impulsive control in Boolean control network. Mathmatical Problems in Engineering, 2014, vol. 2014, Article ID 674541.

[58] Gibbons R. A Primer in Game Theory. Harlow: Pearson Education Lim., 1992.

[59] Greub W. Linear Algebra. 4th ed. New York: Springer-Verlag, 1985.

[60] Guo P, Wang Y, Li H. Algebraic formulation and strategy optimization for a class of evolutionary networked games via semi-tensor product method. Automatica, 2013, 49(11): 3384-3389.

[61] Humphreys J E. Introduction to Lie Algebras and Representation Theory. 2nd ed. New York: Springer-Verlag, 1972.

[62] Hamilton A G. Logic for Mathematicians. Cambridge: Cambridge University Press, 1988.

[63] Hao Y, Cheng D. On skew-symmetric games. J. Franklin Institute, 2018, 355: 3196-3220.

[64] Hochma G, Margaliot M, Fornasini E. Symbolic dynamics of Boolean control networks. Automatica, 2013, 49(8): 2525-2530.

[65] Holland J H. Hidden Order. New York: Addison-Wesley Pub. Comp., 1995.

[66] Horn R A, Johnson C R. Matrix Analysis. Cambridge: Cambridge University Press, 1986.

[67] Howie J M. Fundaamentals of Semigroup Theory. Oxford: Clar. Press, 1995.

[68] Humphreys J E. Introduction to Lie Algebras and Representation Theory. 2nd ed. New York: Springer-Verlag, 1972.

[69] Hungerford T W. Algebra. New York: Springer-Verlag, 1974.

[70] Husemoller D. Fibre Bundle. 3rd ed. New York: Springer-Verlag, 1994.

[71] Isidori A. Nonlinear Control Systems. 3rd ed. New York: Springer-Verlag, 1995.

[72] de Jong H. Modeling and simulation of genetic regulatory systems: A literature review. J. Comput. Biol., 2012, 9(1): 67-103.

[73] Katz V J. A History of Mathematics, Brief Version. New York: Addison-Wesley, 2004.

[74] Kauffman S A. The Origins of Order. New York: Oxford University Press, 1993.

[75] Kauffman S A. At Home in the Universe: The Search for the Laws of Self-Organization and Complexity. New York: Oxford University Press, 1995.

[76] Kelley J. General Topology. New York: Springer-Verlag, 1975.

[77] Lang S. Algebra. 3th ed. New York: Springer-Verlag, 2002.

[78] Laschov D, Margaliot M, Even G. Observability of Boolean networks: A graph-theoretic approach. Automatica, 2013, 49(8): 2351-2362.

[79] Li H, Wang Y. Boolean derivative calculation with application to fault detection of combinational cirts via the semi-tensor product method. Automatica, 2012, 48(4): 688-693.

[80] Li R, Yang M, Chu T. State feedback stabilization for Boolean control networks. IEEE Trans. Aut. Contr., 2013, 58(7): 1853-1857.

[81] Li H, Wang Y. Output feedback stabilization control design for Boolean control networks. Automatica, 2013, 49(12): 3641-3645.

[82] Li X, Chen M, Su H, et al. Consensus networks with switching topology and time-delays over finite fields. Automatica, 2016, 68: 39-43.

[83] Li H, Zhao G, Guo G. Analysis and Control of Finite-Valued Systems. New York: CRC Press, 2018.

[84] Li Y, Li H, Ding X, et al. Leading-follower consensus of multiagent systems with time delays over finite fields. IEEE Trans. Cyb., 2019, 49(8): 3203-3208.

[85] Liu Z, Wang Y, Li H. New approach to derivative calculation of multi-valued logical functions with application to fault detection of digital circuits. IET Contr. Theory Appl., 2014, 8(8): 554-560.

[86] Liu Z, Wang Y, Cheng D. Nonsingularity of nonlinear feedback shift registers. Automatica, 2015, 55: 247-253.

[87] Liu Z, Cheng D. Canonical form of Boolean networks. Proc. 2019 CCC, 2019: 1801-1806.

[88] Mcdonalad J N, Weiss N A. A Course in Real Analysis. Singapore: Elsevier Pte. Ltd., 2005.

[89] Meng M, Feng J. A matrix approach to hypergraph stable set and coloring problems with its application to storing problem. Journal of Applied Mathematics, 2014, vol. 2014, Article ID 783784.

[90] Meng M, Li X, Xiao G. Synchronization of networks over finite fields. Automatica, 2020, 115: 108877.

[91] Pasqualetri F, Borra D, Bullo F. Consensus networks over finite fields. Aotomatica, 2014, 50(2): 349-358.

[92] Pei S, Chang J, Ding J. Commutative reduced biquaternions and their Fourier transform for signal and image processing applications. IEEE Trans. Signal Proc., 2004, 52(7): 2012-2031.

[93] Post E L. Introduction to a general theory of elementary propositions. AM. J. Math., 1921, 43: 163-185.

[94] Råde E, Westergren B. Mathematics Handbook: For Science and Engineering. Sweden: Studentlitteratur, 1998.

[95] Remy E, Ruet P, Thieffry D. Positive or negative regulatory circuit inference from multilevel dynamics // Positive Systems: Theory and Applications. Lecture Notes in Control and Information Science. Berlin: Springer, 2006: 263-270.

[96] Richard A, Comet J P. Necessary conditions for multistationarity in discrete dynamical systems. Disc. Appl. Math., 2007, 155: 2403-2413.

[97] Ross K A, Wright C R B. Discrete Mathematics. 5th ed. New York: Prentice Hall, 2003.

[98] Rosenbloom P C. Post algebras I, Postulates and general theory. AM. J. Math., 1942, 64: 167-188.

[99] Shenitzer A, Kantor I, Solodovnikov A. Hypercomplex Numbers: An Elementary Introduction to Algebras. New York: Springer-Verlag, 1989.

[100] Shmulevich L, Dougherty E, Kim S, et al. Probabilistic Boolean networks: A rule-based uncertainty model for gene regulatory networks. Bioinformatics, 2002, 18(2): 261-274.

[101] Sundaram S, Hadjicostis C N. Sturctural controllability and observability of linear systems over finite fields with applications to multi-agent systems. IEEE Trans. Aut. Contr., 2012, 58(1): 60-73.

[102] Taylar A, Lay D. Introduction to Functional Analysis. 2nd ed. New York: John Wiley & Sons, 1980.

[103] Thomas R, Kaufman M. Multistationrity, the basis of cell differentiation and memory, I & II. Chaos, 2001, 11: 170-195.

[104] Traczyk T. Post algebras through P_0 and P_1 lattices//Computer Science and Multiple-Valued Logic. New York: Elsevier, 1977.

[105] Varadarajan V S. Lie Groups, Lie Algebras, and Their Representations. New York: Springer-Verlag, 1984.

[106] Wang Y, Zhang C, Liu Z. A matrix approach to graph maximum stable set and coloring problems with application to multi-agent systems. Automatica, 2012, 48(7): 1227-1236.

[107] Weidmann J. Linear Operators in Hilbert Spaces. New York: Springer-Verlag, 1980.

[108] Wu Y, Shen T. An algebraic expression of finite horizon optimal control algorithm for stochastic logical dynamic systems. Sys. Contr. Lett., 2015, 82: 108-114.

[109] Xiao H, Duan P, Lv H, et al. Design of fuzzy controller for air-conditioning systems based-on Semi-tensor Product. Proc. 26th Chinese Control and Decision Conference, 2014: 3507-3512.

[110] Xu X, Hong Y. Matrix expression and reachability of finite automata. J. Contr. Theory & Appl., 2012, 10(2): 210-215.

[111] Xu X, Hong Y. Matrix expression to model matching of asynchronous sequential machines. IEEE Trans. Aut. Contr., 2013, 58(11): 2974-2979.

[112] Xu X, Hong Y. Observability and observer design for finite automata via matrix approach. IET Contrl Theory Appl., 2013, 7(12): 1609-1615.

[113] Xu M, Wang Y, Wei A. Robust graph coloring based on the matrix semi-tensor product with application to examination timetabling. Contr. Theory Technol., 2014, 12(2): 187-197.

[114] Yan Y, Chen Z, Liu Z. Solving type-2 fuzzy relation equations via semi-tensor product of matrices. Control Theory and Tech., 2014, 12(2): 173-186.

[115] Yan Y, Chen Z, Liu Z. Semi-tensor product of matrices approach to reachability of finite automata with application to language recognition. Front. Comput. Sci., 2014, 8(6): 948-957.

[116] Yan Y, Chen Z, Liu Z. Semi-tensor product approach to controllability and stabilizability of finite automata. J. Syst. Engn. Electron., 2015, 26(1): 134-141.

[117] Zhao Y, Li Z, Cheng D. Optimal control of logical control networks. IEEE Trans. Aut. Contr., 2011, 56(8): 1766-1776.

[118] Zhan J, Lu S, Yang G. Improved calculation scheme of structure matrix of Boolean network using semi-tensor product. Information Computing and Applications, 2014, 307: 242-248.

[119] Zhao Y, Kim J, Filippone M. Aggregation algorithm towards large-scale Boolean network analysis. IEEE Trans. Aut. Contr., 2013, 58(8): 1976-1985.

[120] Zhan L, Feng J. Mix-valued logic-based formation control. Int. J. Contr., 2013, 86(6): 1191-1199.

[121] Zhao D, Peng H, Li L, et al. Novel way to research nonlinear feedback shift register. Science China Information Sciences, 2014, 57(9): 1-14.

[122] Zhang K, Zhang L. Observability of Boolean control networks: A unified approach based on finite automata. IEEE Trans. Aut. Contr., 2016, 61(9): 2733-2738.

[123] Zhang Z, Leifeld T, Zhang P. Reconstructibility analysis and observer design for Boolean control networks. IEEE Trans. Contr. Network sys., 2020, 7(1): 516-528.

[124] Zhang X, Ji Z, Cheng D. Hidden order of Boolean networks. arXiv: 2111.12988, 2021.

[125] Zhong J, Lin D. A new linearization method for nonlinear feedback shift registers. Journal of Computer and System Sciences, 2015, 81: 783-796.

[126] Zhong J, Lin D. Stability of nonlinear feedback shift registers. Science China Information Sciences, 2016, 59(1): 1-12.

索　引